普通高等院校化学化工类系列教材

化工原理

—上册—

任永胜　王淑杰　田永华　王焦飞　主编

第2版

清华大学出版社
北京

内 容 简 介

本书是在第一版基础上修订而成,全书分上、下两册。上册从揭示流体流动的基本规律入手,相继讲述与流体流动和传热有关的单元操作,包括流体流动基础、流体输送机械、机械分离与固体流态化、传热、蒸发;下册主要讲述各种传质单元操作,包括吸收、蒸馏、传质设备、萃取、干燥、其他传质与分离技术。各种单元操作的讨论均按过程分析—过程描述—过程计算的思路进行,每章均设置了能力目标、学习提示、讨论题、思考题及习题。本书采用双色印刷,突出重点。

本书可作为化学工程与工艺、应用化学、制药工程及相关、相近专业"化工原理"课程的教材,也可作为化工、环境等过程工业技术和管理人员的参考书。

图书在版编目(CIP)数据

化工原理. 上册/任永胜等主编. —2 版. —北京:清华大学出版社,2023.1
普通高等院校化学化工类系列教材
ISBN 978-7-302-62382-3

Ⅰ. ①化… Ⅱ. ①任… Ⅲ. ①化工原理-高等学校-教材 Ⅳ. ①TQ02

中国国家版本馆 CIP 数据核字(2023)第 012953 号

责任编辑:冯 昕
封面设计:傅瑞学
责任校对:赵丽敏
责任印制:丛怀宇

出版发行:清华大学出版社
    网 址:http://www.tup.com.cn,http://www.wqbook.com
    地 址:北京清华大学学研大厦 A 座   邮 编:100084
    社 总 机:010-83470000   邮 购:010-62786544
    投稿与读者服务:010-62776969,c-service@tup.tsinghua.edu.cn
    质量反馈:010-62772015,zhiliang@tup.tsinghua.edu.cn
印 装 者:三河市龙大印装有限公司
经 销:全国新华书店
开 本:185mm×260mm   印 张:23   字 数:560 千字
版 次:2018 年 2 月第 1 版   2023 年 2 月第 2 版   印 次:2023 年 2 月第 1 次印刷
定 价:69.80 元

产品编号:095673-01

第 2 版前言

化工原理课程是化学工程与工艺、制药工程、应用化学、食品科学与工程、环境工程、生物工程及相关专业的专业基础课。其主要任务是研究化工过程单元操作的基本原理、典型过程设备,进行过程工艺设计计算、设备设计与选型及单元过程的操作分析。通过本门课程的学习,并结合"化工原理实验""化工原理课程设计"等课程的训练,培养学生的工程观念和工程素养,以及分析和解决复杂工程问题的能力。

本书是在清华大学出版社 2018 年出版的《化工原理》(上、下册)基础上修订的,在此对第 1 版教材的全体作者付出的辛苦工作表示深深的谢意。

第 2 版教材在保持原教材总体结构和风格的基础上,主要进行了以下修订:

(1) 对部分内容进行充实与更新,增加难度较大、要求较高的内容,体现教材的高阶性;

(2) 对某些内容进行了删改与调整,提高教材的科学性;

(3) 在每章前增加了本章重点,便于读者明确各章的学习目的;在每章后增加学习提示,希望给读者一些启发,对内容进行总结归纳;

(4) 对部分例题进行了适当调整,突出工程特色,提升读者分析、解决复杂工程问题的能力,部分例题后增加分析与讨论,扩展读者视野;

(5) 增加课堂/课外讨论题、思考题,尤其综合性讨论题是以工程实际背景编写,适用于课堂小组讨论、翻转课堂等,提高课程挑战度;

(6) 对习题进行了适当调整,补充填空题及综合性习题,并附有答案;

(7) 本套教材采用双色印刷,突出重点,更加醒目。

全套教材共 12 章。上册(流体流动与传热)包括绪论、流体流动基础、流体输送机械、机械分离与固体流态化、传热、蒸发;下册(传质与分离)包括气体吸收、蒸馏、气液传质设备、萃取、干燥、其他分离过程。上册由任永胜、王淑杰、田永华、王焦飞主编,其中绪论与附录、机械分离与固体流态化由任永胜编写,流体流动基础、流体输送机械由王淑杰编写,传热由田永华编写,蒸发由王焦飞编写,全书由任永胜统稿。

下册由任永胜、于辉、王淑杰、田永华、王焦飞、陈丽丽主编,其中气体吸收由王淑杰编写,蒸馏由于辉编写,气液传质设备、其他传质与分离方法由陈丽丽编写,萃取由王焦飞编写,干燥由田永华编写,附录由任永胜编写,全书由任永胜统稿。

本套教材是宁夏大学化工原理教研室教师多年的教学和科研工作的积

累,在编写过程中得到了教研室及化工系全体同事的关心和支持,在此表示衷心的感谢。

　　本套教材的出版得到了宁夏大学高水平教材出版项目资助,同时获得了宁夏大学化学化工学院(省部共建煤炭高效利用与绿色化工国家重点实验室)和清华大学出版社等单位领导给予的大力支持、关心和指导,在此致以诚挚的感谢。

　　由于编者水平所限,书中不妥之处甚至错误在所难免,恳请读者批评指正。

编　者

2022 年 12 月

第 1 版前言

化工原理是化学工程与工艺、制药工程、应用化学、食品科学与工程、环境工程、生物工程及相近和相关专业的主干课程,其主要任务是研究化工过程单元操作的基本原理、典型过程设备,进行过程工艺设计计算和设备选型及单元过程的操作分析。通过本门课程的学习,并结合"化工原理实验""化工原理课程设计"等课程的训练,培养学生的工程素养以及分析和解决化工生产实际问题的能力。

本教材以教育部高等学校化工类专业教学指导委员会对化工工程师培养的基本要求为指导,吸取国内外同类教材的长处,并结合编者在多年课程教学实践中形成的认识和经验编写而成。全书分上、下两册出版。上册除绪论与附录外,包括流体流动、流体输送机械、非均相物系的分离、传热及蒸发等单元操作;下册包括吸收、蒸馏、萃取、干燥、结晶及其他分离过程等单元操作。

本书由任永胜统稿。参加上册各章编写的有:绪论(于辉、任永胜);流体流动(王淑杰);流体输送机械(王淑杰);非均相物系的分离(王淑杰、陈丽丽);传热(田永华);蒸发(田永华);附录(陈丽丽、田永华、任永胜)。参与下册各章编写的有:吸收(王淑杰)、蒸馏(于辉)、传质设备(陈丽丽、田永华)、萃取(田永华、陈丽丽)、干燥(陈丽丽、田永华)、其他分离方法(于辉)。校稿工作由任永胜、王淑杰、陈丽丽、田永华、于辉等老师承担。在本书的编写过程中,化工系主任李平及范辉、张晓光、董梅、蔡超、方芬、詹海鹃、麻晓霞、王晓中、冯雪兰等同事给予了无私的帮助和支持,在此一并表示衷心的感谢。

本书的出版得到了宁夏高等学校一流学科建设项目(宁夏大学化学工程与技术学科,编号:NXYLXK2017A04)的资助,同时获得了省部共建煤炭高效利用与绿色化工国家重点实验室、化学国家基础实验教学示范中心(宁夏大学)、化学化工学院和清华大学出版社等单位的大力支持,在此致以诚挚的谢意。

由于编者水平所限,书中不妥之处甚至错误在所难免,恳请读者批评指正。

编　者

2017 年 12 月

目录

绪　　论

0.1　化学工业与化学工程

化学工业是对自然界中的各种物质资源通过化学和物理方法加工成具有规定质量的化工产品的工业。化工产品在国民经济中占有重要地位,它不仅是工业、农业和国防部门的重要生产资料,也是人们日常生活中的重要生产资料。

在化学工业中,从原料到产品的生产过程称为化工工艺。化工产品及生产这些产品所用的原料众多,使得化学工业中的生产过程种类繁多,形成了众多的化工工艺。化学工程学科是研究化工生产过程中所涉及的化学过程及物理过程的基本规律并应用这些规律解决生产过程实际复杂问题的学科。目前,化学工程学科不仅涵盖整个化学与石化工业领域,而且也涵盖了许多与化工生产过程相同或相近的工业生产过程,如生物、材料、环境、制药、轻纺、冶金、食品等。

18世纪前,化学品的制造主要为手工业操作,与实验室没有多大的差别。随着18世纪后手工业向大工业的过渡,化学工业的蓬勃发展推动了世界化学与化工高等教育的发展和进步。但此时的化工生产仅仅表现为专有技术,以研究某一产品的生产技术为对象,如硫酸、纯碱、烧碱、水泥等,形成了各种工艺学。

1888年,美国麻省理工学院首先在化学系内设置化学工程课程,之后开始设置化学工程系,其他国家随后也逐步建立了化学工程系。同时,人们认识到种类繁多的化工生产过程虽然具有多样性,但其共同特征是均可分解为若干相对独立的化学反应单元过程或物理加工单元过程。就反应的类型或特性而言,可归纳为若干基本的反应过程,如氧化、还原、加氢、脱氢、磺化、卤化、水解等,这些基本的反应单元称为单元过程。在单元过程中进行的物理加工处理操作,可归纳为流体流动与输送、搅拌、沉降、过滤、流态化、传热、蒸发、吸收、蒸馏、干燥、萃取、结晶等,形成了"化工单元操作"概念。化工原理是研究单元操作共性的课程。

1923年,美国麻省理工学院的著名教授 W. H. 华克尔等人编写了第一部系统阐述化工单元操作的著作 *Principles of Chemical Engineering*,至今仍沿用"化工原理"这个名称。

20世纪50年代,人们开始从本质上揭示各类单元操作的基本规律,开始系统研究单元操作中的传递现象,形成了动量传递、热量传递及质量传递的概念,建立了化工传递学的基础。1960年,R. B. Bird 等的著作 *Transport Phenomena* 问世,系统阐述了动量、热量和质量传递的基本原理。同时,化学反应工程学也得到了系统的发展。因此,在化学工程领域形成了"三传一反"的概念,开辟了化学工程发展过程的第二个历程。

0.2　化工原理课程的内容和特点

　　化工原理课程是研究化工单元操作基本原理、典型的单元操作设备及其工艺设计的专业基础课,是化学工程学科体系中的基础课程之一,具有较强的工科特点。它综合运用数学、物理、物理化学等课程的基础理论知识,分析和解决化学加工类生产中各种物理过程的工程实际问题,承担着工程学科与工程技术的双重教育任务。

　　化工产品成千上万,每种产品均有自己特定的生产过程。但是,分析众多的生产过程可以发现,所有化工生产过程,除了每种产品特有的化学反应过程外,均由为数不多的基本单元操作所组成,如流体设备及输送、沉降、过滤、加热或冷却、蒸发、蒸馏、吸收、干燥、萃取、结晶等。由于各单元操作均遵循自身的规律和原理,并在相应的设备中进行,因此,单元操作包括过程原理和设备两部分内容。

　　对于单元操作,可从不同角度加以分类。根据各单元操作所遵循的规律和工程目的,将其划分为表 0.1 所列的主要类型。除表中所列之外,还有热力过程(制冷)、粉体或机械过程(粉碎、分级)等单元操作。

表 0.1　化工中常用的单元操作

单元操作名称	目　的	原　理	基本过程(理论基础)
流体输送	液体、气体输送	输入机械能	流体动力过程(动量传递)
沉　降	非均相混合物分离	密度差引起的相对运动	
过　滤	非均相混合物分离	介质对不同尺寸颗粒的截留	
搅　拌	混合或分散	输入机械能,使物质均匀混合或分散	
流态化	得到具有流体状态的特性	输入机械能,使固体颗粒悬浮	
换　热	加热、冷却或相变	输入或移出热量	传热过程(热量传递)
蒸　发	溶剂与不挥发溶质分离	汽化溶剂,使物料浓缩	
蒸　馏	液体均相混合物分离	各组分挥发度的差异	传质过程(质量传递)
气体吸收	气体均相混合物分离	各组分在溶剂中溶解度的差异	
萃　取	液态均相混合物分离	各组分在萃取剂中溶解度的差异	
浸　取	用溶剂从固体中提取物料	固体中组分在溶剂中溶解度不同	
吸　附	流体均相混合物分离	固体吸附剂对组分的吸附差异	
离子交换	从液体中提取某些离子	离子交换剂的交换离子	
膜分离	流体均相混合物分离	固体或液体膜的截留	
干　燥	固体物料去湿	供热汽化液体,并将其及时移除	热、质同时传递过程
结　晶	从溶液中析出溶质晶体	物质溶解度的差异	

　　从生产某种产品的意义上说,化学反应过程是生产过程的核心,但实际上,单元操作为化学反应过程创造适宜条件和将反应产物分离制得纯净产品,在生产过程中占有极其重要的地位。通常,它们在工厂的设备投资和操作费用中占主要的比例,决定了整个生产的经济效益。

0.3　化工原理课程的研究方法

化工原理作为一门工程科学,其目的是解决真实的、复杂的生产实际问题。探求合理的研究方法是本门课程的重要方面。在长期的发展过程中形成了两种基本研究方法,即实验研究法和数学模型法。

1. 实验研究法——经验法

在实际化工生产过程中,很多情况下难以用数学方程定量描述和分析、预测,而必须通过实验来解决,即所谓的实验研究法。该方法一般以量纲分析和相似论为指导,依靠实验建立过程参数之间的相互关系,而且通常是把各种参数的影响表示为若干个有关参数组成的、有一定物理意义的无量纲数群(准数、特征数,如雷诺数 Re)的影响。在本课程的学习过程中将会经常见到以无量纲准数表示的关系式。

例如管内流体流动摩擦阻力的量纲分析:

$$Eu = f\left(\frac{l}{d}, Re, \frac{\varepsilon}{d}\right)$$

式中　Eu——欧拉数,等于 $\dfrac{\Delta p_f}{\rho u^2}$,表示压力与惯性力之比;

　　　$\dfrac{l}{d}$——表征管道几何特性量纲为一的数群;

　　　Re——雷诺数,等于 $\dfrac{du\rho}{\mu}$,表示流动的惯性力与黏性力之比;

　　　$\dfrac{\varepsilon}{d}$——表征管壁粗糙程度影响的量纲为一的数群。

又如对流传热过程的量纲分析:

$$Nu = f(Re, Gr, Pr)$$

式中　Nu——努塞尔数,等于 $\dfrac{\alpha l}{k}$,表示对流传热系数的量纲为一的数群;

　　　Gr——格拉晓夫数,等于 $\dfrac{l^3 \rho^2 g \beta \Delta t}{\mu^2}$,表示由温度差引起的浮力与黏性力之比;

　　　Pr——普朗特数,等于 $\dfrac{c_p \mu}{k}$,表征流体物性的影响。

另外,在质量传递中:

$$Sh = f(Re, Gr^*, Sc)$$

式中　Sh——舍伍德数,等于 $\dfrac{k_c d}{D_{AB}}$,表征流体与壁面间的对流传质与流体内分子扩散之比;

　　　Sc——施密特数,等于 $\dfrac{\mu}{\rho D_{AB}}$,表征流体物性的影响;

　　　Gr^*——传质格拉晓夫数,等于 $\dfrac{l^3 \rho^2 g \Delta \rho_A}{\rho \mu^2}$,表示由浓度差引起的浮力与黏性力之比。

对于较复杂的工程问题,在应用一般的实验研究方法不能解决放大问题时,只能采用逐级放大的方法,即先在小型实验装置上进行实验,确定各种因素的影响规律和适宜的工艺条件,然后进行中试规模的实验,最后进行示范装置的设计。逐级放大的级数或每级的放大倍数根据情况而异,依靠理论分析与实验确定。

2. 数学模型法——半经验半理论方法

数学模型法首先要对化工实际问题的机理进行深入分析,从复杂的工程问题中排除非主要因素,抓住过程本质,作出合理的简化,建立基本能反映过程机理的物理模型和数学模型来解决工程实际问题。数学模型法所得结果通常包括反映过程特性的模型参数,还需实验确定,因而这是一种半经验、半理论的方法。

数学模型法可用于过程和设备的设计计算。由于数学模型法有理论的指导,且计算机技术的应用使复杂数学模型的求解得以解决,因此,数学模型法已成为主要的研究方法。但使用数学模型描述的结果可能有一定的适用范围,具有一定的预测功能。

本课程应将上述两种方法并重,学习时,应仔细体会何时采用实验研究法,何时采用数学模型法。掌握这些方法,将有助于增强分析问题与解决化工生产过程实际问题的能力。

0.4　化工原理课程的基本概念

在计算和分析单元操作的问题时,经常会用到物料衡算、能量衡算、平衡关系和过程速率这四个基本概念,它们贯穿本课程始终,应熟练掌握并灵活运用。

1. 物料衡算(质量衡算)

物料衡算又称为质量衡算,它反映生产过程中各种物料,如原料、产物、副产物等之间的量的关系,是分析生产过程与每个设备的操作情况和进行过程与设备设计的基础。物料衡算的依据是质量守恒定律,即

$$输入物料的总量＝输出物料的总量＋过程积累的总量$$

在进行物料衡算时,要注意以下几个方面。

(1) 确定衡算系统。即衡算对象包括的范围。在工艺计算时,通常以一个生产过程为衡算系统;在设备计算时,以单一设备或其中一部分,或一组设备作为衡算系统。计算时,要确定衡算系统,列出衡算式,求解未知量。

(2) 确定衡算基准。一般选不再变化的量作为衡算的基准。如用物料的总质量或物料中某一组分的质量作为基准,对于间歇过程可用一批操作作为基准,在连续操作中则以单位时间作为基准。

(3) 确定衡算对象。对有化学变化的过程,衡算对象选择不发生变化的物质或某一个化学元素;在蒸馏操作中,可以选择某一组分作为衡算对象。

(4) 确定衡算对象的物理量和单位。在计算物料量时可以用质量或物质的量表示,但一般不宜用体积表示,特别是气体的体积随温度和压强的变化而变化。另外,还应注意在整个衡算过程中采用的单位要统一。

物料衡算是化工过程中最基本的计算,通过物料衡算可以为正确选择生产过程的流程、

计算原料消耗定额以及设备的生产能力和主要尺寸提供依据。

2. 能量衡算

依据能量守恒定律,把进、出某特定系统的各种能量的收支平衡关系建立起来,即称为能量衡算式。在单元操作和化工生产中,主要涉及物料的温度和热量的变化,同时,其他形式的能量(机械能、化学能、电能、磁能等)也可与热能之间相互转换,所以化工计算中最常见的是热量衡算。

热量衡算与物料衡算一样,既适用于物理变化过程,也适用于化学变化过程;既适用于化工生产整个系统,也适用于单个设备或一个过程。在热量衡算中要特别注意基准温度的选取。

通过热量衡算,可以计算单位产品的能耗,了解能量的利用和损失情况,确定生产过程中需要输入或向外界移出的热量,从而设计换热设备。

3. 平衡关系

认识过程的平衡关系,可以说明过程进行的方向和所能达到的极限程度。例如在传热过程中,当两物质温度不同,即温度不平衡时,热量就会从高温物质向低温物质传递,直到两物质的温度相等为止,此时过程达到平衡,两物质之间再也没有热量的净传递。热量从高温物质向低温物质传递,表明过程的方向;两物质温度相等的平衡状态则表示可能达到的极限程度。

在传质过程,如吸收过程中,当用清水吸收氨-空气混合物中的氨时,氨在两相间不平衡,空气中的氨将进入水中,当水中的氨含量增至一定值时,氨在气液两相间达到平衡,即不再有质量的净传递。

由以上可知,过程平衡可以用来判断过程能否进行、进行的方向以及能够达到的极限。

化工过程的平衡是化工热力学研究的问题,所以化工热力学这门课是化工原理的一门重要基础课。

4. 过程速率

过程速率是指过程进行的快慢,通常用单位时间内过程进行的变化量表示。

传热过程速率用单位时间内传递的热量或用单位时间内、单位面积上传递的热量表示;传质过程速率用单位时间内、单位面积上传递的质量表示。显然,过程传递速率越大,设备生产能力就越大,或在完成同样产量时设备的尺寸越小。过程速率和过程所处的状态与平衡状态的差异以及其他很多因素有关。过程所处的状态与平衡状态之间的差异通常称为过程的推动力,例如在两物质间的传热过程中,两物质的温度差就是过程的推动力;在传质过程中,某组分实际浓度与平衡浓度之差就是传质推动力。

过程传递速率通常可用下式表示:

$$过程传递速率 \propto \frac{推动力}{阻力}$$

即过程传递速率与推动力成正比,与阻力成反比。过程阻力则取决于过程的机理,与过程的操作条件和物性有关。显然,提高推动力或减小过程阻力均可提高过程传递速率。提高推动力,如在流体输送过程中可以加大压强差或位差,在传热过程中可以提高温度差,在传质过程中可以提高浓度差;减少过程阻力,如在流体输送时可加大输送管道的直径,在两相流体传质过程中可以提高两相流体的推动程度。

0.5   化工原理课程的任务

本课程的目的在于培养学生的工程观点、设计能力和创新能力,使学生掌握单元操作的基本原理,又能应用这些基本原理分析、处理工程实际问题。

具体地说,学生在学习本课程时,应注意以下几个方面能力的培养。

(1) 单元操作和设备选型能力。根据生产工艺要求、物料特性和技术、经济特点,合理地选择单元操作及相应的设备。

(2) 工程设计能力。根据所选定的单元操作过程和设备进行过程的计算和设备设计,培养学生工程设计能力。

(3) 操作和调节生产过程的能力。学习化工单元操作方法和参数调节,了解强化和优化单元操作过程的能力。

(4) 过程开发或科学研究的能力。学习运用基本原理探索强化、优化或开发过程与设备的基本能力。学习实验设计、单元操作实验、数据处理、误差分析方法,提高科学研究能力。

(5) 使用工程技术语言的沟通和交流能力。能够准确使用化学工程技术语言进行沟通与交流的能力。

0.6   单位制及单位换算

任何物理量的大小都是由数值和计量单位来表达的,二者缺一不可。因此,物理量的单位与数值应一起纳入运算。

1. 单位制

1) 基本单位和导出单位

一般选择几个独立的物理量,并根据使用方便的原则规定出这些基本量的单位,称为基本单位,如质量单位 kg、长度单位 m、时间单位 s 等。而其他物理量的单位则根据其本身的物理意义,由有关基本单位组合而成,如速度单位 m/s、加速度单位 m/s^2、密度单位 kg/m^3 等,这些由基本单位构成的单位称为导出单位。

2) 绝对单位制和重力单位(工程单位)制

绝对单位制以长度、质量、时间为基本物理量,力是导出物理量,其单位为导出单位;重力单位制以长度、时间和力为基本物理量,质量是导出物理量,其单位为导出单位。力和质量的关系用牛顿第二定律相关联,即

$$F = ma$$

式中 F——作用在物体上的力,N;

m——物体的质量,kg;

a——物体在作用力方向上的加速度,m/s^2。

上述两种单位制中又有米制单位与英制单位之分。

3) 国际单位制

由于历史原因,对基本量的选择不同,或对基本单位的规定不同,产生了不同的单位制。长期以来,化工领域存在着多种单位制并用的局面,同一个物理量在不同的单位制中具有不同的数值与单位,给计算和交流带来了不便。为了改变这种局面,1960 年 10 月第十一届国际计量大会通过了一种新的单位制度,称为国际单位制,国际简称 SI。

在 SI 中规定了七个基本单位,分别是长度(米,m),质量(千克,kg),时间(秒,s),热力学温度(开[尔文],K),物质的量(摩[尔],mol)以及化工领域不常用的电流(安培,A)和发光强度(坎[德拉],cd)。专门名称的导出单位有力、重力(N 或 $kg \cdot m/s^2$),压强(压力)(Pa 或 N/m^2),能量、功、热(J 或 $N \cdot m$),功率(W 或 J/s),温度(℃)。

SI 有两大优点:

(1) 通用性。所有物理量的单位都可由基本单位导出,SI 对所有科学领域都适用。

(2) 一贯性。SI 中任何一个导出单位都可由基本单位按照物理规律直接导出,无须引入比例常数。

2. 单位换算

单位换算是指同一性质的不同单位之间的数值换算。物理量由一种单位换算成另外一种单位时,只是数值改变,量本身无变化。换算时要乘以两单位的换算因数。

如:1m 和 3.280 8ft(英尺)是两个相等的物理量,只是使用单位不同而数值不同;又如,1N 的力和 100 000dyn(达因)的力也是相等的。

第1章

流体流动基础

本章重点

1. 了解质点、流体、连续介质模型的概念,流体沿壁流动的速度边界层;

2. 理解量纲分析方法,流体流动的基本概念(流量与流速、稳态流动与非稳态流动),流体流动阻力产生的原因与影响因素;

3. 掌握流体的物理性质(密度、黏度),静压强的特性、表示方法以及单位换算,掌握牛顿黏性定律、流体的静力学方程、伯努利方程、连续性方程(包括物理意义、适用条件、应用解题的要点);

4. 掌握流动类型、雷诺数、圆直管内流体的流速分布;

5. 掌握范宁公式、哈根-泊肃叶公式的计算及应用条件,管路局部阻力的两种计算方法(阻力系数法、当量长度法),流体在非圆形直管内的流动阻力以及当量直径,管路系统中总能量损失的计算;

6. 掌握简单、复杂的管路计算(串联、并联、分支);

7. 掌握各流量计测量流量、能量损失的公式及其应用。

1.1 流体流动的研究方法

1.1.1 流体的连续介质假定

流体包括气体和液体。无论液体还是气体,都是由大量的彼此间有一定间隙的单个分子组成的,而且每个分子都处于无序的随机运动状态中。因此,从微观角度看,表征流体性质的物理量在空间和时间上的分布是不连续的,所需处理的运动是随机的,这就使问题变得复杂。但在工程技术领域,人们感兴趣的不是流体中单个分子的微观特性,而是流体的宏观运动特性,即大量分子的统计平均特性。在工程上可以取流体质点(或微团)为最小的考察对象,这就是流体的连续性假定。所谓流体质点是指由大量分子构成的微团,其尺寸远小于设备尺寸,却远大于分子自由程。这样,可以假定流体是由大量质点构成、彼此间无间隙、完全充满所占空间的连续介质。引入连续性假定后,流体的物理性质和运动参数均构成连续性变化特性,从而可以使用连续性函数的数学工具来描述和研究流体流动的规律。

需要指出,这样的连续性假定在绝大多数工程情况下是适用的,但对分子的自由程大到可同设备的特征尺寸相比拟时(高真空稀薄气体或催化剂颗粒内气体扩散等情况下),这样的假定将不复成立。

同时,流体在运动时,与固体运动的主要区别在于各质点间可改变其相对位置,由此造成对流体运动规律在描述上的不同。

1.1.2　流体质点运动的考察方法

1. 运动的描述方法——拉格朗日法和欧拉法

对于流体的流动,通常采用两种不同的描述方法:一种是选定一个流体质点,对其跟踪观察,描述其运动参数(如位移、速度等)与时间的关系,这种方法称作拉格朗日法;另一种是在固定空间位置上观察流体质点的运动情况(而不是跟踪流体质点进行观察),即描述各有关运动参数在指定空间和时间上的变化,如空间各点的速度、压强、密度等,称为欧拉法。例如对于速度可作如下描述:

$$\begin{cases} u_x = f_x(x,y,z,t) \\ u_y = f_y(x,y,z,t) \\ u_z = f_z(x,y,z,t) \end{cases} \tag{1.1}$$

式中　x,y,z——位置坐标;

　　t——时间;

　　u_x,u_y,u_z——指定点速度在三个垂直坐标轴上的投影分量。

可见,拉格朗日法描述的是同一质点在不同时刻的状态;而欧拉法则描述的是空间各点都遵循的状态及其与时间的关系。需要指出的是,仅当所研究的是任意质点都遵循的一般规律时,才采用拉格朗日法;欧拉法是以充满运动质点的空间——流场为研究对象,研究各时刻质点在流场中的变化规律。由于化工生产要研究宏观上流体的流动规律,因此采用欧拉法对流体流动加以描述较为方便,尤其是空间各点的状态不随时间而变化的时候。

2. 定态与非定态流动

若运动空间各点的状态不随时间而变化,则该流动称为定态(稳态、定常)流动。对定态流动,指定点的速度以及压强等均为与时间无关的常数。反之,运动空间各点的状态随时间而变化,则该流动称为非定态(非稳态、非定常)流动。

3. 系统与控制体

系统(封闭系统)是指包含众多流体质点的集合。系统与外界环境可以有力的作用和能量的交换,但没有质量的交换。系统的形状和大小随流体的运动以及时间的变化而不同,由此可知,系统是采用拉格朗日法来考察流体的。

控制体是指在化工生产过程中,划定一固定空间体积(如某一化工设备)来分析问题。构成控制体的空间界面称为控制面。控制面是封闭的固定界面,但流体可自由进出控制体。同时控制面上可以有力的作用和能量的交换。因此,控制体是采用欧拉法来研究流体的。

4. 流场的描述

流体流动所占据的空间称为流场,流场由流线构成,而流线是采用欧拉法考察流体运动的结果。流线上各点的切线表示同一时刻各点的速度方向,流线表示的是同一瞬间不同质点的速度方向的连线。轨线(迹线)是指同一流体质点在不同时刻所占空间位置的连线,即某一流体质点的运动轨迹,是采用拉格朗日法考察流体运动所得的结果。只有当空间各点流体的速度不随时间而变化时,流线与迹线才重合。

1.1.3 作用在流体上的力

无论是静止的还是流动的流体均承受着一定的作用力。流动中的流体受到的作用力可分为两种:体积力和表面力。

体积力(质量力,body force) 指不与流体接触,而作用于流体每个质点上的力。体积力与流体的质量成正比,故又称为质量力。流体在重力场受到的重力与在离心力场受到的离心力都是典型的体积力,都是一种场力。

表面力(surface force) 指通过直接接触而作用于流体表面的力。表面力与作用的表面积成正比。若取流体中任意微小平面,则作用于其上的表面力可分解为垂直于表面的力——压力和平行于表面的力——剪力。

压力:作用于单位面积上的压力称为流体的压强,习惯上也称为压力,而把作用于流体全部表面的压力称为总压强(或总压力)。其方向指向流体的作用面,单位为 N/m^2,也称为Pa(帕[斯卡]),工程上常用兆帕(MPa)做压强的计量单位,即 $1MPa=10^6 Pa$。

剪力:单位面积上的剪力称为剪应力,用符号 τ 表示。

1.2 流体的基本性质

1.2.1 流体的流动性

流动性是指物质在运动时内部分子之间发生相对运动的特性。流体区别于固体的主要特征是具有流动性。固体物质运动时,其内部分子的相对位置是不变的,而流体(气体或液体)运动时,其内部分子会发生相对运动。流体的流动性是指流体作为一个整体运动的同时,内部还有大量流体质点的相对运动。而流体内部大量质点相对运动的总和,就构成了流体流动。

由于流体抵抗变形的能力差,因此流体没有固定形状,其形状随容器的形状而改变。

1.2.2 流体的黏性

1. 牛顿黏性定律

众所周知,固体在静止时可以承受切向力。流体在静止时虽不能承受切向力,但在运动时,任意相邻两层流体之间却是有相互抵抗的,这种相互抵抗的作用力称为剪力,流体所具有的这种抵抗两层流体相对滑动速度的性质称为流体的黏性。黏性是流体的固有属性之一,不论流体处于静止还是流动,都具有黏性。

设有间距甚小(为 Y)且面积很大的两平行平板,故平板四周边界的影响可以忽略,其间充满静止流体,如图 1.1 所示。固定下板,在上板施加平行于平板的恒定外力,使此板以速

度 u，沿 x 正向作匀速运动。此时，紧邻壁面的流体由于与壁面间的作用力，将不作相对于该壁面的相对运动。因此，由于流体的黏性作用，紧贴于上板的流体层将以速度 u 随上板一起运动，而板间流体则在剪力作用下随之作平行于平板的运动，各层流体的速度沿垂直于板面的方向逐层减慢，直至下板壁面处速度为零，呈线性分布。当流速不太大时，两板

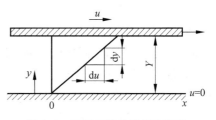

图 1.1　平板间流体速度的变化

间的流体将呈薄层运动，各层流体的速度变化是线性的。对任意相邻的两层流体，由于动量传递，运动快的流体层带动运动慢的流体层，反过来，运动慢的流体层则拖曳运动快的流体层。这种运动着的流体内部相邻流体层间的相互作用力称为流体的内摩擦力。流体在流动时产生内摩擦力的性质，称为流体的黏性。

实验证明：对于多数流体，任意两毗邻流体层之间作用的剪力 F 与两流体层的速度差 Δu 及其作用面积 A 成正比，与两流体层之间的垂直距离 Δy 成反比，即

$$F = A\mu \frac{\mathrm{d}u}{\mathrm{d}y} \tag{1.2}$$

式中　A——剪力的作用面积，m^2；

　　　μ——比例系数，称为流体的动力黏度，简称黏度，$\mathrm{N} \cdot \mathrm{s}/\mathrm{m}^2$，即 $\mathrm{Pa} \cdot \mathrm{s}$；

　　　$\mathrm{d}u/\mathrm{d}y$——法向速度梯度，$1/\mathrm{s}$。

单位面积上的切向力（F/A）即为流体的剪应力 τ。则上式可写成

$$\tau = \frac{F}{A} = \mu \frac{\mathrm{d}u}{\mathrm{d}y} \tag{1.3}$$

式 (1.3)称为牛顿黏性定律。凡遵循牛顿黏性定律的流体称为牛顿型流体，否则为非牛顿型流体。所有气体和大多数相对分子质量低的液体均属牛顿型流体，如水、空气等；而某些高分子溶液、油漆、血液等则属于非牛顿流体。静止流体是不能承受剪应力的，也不能抵抗剪切变形，这是流体与固体的力学特征的一个不同点。本书涉及的流体多为牛顿型流体。

2. 流体的黏度

黏度因流体而异，是流体的重要物理性质之一，它仅是流体状态（压强、温度、组成）的函数，其值可由实验测定，也可由一些理论和经验公式计算。流体具有黏性的物理本质是由于分子间的引力和分子的运动与碰撞。液体与气体产生黏性的主要原因不同。液体主要是由分子引力引起，气体是由分子运动引起。以气体分子运动为例，若相邻的流体层在 x 方向具有不同的速度，那么，当低速流体层分子借分子运动进入高速层时将促使该层速度降低；反之，高速流体层分子借分子运动进入低速层时将促使该层速度增加。从宏观上看，分子运动的效果相当于低速层流体施加一个剪应力于高速层，其方向与运动方向相反；高速层则施加一个剪应力于低速层，其方向与运动方向相同。两者大小相等方向相反，互为作用力与反作用力。可见，黏性是分子微观运动的宏观体现，是在流体流动时才体现的一种流体性质。

上述不同速度的流体层在流动方向上具有不同的动量，层间分子的交换也同时构成了动量的交换和传递。动量传递的方向与速度梯度方向相反，即由高速层向低速层传递。因

此,无论是气体还是液体,剪应力的大小也代表动量传递的速率。

　　流体的黏度是衡量流体黏性大小的物理量,是影响流体流动的一个重要物理性质。由牛顿黏性定律可知,在同样的流动情况下,流体的黏性越大,流体流动时产生的内摩擦力越大。通常情况下,气体的黏度随温度的升高而增大,而液体的黏度随温度的升高而减小。压强对黏度的影响较小。

　　在 SI 单位制中,黏度的单位为 Pa·s:

$$[\mu] = \left[\frac{\tau}{\mathrm{d}u/\mathrm{d}y}\right] = \frac{\mathrm{Pa}}{\mathrm{m}\cdot\mathrm{s}^{-1}/\mathrm{m}} = \mathrm{Pa}\cdot\mathrm{s}$$

　　而在物理单位制(厘米克秒单位制)中,黏度的单位为 dyn·s/cm² (达因·秒/厘米²),以符号 P 表示,称为泊。由于泊(P)的单位比较大,以它来表示物质黏度的数值便很小,所以通常以泊的 1/100 即厘泊(cP)作为黏度的单位。各单位换算关系为

$$1\mathrm{cP} = 0.01\mathrm{P} = 10^{-3}\mathrm{Pa}\cdot\mathrm{s}$$

　　一些常见纯液体和气体的黏度可从本书附录中查得。

　　流体的黏性亦可用黏度 μ 与密度 ρ 的比值来表示,这个比值称为运动黏度,以 ν 表示,即

$$\nu = \frac{\mu}{\rho} \tag{1.4}$$

在 SI 单位制中,ν 的单位为 m²/s;在物理单位制中,ν 的单位为 cm²/s,称为沲,以 St 表示。

　　化工生产中经常遇到各种流体的混合物。但应当指出,在计算混合物黏度时,不能简单地按组分叠加处理,在缺乏实验数据的情况下,应参阅有关资料,选用适当的经验公式估计。例如,对于常压气体混合物的黏度,可采用下式计算:

$$\mu_\mathrm{m} = \frac{\sum y_i \mu_i M_i^{1/2}}{\sum y_i M_i^{1/2}} \tag{1.5}$$

式中　μ_m——气体混合物的黏度,Pa·s;

　　　　y_i——气体混合物中第 i 组分的摩尔分数;

　　　　μ_i——同温度下气体混合物中第 i 组分的黏度,Pa·s;

　　　　M_i——气体混合物中第 i 组分的摩尔质量,g/mol。

　　对分子不缔合的液体混合物的黏度可用下式计算:

$$\lg\mu_\mathrm{m} = \sum x_i \lg\mu_i \tag{1.6}$$

式中　μ_m——液体混合物的黏度,Pa·s;

　　　　x_i——液体混合物中第 i 种组分的摩尔分数。

3. 理想流体与实际流体

　　黏度为零的流体称为理想流体。真实的流体都具有黏性,统称为黏性流体或实际流体。自然界中并不存在真正的理想流体,引入理想流体的概念,只是为便于处理某些流动问题所作的假设而已,可在研究实际流体流动时起着很重要的作用。这是由于黏性的存在给流体流动的数学描述和处理带来很大困难,对于复杂的实际流体,可先按理想流体处理,比如空气和水等,待找出流体的特性与规律后,根据需要再考虑黏性的影响,对理想流体的分析结

果加以修正,然后应用于实际流体。但是在有些场合,当黏性对流动起主导作用时,则实际流体不能按理想流体处理。

1.2.3　流体的密度及其他物理量

描述流体性质及其运动规律的物理量很多,比如密度、压强、组成、速度等。根据流体的连续介质假定,任意空间点上流体的物理量都是指位于该点上的流体质点的物理量。

1. 流体的密度

流体密度可定义为单位体积流体所具有的流体质量,以 ρ 表示。在流体空间的某一点 P 处取一微元体积 ΔV,设其质量为 Δm,则流体在该点的密度为

$$\rho = \lim_{\Delta V \to 0} \frac{\Delta m}{\Delta V} \tag{1.7}$$

由于流体是由连续的质点组成的,而任意空间点上流体质点的物理量在任意时刻都有确定的数值,因此,流体的物理量是空间位置 (x,y,z) 和时间 t 的函数,如

$$\rho = \rho(x,y,z,t) \tag{1.8}$$
$$u = u(x,y,z,t) \tag{1.8a}$$
$$T = T(x,y,z,t) \tag{1.8b}$$

式(1.8)为密度场,式(1.8a)和式(1.8b)分别表示速度场和温度场。

在 SI 中,ρ 的单位为 kg/m³,各种流体的密度值可从有关的物理化学手册中查得。一些常见流体的密度可从有关物性数据手册中查得。

如果流体中各点密度均相同,则该流体为均匀流体,其密度为

$$\rho = \frac{m}{V}$$

式中　ρ——流体的密度,kg/m³;

m——流体的质量,kg;

V——流体具有的体积,m³。

2. 比体积

流体密度的倒数称为比体积,用符号 v 表示,是指单位质量流体所具有的体积,即

$$v = \frac{1}{\rho} \tag{1.9}$$

一般情况下,液体的密度受压强和温度的影响较小,通常情况下可忽略不计,因此密度可视为常数(高温除外)。而气体的密度随温度、压强改变较大,低压气体的密度(极低压强除外)可近似按理想气体状态方程计算:

$$\rho = \frac{m}{V} = \frac{pM}{RT} \tag{1.10}$$

式中　ρ——气体的密度,kg/m³;

M——摩尔质量,kg/kmol;

p——压强,kPa;

T——热力学温度，K；

R——摩尔气体常量，其值为 8.314kJ/(kmol・K)。

高压气体的密度可用实际气体的状态方程进行计算。

3. 混合物密度

化工实际生产中遇到的流体，大多为含有若干组分的混合物，而通常手册中仅提供纯物质的密度。混合物的密度 ρ_m 可以通过纯态物质的密度进行计算。

对于液体混合物，其组成常用质量分数表示。现以 1kg 液体混合物为基准，并设各组分在混合前后其体积不变(理想溶液)，则 1kg 混合物的体积等于各组分单独存在时的体积之和，即

$$\frac{1}{\rho_m} = \frac{w_{t1}}{\rho_1} + \frac{w_{t2}}{\rho_2} + \cdots + \frac{w_{tn}}{\rho_n} \tag{1.11}$$

式中　$\rho_1,\rho_2,\cdots,\rho_n$——各纯态组分的密度，kg/m^3；

　　$w_{t1},w_{t2},\cdots,w_{tn}$——液体混合物中各组分的质量分数。

对于气体混合物，其组成常用体积分数 ϕ 来表示。以 1m^3 混合气体为基准，其中各组分的质量分别为 $\phi_1\rho_1,\phi_2\rho_2,\cdots,\phi_n\rho_n$，则 1m^3 气体混合物的质量等于各组分的质量之和，即

$$\rho_m = \rho_1\phi_1 + \rho_2\phi_2 + \cdots + \rho_n\phi_n \tag{1.12}$$

式中　$\phi_1,\phi_2,\cdots,\phi_n$——气体混合物中各组分的体积分数。

1.2.4　流体的可压缩性

在外部压强的作用下，流体分子间的距离会发生一定的改变，其表现为流体的体积发生变化。当作用在流体上的外力增加时，流体的体积将减小，这种特性称为流体的可压缩性。这种变化可以用体积压缩系数 κ 来表示。它表示在一定温度下，压强每增加一个单位时，流体体积的相对变化量，即

$$\kappa = -\frac{1}{v}\frac{dv}{dp} \tag{1.13}$$

式中　κ——压缩系数，Pa^{-1}；

　　v——比体积，m^3/kg；

　　p——压强，Pa；

负号表示压强增加时，流体体积减小。

压缩系数 κ 的大小反映流体被压缩的难易程度。通常将 $\kappa \neq 0$ 的流体称为可压缩流体，将 $\kappa = 0$ 的流体称为不可压缩流体。一般来说，液体的分子间距较小，体积随压强的变化很小，可看作不可压缩流体。对于气体，受压强影响较大，当外部压强变化时，其体积会有较大的改变，为可压缩流体。

由于密度 ρ 和比体积 v 的关系为 $\rho v = 1$，则有

$$\rho\,dv + v\,d\rho = 0 \tag{1.14}$$

代入式(1.13)，整理可得

$$\kappa = \frac{1}{\rho} \frac{\mathrm{d}\rho}{\mathrm{d}p} \qquad\qquad (1.15)$$

1.3　流体静力学基本方程

　　流体静止是流体流动的一种特殊形式,主要研究流体在重力场中处于静止状态时各种物理量的变化规律,即讨论流体静止状态下的平衡规律、压强变化及其在化工技术领域的应用。描述这一规律的数学表达式,则称为流体静力学基本方程。

　　由于流体静止时流体各质点间无相对运动,流体的黏性并不表现出来,因此,流体静力学的一切原理,既适用于理想流体也适用于实际流体(黏性流体)。

　　流体静力学原理应用很广,如化工设备或管路中作用力的计算、流体压强的测定、容器液位的计量以及设备的液封等。

1.3.1　作用在流体上的力

　　在流场中,取一体积为 V、封闭表面积为 A 的流体团,则外界施加于此流体团上的力有两种:体积力与表面力。

1. 体积力

　　体积力也称质量力,是作用在流体团整体上的力。可分为两种:一种是外界力场对流体施加的作用力,例如电磁力、重力等;另一种是流体作非匀速运动而产生的惯性力,它本质上是一种非接触力。本课程中的体积力仅涉及地球引力(重力)。

　　质量力与它所作用的流体质量成正比,单位质量流体所受到的质量力称为单位质量力,其在数值上等于加速度,是一个向量。设单位质量力在 x、y、z 方向的投影量分别为 X、Y、Z,则 X、Y、Z 相当于这三个分量方向的加速度。例如质量为 m 的流体在坐标轴三个方向的分量分别为:

$$F_x = mX, \quad F_y = mY, \quad F_z = mZ$$

　　若流体只在重力场中,受到重力作用,坐标取向 x、y 为水平方向,则 $X = Y = 0$;而 z 的正方向与重力方向相反,则 $Z = -g$。

2. 表面力

　　流体微团与其周围环境流体(有时可能是固体壁面)在界面上产生的相互作用力称为表面力。表面力又称机械力,本质上是一种接触力。流体的压强、由于黏性产生的剪力均属表面力。这些作用力的特点是只与所接触的表面积有关,与流体的质量无关,因此称为表面力。作用于单位面积上的力称为表面应力。

　　如图 1.2 所示,在封闭表面 A 内取一微元表面积 $\mathrm{d}A$,与之相邻的外部流体作用在 $\mathrm{d}A$ 上的表面合力为 $\mathrm{d}F_s$。沿坐标轴将 $\mathrm{d}F_s$ 分解:一个与 $\mathrm{d}A$ 相垂直,称为法向应力,以 $\mathrm{d}F_n$ 表示;一个

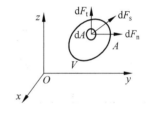

图 1.2　作用在流体上的力

与 dA 相切,称为切向应力,以 dF_t 表示。则相应的表面应力为

法向应力:

$$\sigma = \frac{dF_n}{dA} \qquad (1.16)$$

切向应力:

$$\tau = \frac{dF_t}{dA} \qquad (1.17)$$

通常法向应力的方向为作用面的外法线方向。若流体为理想流体,由于流体层之间无相对运动,故无剪切作用,切向应力 τ 为零。又当流体静止时,流体的法向应力 σ 在数值上等于流体的静压强。

1.3.2   静止流体的压强及其特性

1. 静压强

在静止流体中作用于单位面积上的内法向的表面应力称为静压强,也称为静压力。作用于某一点不同方向上的静压强在数值上是相等的,即一点的压强只要说明它的数值即可。而空间各点的静压强其数值是不同的。即

$$p = f(x, y, z)$$

如前所述,处于静止状态的流体内部没有剪应力,只有法线方向的应力即压强存在。

2. 压强的表示方法

在 SI 中,压强的单位是 N/m^2 或 Pa。工程上还会用其他单位,如 atm(标准大气压)、某流体柱高度(m 液柱,如 mH_2O 等)、bar(巴)或 kgf/cm^2 等。常用压强单位之间的换算关系如下:

$$1atm = 101\,325Pa = 101.3kPa = 1.033kgf/cm^2 = 10.33mH_2O = 760mmHg$$

注意:当以液柱高度 h 表示压强时,必须同时指明为何种流体。

3. 压强的基准

工程上,压强常用两种不同的基准来表示。以绝对真空为基准表示的压强称为绝对压强,是流体受到的实际压强;以大气压为基准表示的压强为表压强。之所以称为表压,是由于它是由压强表上直接读取的数值,按其测量原理,表压强是绝对压强与大气压强之差,即

表压强 ＝ 绝对压强 － 大气压强

真空度是当被测流体的压强低于大气压时,用真空表测量获得的压强值,它表示所测压强的实际值比大气压强低多少,即

真空度 ＝ 大气压强 － 绝对压强

显然,真空度越高,其绝对压强越低。真空度又是表压强的负值。大气压强、绝对压强、表压强的相互关系见图 1.3。

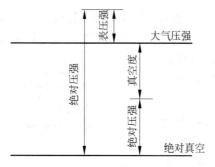

图 1.3　压强的基准和测量

应当指出,由于大气压强随其温度、湿度以及所在地区的海拔而发生变化,各地的大气压会稍有差异。为了避免绝对压强、表压强和真空度三者相互混淆,在应用时需对表压强和真空度加以标注,如 $1\,000\text{Pa}$(表压)、2kPa(真空度)等。

1.3.3　流体静力学基本方程

1. 流体静力学方程的推导

如图 1.4 所示,在密度为 ρ 的静止流体中取一流体微元立方体,其各边边长分别为 $\mathrm{d}x$、$\mathrm{d}y$、$\mathrm{d}z$,并分别与 x、y、z 轴平行。流体微元的中心点在 $A(x,y,z)$。由于流体静止,因此作用在此微元流体上的力仅有质量力和静压强。现对其作受力分析。

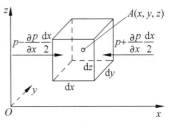

图 1.4　静止流体受力分析

(1) 作用于流体微元上的质量力:单位质量流体的质量力在坐标上的分量分别为 X、Y、Z,则该微元流体在 x、y、z 轴上质量力的分力分别为 $X\rho\,\mathrm{d}x\,\mathrm{d}y\,\mathrm{d}z$、$Y\rho\,\mathrm{d}x\,\mathrm{d}y\,\mathrm{d}z$、$Z\rho\,\mathrm{d}x\,\mathrm{d}y\,\mathrm{d}z$。

(2) 作用于流体微元上的表面力:根据牛顿黏性定律,任何剪应力都将造成流体的流动。因而在静止流体中,不存在剪应力,只有压强。设流体微元在中心点 A 处的压强为 p,则沿 z 轴作用于流体微元两侧面的压强分别为 $p-\dfrac{\partial p}{\partial z}\dfrac{\mathrm{d}z}{2}$ 和 $p+\dfrac{\partial p}{\partial z}\dfrac{\mathrm{d}z}{2}$,$\dfrac{\partial p}{\partial z}$ 是压强随 z 轴的变化率,称为压强梯度。则沿 z 轴作用于流体微元两侧面的总压强为 $\left(p-\dfrac{\partial p}{\partial z}\dfrac{\mathrm{d}z}{2}\right)\mathrm{d}x\,\mathrm{d}y$ 和 $\left(p+\dfrac{\partial p}{\partial z}\dfrac{\mathrm{d}z}{2}\right)\mathrm{d}x\,\mathrm{d}y$;同理,流体微元沿 x 轴和 y 轴的四个侧面上的总压强分别为 $\left(p-\dfrac{\partial p}{\partial x}\dfrac{\mathrm{d}x}{2}\right)\mathrm{d}y\,\mathrm{d}z$ 和 $\left(p+\dfrac{\partial p}{\partial x}\dfrac{\mathrm{d}x}{2}\right)\mathrm{d}y\,\mathrm{d}z$,$\left(p-\dfrac{\partial p}{\partial y}\dfrac{\mathrm{d}y}{2}\right)\mathrm{d}x\,\mathrm{d}z$ 和 $\left(p+\dfrac{\partial p}{\partial y}\dfrac{\mathrm{d}y}{2}\right)\mathrm{d}x\,\mathrm{d}z$。

由于该流体处于静止状态,根据力的平衡,作用于其上的质量力和表面力之和必然为零。则在 x 轴方向上有

$$\left(p-\frac{\partial p}{\partial x}\frac{\mathrm{d}x}{2}\right)\mathrm{d}y\,\mathrm{d}z+X\rho\,\mathrm{d}x\,\mathrm{d}y\,\mathrm{d}z-\left(p+\frac{\partial p}{\partial x}\frac{\mathrm{d}x}{2}\right)\mathrm{d}y\,\mathrm{d}z=0 \tag{1.18}$$

用流体微元的质量 $\rho\,\mathrm{d}x\,\mathrm{d}y\,\mathrm{d}z$ 除以式(1.18),则单位质量流体在 x 轴方向上的力平衡式为

$$X-\frac{1}{\rho}\frac{\partial p}{\partial x}=0 \tag{1.19}$$

同理可得

$$Y-\frac{1}{\rho}\frac{\partial p}{\partial y}=0 \tag{1.20}$$

$$Z-\frac{1}{\rho}\frac{\partial p}{\partial z}=0 \tag{1.21}$$

式(1.19)～式(1.21)称为静止流体的欧拉(Euler)平衡方程,此方程首先由欧拉于 1775 年导出。

若将上面三式分别乘以 $\mathrm{d}x$、$\mathrm{d}y$、$\mathrm{d}z$,并相加可得

$$\frac{\partial p}{\partial x}\mathrm{d}x + \frac{\partial p}{\partial y}\mathrm{d}y + \frac{\partial p}{\partial z}\mathrm{d}z = \rho(X\mathrm{d}x + Y\mathrm{d}y + Z\mathrm{d}z) \tag{1.22}$$

因为压强是空间位置的函数,即

$$p = f(x, y, z) \tag{1.23}$$

则

$$\mathrm{d}p = \frac{\partial p}{\partial x}\mathrm{d}x + \frac{\partial p}{\partial y}\mathrm{d}y + \frac{\partial p}{\partial z}\mathrm{d}z = \rho(X\mathrm{d}x + Y\mathrm{d}y + Z\mathrm{d}z) \tag{1.24}$$

式(1.24)是流体平衡的一般表达式,如果流体所受的质量力仅为重力,并取坐标 z 的负方向为重力方向,则

$$X = Y = 0 \tag{1.25}$$

$$Z = -g \tag{1.26}$$

将此两式代入方程(1.24),可得

$$\frac{\partial p}{\partial x} = \frac{\partial p}{\partial y} = 0 \tag{1.27}$$

$$\mathrm{d}p + \rho g\,\mathrm{d}z = 0 \tag{1.28}$$

式(1.28)为不可压缩流体的静力学方程。

当流体不可压缩即 ρ 为常数时,将式(1.28)积分,得

$$\int \frac{\mathrm{d}p}{\rho} + g\int \mathrm{d}z = 0 \Rightarrow \frac{p}{\rho} + gz = C \tag{1.29}$$

该式表明,静止流体中任一点的压强为流体密度和高度的函数。

2. 静止液体内部的压强分布

如图 1.5 所示,容器中装有密度为 ρ 的静止某液体。任选一水平面为基准面,图中选取容器底部为基准面。

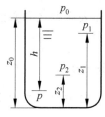

图 1.5   静止流体内部的压强分布

在静止液体内部的不同高度处,任取两平面 z_1 和 z_2,两平面处的压强分别为 p_1 和 p_1,则在 1 和 2 两点之间的压强关系为

$$\frac{p_1}{\rho} + gz_1 = \frac{p_2}{\rho} + gz_2 \tag{1.30}$$

或两边各项均除以 g,可得

$$\frac{p_1}{\rho g} + z_1 = \frac{p_2}{\rho g} + z_2 \tag{1.31}$$

或两边各项均乘以 ρ,可得

$$p_2 = p_1 + \rho g(z_1 - z_2) = p_1 + \rho g\Delta z \tag{1.32}$$

式中 $\Delta z = z_1 - z_2$ 为两平面间的距离。若液面高度为 z_0,液面上方压强为 p_0,则对于任意深度 h 处的压强 p 为

$$p = p_0 + \rho g h \tag{1.33}$$

式(1.30)～式(1.32)均为流体静力学基本方程,仅适用于在重力场中静止、连续、同种

的不可压缩流体。若流体处于离心力场,静压强分布将遵循着不同的规律。流体中,液体的密度随压强的变化很小,可认为是不可压缩的流体。而气体则具有较大的压缩性,其密度除随温度变化外,还随压强改变,因此气体的密度沿高度是变化的,原则上上述方程不成立。但在化工容器或设备的范围内,若压强变化不大,这种影响一般可以忽略,密度可近似取其平均值而视为常数,上述流体静力学基本方程仍可用。

结合静力学基本方程式,作以下几点说明。

(1) 当液面上方压强 p_0 一定时,静止流体内部任一点的静压强 p 与其密度 ρ 和该点的深度 h 有关。当液面上方的压强改变时,液体内部各点的压强也随之发生同样大小的改变,即作用于静止液面上的压强能以同样大小传递到液体内部各点。

(2) 在静止、连续的同种流体内,位于同一水平面上各点的静压强都相等,即等压面(压强相等的面)在同一水平面上。

(3) 式(1.33)可写成 $h = \dfrac{p - p_0}{\rho g}$,表明压强或压强差可用液柱高度表示,但必须注明液体种类,否则就失去了意义。

(4) 静止流体内部存在两种形式的能量——位能和压强能。在同种静止流体中处于不同位置的流体微元,其位能和压强能各不相同,但二者的和保持不变,且可以相互转化。因此,流体静力学基本方程也反映了静止流体内部能量守恒与转换的关系。

(5) 所有的表达式各项单位相同,保持因次和谐。式(1.30)中,gz 项可理解为 mgz/m(m 为流体的质量),其单位为 J/kg,说明 gz 项实际上是单位质量流体所具有的位能,而 p/ρ 是单位质量流体所具有的压强能,单位为 J/kg;式(1.31)中,$p/\rho g$ 为单位重量流体所具有的压强能,单位为 J/N,化简后的单位是液柱高度 m;式(1.32)中,各项的单位为压强的单位(Pa),也可理解为单位体积流体所具有的能量(J/m^3)。

(6) 需要指出,如果在同一容器内有两种以上密度不同且不互溶的液体,其水平分界面也是等压面;对于间断的、非单一流体内部不能使用流体静力学基本方程,在处理和计算时必须采用逐段传递压强的方法。

1.3.4　流体静力学方程的应用

1. 压强与压强差的测量

测量压强的仪表种类很多,在此仅介绍根据流体静力学原理测量压强的方法,这种装置统称为液柱压差计,较为典型的有以下三种。

1) 简单测压管

简单测压管如图 1.6 所示,储液罐的 A 点为测压口。测压口与一玻璃管连接,玻璃管的另一端通大气。由玻璃管中的液面高度获得读数 R,用静力学原理(1.33)可得

$$p_A = p_a + \rho g R$$

A 点的表压为

$$p_A - p_a = \rho g R \tag{1.34}$$

这种简单测压管只适用于高于大气压的液体压强的测定,不适用于气体。若被测压强 p_A 过高,读数 R 也将很大,测压很不方便;反之,若被测压强过小,与大气压强过于接近,

读数 R 会很小,加大测量误差。

2) U 形管压差计

U 形管压差计的结构如图 1.7 所示。在一根 U 形的玻璃管内装入指示液 A,指示液要与被测流体 B 不互溶,且其密度要大于被测流体的密度。

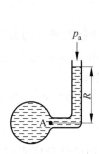

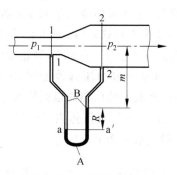

图 1.6　简单测压管　　　　图 1.7　U 形管压差计

当 U 形管的两端与被测流体两点连通时,可以测得两测压点之间的压强差,因而称为压差计。图 1.7 表示 U 形管压差计测量均匀水平管内流体作定态流动时 1、2 两处的压差。由于作用于 U 形管两端的压强不等(图中 $p_1 > p_2$),因此指示液 A 在 U 形管的两侧便显示出高度差 R。

设指示液 A 的密度为 ρ_A,被测流体 B 的密度为 ρ_B。由图 1.7 可知,a、a' 两点处在相连通的同一静止流体内且在同一水平面上,因此 a、a' 两点的压强相等,即 $p_a = p_{a'}$。据此,分别对 U 形管左侧和右侧的流体柱列流体静力学方程,即

$$p_a = p_1 + \rho_B g(m + R)$$
$$p_{a'} = p_2 + \rho_B g m + \rho_A g R$$

故

$$p_1 + \rho_B g(m + R) = p_2 + \rho_B g m + \rho_A g R$$

化简上式,得

$$p_1 - p_2 = (\rho_A - \rho_B)gR \qquad (1.35)$$

若被测流体为气体,由于气体的密度远远小于指示液的密度,二者不在同一数量级,式(1.35)中的 ρ_B 可以忽略,于是

$$p_1 - p_2 = \rho_A g R \qquad (1.36)$$

若 U 形管的一端与被测流体连接,另一端与大气相通,此时读数 R 反映的是被测流体的表压强。

3) 双液杯微差压差计

由式(1.35)可以看出,当所测量的压强差较小时,$(\rho_A - \rho_B)$ 恒定,则 U 形管压差计的读数也较小,从而影响了测量的精度。在此情况下,改用双液杯微差压差计可以大大提高测量的准确性。

图 1.8 所示为双液杯微差压差计,它是在 U 形管的上方增设两个扩张小室,内部装入密度很接近但不互溶的两种指示液 A 和 C。一般扩张室的截面积远大于管截面面积,通常在 10 倍以上。故即使 U 形管内指示液读数 R 很大,两扩张室内的指示液 C 的液面变化不

大,仍能基本上维持等高。

根据流体静力学基本方程,压强差可用下式计算

$$p_1 - p_2 = (\rho_A - \rho_C)gR \tag{1.37}$$

由式(1.37)知,测量压差一定时,R 与 $(\rho_A - \rho_C)$ 成反比。只要选择两种合适的指示剂,使 A 与 C 的密度差 $(\rho_A - \rho_C)$ 足够小,就能使读数 R 达到较大的值。

如果双液压差计小室内液面差不可忽略时,式(1.37)可写成

$$p_1 - p_2 = (\rho_A - \rho_C)gR + \Delta R\rho_C g \tag{1.38}$$

式中　ΔR——扩张室内的液面差,$\Delta R = R(d/D)^2$;

　　　d——U 形管内径;

　　　D——小室内径。

此外,应用静力学基本原理进行压差测量的装置还有:倒 U 形管压差计,用空气作指示剂;倾斜液柱压差计,也可以达到放大读数之效果;复式压差计,如图 1.9 所示,等等。

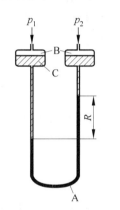

图 1.8　双液杯微差压差计

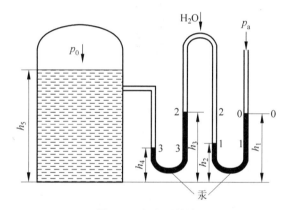

图 1.9　复式压差计

2. 液位的测量

化工生产中,经常要测量和控制各种设备和容器内液体物料的液位。液位的测量同样是静力学基本方程式的一种应用。

原始液位计如图 1.10 所示,在容器器壁的下部及液面上方处各开一小孔,用玻璃管将两孔相连接。玻璃管内示出的液面高度即为容器内的高度。该液位计常用于工厂中一些常压容器或储罐上,它运用了同种静止流体连通器内同一水平面各点压强相等的原理来测定液位,但易于破损且不便于远距离观测。

如图 1.11 所示为用压差法测量液位,在容器或设备的外面连接一个称为平衡器的小室,其内装入与容器内相同的液体,让平衡器内液体液面的高度维持在容器液面所能达到的最大高度处。用一装有指示液的 U 形管压差计将容器与平衡器连通起来,则由压差计读数便可求出容器内的液面高度。容器的液面越低,压差计的读数越大;当液面达到最大高度时,压差计读数为零。

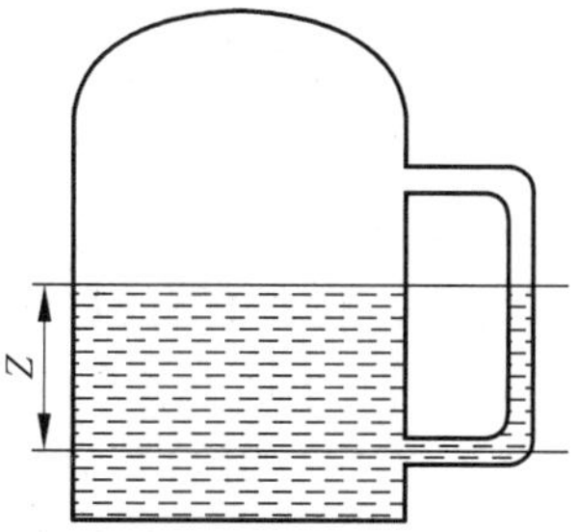

图 1.10　原始液位计

3. 液封高度的计算

设备的液封也是化工生产中经常遇到的问题。为了控制设备内气体压强不超过规定的数值,常使用安全液封装置(或水封装置),如图 1.12 所示。其目的是确保设备的安全,若气体压强超过规定值,气体就从液封管流出。流体静力学基本原理可用于确定设备的液封高度,具体测量方法可参见例 1.4。除此之外,液封还可实现防止气体泄漏的目的。

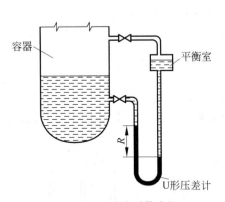

图 1.11   压差法测量液位

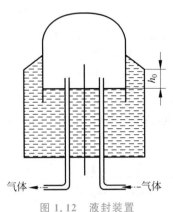

图 1.12   液封装置

【例 1.1】   本题附图所示的敞口容器内盛有油和水,油层高度和密度分别为 $h_1 = 1$m,$\rho_1 = 850$kg/m³,水层高度(指油、水界面与小孔中心的距离) $h_2 = 0.7$m,密度 $\rho_2 = 1\,000$kg/m³。

(1) 判断下列等式是否成立: $p_A = p_{A'}$, $p_B = p_{B'}$;

(2) 计算水在玻璃管内的高度 h。

解:(1) 由于 A 与 A′ 两点在静止的连通着的同一流体的同一水平面上,故 $p_A = p_{A'}$。

又由于 B 与 B′ 两点虽在静止流体的同一水平面上,但不是连通着的同一种流体,因此 $p_B \neq p_{B'}$。

(2) 由上面讨论知,$p_A = p_{A'}$,而 p_A 与 $p_{A'}$ 都可以用流体静力学方程计算,即

$$p_A = p_a + \rho_1 g h_1 + \rho_2 g h_2$$

$$p_{A'} = p_a + \rho_2 g h$$

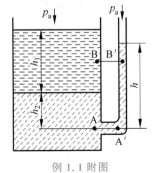

例 1.1 附图

于是

$$p_a + \rho_2 g h = p_a + \rho_1 g h_1 + \rho_2 g h_2$$

简化上式并代入已知数值,得

$$850\text{kg/m}^3 \times 1\text{m} + 1\,000\text{kg/m}^3 \times 0.7\text{m} = 1\,000\text{kg/m}^3 \times h$$

解得 $h = 1.55$m。

分析:本题计算的目的在于流体静力学方程的正确理解,即在连通着的同一种静止液体内部,同一平面上各点的压强相等。

【例 1.2】   用 U 形管压差计测量水平管道内某气体在两截面上的压强差,指示液为水,其密度为 $1\,000$kg/m³,读数为 12mm。为了提高测量精度,改用双液杯微差压差计,指示液

A 是含 40% 乙醇的水溶液,密度 ρ_A 为 920kg/m³,指示液 C 为煤油,密度 ρ_C 为 850kg/m³,试问读数可以放大到原来的多少倍?

解:用 U 形管压差计测量气体的压强差时,可根据式(1.36)计算

$$p_1 - p_2 = \rho_{H_2O} g R$$

用 U 形管微差压差计测量气体的压强差时,可根据式(1.37)计算

$$p_1 - p_2 = (\rho_A - \rho_C) g R'$$

采用两种压差计所测量的压强差相同,为同一数值,由此将以上两式联立,并代入相关数据可得

$$R' = \frac{R\rho_{H_2O}}{\rho_A - \rho_C} = \frac{12\text{mm} \times 1\,000\text{kg/m}^3}{(920-850)\text{kg/m}^3} = 171\text{mm}$$

结果表明,压差计的读数是原来读数的 171/12=14.3 倍,读数误差减小,提高了测量精度。

思考题:如欲进一步提高测量的精度,仍采用双液杯微差压差计,还有哪些措施?

【例 1.3】 用远距离测量液位的装置来测量地下某储罐内有机液体的液位,流程如本题附图所示。压缩氮气经调节阀调节后进入鼓泡观察器。管路中氮气的流速控制得很小,只要在鼓泡观察器内看出有气泡缓慢逸出即可。因此气体通过吹气管的流动阻力可以忽略不计。吹气管某截面处的压强用 U 形管压差计来计量。压差计读数 R 的大小,即反映储罐内液面的高度。

现已知 U 形管压差计的指示液为水银,其读数 R=150mm,罐内有机液体的密度 $\rho = 1\,250\text{kg/m}^3$,储罐上方与大气相通。试求储罐中液面离吹气管出口的距离 h。

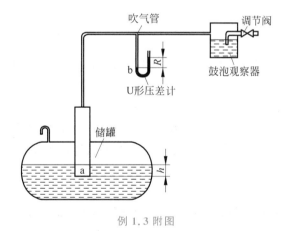

例 1.3 附图

解:由于吹气管内氮气的流速很低,且管内不能存有液体,故可认为管出口 a 处与 U 形管压差计 b 处的压强近似相等,即 $p_a \approx p_b$。

根据流体静力学平衡方程,若 p_a 与 p_b 均以大气压为压强基准,用表压强表示,得

$$p_a = \rho g h, \quad p_b = \rho_{Hg} g R$$

故

$$h = \frac{\rho_{Hg}}{\rho} R = \frac{13\,600\text{kg/m}^3}{1\,250\text{kg/m}^3} \times 0.15\text{m} = 1.63\text{m}$$

【例 1.4】 某厂为了控制乙炔发生炉内的压强不超过 13.3kPa(表压),在炉外装一安全液封管(又称水封)装置,如本题附图所示。液封的作用是,当炉内压强超过规定值时,气体便从液封管排出。试求此炉的安全液封管应插入槽内水面下的深度 h。

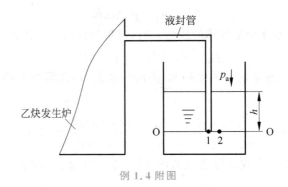

例 1.4 附图

解:参见例 1.4 附图,以液封管口作为基准水平面 O—O,在其上取 1、2 两点,其中
$$p_1 = 炉内压强 = p_a + 13.3 \times 10^3 \, \text{Pa}, \quad p_2 = p_a + \rho g h$$
p_1 和 p_2 符合静力学基本方程,即 $p_1 = p_2$,故
$$p_a + 13.3 \times 10^3 \, \text{Pa} = p_a + 1.0 \times 10^3 \, \text{kg/m}^3 \times 9.81 \, \text{N/kg} \times h$$
解得 $h = 1.36 \text{m}$。

1.4 流体流动的基本方程

1.4.1 稳态流动与非稳态流动

前已述及,流体质点的所有物理量均为空间坐标 (x, y, z) 和时间 t 的函数,例如速度可写成
$$u = u(x, y, z, t) \tag{1.39}$$
按照流体流动时的流速及其他有关物理量是否随时间而变化,可以将流体的运动分为稳态流动和非稳态流动。若流体的流速及其他物理量仅随位置改变而不随时间改变,即
$$\frac{\partial}{\partial t} = 0 \tag{1.40}$$
则称此流动为稳态流动,否则为非稳态流动。以流速为例,稳态流动时,式(1.39)变为
$$u = u(x, y, z) \tag{1.41}$$
稳态流动又称为定常流动。连续生产过程中的流体流动,在正常情况下多属稳态的,而在开工或停工阶段则为非稳态流动。

除此之外,流体的流动也可按照流速及有关物理量依赖的空间维数将其分为一维与多维流动。

若所有有关物理量只依赖于一个曲线坐标,则称此流动为一维流动;依赖于两个曲线坐标则称为二维流动;依赖于三个曲线坐标则称为三维流动。化工流体输送因多在封闭管道内进行,故其流动以一维居多。

1. 流线

在物理学中,描述磁场和电场的特性时,经常采用磁力线和电力线的概念。与磁场及电场一样,流场也为向量场,有着与其他向量场所共有的特点。由此可以推知,采用流线(streamline)描述流场乃属必然。

流线可以直观地描述流体流动的某些特性,它是这样的曲线:在曲线上任一点的切线方向与流体在该点的速度方向相同。因此,流线是流场中相对于固定坐标的一条空间曲线。

根据流线的定义可知,流线有如下性质。

(1) 流线不能相交。这是因为空间每一点在某一瞬时只有一个流速,所以同一点不能有两条流线通过,即流线不能相交。

(2) 流场中的流线是一个曲线族。在任一瞬时,流场中的任何一个空间点都有一条流线通过。

(3) 在非稳态流场中,任何一个空间点的速度随时间变化,因此流线的形状及位置随时间而变。而稳态流场的流线则不随时间改变。

2. 流管

如图 1.13 所示,在流场内任取一封闭曲线 C,通过曲线 C 上的每一点连续地作流线,则这些流线构成一个管状表面,该管状表面即为流管(streamtube)。流管具有如下性质。

(1) 流体不能穿过流管表面,只能在管内或管外流动。这是因为流管是由流线所围成的,而流线又是不能相交的。

(2) 流管表面上的速度方向永远是和表面相切的,因此流体在流管中的流动,就如同在一固体管路中流动一样。

(3) 在稳态流动时,流管的形状不随时间而变,这是由于流线形状不随时间变化的缘故。而在非稳态流动时,流管的形状则随时间变化。

图 1.13　流管

1.4.2　流量与流速

1. 流量

流量有体积流量和质量流量两种表示方式。

(1) 体积流量:单位时间内流过管道任一流通截面的流体量称为体积流量,习惯上也称为体积流率,单位为 m^3/s 或 m^3/h,以符号 q_V 表示。

(2) 质量流量:单位时间内流过管道任一流通截面的流体质量称为质量流量,常用单位有 kg/s 或 kg/h,以符号 q_m 表示。

化工生产中,大量遇到的是管内流动,其体积流量即为单位时间内流过管道横截面的流体体积。

体积流量 q_V 与质量流量 q_m 之间存在下述关系:

$$q_m = \rho q_V \tag{1.42}$$

式中　ρ——液体的密度,kg/m^3。

注意:流量是一种瞬时的特性,不是一段时间内累计流过的量。因此流量是随时间变化的。但是当流体作稳态流动时,流量不随时间而变化。

2. 流速

与流量相对应,流速也有两种表示方法。

1) 平均流速

流速是指单位时间内流体在流动方向上流经的距离,以符号 u 表示,单位为 m/s。实验发现,当流体在管内流动时,由于流体黏性的存在,其流速在管道截面上各点是不同的,在管截面上形成某种分布,而这种分布规律除与黏性有关外,还与很多因素有关。在管壁面上,由于流体的黏性作用而黏附于壁面,速度为零,从而由壁面至管中心建立起一个速度分布,在管中心速度最大。在工程上为方便起见,常采用平均流速表示流体在该截面上的速度。在流体流动中通常按照流量相等的原则来确定平均流速,用符号 u_b 表示,即

$$q_V = u_b A = \iint_A u\, dA$$

$$u_b = \frac{\iint_A u\, dA}{A} = \frac{q_V}{A} \tag{1.43}$$

式中　u_b——平均流速,m/s;

　　　u——某点的点速度,m/s;

　　　A——垂直于流动方向的管截面积,m^2。

式(1.43)是平均流速(也称主体流速)的一般定义。习惯上,将平均流速简称为流速。

2) 质量流速

由于气体的体积流量随温度和压强变化,故采用质量流速更为方便,通常又称为质量通量,以 G 表示,单位为 kg/(m^2·s),其定义为

$$G = \frac{q_m}{A} = \frac{q_V \rho}{A} = u_b \rho \tag{1.44}$$

需要指出,任何平均值均不能全面代表某一物理量的分布,因此,平均流速在流量方面与实际的速度分布等效,但在其他方面并不等效。

化工管道以圆管居多,若以 d 表示其管道内径,则式(1.43)变为

$$u_b = \frac{4q_V}{\pi d^2} \tag{1.45}$$

即

$$d = \sqrt{\frac{4q_V}{\pi u_b}} \tag{1.46}$$

式(1.46)是确定流体输送管路直径的依据。式中,流体的体积流量一般由生产任务所决定,平均流速则需要综合考虑各种因素后进行合理选择:流速选择过高,管径虽可以减小,但流体流经管道的阻力增大,动力消耗就大,操作费用随之增加;反之,流速选择过低,操作费用可相应地减小,但管径增大,管路的投资费用随之增加。因此,适宜的流速需进行经济权衡。表1.1列出了一些流体在管道中流动时流速的常用范围,可供管路设计计

算时参考。由表 1.1 可以看出,流体在管道中的适宜流速的大小与流体的性质及操作条件有关。

表 1.1 某些常用流体在管道中的流速范围

流体及其流动类别	流速范围 /(m/s)	流体及其流动类别	流速范围 /(m/s)
自来水(3×10^5 Pa 左右)	$1\sim1.5$	一般气体(常压)	$10\sim20$
水及低黏度液体($1\times10^5\sim1\times10^6$ Pa)	$1.5\sim3.0$	鼓风机吸入管	$10\sim20$
高黏度液体	$0.5\sim1.0$	鼓风机排出管	$15\sim20$
工业供水(8×10^5 Pa 以下)	$1.5\sim3.0$	离心泵吸入管(水类液体)	$1.5\sim2.0$
锅炉供水(8×10^5 Pa 以下)	>3.0	离心泵排出管(水类液体)	$2.5\sim3.0$
饱和蒸汽	$20\sim40$	往复泵吸入管(水类液体)	$0.75\sim1.0$
过热蒸汽	$30\sim50$	往复泵排出管(水类液体)	$1.0\sim2.0$
蛇管、螺旋管内的冷却水	<1.0	液体自流速度(冷凝水等)	0.5
低压空气	$12\sim15$	真空操作下气体流速	<50
高压空气	$15\sim25$		

1.4.3 流体的衡算方程

流体动力学研究的主要内容是流体在运动过程中流速、压强等有关物理量的变化规律,研究所采用的基本途径是所谓的衡算方法。具体地说,是通过质量守恒、能量守恒(热力学第一定律)及动量守恒(牛顿第二定律)原理对过程进行质量衡算、能量衡算及动量衡算,从而获得物理量之间的内在联系和变化规律。

在进行衡算时,需要预先指定衡算的空间范围即"控制体"(control volume),将包围此控制体的封闭边界称为"控制面"。控制体可根据实际需要选定,既可以选择一个具有宏观尺度的范围,进行总衡算或宏观衡算;也可以选择一个运动流体的质点或微团,进行微分衡算。

总衡算的特点是由宏观尺度的控制体外部(进、出口及环境)各有关物理量的变化来考察控制体内部物理量的平均变化,而对控制体内部逐点的详细变化规律是无法得知的。总衡算可以解决化工过程中的物料衡算、能量转换与消耗以及设备受力情况等许多有实际意义的问题。

另一方面,为了探讨流动系统内部的质量、能量与动量变化规律,了解过程的机理,需要进行微分衡算。微分衡算的特点是从研究流体质点上各物理量随时间和空间的变化关系着手,建立过程变化的微分方程,再通过积分获取整个流场的运动规律。下面介绍质量衡算和能量衡算。

1. 质量衡算

简单控制体指控制体是流动系统中的某一段管道、一个或数个设备等。流体的进出口可以有若干个,进出口流体的流速方向与控制面垂直。

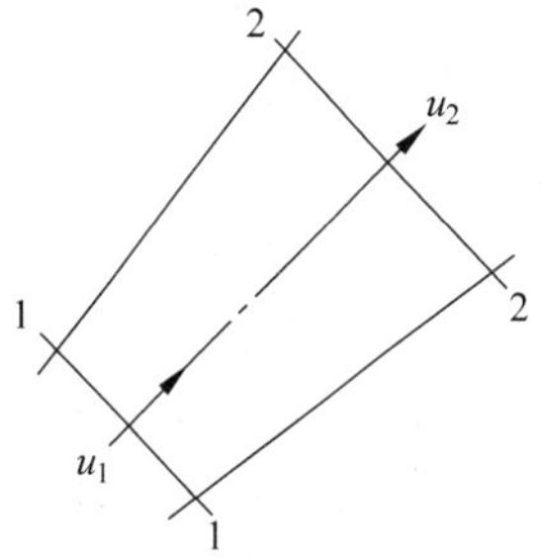

如图 1.14 所示,取截面 1—1 和截面 2—2 之间的管段作为控制体。根据质量守恒定理,单位时间内流进和流出

图 1.14 控制体中的质量守恒

控制体的质量差应等于单位时间内控制体内物质的累积量,即

$$\rho_1 u_1 A_1 - \rho_2 u_2 A_2 = \frac{\partial}{\partial t} \int_V \rho \mathrm{d}V \tag{1.47}$$

即

$$q_{m1} - q_{m2} = \frac{\mathrm{d}m}{\mathrm{d}t} \tag{1.47a}$$

式中　A_1, A_2——管道截面 1—1 和截面 2—2 的截面积,m^2;

　　　u_1, u_2——管道截面 1—1 和截面 2—2 的平均速度,m/s;

　　　ρ_1, ρ_2——管道截面 1—1 和截面 2—2 的流体密度,$\mathrm{kg/m}^3$;

　　　V——控制体的体积,m^3;

　　　$\dfrac{\partial}{\partial t} \displaystyle\int_V \rho \mathrm{d}V$——质量累积速率,kg/s。

式(1.47)称为流体在管道中作稳态流动时的质量守恒方程,也称为连续性方程。对于不可压缩流体在管道内作稳态流动,流体密度为常量,则式(1.47)右端为零,有

$$u_1 A_1 = u_2 A_2 = uA = 常数 \tag{1.48}$$

或

$$\frac{u_1}{u_2} = \frac{A_2}{A_1} \tag{1.49}$$

式(1.49)表明,由于受到质量守恒方程的约束,不可压缩流体的平均速度与管道的横截面积成反比,即横截面增加,流速变小;横截面变小,流速增加。流体在均匀直管内作稳态流动时,其平均速度沿流程保持定值,不因摩擦而减速。

若不可压缩流体在直径为 d 的管道内流动,因 $q_V = uA = \pi d^2/4$,则式(1.49)可变形为

$$\frac{u_1}{u_2} = \left(\frac{d_2}{d_1}\right)^2 \tag{1.50}$$

$$u \propto \frac{1}{d^2} \tag{1.50a}$$

即不可压缩流体在圆形管道中作稳态流动,任意截面上的流速与管道内径的平方成反比。

2. 能量衡算

能量衡算在化工管路计算、流体输送机械的选择以及流量测量等诸多方面有着广泛的应用。对于固体质点的运动,根据牛顿第二定律,在不考虑摩擦作用的理想条件下(绝对光滑),推导出机械能守恒定律,即重力势能、动能之和在运动过程中保持不变。同样,流体流动过程中的机械能守恒方程,也可以从牛顿第二定律推出,也只有在无摩擦的情况下,才能保持机械能守恒。

前已述及,在静止流体内部存在两种形式的机械能——位能(即重力势能)和压强能。流体在重力场中自低位向高位对抗重力运动,流体将获得位能;反之,流体自低压向高压对抗压强运动时,流体也将获得能量,这种能量就是压强能。在流体运动时,还将涉及动能,它是流体质点的平移或旋转所具有的能量。因此,在运动流体内部,存在着三种机械能的相互转换。

因此,先从考虑理想流体(流体黏度为零)的机械能守恒出发,然后对其作出修正以应用

于实际流体。实际流体,由于黏性的存在而引起的内摩擦力将消耗部分机械能而使之转化为流体的内能,耗散于流体中,即流体的黏性使得其在运动过程中产生机械能损失。

1) 机械能守恒

与推导静止流体的欧拉平衡方程类似,在运动的流体中,任取一立方体微元。由于是理想流体,黏度为零,在微元表面不受运动中剪切力作用,微元受力与静止流体相同。但在运动流体中各力不平衡而造成加速度 $\mathrm{d}u/\mathrm{d}t$。由牛顿第二定律可知

$$体积力 + 表面力 = 质量 \times 加速度$$

即单位质量流体所受的力在数值上等于加速度。因此,直接在静止流体的欧拉平衡方程式的右方补上加速度项便可得到

$$\begin{cases} X - \dfrac{1}{\rho}\dfrac{\partial p}{\partial x} = \dfrac{\mathrm{d}u_x}{\mathrm{d}t} \\[2mm] Y - \dfrac{1}{\rho}\dfrac{\partial p}{\partial y} = \dfrac{\mathrm{d}u_y}{\mathrm{d}t} \\[2mm] Z - \dfrac{1}{\rho}\dfrac{\partial p}{\partial z} = \dfrac{\mathrm{d}u_z}{\mathrm{d}t} \end{cases} \tag{1.51}$$

式(1.51)即为理想流体的运动方程。

设流体微元在 $\mathrm{d}t$ 时间内移动的距离为 $\mathrm{d}l$,$\mathrm{d}l$ 在坐标轴上的分量为 $\mathrm{d}x$、$\mathrm{d}y$、$\mathrm{d}z$(流体质点的位移)。现将式(1.51)中各式分别乘以 $\mathrm{d}x$、$\mathrm{d}y$、$\mathrm{d}z$,使各项成为单位质量流体的功和能,得

$$\begin{cases} X\,\mathrm{d}x - \dfrac{1}{\rho}\dfrac{\partial p}{\partial x}\mathrm{d}x = \dfrac{\mathrm{d}u_x}{\mathrm{d}t}\mathrm{d}x \\[2mm] Y\,\mathrm{d}y - \dfrac{1}{\rho}\dfrac{\partial p}{\partial y}\mathrm{d}y = \dfrac{\mathrm{d}u_y}{\mathrm{d}t}\mathrm{d}y \\[2mm] Z\,\mathrm{d}z - \dfrac{1}{\rho}\dfrac{\partial p}{\partial z}\mathrm{d}z = \dfrac{\mathrm{d}u_z}{\mathrm{d}t}\mathrm{d}z \end{cases} \tag{1.52}$$

由速度的定义可知

$$u_x = \frac{\mathrm{d}x}{\mathrm{d}t}, \quad u_y = \frac{\mathrm{d}y}{\mathrm{d}t}, \quad u_z = \frac{\mathrm{d}z}{\mathrm{d}t} \tag{1.53}$$

代入式(1.52)得

$$\begin{cases} X\,\mathrm{d}x - \dfrac{1}{\rho}\dfrac{\partial p}{\partial x}\mathrm{d}x = u_x\,\mathrm{d}u_x = \dfrac{1}{2}\mathrm{d}u_x^2 \\[2mm] Y\,\mathrm{d}y - \dfrac{1}{\rho}\dfrac{\partial p}{\partial y}\mathrm{d}y = u_y\,\mathrm{d}u_y = \dfrac{1}{2}\mathrm{d}u_y^2 \\[2mm] Z\,\mathrm{d}z - \dfrac{1}{\rho}\dfrac{\partial p}{\partial z}\mathrm{d}z = u_z\,\mathrm{d}u_z = \dfrac{1}{2}\mathrm{d}u_z^2 \end{cases} \tag{1.54}$$

对于稳态流动,有

$$\frac{\partial p}{\partial t} = 0, \quad \mathrm{d}p = \frac{\partial p}{\partial x}\mathrm{d}x + \frac{\partial p}{\partial y}\mathrm{d}y + \frac{\partial p}{\partial z}\mathrm{d}z$$

且由全导数定义:

$$\mathrm{d}(u_x^2 + u_y^2 + u_z^2) = \mathrm{d}u^2$$

将式(1.54)三式相加可得

$$(X\mathrm{d}x + Y\mathrm{d}y + Z\mathrm{d}z) - \frac{1}{\rho}\mathrm{d}p = \mathrm{d}\left(\frac{u^2}{2}\right) \quad (1.55)$$

若流体只是在重力场中流动,取 z 轴向上为正,则 $Z = -g$, $X = Y = 0$,式(1.55)成为

$$g\mathrm{d}z + \frac{\mathrm{d}p}{\rho} + \mathrm{d}\left(\frac{u^2}{2}\right) = 0 \quad (1.56)$$

对不可压缩流体,密度 ρ 为常数,上式的积分形式为

$$gz + \frac{p}{\rho} + \frac{u^2}{2} = 常数 \quad (1.57)$$

式(1.57)称为伯努利(Bernoulli)方程,仅适用于不可压缩理想流体在重力场中作稳态流动的情况。

式(1.57)表示在流体流动中存在三种形式的机械能,即位能、压强能和动能,且三种能量在流体运动过程中可相互转换,但其和保持不变。

对于不可压缩的流体,重力势能(位能)和压强能(静压能)均属势能。

注意:在作上述公式推导时,采用的是拉格朗日法考察流体,因此伯努利方程仅用于同一条迹线。但是,当流体作稳态流动时,流线与迹线相重合。因此,采用欧拉法处理流体流动问题时,伯努利方程依然适用,但仅限于作稳态流动时同一流线的流体。

2) 理想流体在管流系统中的机械能守恒

将伯努利方程应用到管流系统时,应注意管流系统中包含有大量互不相交的流线,如图1.15所示。

伯努利方程只说明了一条流线上机械能守恒,这个结论对管流是否适用,取决于管道截面上各条流线的机械能是否彼此相等。若所考察的管道截面处于均匀流段(管径均匀一致),即各流线均为相互平行的直线并与截面垂直(如图1.15中的截面1—1和截面2—2),则稳态流动下该截面上的流体没有加速度,因此沿该截面的势能分布应服从静力学方程。因此,在均匀流段截面上各点的总势能均相等。截面2—2各点的位能不同,压强能也不同,但各点的总势能相同。

又因所考察的流体为理想流体,黏度为零,即截面上各点流速相同,故任一流线上单位质量流体的动能可用平均流速计算。所以,对于理想流体,伯努利方程可直接应用于流体在管内的流动,在截面1—1和截面2—2之间可直接写出

$$gz_1 + \frac{u_1^2}{2} + \frac{p_1}{\rho} = gz_2 + \frac{u_2^2}{2} + \frac{p_2}{\rho} \quad (1.58)$$

下面说明伯努利方程的几何意义。

前已述及,理想流体的伯努利方程各项均为单位质量流体的机械能,分别为位能、压强能和动能。将式(1.58)两边同除以 g,可获得此方程的另一种以单位重量流体为基准的表达形式:

$$z + \frac{u^2}{2g} + \frac{p}{\rho g} = 常数 \quad (1.59)$$

其物理意义:不可压缩的理想流体沿流线作稳态流动时,其位能、压强能和动能可以相互转换,但总机械能保持不变。在 SI 中为每牛[顿]重量流

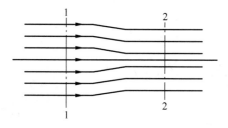

图 1.15　管内流体的流线

体所具有的能量(焦[耳]),即 $J/N=m$。

图 1.16 表明了伯努利方程的几何意义。图中 z 为单位重量流体所具有的位能,也是被考察流体距离基准面的高度,称为位头;$\dfrac{p}{\rho g}$ 是单位重量流体所具有的压强能,也是以流体柱高度表示的压强,称为压头;$\dfrac{u^2}{2g}$ 是单位重量流体所具有的动能,称为动压头。

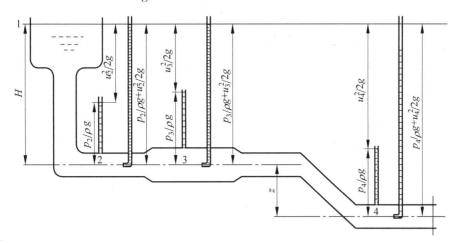

图 1.16　伯努利方程的几何意义

图 1.16 中截取 2、3 管中心为高度基准,$z_2=0$。取大气压为压强基准,$p_1=0$。截面 1 的面积远大于管道截面,故 u_1 近似取为零。由图中可清晰地看出理想流体在流动过程中三种能量形式的转换,但三头之和为一常数。对已架设好的管路,各流通断面的几何高度和管径已定,则各断面的位能 z 是不可能改变的,但各断面的动能 $u^2/2g$ 却受到管径的约束,只有压强能 $p/\rho g$ 可根据具体情况的变化而变化。因此,从某种意义上说,伯努利方程就是流体在管道内流动过程中压强变化的规律体现。

若流体是静止的,则流速为零,方程式中的动能项为零,伯努利方程演变为静力学基本方程式。可见,伯努利方程不仅表示了流体流动规律,也表示了流体静止时的规律,流体静止状态是流动状态的一种特殊形式。对于可压缩流体,当所取控制体两端截面间的压强变化不超过原来绝对压强的 20%$\left(\text{即}\dfrac{p_1-p_2}{p_1}<20\%\right)$时,式(1.58)仍可用,但是流体的密度应取两截面间流体的平均密度。由此导致的计算误差,在工程计算中是允许的。

3) 实际流体在管流系统中作稳态流动时的机械能衡算

若所考察的流体是黏性流体(实际流体),只要所选取的截面处于均匀流段,则各点的总势能仍然相等,但是截面上各点的流速却不相等,近壁处速度小,而管中心速度最大,即各条流线上的动能不再相等。要将伯努利方程应用于实际流体,必须用截面的平均动能代替动能。

黏性流体在水平管路中的流动过程中,流体的压强沿流动方向逐渐降低,即 $\Delta p<0$。损失的这部分机械能并不能使其他形式的机械能(动能、位能和 W_e)增加,而是转换为内能,使流体的温度略有升高。因此,从流体输送的角度看,这部分机械能是"损失"了。

机械能损失的根本原因是由于流体具有黏性,在其流动过程中流体层之间存在着相互作用的摩擦阻力。机械能损失的大小与流体的性质、流动型态以及输送管道的形状等诸多因素有关。同时，外界也可以对控制体内流体输送机械能，如流体输送机械。实际流体在作机械能衡算时这两项均必须计入。那么，在截面1—1和截面2—2间作机械能衡算可得

$$gz_1 + \frac{u_1^2}{2} + \frac{p_1}{\rho} + W_e = gz_2 + \frac{u_2^2}{2} + \frac{p_2}{\rho} + \sum h_{f1-2} \tag{1.60}$$

式中　$u_1^2/2, u_2^2/2$——截面1、截面2处单位质量流体动能的平均值；

W_e——截面1到截面2外界对单位质量流体加入的机械能；

$\sum h_{f1-2}$——单位质量流体从截面1流至截面2的机械能损失（即阻力损失）。

由于实际流体的黏性作用，在管截面上各点的速度是不均匀的。根据平均流速的定义，$q_V = \iint\limits_A u \, dA = u_b A$，表明用平均流速计算的流量与用实际速度计算的流量是相同的，但按照平均速度计算的动能与截面的实际动能不等。为此引入动能校正系数。

单位时间内，流体通过某一管截面的动能若用平均速度 u_b 表示，则可写成

$$\frac{1}{2} q_m u_b^2 = \frac{1}{2} \rho u_b^3 A$$

而单位时间内通过同一管截面的流体的真实动能为

$$\iint\limits_A \frac{1}{2} \, dq_m u^2 = \frac{1}{2} \iint\limits_A \rho u^3 \, dA$$

定义二者之比为动能校正系数，以 a 表示：

$$a = \frac{\dfrac{1}{2} \iint\limits_A \rho u^3 \, dA}{\dfrac{1}{2} \rho u_b^3 A} = \frac{\iint\limits_A \rho u^3 \, dA}{\rho u_b^3 A}$$

计算表明，除理想流体外，$a > 1$，即以平均速度表示的动能小于该截面的真实动能。a 是一个依赖于截面速度分布且大于1的数，它反映了流通截面上速度分布的不均匀性。速度分布越不均匀，a 值越大。对于圆管内层流，$a = 2$；对于管内湍流，$a \approx 1$。由于动能项相比于其他项，值要小得多，故实际应用中常取为1。

下面说明方程的意义及不同的表达形式。

（1）式(1.60)中 gz、$u^2/2$ 和 p/ρ 分别表示1kg流体在截面1或截面2上所具有的位能、动能和压强能；W_e 和 $\sum h_{f1-2}$ 分别表示流体在两截面之间获得和消耗的能量。各项的单位均为 J/kg。此式表明，在管路的任意截面上，各种形式的机械能不等，但总机械能为常数。

（2）W_e 为输送机械对单位质量流体所做的功（J/kg），是选择流体输送机械的重要依据。单位时间内输送机械对流体所做的功称为有效功率，以 N_e 表示，即

$$N_e = q_m W_e = \rho q_V W_e \tag{1.61}$$

式中　q_m——流体的质量流量，kg/s；

q_V——流体的体积流量，m^3/s；

N_e——输送机械的有效功率，W。

（3）若以1N流体为基准表示，则式(1.60)变为

1N 流体　　$$z_1 + \frac{u_1^2}{2g} + \frac{p_1}{\rho g} + H_e = z_2 + \frac{u_2^2}{2g} + \frac{p_2}{\rho g} + H_{f1-2} \tag{1.62}$$

式中各项的单位均为 J/N。z、$u^2/2g$ 和 $p/\rho g$ 分别称为位头、动压头和压头；H_e 为单位重量流体流经控制体所获得的有效压头(扬程)；H_f 为单位重量流体流经控制体所消耗的压头损失。

(4) 若以 $1m^3$ 流体为基准表示，则式(1.60)变为

$$1m^3\text{ 流体}\qquad \rho g z_1 + \frac{\rho u_1^2}{2} + p_1 + \rho W_e = \rho g z_2 + \frac{\rho u_2^2}{2} + p_2 + \Delta p_f \qquad (1.63)$$

式中各项的单位均为 J/m^3。ρW_e 为单位体积流体流经控制体所获得的有效能量；$\Delta p_f = \rho \sum h_f$ 为单位体积流体流经控制体所损失的机械能，也称为压降。

注意：Δp 与 Δp_f 的区别。

(1) Δp_f 并不是两截面间的压强差，Δ 表示的不是增量，而 Δp 中的 Δ 表示增量。

(2) 一般情况下，Δp 与 Δp_f 在数值上不相等，只有当流体在一段既无外功加入、直径又相同的水平管内流动时，Δp 与压降 Δp_f 在绝对数值上才相等。

以上能量守恒是采用欧拉平衡方程推导出来的，也可以采用下面的方法推导，更有助于理解。

如图 1.17 所示的稳态流动系统中，流体从截面 1—1 流入，经粗细不同的管路，从截面 2—2 流出。管路中装有流体输送机械泵以及向流体输入或移出热量的换热器。

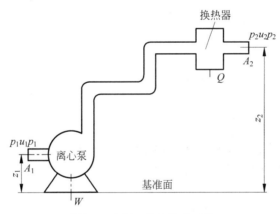

图 1.17 化工稳态流动系统

衡算范围(控制体)：管道内壁面，截面 1—截面 2 间；

衡算基准：1kg 流体。

1kg 流体进出控制体时输入和输出的能量有以下各项。

(1) 内能 物质内部能量的总和称为内能。1kg 流体输入和输出的内能分别以 U_1 和 U_2 表示，单位为 J/kg。

(2) 位能 流体因受重力作用，在不同高度处具有不同的势能，即相当于质量为 m 的流体自基准面提升到某高度 z 所做的功，即

$$位能 = mgz$$

$$位能量纲[mgz] = kg \cdot \frac{m}{s^2} \cdot m = N \cdot m = J$$

1kg 流体输入和输出的位能分别为 gz_1 和 gz_2，其单位为 J/kg。位能为相对值，随所选

的基准水平位置而定,在基准面以上为正,反之为负。

(3) 动能　流体以一定的速度流动,便具有一定的动能。质量为 m、流速为 u 的流体所具有的动能如下式表示,即

$$动能 = \frac{1}{2}mu^2$$

$$动能单位[mu^2/2] = kg \cdot \left(\frac{m}{s}\right)^2 = N \cdot m = J$$

1kg 流体输入和输出的动能分别为 $u_1^2/2$ 和 $u_2^2/2$,其单位为 J/kg。

(4) 静压能　静止流体内部任一处都有一定的静压力。流动着的流体内部任何位置也都有一定的静压力。如果在内部有液体流动的管壁上开孔,并与一根垂直的玻璃管相接,液体便会在玻璃管内上升,上升的液柱高度便是运动着的流体在该截面处的静压力的表现。由于该截面处有一定的压力,因此,需要对流体做相应的功,用以克服该压力,才能把流体推进系统。于是通过该截面的流体必定要带着与所需的功相当的能量进入系统,流体所具有的这种能量称为静压能或流动功。

设质量为 m、体积为 V_1 的流体通过截面 1—1,把该流体推进此截面所需的作用力为 p_1V_1,而流体通过此截面所走的距离为 V_1/A_1,则流体带入系统的静压能为

$$p_1 A_1 \frac{V_1}{A_1} = p_1 V_1$$

对 1kg 流体,则

$$带入静压能 = \frac{p_1 V_1}{m} = \frac{p_1}{\rho_1} = p_1 v_1$$

$$静压能单位[p_1 v_1] = Pa \cdot \frac{m^3}{kg} = J/kg$$

同理,1kg 流体离开系统时带出的静压能为 $p_1 v_1$,单位为 J/kg。

图 1.17 所示的稳态流动系统,流体只能从截面 1—1 流入,截面 2—2 流出,因此上述带入和带出系统的四项能量,实际上是流体在截面 1—1 和 2—2 上所具有的各种能量,其中位能、动能和静压能又称为机械能,三者之和称为总机械能或总能量。除此以外,在上述系统中,管路中还装有换热器和离心泵,则进、出该系统的能量还有以下几项:

(1) 热　设换热器向 1kg 流体提供或从 1kg 流体内移出的热量为 Q_e,其单位为 J/kg。若换热器对流体加热,则 Q_e 为外界向系统输入能量;若换热器对流体冷却,则 Q_e 为系统向外界输出能量。

(2) 外功(净功)　1kg 流体通过泵(或其他做功机械)所获得的能量称为外功或净功,也称为有效功,以 W_e 表示,其单位为 J/kg。

由能量守恒定律,对连续稳态流动系统,输入的总能量等于输出的总能量,因此可列出以 1kg 流体为基准的能量衡算式,即

$$U_1 + gz_1 + \frac{u_1^2}{2} + p_1 v_1 + Q_e + W_e = U_2 + gz_2 + \frac{u_2^2}{2} + p_2 v_2 \tag{1.64}$$

令　　$\Delta U = U_2 - U_1, g\Delta z = gz_2 - gz_1, \Delta \frac{u^2}{2} = \frac{u_2^2}{2} - \frac{u_1^2}{2}, \Delta(pv) = p_2 v_2 - p_1 v_1$

式(1.64)又可写成

$$\Delta U + g\Delta z + \Delta\frac{u}{2} + \Delta(pv) = Q_e + W_e \tag{1.64a}$$

上述两式是稳态流动过程的总能量衡算式,同时也是流动系统中热力学第一定律的表达式。方程式中包含的能量项较多,可根据实际具体情况进行简化处理。式(1.64a)中所包含的能量可以分为两类:一类是机械能,它包括动能、位能以及焓变项中的流动功部分,机械能在流体流动过程中,可以相互转变也可以转变为热或内能;另一类是内能和热,二者不能简单地转换为功,因为根据热力学第二定律,转化为功的效率与温度有关。

由于流体输送过程仅是各种机械能相互转换与消耗的过程,因此可以通过适当的变换,将式(1.64a)中的热和内能项消去,从而得到仅以各机械能项表示的能量衡算方程,即所谓的机械能衡算方程。

在推导方程之前,先以流体在管路中的流动为例说明机械能损失的概念。

参照热力学中状态函数的计算方法,流动过程中产生的摩擦损耗功可由具有相同初态和终态的间歇过程的计算求得。每千克流体由某容器的进口至出口流过时所做的功为

$$W_e = \int_{v_1}^{v_2} p\,\mathrm{d}v - \sum h_f \tag{1.65}$$

式中　W_e——流体所做的有用功;

$\sum h_f$——1kg 流体因克服流动阻力而损失的能量,J/kg。

间歇过程热力学第一定律为 $\Delta U = Q - W_e$,式中,Q 为系统所吸收的热,W_e 为有用功。将式(1.65)代入可得

$$\Delta U = Q - \int_{v_1}^{v_2} p\,\mathrm{d}v + \sum h_f \tag{1.66}$$

根据焓的定义

$$\Delta H = \Delta U + \Delta(pv), \tag{1.67}$$

将式(1.66)代入式(1.67)中,得

$$\Delta H = Q + \int_{p_1}^{p_2} v\,\mathrm{d}p + \sum h_f \tag{1.68}$$

由此可得

$$g\Delta z + \frac{1}{2}\Delta\frac{u^2}{a} + \int_{p_1}^{p_2} v\,\mathrm{d}p = W_e - \sum h_f \tag{1.69}$$

式(1.69)即为稳态流动过程的机械能衡算方程。对于不可压缩流体,密度 ρ 为常数,式(1.69)中的积分项变为 $\Delta p/\rho$,此时方程简化为

$$g\Delta z + \frac{1}{2}\Delta\frac{u^2}{a} + \frac{\Delta p}{\rho} = W_e - \sum h_f \tag{1.70}$$

化工流体输送过程中,流体的流动型态几乎都为湍流,故下面讨论均令 $a=1$,故式(1.70)变为

$$g\Delta z + \frac{1}{2}\Delta u^2 + \frac{\Delta p}{\rho} = W_e - \sum h_f \tag{1.70a}$$

对于理想流体的流动,由于不存在因黏性引起的摩擦阻力,故 $\sum h_f = 0$;若又无外功加入,$W_e = 0$;则

$$g\Delta z + \frac{1}{2}\Delta u^2 + \frac{\Delta p}{\rho} = 0 \qquad (1.71)$$

式(1.71)即著名的伯努利方程,式中各项依次表示 1kg 流体具有的位能、动能和流动功。习惯上也将 $p/\rho = pv$ 称为流体的静压能。各项的单位为 J/kg。

3. 衡算方程的应用示例

机械能衡算方程和质量衡算方程是计算流体输送问题不可缺少的两个重要方程。下面通过若干具体实例说明方程的应用。

在应用机械能衡算方程及质量衡算方程解题时,要注意下述几个问题。

(1) 衡算范围的划定。根据题意画出流动示意图,并标明流体流动方向,定出上、下游截面,以确定控制体衡算的范围。

(2) 控制面的选取。所选取的上、下游截面,均应与流动方向垂直,流体在两截面间应是连续的,待求的未知量应在截面上或在两截面之间。截面上的有关物理量如 z、p 等(不包括待求的未知量)都应该是已知的或能由其他关系计算出来。

(3) 基准面的确定。原则上,基准水平面可以任意选定,只要求与地面平行即可。但为了计算上的便利,通常选取两个截面中相对位置较低的那个,如该截面与地面平行,则基准水平面与该截面重合,$z = 0$。特别地,当控制体为水平管道时,则应使基准水平面与管道的中心线重合,此时 $\Delta z = 0$。

应当注意:z 值是指截面中心点与基准水平面之间的距离。

(4) 单位一致性。计算时,方程中各项的物理量要采用一致的单位。

【例 1.5】 如本题附图所示,管路中水槽液面高度维持不变,管路中的流水视为理想流体,试求:

(1) 管路出口流速;

(2) 管路中截面 A—A、截面 B—B、截面 C—C 各处的压强;

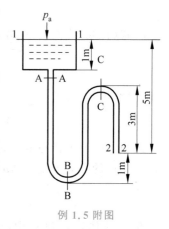

(3) 分析流体在流动过程中不同能量之间的转换。

解:(1) 以大气压强为压强基准,以出口断面为位能基准,在断面 1—1 和断面 2—2 间列机械能守恒方程可得

$$u_2 = \sqrt{2g(z_1 - z_2)} = \sqrt{2 \times 9.81 \times 5}\, \text{m/s} = 9.9\,\text{m/s}$$

(2) 相对于所取基准,水槽内每千克水的总机械能为 $E = Hg = 5\text{m} \times 9.81\text{N/kg} = 49.05\text{J/kg}$,理想流体的总机械能守恒,管路中各点的总机械能皆为 w,管径均匀一致,则截面 A—A 处的动能等于出口动能,即 $\frac{u_A^2}{2} = \frac{u_2^2}{2} = 5g$,则

例 1.5 附图

截面 A—A 处压强:

$$\frac{p_A}{\rho} = E - gz_A - \frac{u_A^2}{2} = 5g - 4g - 5g = -4g$$

$$p_A = -4\rho g = (-4 \times 1\,000 \times 9.81)\text{Pa} = -3.924 \times 10^4\,\text{Pa}$$

截面 B—B 处压强:

$$p_B = \rho\left(E - gz_B - \frac{u_B^2}{2}\right) = 1\,000 \times (5g - (-g) - 5g) = (1\,000 \times 9.81)\,\text{Pa} = 9\,810\,\text{Pa}$$

截面 C—C 处压强

$$p_C = \rho\left(E - gz_C - \frac{u_C^2}{2}\right) = 1\,000 \times (5g - 3g - 5g)$$

$$= (-1\,000 \times 3 \times 9.81)\,\text{Pa} = -2.943 \times 10^4\,\text{Pa}$$

（3）分析如下：

相对于所取的基准，水槽内的总势能为 $5g = 49.05\,\text{J/kg}$，水从断面 1—1 流至断面 2—2，将全部势能转化为动能；

水从断面 1—1 流至断面 A—A，获得动能 $u_A^2/2 = 49.05\,\text{J/kg}$，由于受到管壁约束，流体从断面 1—1 流至断面 A—A 所能提供的位能只有 $g(z_1 - z_A) = 9.81\,\text{J/kg}$，所差部分需由压强能补充，故截面 A—A 形成 $-3.924 \times 10^4\,\text{Pa}$ 的真空度；

水从断面 A—A 流至断面 B—B，总势能不变，同样受到管壁约束，必有位能转化为压强能，使截面 B—B 处的压强升至 $9.81\,\text{kPa}$；

同理，水从断面 B—B 流至断面 C—C，总势能不变，但位能增加了 $g(z_C - z_B) = 39.24\,\text{J/kg}$，压强能必然减少同样的数值，故截面 C—C 产生 $-29.43\,\text{kPa}$ 的真空度；

最后，流体从断面 C—C 流至出口，有 $g(z_C - z_2) = 29.43\,\text{J/kg}$ 的位能转化为压强能，由管道流入大气。

【例 1.6】　设一圆筒形储罐，直径为 $0.8\,\text{m}$，罐内盛有 $2\,\text{m}$ 深的水。在无水源补充的情况下，打开底部阀门放水。已知水流出的质量流量 q_{m2} 与水深 z 的关系为：$q_{m2} = 0.274\sqrt{z}\,\text{kg/s}$。试求经过多长时间后，水位下降至 $1\,\text{m}$。

解：储罐横截面积　　$A = \dfrac{\pi}{4}d^2 = 0.785 \times 0.8^2\,\text{m}^2 = 0.502\,\text{m}^2$

水的深度　　　　　　　　　$z_1 = 2\,\text{m}$，　$z_2 = 1\,\text{m}$

质量流量　　　$q_{m1} = 0$（无水源补充），　$q_{m2} = 0.274\sqrt{z}$，kg/s

瞬时质量　　　　　$m = \rho Az = 1\,000 \times 0.502z = 502z$，$\text{kg}$

由式（1.47a）可得　　　　　　$q_{m2} + \dfrac{\mathrm{d}m}{\mathrm{d}t} = 0$

将已知数据代入，得　　　　$0.274\sqrt{z} + 502\dfrac{\mathrm{d}z}{\mathrm{d}t} = 0$

上式分离变量得　　　　$\displaystyle\int_0^t \frac{0.274}{502}\mathrm{d}t = -\int_2^1 \frac{\mathrm{d}z}{\sqrt{z}}$

解得 $t = 1\,518\,\text{s}$。

分析：本例是最简单的单组分系统的质量衡算，属于非稳态过程，应熟练掌握。

【例 1.7】　某厂精馏塔进料量为 $10\,000\,\text{kg/h}$，料液的密度为 $960\,\text{kg/m}^3$，其他性质与水接近，试选择进料管的管径。

解：由已知条件

$$q_V = \frac{q_m}{\rho} = \frac{10\,000}{3\,600 \times 960}\,\text{m}^3/\text{s} = 0.002\,89\,\text{m}^3/\text{s}$$

因料液性质与水相近,参考表 1.1,选取 $u=1.8\text{m/s}$,由式(1.46)得

$$d=\sqrt{\frac{4q_V}{\pi u}}=\sqrt{\frac{4\times0.00289}{1.8\pi}}\text{m}=0.0452\text{m}$$

根据本书附录 16 的管子规格,选用 $\phi57\text{mm}\times3\text{mm}$ 的无缝钢管,其内径为

$$d=(57-3\times2)\text{mm}=51\text{mm}=0.051\text{m}$$

重新核算流速,即

$$u=\frac{4\times0.00289}{\pi\times0.051^2}\text{m/s}=1.42\text{m/s}$$

分析:通过本例计算,应初步熟悉工程上管路流体输送的流速范围以及管路尺寸的表示方法。

1.5　圆管内流动阻力

从 1.4 节推导实际流体的机械能衡算方程过程中可知,实际流体在流动时,由于要克服阻碍其运动的内摩擦力,必然要消耗一部分机械能。因此,流体机械能的损失 $\sum h_{\text{f}}$ 是分析和计算流体输送的重要组成部分。本节从黏性流体动量传递的机理出发,讨论流体阻力产生的机理和圆管内流动阻力的计算问题。

1.5.1　动量传递与阻力产生的机理

1. 流动型态与雷诺数

1883 年雷诺(Reynolds)通过实验首先揭示了流体流动时,依据不同的流动条件可以出现两种截然不同的流动型态,即层流和湍流。下面先介绍雷诺的这一著名实验。

1)雷诺实验

图 1.18 为雷诺实验装置示意图。将一入口为喇叭状的玻璃管浸没在透明的水槽中,在管的出口处装有阀门用以调节水的流出速率。水槽上方放置一小瓶,内充有色液体,将此有色液体从小瓶底部引出经针阀调节后注入玻璃管的中心部位。从有色液体的流动状况可以观察到管内水流中质点的运动情况。

由图 1.19(a)可以看出,当水流速小时,处于管中心的有色液体成直线平稳地流过整个管长。这表明水的质点沿彼此平行的线运动,与侧旁的流体无任何宏观混合。随着水流速的逐渐提高,当达到某一数值时,细线状的有色液体开始出现不规则的波浪形,如图 1.19(b)所示;流速再提高,细线波浪加剧直至被冲断而向四周散开,最终导致整个玻璃管中的水流呈现均匀一致的颜色,如图 1.19(c)所示。这种现象表明,水流速度增大到某一临界值时,各质点还沿管径方向作不规则的脉动,且彼此之间相互碰撞与混合;之后着色线开始抖动、弯曲;继而断裂,最

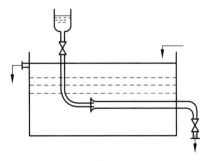

图 1.18　雷诺实验装置

后完全与水流主体混在一起,无法分辨,而整个水流也染上颜色。

雷诺实验虽然比较简单,但却揭示出一个重要的事实,即流体流动存在着两种截然不同的型态。一种型态相当于图 1.19(a)的情形,流体质点作直线运动,即流体分层流动,层次分明,彼此互不混杂(仅指宏观运动,不指分子扩散),只有这样,才能使着色线流保持线形,这种流型因此被称为层流或滞流(laminar flow);另一种相当于图 1.19(c)的情形,流体在总体上沿管道向前运动,同时还在各个方向作随机的脉动,正是这种混乱运动使得着色线抖动、弯曲,以至断裂冲散,这种流型称为湍流或紊流(turbulent flow)。

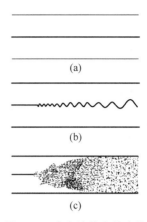

图 1.19　有色液体在管内的流动状态

(a) 层流; (b) 过渡流; (c) 湍流

2) 流型的判据——雷诺数 Re

两种不同的流型对流体中发生的动量、热量和质量的传递将产生不同的影响。为此,工程设计上需要能够先判断流型。对管流而言,雷诺发现,不同的流体在不同直径的管内进行实验,除平均流速 u 之外,流体的性质(密度 ρ 和黏度 μ)、流道的几何尺寸(管径 d)也都影响流动型态。

那么,如何确定流动的型态呢? 雷诺通过大量的研究得出,若将影响流动状况的上述诸因素组合成一个无量纲的数群 $\dfrac{d\rho u}{\mu}$ 形式,作为流型的判据,根据其数值的大小,可以判别流动的型态是层流还是湍流。$\dfrac{d\rho u}{\mu}$ 称为雷诺数,以符号 Re 表示。

雷诺数单位 $[Re] = \left[\dfrac{d\rho u}{\mu}\right] = \dfrac{\mathrm{m} \cdot \dfrac{\mathrm{m}}{\mathrm{s}} \cdot \dfrac{\mathrm{kg}}{\mathrm{m}^3}}{\mathrm{kg}/(\mathrm{m} \cdot \mathrm{s})} = \mathrm{m}^0 \cdot \mathrm{kg}^0 \cdot \mathrm{s}^0$

由此可见,雷诺数 Re 没有因次。

一般地,由若干物理量按一定条件组合而成的数群称为准数或无因次数,这种组合并非任意拼凑的,它是在大量实践的基础上,对影响某一过程或现象的诸因素有确定的认识之后,再根据物理的或数学的方法或两者相结合的方法确定出来的。无因次数都有确定的物理意义,例如雷诺数表示流体流动过程中惯性力与黏性力之比,有关这方面的内容将在后续章节中专门讨论。

Re 中的 u 和 d 称为流体流动的特征速度和特征尺寸。不同的流动情况,其特征速度和特征尺寸代表不同的含义。例如,流体在管内流动时特征速度指流体的主体流速,特征尺寸为管内径。再如,细粒子在大量流体中沉降时,Re 中的特征速度是指粒子的沉降速度 u_t,特征尺寸为球粒子的平均直径 d_p。因此,在应用雷诺数判别流动的型态时,一定要对应相应的流动情况。

根据实验,雷诺指出,流体在管内流动时,

(1) 当 $Re \leqslant 2\,000$ 时,流动总是层流。

(2) 当 $2\,000 < Re < 4\,000$ 时,流动处于一种过渡状态,可能是层流也可能是湍流。若受外界条件影响,如管道直径或方向的改变、外来的轻微振动,都易促使过渡状态下的层流变

为湍流。

（3）当 $Re \geqslant 4\,000$ 时，流动一般都为湍流，此为湍流区。

这种现象可以通过稳定性概念来说明。稳定性是对于瞬时扰动而言的，任何一个系统如果受到一个瞬时的扰动，使其偏离原有的平衡状态，而在扰动消失后，该系统能自动恢复原有平衡状态，就称该平衡状态是稳定的。反之，如果在扰动消失后该系统自动地进一步偏离原平衡状态，则称该平衡状态是不稳定的。即平衡状态可按其对瞬时扰动的响应分为稳定的平衡态和不稳定的平衡态。

层流是一种平衡态。当 $Re \leqslant 2\,000$ 时，任何扰动只能暂时地使之偏离层流，一旦扰动消失后，层流状态必将恢复。因此，当 $Re \leqslant 2\,000$ 时，层流是稳定的。

当 Re 超过 $2\,000$ 时，层流不再是稳定的，但是否出现湍流取决于外界的扰动。如果扰动很小，不足以使流型转变，则层流依然能够存在。

当 $Re \geqslant 4\,000$ 时，微小的扰动就可以触发流型的转变，因此一般情况下总出现湍流。

严格来说，$Re = 2\,000$ 不是判别流型的判据，而是层流稳定性的判据。实际上出现任何流型还与扰动的情况有关。需要指出，上述以 Re 为判据将流动划分为三个区，层流区、过渡区、湍流区，但是流型只有两种。过渡区并非表示一种过渡的流型，它只表示在此区内可能出现层流也可能出现湍流，出现何种流型，需视外界扰动而定，但在工程实践中，$Re > 2\,000$，通常按湍流处理。雷诺数的物理意义是它表征了流体流动惯性力与黏性力之比，它在研究动量传递、热量传递、质量传递中非常重要。

在某些情况下，化工流体的输送也会采用非圆形管道。对于非圆形管道，Re 的特征尺寸可用流道的当量直径 d_e 代替圆管直径 d。当量直径的定义为

$$d_e = 4r_H \tag{1.72}$$

其中

$$r_H = \frac{管道截面积}{浸润周边} = \frac{A}{L_p} \tag{1.73}$$

式中　r_H——水力半径；

　　　L_p——流道的润湿周边长度，m；

　　　A——流道的截面积，m^2。

可以证明，对于圆管，以此定义得出的 d_e 与 d 相等。用当量直径计算的 Re 也用以判断非圆形管中的流型。非圆形管中稳定层流的临界雷诺数同样为 $2\,000$。

2. 动量传递

1）动量通量的概念

动量传递是黏性流体流动时存在的普遍现象，下面从牛顿黏性定律出发引入动量通量的概念。

对于不可压缩的牛顿型流体，式（1.3）可以写成

$$\tau = \frac{\mu}{\rho} \frac{d(\rho u)}{dy} = \nu \frac{d(\rho u)}{dy} \tag{1.74}$$

式（1.74）各项物理量的单位：

（1）$[\tau] = \dfrac{N}{m^2} = \dfrac{kg \cdot m/s^2}{m^2} = \dfrac{kg \cdot m/s}{m^2 \cdot s} \left[\dfrac{动量}{面积 \times 时间} \right]$

因此，τ 除表示剪应力之外，还代表另外的物理意义：单位时间通过单位面积的动量，称为动量通量。

(2) $[\rho u] = \dfrac{\mathrm{kg}}{\mathrm{m}^3} \cdot \dfrac{\mathrm{m}}{\mathrm{s}} = \dfrac{\mathrm{kg} \cdot \mathrm{m/s}}{\mathrm{m}^3}\left[\dfrac{\text{动量}}{\text{体积}}\right]$

由此可知，ρu 意为单位体积具有的动量，称为动量浓度，$\dfrac{\mathrm{d}(\rho u)}{\mathrm{d}y}$ 为动量浓度梯度。

(3) $[\nu] = \left[\dfrac{\mu}{\rho}\right] = \dfrac{\mathrm{kg}}{\mathrm{m} \cdot \mathrm{s}} \cdot \dfrac{\mathrm{m}^3}{\mathrm{kg}} = \dfrac{\mathrm{m}^2}{\mathrm{s}}$

ν 的单位为 m^2/s，其与分子扩散中扩散系数 D_{AB} 的单位相同，故将 ν 称为动量扩散系数，和 μ 对应。μ 为动力黏度，ν 为运动黏度。

据此可将式(1.74)用文字表述为

$$\text{动量通量} = \text{动量扩散系数} \times \text{动量浓度梯度}$$

2）动量传递的机理

以图 1.20 所示两平板间的流动讨论动量通量的确切含义。平板间沿 x 方向流动的任何两层流体之间，都存在着剪应力 τ 的作用，这种作用的结果是两层流体之间在 y 方向上产生动量传递。究其原因，是由于两层流体的速度不同，其具有的动量也就不同。速度较快的流体层具有较高的动量浓度，而速度较慢的流体层则具有较低的动量浓度。在动量梯度的作用之下，流体的动量必自发地由高动量区向低动量区

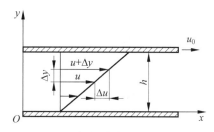

图 1.20　平板间黏性流体的速度变化

转移。从微观上看，速度较高的流体层中的一些分子作随机运动进入速度较慢的流体层中，与那里的低速分子碰撞与混合使其加速；类似地，低速流体层中也有等量随机运动的分子进入高速流体层中使其减速（注意，"快"与"慢"指流体层速度而非分子随机运动速度）。

图 1.20 的流体中，上板面上的流体层的动量最大，因而动量沿 y 的负方向依次向下传递直至到达固定的板面。流体传给壁面的动量通量即壁面剪应力，即壁面拖曳流体层阻碍其运动的力或流动阻力。

以上对于动量传递机理的讨论，仅仅适用于规则的层流流动。在湍流流体中，不但存在这种由于分子随机运动产生的分子动量传递，而且还存在着大量流体质点脉动引起的所谓涡流动量传递。这种涡流传递的动量通量要比分子传递的动量通量大得多，即产生更大的流动阻力。

1.5.2　流动阻力导论

由前面对动量传递的分析可知，因流体内部存在速度梯度（或动量浓度梯度），动量将自发地由高动量区向低动量区进行传递。由于流体的黏性作用，在壁面附近产生低速度区（低动量浓度区）。这种流体内部的动量传递作用在壁面上即为流动的阻力，通常这种流动阻力称为摩擦阻力。但应特别注意，壁面对流体的这种摩擦阻力与固体运动时固体与固体表面间的摩擦有着不同的意义。固体摩擦仅发生在所接触的外表面上，而流体与壁面的摩擦阻力则发生在流体内部，紧贴壁面的流体与壁面之间并没有相对运动。流体的阻力是壁面

的介入使得流体内部产生动量梯度,进而进行动量传递而消耗流体能量后在壁面上的反映。

流体流动问题按其流动方式大致可分为两类:流体在封闭通道内的流动和围绕浸没物体的流动(绕流)。前者如化工管路中的流动,后者如粒子的沉降、填充床内的流动等。下面分别予以讨论。

1. 圆管内流体流动的数学描述

1) 流体的力平衡

如图 1.21 所示,设流体在一水平直圆管内作稳态流动。在流体中取一长为 L、半径为 r 的流体元进行力的分析,则在此流体元上作用着两个方向相反的力:一个是促使流体流动的推动力,$(p_1-p_2)\pi r^2$,此力与流动方向一致;另一个是由剪应力引起的摩擦阻力 $\tau 2\pi rL$,此力阻止流体的向前流动,其方向与流动方向相反。在稳态流动的情况下,流体不被加速,故推动力与阻力在数值上相等,即

$$\tau 2\pi rL = (p_1-p_2)\pi r^2$$

令 $\Delta p = p_1 - p_2$,代入上式得

$$\tau = \frac{\Delta p}{2L}r \tag{1.75}$$

在壁面处,$r=R=d/2$,式(1.75)变为

$$\tau_w = \frac{\Delta p}{2L}r = \frac{\Delta p}{4L}d \tag{1.76}$$

上两式联立,得

$$\tau = \tau_w \frac{r}{R} \tag{1.77}$$

上式表明,剪应力沿径向为线性分布。由上述推导过程可知,剪应力分布与流动截面的几何形状有关,与流体种类、层流或湍流无关,即对层流和湍流均适用。由上式可以看出,在圆形直管内剪应力与半径 r 成正比。在管中心 $r=0$ 处,剪应力为零;在管壁 $r=R$ 处,剪应力最大,其值为 $\frac{\Delta p}{2L}R$。剪应力分布如图 1.22 所示。

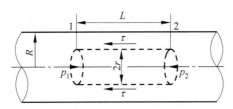

图 1.21　作用于管路中流体上的力

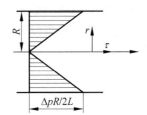

图 1.22　圆管内的剪应力分布

2) 层流时的速度分布

流体在管内作层流流动时,剪应力与速度梯度的关系服从牛顿黏性定律,即

$$\tau = -\mu \frac{du}{dr} \tag{1.78}$$

由于管内流动的 du/dr 为负,为使剪应力保持正号,上式右端加一负号。此式是描述牛顿型流体层流流动特征方程式,将此式代入式(1.75)并积分,可以得到圆管内层流速度分布为

$$u = -\frac{\Delta p}{4\mu L}r^2 + C \tag{1.79}$$

式中 C 为积分常数,利用壁面处流体速度为零的边界条件(即 $r=R$,$u=0$),代入上式可得

$$u = \frac{\Delta p}{4\mu L}(R^2 - r^2) \tag{1.80}$$

管中心最大速度为

$$u_{max} = \frac{\Delta p}{4\mu L}R^2 \tag{1.81}$$

将 u_{max} 代入式(1.80)可得

$$u = u_{max}\left[1 - \left(\frac{r}{R}\right)^2\right] \tag{1.82}$$

由式(1.82)可知,层流时圆管截面上的速度呈抛物线分布,如图 1.23 所示。

3) 层流时管内的平均速度

根据速度分布式可求出管截面的平均流速为

$$u_b = \frac{1}{A}\iint_A u\,dA = \frac{1}{\pi R^2}u_{max}\int_0^R\left[1-\left(\frac{r}{R}\right)^2\right]2\pi r\,dr$$

$$u_b = \frac{1}{2}u_{max} = \frac{\Delta p}{8\mu L}R^2 \tag{1.83}$$

即流体在圆管内作层流流动时的平均速度为管中心最大速度的一半。

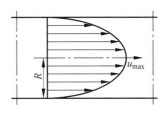

图 1.23   圆管内层流速度分布

2. 圆管内湍流时的速度分布

1) 管内湍流的速度结构

由理论导出的层流速度分布的基础是牛顿黏性定律,但是流体湍流运动比层流运动复杂得多。实验研究发现,流体在管内作湍流运动时,并非全管中都处于同样的湍流状态。在靠近管壁处,由于流体的黏性作用,紧贴壁面的流体质点将黏附于管壁上,其流速为零。这层流体继而影响到邻近的流体层,使其速度也随之变小,从而在这一很靠近壁面的流体层中有显著的速度梯度。即在靠近壁面处有一极薄的层流层存在,称为层流底层或层流内层。在层流底层之外,还有一层较薄的过渡层,其外的大部分区域才是湍流的核心层。

在层流底层内,速度梯度很大,故黏性力对流动起主导作用;而在湍流核心区,由于流体质点的高频快速脉动,内摩擦力远大于黏性力,速度分布趋于均匀化,流体黏性的影响相应变得很小。在过渡层,就既存在内摩擦力,也有黏性力的影响。

2) 光滑管与粗糙管的概念

任何一个管道,由于各种因素,例如管子的材料、加工方式、使用条件以及腐蚀等的影响,管壁内表面总是凸凹不平。通常把管壁内表面凸出的平均高度定义为绝对粗糙度,以 e 表示。

当层流底层厚度 δ_b 大于管壁的绝对粗糙度 e,即 $\delta_b > e$ 时,管壁凸起部分完全被层流

底层所覆盖，湍流核心区与凸起部分并不接触，流动也不受管壁粗糙度的影响，因此摩擦阻力损失与壁面粗糙度无关，这时的管道称为水力光滑管，如图 1.24(a)所示。

当 $\delta_b < e$ 时，管壁的凸起部分完全暴露于黏性底层之外，湍流核心区与凸起部分直接接触，流体冲击凸起部分，不断产生新的漩涡，使流体的湍动加剧，消耗流体自身的机械能（阻力损失），此时所损失的能量与壁面的粗糙度有关，这种管道称为水力粗糙管，如图 1.24(b)所示。水力光滑管与粗糙管的概念是相对的，随着流动的 Re 的变化，δ_b 也在变化。因此对同一管道（粗糙度不变），Re 小时可能为光滑管，Re 大时可能为粗糙管。

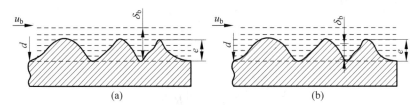

图 1.24   流体流过圆管内壁的情况

(a) 水力光滑管；(b) 水力粗糙管

3）圆管内稳态湍流时的速度分布

流体在光滑管内作湍流流动时，虽然剪应力依然可以写成牛顿黏性定律的形式，但其中的黏度包括湍流的涡流黏度 μ'，μ' 并非物性常数，它随 Re 及离管壁距离而变。因此层流的速度分布不适用于湍流。通过实验研究，湍流的速度分布式通常可表征为如下的经验式：

$$\frac{u}{u_{\max}} = \left(1 - \frac{r}{R}\right)^n \tag{1.84}$$

式中，指数 n 随 Re 变化，在不同的 Re 范围内可取不同的值：

$4 \times 10^4 < Re \leqslant 1.1 \times 10^5$ 时，$n = \dfrac{1}{6}$；

$1.1 \times 10^5 < Re \leqslant 3.2 \times 10^6$ 时，$n = \dfrac{1}{7}$；

$Re > 3.2 \times 10^6$ 时，$n = \dfrac{1}{10}$。

无论 n 取 1/6 还是 1/10，湍流的速度分布可以作如下推论：近管中心部分剪应力不大而涡流黏度数值很大，则湍流核心区内的速度梯度必定很小；而在壁面附近很薄的层流内层中，剪应力相当大且黏度以分子黏度 μ 为主，但其数值远较湍流核心处的黏度小，因此层流内层中的速度梯度必定很大。图 1.25 表示湍流时圆管内的速度分布。图中表明，Re 越大，近壁区以外的速度分布越均匀。湍流时截面速度分布比层流时均匀，即湍流时的平均速度应比层流时更接近于管中心的最大速度。

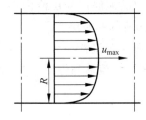

图 1.25   湍流速度分布

通常情况下，管内完全湍流时，n 取 1/7，则式(1.76)称为管内湍流的 1/7 次方定律。它只是一种近似表示，不能描述近壁处的情况。由此可求得

$$u_b = 0.817 u_{\max} \tag{1.85}$$

1.5.3　流体流动边界层

实际流体与固体壁面作相对运动时,流体内部有剪应力的作用。由于速度梯度集中在壁面附近,故剪应力也集中在壁面附近。远离壁面处的速度变化很小,则作用于流体层间的剪应力也可以忽略不计,可将其视为理想流体。因此,将壁面附近的流体作为考察对象,来讨论实际流体与固体壁面间的相对运动,可大幅度简化研究工作,这也是提出边界层理论的出发点所在。

1. 边界层的形成

当流体以某一均匀流速与一固体界面接触时,由于壁面的阻滞,与壁面直接接触的流体,其瞬时速度将为零。如果流体不具有黏性,那么第二层流体将仍按原流速 u_0 向前流动。实际上,由于流体的黏性作用,近壁面处的流体将相继受阻而减速。随着流体沿壁面向前流动,流速受到影响的区域将逐渐扩大。通常将受壁面影响流速(来流速度 u_0)的 99% 以内的区域称为边界层。换句话说,边界层就是边界影响所及的最大区域。

流体沿平壁流动时的边界层如图 1.26 所示。在边界层内具有较大的速度梯度,即使黏度很小,所产生的剪应力也不能忽略,流动阻力主要集中在这一区域。而在边界层外,由于流速基本不变,速度梯度小到可以忽略,无须考虑黏性的影响,即流动阻力可忽略不计,可将这部分流体视为理想流体。

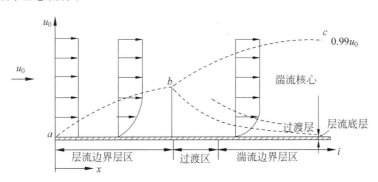

图 1.26　平壁上的流动边界层

边界层按其中的流型仍有层流边界层和湍流边界层的划分。如图 1.26 所示,在平壁的前一段,边界层内的流型为层流,称为层流边界层。在离平壁前缘若干距离后,边界层内的流型转变为湍流,称为湍流边界层,其厚度扩展得较快。在湍流边界层内,紧靠壁面的一薄层流体的流动类型仍维持层流,即层流内层或层流底层。离壁面较远的区域为湍流,称为湍流中心。在层流内层和湍流中心之间还存在着过渡层或缓冲层,该层的流动类型不稳定,可能是层流也可能是湍流,在此层中,分子黏度和涡流黏度数值相当,对流动都有影响。

为简化,常忽略过渡层,将湍流边界层分为湍流核心层和层流内层两个部分。层流内层一般很薄,其厚度随 Re 的增大而减小。在湍流核心层内,径向的传递过程因速度的脉动而被大大强化。而在层流内层中,径向的传递只能依赖于分子运动,因此,层流内层成为传递过程中主要阻力所在。

边界层内的流动类型可用边界层雷诺数 Re_x 的值来判断,定义 Re_x 为

$$Re_x = \frac{\rho u_0 x}{\mu} \tag{1.86}$$

式中　x——流体离开平板前缘的距离,m;

　　　u_0——来流速度,m/s。

对于光滑平壁,当 $Re_x \leqslant 2 \times 10^5$ 时,边界层内流动为层流;当 $Re_x \geqslant 3 \times 10^6$ 时,边界层内流动为湍流;通常取 $Re_x = 5 \times 10^5$ 时为对应的层流边界层转变为湍流边界层的分界点。

平板上边界层的厚度可用下式估算:

层流边界层

$$\frac{\delta}{x} = \frac{4.64}{Re_x^{0.5}} \tag{1.87}$$

湍流边界层

$$\frac{\delta}{x} = \frac{0.376}{Re_x^{0.2}} \tag{1.88}$$

注意:不论是层流边界层还是湍流边界层,δ/x 的值通常都很小,说明受到流体黏性影响的流体层的厚度相对于流体流动距离来说总是很薄的。

2. 边界层在圆形直管内的形成与发展

对于管流系统来说,与在平壁上流动一样,存在着边界层的形成和发展过程,如图 1.27 所示。

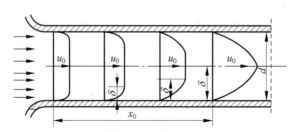

图 1.27　圆管入口处边界层的发展

流体以均匀流速进入圆管,从入口开始,在紧靠管壁处形成很薄的边界层。在黏性的影响下,随着流体向前流动,边界层逐渐加厚。与平壁流动边界层发展不同,在圆管内,开始边界层只占据靠近管壁处很薄的环状区域,随着流体向前流动,管内边界层逐渐加厚,管内截面上的速度分布曲线形状也随之发生变化。在距离入口处 x_0 的地方,管壁处的边界层在管中心汇合,此后边界层占据了全部管截面,此时边界层的厚度为圆管的半径。汇合后,边界层的厚度将不再发生变化,管内各截面上的速度分布曲线形状保持不变,称作完全发展了的流动。在汇合时,若边界层内的流动为层流,则以后的管流为层流;若在汇合前,边界层内的流动已发展为湍流,则以后的管流为湍流。只有在进口附近一段距离(入口段或进口段长度 x_0)内,才有边界层内外之分。在进口段内,速度分布沿管长不断变化,至汇合点处速度分布才发展成稳态流动时管流的速度分布。因进口段中未形成稳定的速度分布,若进行传热、传质等传递过程,其规律与一般稳态管流有所不同。为保证测量的准确性,通常测量仪表应安装在进口段之后。对于层流边界层,进口段长度 x_0 可用下式计算:

$$\frac{x_0}{d} = 0.057\,5Re \tag{1.89}$$

通常取层流时进口段长度 $x_0 = (50\sim100)d$；湍流时进口段长度为 $x_0 = (40\sim50)d$。

边界层的划分对许多工程问题具有重要的意义。虽然对管流来说，入口段以后整个管截面都处在边界层范围内，无划分边界层的必要，但是当流体在大空间内对某些障碍物作绕流时，边界层的划分就显示出它的重要性。

3. 边界层的分离

流体流过平壁或者在圆管中流动时，流动边界层是紧贴在固体壁面上的。但是当流速均匀的流体中放置的不是平壁，而是曲面，如球体或者圆柱体等其他形状的物体，或者流经变径管时，流动边界层的情况会有显著的不同。此时边界层的一个显著特点是，在一定条件下边界层与固体表面脱离，并在脱离处产生漩涡，造成流体能量损失，这种现象称为边界层分离。

如图 1.28 所示，当匀速流体流至圆柱体前缘 A 点，由于受到壁面的阻滞作用，流速将为零，动能全部转化为静压能，因而该点处压强最大。液体在高压作用下，由 A 点绕圆柱体表面向两侧流去，形成边界层，流至 B 点。在此过程中，流道逐渐缩小，流速增加而压强下降（顺压梯度），液体在顺压梯度作用下向前流动，所减少的静压能，一部分转变为动能，另一部分用于克服流动阻力。这时，边界层流体处于加速减压状态，边界层的发展与平板情况没有本质区别。但是当到达最高点 B 时，流速达

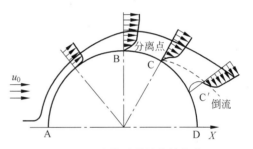

图 1.28　流体对圆柱体的绕流

到最大，而压降为最低值。流过 B 点后，由于通道逐渐扩大，流体又处于减速增压状态，出现了逆压梯度，所减少的动能，一部分转变为静压能，另一部分用于克服流动阻力。此时，在克服流动阻力消耗动能和逆压梯度的阻碍双重作用下，壁面附近流体的速度将迅速下降，最终在 C 处流速降为零。C 点的流速为零，压强最大，形成新的停滞点，后继而来的流体在高压作用下，被迫离开壁面。C 点即是边界层的分离点。离壁面稍远的流体质点因具有较大的速度和动能，故可流过较长的距离至 C′ 点速度才降为零。若将流体中速度为零的点连成一线，如图中的 C—C′ 所示，该线与边界层上缘之间的区域即成为脱离了物体的边界层，这一现象称为边界层脱体或分离。

在 C—C′ 线以下，流体在逆压梯度推动下倒流，在柱体的后部产生大量漩涡，其中的流体质点因进行着强烈的碰撞、混合而消耗能量，表现为流体阻力损失增大。这部分能量的消耗是由固体表面形状造成的边界层分离而引起的，故称为形体阻力。因此，黏性流体绕过固体表面的阻力是流体内摩擦力造成的摩擦阻力和边界层分离造成的形体阻力之和。由上述可知：

（1）流道扩大时必然造成逆压强梯度；

（2）逆压强梯度容易造成边界层的分离；

（3）边界层分离造成大量漩涡，大大增加机械能消耗。

1.5.4 流体流动阻力计算

1. 直管阻力和局部阻力

化工管路主要由两部分组成：一种是直管；另一种是管件，例如弯头、三通、阀门等。无论是直管还是管件都对流动造成一定的阻力，消耗一定的机械能。由直管造成的机械能损失称为直管阻力损失(或称为沿程阻力损失)；由管件造成的机械能损失称为局部阻力损失。对阻力损失的划分是因为两种不同阻力损失起因于不同的外部条件，但这并不意味着两者有本质的差别。此外，还应将直管阻力损失与固体表面间的摩擦损失相区别开。固体摩擦仅发生在接触的外表面，而直管阻力损失发生在流体内部，紧贴在管壁内侧的流体层与管壁之间并没有发生相对运动。

阻力损失的表现为流体总势能的降低，图 1.29 表示了流体在均匀直管中作稳态流动，$u_1 = u_2$。在截面 1、截面 2 之间 $W_e = 0$，由机械能衡算可知

$$\sum h_f = \left(\frac{p_1}{\rho} + gz_1\right) - \left(\frac{p_2}{\rho} + gz_2\right) \tag{1.90}$$

由此可知，对于通常的管路，不论是直管阻力还是局部阻力，也不论是层流还是湍流，阻力损失均表现为流体总势能的降低，即 $\left(\frac{p}{\rho} + gz\right)$。该式也同时表明，只有水平管道，才能以 Δp (即 $p_1 - p_2$)代替总势能差来表达阻力损失。

2. 直管阻力损失及摩擦系数

由前面对流体一段水平、等径的圆形直管内作稳态流动，在相距为 l 的两个截面 1—1 和截面 2—2 间作受力分析得出

$$\tau = \frac{\Delta p}{4}\frac{d}{l} \Rightarrow \Delta p = 4\frac{l}{d}\tau \tag{1.91}$$

大量实验及理论分析表明，同种流体在管径和管长相同的情况下，流体流速增大，能量损失也随之增大，可见流动阻力与流速有关。由于流体黏性而产生的摩擦阻力与流体的动能因子及流体与壁面的接触面积成正比，如图 1.30 所示。为此将上式变形，同时将阻力降表示成动能 $\rho u^2/2$ 的倍数形式，即

$$\Delta p_f = \frac{8\tau}{\rho u^2}\frac{l}{d}\frac{\rho u^2}{2} \tag{1.92}$$

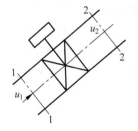

图 1.29 阻力损失

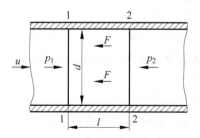

图 1.30 圆形直管内阻力损失公式的推导

令

$$\lambda = \frac{8\tau}{\rho u^2} \tag{1.93}$$

则有

$$\Delta p_f = \lambda \frac{l}{d} \frac{\rho u^2}{2} \tag{1.94}$$

式(1.94)为流体在圆形直管内流动阻力计算的通式,称为范宁(Fanning)公式。式中 λ 为量纲为 1 的系数,称为摩擦系数或摩擦因子。该式适用于不可压缩流体的稳态流动,对层流和湍流均适用。根据阻力损失的不同表达形式,范宁公式也可表示为以下形式:

$$\sum h_f = \lambda \frac{l}{d} \frac{u^2}{2} \tag{1.95}$$

$$H_f = \lambda \frac{l}{d} \frac{u^2}{2g} \tag{1.96}$$

由此可见,流体流动阻力计算的关键是如何求出摩擦系数 λ,根据定义可知,它与剪应力 τ 有直接关系。而剪应力 τ 在不同流型时所遵循的规律不同,因此,对层流和湍流状态下的 λ 应分别计算。

3. 层流时的直管阻力损失

流体在水平均匀直管中作稳态流动时,无外功加入,且 $u_1 = u_2$。在截面间由机械能衡算可知

$$\Delta p_f = (p_1 + \rho g z_1) - (p_2 + \rho g z_2) = p_1 - p_2 \tag{1.97}$$

将 $u = \frac{\Delta p}{8\mu L} R^2$, $R = d/2$ 代入式(1.97),并整理得

$$\Delta p_f = \frac{32\mu l u}{d^2} \quad \text{或} \quad h_f = \frac{32\mu l u}{\rho d^2} \tag{1.98}$$

式(1.98)为层流时圆形直管内阻力损失计算式,称为哈根-泊肃叶(Hagen-Poiseuille)方程。该式表明层流时圆直管内流动阻力与流速的一次方成正比。比较式(1.94)和式(1.98)可得

$$\lambda = \frac{64\mu}{d\rho u} = \frac{64}{Re} \tag{1.99}$$

说明层流时,摩擦系数 λ 是雷诺数的函数。若将两者的关系在双对数坐标纸上标绘,可得一直线。

对于工程上更为常见的湍流流动,由于其质点流动的复杂性,即使是较为简单的情况,目前也还不能完全用理论方法求解,代之的是采用实验并结合量纲分析,建立经验关联式。

4. 湍流时直管阻力损失的摩擦系数的研究方法

层流时阻力损失计算可通过理论推导得到。而湍流时由于情况复杂得多,未能得出理论计算式,但可以通过实验研究,获得经验计算式。进行试验时,每次只能改变一个影响因素(即变量)而固定其他变量。若过程涉及的变量很多,实验工作量必然很大,同时要把实验结果关联成一个便于应用的简单公式往往也是很困难的。为克服上述缺点,需要有一套理论来指导实验的进行和数据的整理,量纲分析法就是一种能够满足以上要求的指导实验的方法。

量纲分析法是通过对描述某一过程或现象的物理量进行量纲分析,将物理量组合为无量纲变量,然后借助实验数据,建立这些无量纲变量间的关系式。

任何物理量都有自己的量纲,在量纲分析中必须把某些量纲定为基本量纲,而其他量纲则可由基本量纲来表示。在 SI 中,将长度 l、时间 t 和质量 m 的量纲作为基本量纲,分别以 L、T 和 M 表示。与化工流体流动有关的一些重要物理量均可以 M、L 和 T 表示其量纲,如速度、压强、密度及黏度的量纲分别为 LT^{-1}、$ML^{-1}T^{-2}$、ML^{-3} 及 $ML^{-1}T^{-1}$。

量纲分析法的基础是量纲一致性的原则和 π 定理。量纲一致性表明,凡是根据基本物理量规律导出的物理方程,方程中各项都具有相同的量纲。

5. 伯金汉 π 定理

许多问题,并没有恰当的微分方程可以直接使用。在此情况下,可以应用伯金汉 (Buckingham)提出的 π 定理。

设影响某一复杂现象的物理变量有 n 个,$x_1, x_2, \cdots, x_n$,则表达为一般的函数关系时为

$$f(x_1, x_2, \cdots, x_n) = 0 \tag{1.100}$$

经过量纲分析和适当的组合,上式可写成以无量纲变量表示的关系式。若以 N 代表组合后的无量纲变量数目,则

$$F(\pi_1, \pi_2, \cdots, \pi_N) = 0 \tag{1.101}$$

π 定理指出:由量纲分析所得的独立无量纲变量 π 的个数 N 等于影响该现象的物理量数 n 减去这些物理量的基本量纲数 m,即

$$N = n - m \tag{1.102}$$

本书通过湍流时直管阻力损失的实验研究,对此法作详细介绍。

1) 析因实验

对所研究的过程作初步的实验和经验的归纳,尽可能列出影响过程的主要因素。

根据对湍流时流动阻力性质以及对流体阻力实验的形体分析,可以得知,影响湍流时流动阻力损失 h_f 的因素有:

(1) 流体流动的几何尺寸:管径 d、管长 l、管壁的粗糙度 e(壁面凸出部分的平均高度)。

(2) 流体性质:流体密度 ρ,黏度 μ。

(3) 流动的条件:流速 u。

于是待求的关系式应为

$$\Delta p_f = f(d, l, u, \rho, u, e) \tag{1.103}$$

式中各物理量的量纲为

$$[\Delta p_f] = \frac{M}{LT^2}, \quad [u] = \frac{L}{T}, \quad [\mu] = \frac{M}{LT}, \quad [\rho] = \frac{M}{L^3}, \quad [l] = [d] = [e] = L$$

式中共有 7 个变量,即 $n = 7$;而基本量纲数为 3 个,即 M、L 和 T,故 $m = 3$。根据 π 定理,无量纲变量个数应为 $N = 7 - 3 = 4$,即经过无量纲分析后,以无量纲变量表达的函数方程为

$$F(\pi_1, \pi_2, \pi_3, \pi_4) = 0$$

为求取这 4 个量纲为 1 的数群的具体形式,将式(1.103)写成如下幂函数的形式:

$$\Delta p_{\mathrm{f}} = K u^a \mu^b \rho^c l^m d^n e^f \tag{1.104}$$

式中的系数 K 和指数 a、b、c、m、n、f 均为待定值，将各物理量的量纲代入，得

$$\frac{\mathrm{M}}{\mathrm{L T^2}} = \left(\frac{\mathrm{L}}{\mathrm{T}}\right)^a \left(\frac{\mathrm{M}}{\mathrm{L T}}\right)^b \left(\frac{\mathrm{M}}{\mathrm{L^3}}\right)^c \mathrm{L}^m \mathrm{L}^n \mathrm{L}^f$$

根据量纲一致性原则，上式两侧各基本量纲的指数必须相等，于是可得下列线性方程组

$$\begin{cases} \text{对于 L：} a+m+n-3c-b+f=-1 \\ \text{对于 M：} b+c=1 \\ \text{对于 T：} -a-b=-2 \end{cases}$$

此方程组有 3 个方程，6 个未知量，因此无法求解。为此，可将其中的 3 个保留作为已知量处理，现保留 b、m、f，则由方程可以解出其他的 3 个未知量为

$$\begin{cases} a=2-b \\ c=1-b \\ n=-b-m-f \end{cases}$$

将该结果代入式(1.104)，得

$$\Delta p_{\mathrm{f}} = K u^{2-b} \mu^b \rho^{1-b} l^m d^{-b-m-f} e^f \tag{1.105}$$

将指数相同的物理量合并可得

$$\frac{\Delta p_{\mathrm{f}}}{\rho u^2} = K \left(\frac{l}{d}\right)^m \left(\frac{d\rho u}{\mu}\right)^{-b} \left(\frac{e}{d}\right)^f \tag{1.106}$$

写成更一般的函数形式，为

$$Eu = f\left(\frac{l}{d}, Re, \frac{e}{d}\right) \tag{1.107}$$

式中　Eu——欧拉数(Euler number)，阻力降与惯性力之比，$Eu = \dfrac{\Delta p_{\mathrm{f}}}{\rho u^2}$；

　　　Re——雷诺数(Reynolds number)，惯性力与黏性力之比，反映流动特性对阻力的影响，$Re = \dfrac{d\rho u}{\mu}$；

　　　$\dfrac{l}{d}$——管子的长径比，反映管子几何尺寸对流动阻力的影响；

　　　$\dfrac{e}{d}$——相对粗糙度，反映管壁粗糙度对流动阻力的影响。

应当指出，在所列影响某一复杂现象的物理量时，需要对研究对象作详尽的分析考察，不要遗漏了必要的物理量，也不要引进无关的物理量。其次，最终所得的无量纲变量的形式与求解联立方程组的方法有关。例如，在上述推导过程中，若用 a、c、n 来表示 b、m、f，就将得到不同的量纲为 1 的数群，即量纲为 1 的数群的形式并不唯一。因此，所选择的数群应该代表一定的物理意义。

采用量纲分析将复杂过程的多变量方程转换成由若干个无量纲变量所构成的物理方程，大幅减少实验工作量，同时使得实验结果具有普遍的应用性。

同样以层流时的阻力损失计算式为例，式(1.98)可以写成如下形式：

$$\left(\frac{h_{\mathrm{f}}}{u^2}\right) = 32\left(\frac{l}{d}\right)\left(\frac{\mu}{d\rho u}\right) \tag{1.108}$$

式中的每一项均为无量纲数群。未作无量纲处理前,层流时的阻力函数式为

$$h_f = f(d,l,u,\rho,\mu) \tag{1.109}$$

处理后可写成

$$\left(\frac{h_f}{u^2}\right) = f\left(\frac{l}{d}, \frac{d\rho u}{\mu}\right) \tag{1.110}$$

由式(1.106)可知,通过量纲分析,当 d、l、u 和 μ 已知,则可以通过 l/d 和 $d\rho u/\mu$ 确定 $\Delta p_f/\rho u^2$,再进一步求出 Δp_f。根据式(1.106)进行实验及数据的关联,显示出了极大的优越性。它仅包括了 4 个量纲为 1 的数群,而式(1.105)却有 7 个变量,因此,根据式(1.106)进行实验的次数要少得多。

尤为重要的是,若按式(1.105)进行试验,为改变 ρ、μ,试验中就必须换多种液体;为改变 d,必须改变试验装置。而用量纲分析法所得的式(1.106)指导实验时,要改变 $d\rho u/\mu$,只需改变流速;要改变 l/d,只需改变测量段的距离,即两测压点的距离,这是一个极为重要的特性,从而可将水、空气的实验结果推广应用于其他流体。量纲分析法在化工过程中的另一个重要应用是实验模型的放大问题。许多化工过程与设备的开发通常是先在实验规模的小试设备(模型)上进行,然后再放大至工业规模。如果直接进行工业规模的实验,既困难又昂贵。由模型到工业规模(原型)的放大采用的是所谓的相似性原理。

2) 数据处理

获得无量纲数群后,各无量纲数群之间的关系仍需要由实验并经分析确定。方法之一是将各无量纲数群(π_1,π_2,π_3,…)之间的函数关系近似地用幂函数的形式表达:

$$\pi_1 = K(\pi_2^a, \pi_3^b) \tag{1.111}$$

此后将 π_1、π_2、π_3 的实验值,用线型回归的方法求出系数 K、a、b 的值,同时也检验了式(1.111)的函数形式是否适用。

3) 摩擦系数

实验证明,对于均匀直管,流体阻力与管长 l 成正比,则 l/d 项的指数为 $m=1$,对照范宁公式可得

$$\lambda = \varphi\left(Re, \frac{e}{d}\right) \tag{1.112}$$

函数 $\lambda = \varphi\left(Re, \frac{e}{d}\right)$ 的具体关系可按实验结果用图线或方程式表达。通常工程上为避免迭代试差,也为了使得关系形象化,将实验获得的关系标绘在双对数坐标纸上,得到图 1.31,称为莫狄摩擦系数图。

根据 Re 的不同,图 1.31 中可分为四个区域:

(1) 层流区($Re \leqslant 2\,000$):摩擦系数 λ 与相对粗糙度 e/d 无关。$\lg\lambda$ 与 $\lg Re$ 呈线性关系,其斜率为 -1,此时,阻力损失与流速的一次方成正比。

(2) 过渡区 ($2\,000 < Re < 4\,000$):管内流型随环境而异,摩擦系数随之波动。工程上为安全计,常按湍流处理,即按湍流时的曲线外延,以查取 λ。

(3) 湍流区 ($Re \geqslant 4\,000$,且在图中虚线以下区域):在此区域内,摩擦系数 λ 不仅与 Re 有关,而且还与相对粗糙度 e/d 有关。当 e/d 一定时,λ 随 Re 的增大而减小,当 Re 增大到某一数值时,λ 值下降缓慢。而当 Re 一定时,λ 随 e/d 的增大而增大。这一区域中,最底下

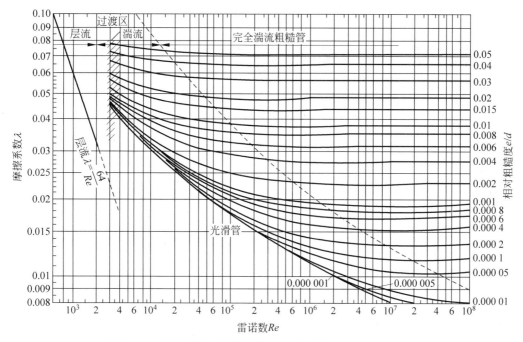

图 1.31　摩擦系数 λ 与雷诺数 Re 及相对粗糙度 e/d 的关系

的曲线代表光滑管。

（4）完全湍流区（图中虚线以上部分）：在该区域内，各曲线均趋于水平线，即摩擦系数 λ 仅随管壁粗糙度 e/d 而变，而与雷诺数 Re 无关。对于特定的管路，当 e/d 一定时，由范宁公式可知，$\Delta p_f \propto u^2$，即阻力与速度的平方成正比，故该区域又称为阻力平方区。

4）管壁粗糙度 e/d 对摩擦系数 λ 的影响

层流时，粗糙度对 λ 无影响。在湍流区，管内壁高低不平的凸出物对 λ 的影响是相继出现的。刚进入湍流区时，只有较高的凸出物才对 λ 值显示其影响，较低的凸出物则毫无影响。随着 Re 的增大，越来越多的凸出物相继会发挥作用，影响 λ 的数值。

上述现象可从湍流流动的内部结构来解释。前面讲边界层时已述及，壁面上流速为零，因此流动的阻力并非直接由流体与壁面的摩擦而产生，阻力损失的主要原因是流体黏性所造成的内摩擦力。层流流动时，粗糙度的大小并未改变层流的速度分布和内摩擦的规律，因此对阻力损失没有明显的影响。但当流动进入湍流流动时，若粗糙表面的凸出物暴露于湍流核心中，则它将阻碍湍流的流动，造成边界层脱体，带来不可忽略的阻力损失。Re 越大，层流内层越薄，越来越小的凸出物将逐渐暴露于湍流核心中，从而形成额外的阻力。当 Re 增大到某一程度，层流内层可薄到足以使最小的表面凸出物都暴露于湍流核心中，此时，摩擦系数仅与相对粗糙度有关，而与 Re 无关，则管流系统将进入阻力平方区。由于管壁凸出物的影响，粗糙度越大的管道，进入阻力平方区时对应的 Re 越低。

化工生产所使用的管道，按其材料性质和加工情况，可分为光滑管和粗糙管两大类。通常把玻璃管、黄铜管、塑料管等称为光滑管，将钢管、铸铁管等称为粗糙管。实际上，即使用同一材质管子铺设管道，由于使用时间的长短、腐蚀与结垢的程度不同，管壁的粗糙度也会产生很大的差异。管壁的粗糙度可用绝对粗糙度和相对粗糙度表示。表 1.2 列出了化工上常用的某些工业管材的绝对粗糙度。

表 1.2 某些工业管材的绝对粗糙度

管 道 类 别		绝对粗糙度 e/mm	管 道 类 别		绝对粗糙度 e/mm
金属管	无缝黄铜管、铜管及铅管	0.01～0.05	非金属管	干净玻璃管	0.001 5～0.01
	新的无缝钢管、镀锌铁管	0.1～0.2		橡皮软管	0.01～0.03
	新的铸铁管	0.3		木管道	0.25～1.25
	具有轻度腐蚀的无缝钢管	0.2～0.3		陶土排水管	0.45～6.0
	具有显著腐蚀的无缝钢管	0.5 以上		很好整平的水泥管	0.33
	旧的铸铁管	0.85 以上		石棉水泥管	0.03～0.8
	铆钢	0.9～9			

5) 湍流时摩擦系数 λ 的经验关联式

除了用作图的方法表示 λ 值以外,还可根据实验结果,将值整理成经验公式。下面列出部分常见的公式,供计算时选用。

(1) 光滑管 λ 值的计算公式:

$$4\,000 < Re < 10^5 \text{ 时,} \quad \lambda = \frac{0.316\,4}{Re^{0.25}} \tag{1.113}$$

此式称为布拉修斯(Blasuis)公式,此时流动阻力与速度的 1.75 次方成正比。

或半经验公式

$$Re > 4\,000 \text{ 时,} \quad \frac{1}{\sqrt{\lambda}} = 2.0\lg(Re\sqrt{\lambda}) - 0.8 \tag{1.114}$$

(2) 粗糙管 λ 值的计算公式:

$$4\,000 < Re < 3 \times 10^6 \text{ 时,} \quad \frac{1}{\sqrt{\lambda}} = 1.74 - 2.03\lg\left(2\,\frac{e}{d}\right) \tag{1.115}$$

(3) 过渡粗糙区 λ 值的计算公式(适合于湍流区的光滑管和粗糙管):

$$\frac{1}{\sqrt{\lambda}} = 1.74 - 2.03\lg\left(2\,\frac{e}{d} + \frac{18.7}{Re\sqrt{\lambda}}\right) \tag{1.116}$$

此式称为科尔布鲁克(Colebrook)公式。当 Re 很大时,括号中第二项可忽略,于是式(1.116)简化为式(1.115)。

当流体在非圆形管内作湍流流动时,其摩擦系数也可用莫狄摩擦系数图进行近似估算,但计算时需用到管道的当量直径 d_e 代替圆管直径 d。

当量直径的计算前已述及引入水力半径 r_H,其定义为

$$r_H = \frac{\text{流通截面积 } A}{\text{润湿周边 } L_p} \tag{1.117}$$

当量直径的定义为

$$d_e = 4 \times \frac{\text{流通截面积 } A}{\text{润湿周边 } L_p} = 4r_H \tag{1.118}$$

例如,对于矩形截面,其长和宽分别为 a 和 b,则根据式(1.118),其当量直径为

$$d_e = 4 \times \frac{ab}{2(a+b)} = \frac{2ab}{a+b}$$

对于套管环隙,若内管半径为 d_1,外管半径为 d_2,则当量直径为

$$d_e = 4 \times \frac{\frac{\pi}{4}(d_2^2 - d_1^2)}{\pi(d_1 + d_2)} = d_2 - d_1$$

一些研究结果表明,当量直径用于湍流流动阻力的计算,结果较可靠。而对于层流流动,用当量直径进行计算时,除管径用当量直径取代外,摩擦系数应采用下式计算:

$$\lambda = C/Re \tag{1.119}$$

式中的 C 值可根据管道截面的形状而定,列于表 1.3。

表 1.3　某些非圆形管的当量直径 d_e 及常数 C

非圆形管的截面形状	当量直径	C 值	非圆形管的截面形状	当量直径	C 值
正方形,边长为 a	a	57	长方形,边长为 $2a$,宽为 a	1.3a	62
等边三角形,边长为 a	0.58a	53	长方形,边长为 $4a$,宽为 a	1.6a	73
环隙形, 环隙宽度 $\delta = \dfrac{d_1 - d_2}{2}$	$2\delta = d_1 - d_2$	96			

需要指出,当量直径不能用来计算流通截面积和流速。

1.5.5　局部阻力

当流体流过管件、阀门、流道扩大、缩小等局部地方时,由于流速方向或大小的改变造成边界层分离,所产生的大量漩涡使机械能损失增加,造成形体阻力。和直管阻力的沿程阻力分布不同,这种阻力集中在管件所在的局部地方,因此称为局部阻力损失。局部阻力是形体阻力和摩擦阻力之和。

化工管路中使用的管件种类繁多,常见的管件如表 1.4 所示。

表 1.4　管件和阀门的局部阻力系数 ζ 值

管件和阀件名称	ζ 值									
标准弯头	$45°,\zeta=0.35$				$90°,\zeta=0.75$					
90°方形弯头	1.3									
180°回弯头	1.5									
活管接头	0.08									

弯管	φ / R/d	30°	45°	60°	75°	90°	105°	120°		
	1.5	0.08	0.11	0.14	0.16	0.175	0.19	0.20		
	2.0	0.07	0.10	0.12	0.14	0.15	0.16	0.17		

突然扩大	$\zeta = (1 - A_1/A_2)^2$, $\quad h_f = \zeta u_1^2 / 2$									
	A_1/A_2	0	0.1	0.2	0.3	0.4	0.5	0.6	0.7	0.8	0.9	1.0
	ζ	1	0.81	0.64	0.49	0.36	0.25	0.16	0.09	0.04	0.01	0

续表

管件和阀件名称				ζ 值									

突然缩小

$u_1 A_1 \rightarrow u_2 A_2$

	$\zeta=0.5(1-A_2/A_1)$，$\quad h_f=\zeta u_2^2/2$										
A_2/A_1	0	0.1	0.2	0.3	0.4	0.5	0.6	0.7	0.8	0.9	1.0
ζ	0.5	0.45	0.40	0.35	0.30	0.25	0.20	0.15	0.10	0.05	0

流入大容器的出口

$u \rightarrow$ $\zeta=1$(用管中流速)

入管口(容器→管)

$\zeta=0.5$

水泵进口

没有底阀		2～3						
有底阀	d/mm	40	50	75	100	150	200	250	300
	ζ	12	10	8.5	7.0	6.0	5.2	4.4	3.7

闸阀	全开	3/4 开	1/2 开	1/4 开
	0.17	0.9	4.5	24

标准截止阀(球心阀)	全开 $\zeta=6.4$		1/2 开 $\zeta=9.5$	

蝶阀

α	5°	10°	20°	30°	40°	45°	50°	60°	70°
ζ		0.24	0.52	1.54	3.91	10.8	18.7	30.6	118	751

旋塞

θ	5°	10°	20°	40°	60°
ζ	0.05	0.29	1.56	17.3	206

角阀(90°)	5	
单向阀	摇板式 $\zeta=2$	球形式 $\zeta=70$
水表(盘形)	7	

1. 突然扩大与缩小

突然扩大时产生的阻力损失原因在于边界层脱体,流道突然扩大,下游压强上升,流体在逆压梯度下流动,极易发生边界层分离而产生漩涡,如图 1.32 所示。

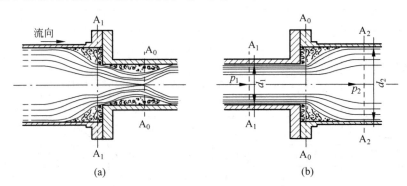

图 1.32　突然缩小与突然扩大

(a) 突然缩小；(b) 突然扩大

流道突然缩小时,流体在顺压梯度下流动,不会发生边界层脱体现象。因此,在收缩部分不发生明显的阻力损失。但是流体有惯性,流道将继续收缩至 A_0—A_0 面,然后流道又会突然扩大。这时,流体在逆压梯度下流动,就会产生边界层分离而产生漩涡。因此,突然缩小造成的阻力损失还是由于突然扩大。其他管件、各种阀门都会由于流道的急剧改变而发生类似的现象,造成局部损失。

2. 局部阻力损失的计算方法

局部阻力损失的计算有阻力系数法和当量长度法两种。

1）阻力系数法

阻力系数法近似地认为局部阻力与速度的平方成正比,即

$$h_f = \zeta \frac{u^2}{2} \quad \text{或} \quad \Delta p_f = \zeta \frac{\rho u^2}{2} \tag{1.120}$$

式中 ζ——局部阻力系数,其值见表 1.4。

2）当量长度法

当量长度法是将局部阻力折合成一定长度的直管的阻力,即

$$h_f = \lambda \frac{l_e}{d} \frac{u^2}{2} \quad \text{或} \quad \Delta p_f = \lambda \frac{l_e}{d} \frac{\rho u^2}{2} \tag{1.121}$$

式中 l_e——当量长度,其值由实验测定。

由于局部阻力形成的机理复杂,边界层的概念有助于理解局部阻力,但不能提供 ζ 和 l_e 的理论计算式,因此,ζ 和 l_e 由实验测定。

表 1.4、表 1.5、图 1.33 提供了若干情况下 l_e/d 或 ζ 的值,可结合具体情况选用。

表 1.5　管件和阀门的当量长度之比（管内湍流）

名称	l_e/d	名　　称	l_e/d
45°标准弯头	15	截止阀（标准）（全开）	300
90°标准弯头	30～40	角阀（标准）（全开）	145
90°方形弯头	60	闸阀（全开）	9
180°弯头	50～75	闸阀（3/4 开）	40
标准三通	40	闸阀（1/2 开）	200
		闸阀（1/4 开）	800
		带滤水器的底阀	420
	60	止回阀（旋启式）（全开）	135
		蝶阀（6″以上）（全开）	20
		水表	400
		文丘里流量计	12
	90	转子流量计	200～300
		由容器入管口	20

在湍流情况下,某些管件与阀门的当量长度可由图 1.33 的共线图查得。

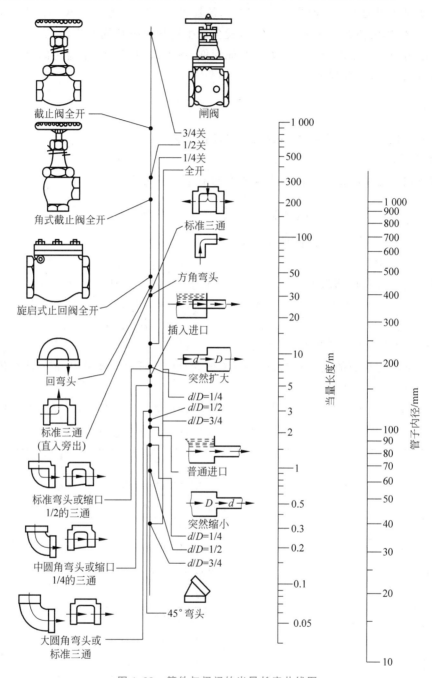

图 1.33　管件与阀门的当量长度共线图

注意一点,突然扩大时,局部阻力系数 $\zeta = 1.0$,突然缩小时,局部阻力系数 $\zeta = 0.5$,当流体从管子直接排放到管外空间时,管出口内侧截面上的压强可视为与管外空间相同,但出口截面上的动能及出口阻力应与截面选取相匹配。若截面选管出口内侧,则表示流体并未离开管路,此时截面上仍有动能,相同的总阻力损失应包括出口阻力。由于出口阻力系数 $\zeta =$

1.0，所以两种截面的选取方法计算结果相同。

1.5.6　系统的总阻力

化工系统是由直管和管件、阀门等构成的，因此，流体流经管路的总阻力应为直管阻力和所有局部阻力之和。流体流经等直径管路时，如果所有局部阻力都以当量长度表示，则总阻力计算式为

$$\Delta p_{\mathrm{f}} = \lambda \frac{l+l_{\mathrm{e}}}{d} \frac{\rho u^2}{2} \quad \text{或} \quad h_{\mathrm{f}} = \lambda \frac{l+l_{\mathrm{e}}}{d} \frac{u^2}{2} \tag{1.122}$$

如果所有局部阻力都以阻力系数表示，则总阻力计算式为

$$\Delta p_{\mathrm{f}} = \left(\lambda \frac{l}{d} + \sum \zeta \right) \frac{\rho u^2}{2} \quad \text{或} \quad h_{\mathrm{f}} = \left(\lambda \frac{l}{d} + \sum \zeta \right) \frac{u^2}{2} \tag{1.123}$$

如果部分局部阻力用阻力系数来表示，部分局部阻力以当量长度表示，则阻力计算式为

$$\Delta p_{\mathrm{f}} = \left(\lambda \frac{l+\sum l_{\mathrm{e}}}{d} + \sum \zeta \right) \frac{\rho u^2}{2} \quad \text{或} \quad h_{\mathrm{f}} = \left(\lambda \frac{l+\sum l_{\mathrm{e}}}{d} + \sum \zeta \right) \frac{u^2}{2} \tag{1.124}$$

同一管件只能用一种方法计算，不能用两种方法重复计算。当管路由若干直径不同的管段组成时，由于各段流速不同，应分段计算阻力，然后求其总和。在管路较长的情况下，扩大、缩小、进口和出口阻力与直管、管件和阀门的阻力相比小得多，往往可以忽略不计。若管路很短，变径、拐弯的地方又多，则这些局部阻力不能忽略。

【例 1.8】　如图所示，用泵将敞口储液池中 20℃的水经由 $\phi 108\mathrm{mm} \times 4\mathrm{mm}$ 的钢管送至塔顶，塔内压强为 $6.866 \times 10^3 \mathrm{Pa}$（表压）。管子总长为 80m，泵的吸入管路中装有一个吸滤框的底阀，还有一个 90°弯头。泵的排出管路中装有一个闸阀和两个 90°弯头，喷嘴阻力为 $9.810 \times 10^3 \mathrm{Pa}$。若管路中水的体积流量为 $50\mathrm{m}^3/\mathrm{h}$，泵的效率为 0.65%，试求泵的有效功率和轴功率。

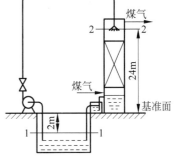

例 1.8 附图

解：以地面为基准面，在水池液面 1—1 和喷嘴出口处 2—2 间列实际流体的机械能衡算

$$z_1 + \frac{p_1}{\rho g} + \frac{u_1^2}{2g} + H_{\mathrm{e}} = z_2 + \frac{p_2}{\rho g} + \frac{u_2^2}{2g} + H_{\mathrm{fl-2}}$$

式中，$z_1 = -2\mathrm{m}$，$z_2 = 24\mathrm{m}$，$p_1 = 0$（表压），$p_2 = 6.866 \times 10^3 \mathrm{Pa}$（表压），$u_1 = u_2 = 0$。

管内流速：
$$u = \frac{q_V}{0.785 d^2} = \frac{50/3\,600}{0.785 \times 0.1^2} \mathrm{m/s} = 1.769\mathrm{m/s}$$

20℃下水的密度 $\rho = 998.2\mathrm{kg/m}^3$，将以上数据代入机械能衡算式可得

$$H_{\mathrm{e}} = 26.701 + H_{\mathrm{fl-2}}$$

（1）摩擦系数 λ

20℃下水的黏度 $\mu = 1.005\mathrm{mPa \cdot s}$，则

$$Re = \frac{d\rho u}{\mu} = \frac{0.1 \times 998.2 \times 1.769}{1.005 \times 10^{-3}} = 1.757 \times 10^5$$

按轻度腐蚀的钢管取 $e=0.2\text{mm}$,则相对粗糙度为 $e/d=0.2/100=0.002$,查莫狄摩擦系数图可得:$\lambda=0.024\,6$。

(2) 管路总阻力

直管总长:$l=80\text{m}$;3 个 $90°$ 弯头:$l_e=3\times35d=3\times35\times0.1\text{m}=10.5\text{m}$;

1 个闸阀(全开):$l_e=1\times9d=9\times0.1\text{m}=0.9\text{m}$;吸滤框和底阀:$\zeta=7$;

进口突然缩小:$\zeta=0.5$;出口突然扩大:$\zeta=1.0$;喷嘴阻力 $\Delta p_f=9.810\times10^3\text{Pa}$。

代入可得管路总阻力

$$H_{f1-2}=\left(\lambda\frac{l+\sum l_e}{d}+\sum\zeta\right)\frac{u^2}{2g}+\frac{\Delta p_f}{\rho g}$$

$$=\left(0.024\,6\times\frac{80+10.5+0.9}{0.1}+7+0.5+1.0\right)\times\frac{1.769^2}{2\times9.81}\text{m}+\frac{9.810\times10^3}{998.2\times9.81}\text{m}$$

$$=5.944\text{m}$$

(3) 泵的有效功率和轴功率

管路所需扬程:$\quad H_e=26.701\text{m}+5.944\text{m}=32.645\text{m}$

有效功率:$\quad N_e=H_e\rho gq_V=\left(32.645\times\frac{50}{3\,600}\times998.2\times9.81\right)\text{W}=4.440\text{kW}$

轴功率:$\quad N=\dfrac{N_e}{\eta}=\dfrac{4.440}{0.65}\text{kW}=6.831\text{kW}$

【例 1.9】 20℃的水以 0.03kg/s 的质量流量流过内径为 20mm 的水平管道。试求:(1)流动的摩擦系数 λ;(2)流体流过 2m 管长的压降 Δp_f 以及摩擦阻力 F_{ds}。

解:20℃水的物性为 $\mu=1.005\text{mPa}\cdot\text{s}$,$\rho=1\,000\text{kg/m}^3$。

(1) $u=\dfrac{q_m/\rho}{0.785d^2}=\dfrac{0.03/1\,000}{0.785\times0.02^2}\text{m/s}=0.095\,5\text{m/s}$

$$Re=\frac{d\rho u}{\mu}=\frac{0.02\times0.095\,5\times1\,000}{1.0\times10^{-3}}=1\,910<2\,000$$

故为层流流动,$\lambda=\dfrac{64}{Re}=\dfrac{64}{1\,910}=0.033\,5$

(2) $\Delta p_f=\lambda\dfrac{l}{d}\dfrac{\rho u^2}{2}=\left(0.033\,5\times\dfrac{2}{0.02}\times\dfrac{1\,000\times0.095\,5^2}{2}\right)\text{Pa}=15.28\text{Pa}$

$$F_d=A\Delta p_f=\frac{\pi}{4}d^2\Delta p_f=(0.785\times0.02^2\times15.28)\text{N}=4.80\times10^{-3}\text{N}$$

分析:在计算流体流动问题时,首先要求出流动的雷诺数,以判别流动型态,选择合适的计算公式。

1.6 管路计算

前面几节导出了流体管内流动的连续性方程、机械能衡算方程以及流动阻力计算式。据此可以进行不可压缩流体输送管路的计算。对于可压缩流体输送管路的计算,还需用到表征气体性质的状态方程式。

　　化工管路按其连接和配置情况可分为两类:一类是无分支的简单管路;另一类是存在分支与合流的复杂管路。本节首先对管内流动作定性分析,然后介绍化工流体输送管路的计算。

1.6.1 阻力对管内流动的影响

1. 简单管路

　　图 1.34 为典型的简单管路。设各管段的管径均匀一致,高位槽液体液面保持恒定,液体在管内作稳态流动。

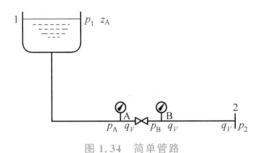

图 1.34　简单管路

　　该管路的阻力损失由三部分构成: h_{f1-A}、h_{fB-2} 和 h_{fA-B},其中 h_{fA-B} 是阀门的局部阻力。设初始时阀门全开,各点的压强分别为 p_1、p_2、p_A 和 p_B,因管道串联,各管段内流体流量 q_V 相等。

　　现将阀门的开度由全开转为半开,上述各处的流动参数将发生如下变化。

　　(1) 阀门关小,阀门的局部阻力系数 ζ 增大,h_{fA-B} 增大,出口及管道内各处的流量 q_V 随之减小。

　　(2) 在管段 1—A 之间考察,流量降低使得 h_{f1-A} 随之减小,阀门 A 处的总势能将增大。因 A 处的高度(位能)不变,总势能的增大意味着 A 点的压强 p_A 升高。

　　(3) 在管段 B—2 之间考察,流量降低使得 h_{fB-2} 随之减小,阀门 B 处的总势能将下降。同理,总势能的下降意味着 B 处的压强 p_B 减小。

　　由此可以得出如下结论:

　　(1) 任何局部阻力系数的增加将使管内的流量下降;

　　(2) 下游阻力增大将使上游压强上升;

　　(3) 上游阻力增大将使下游压强下降;

　　(4) 阻力损失总是表现为流体机械能的降低,在等径管中则表现为总势能的降低。

　　其中第二点应予以注意,下游情况的改变同样影响上游,这充分体现了流体作为连续性介质的运动特性,表明管路应作为一个整体加以考察。

2. 分支管路

　　考察流体由一条总管分流至两根支管的情况,在阀门全开时各处的流动参数如图 1.35 所示。

　　现将某一支管的阀门关小(例如阀门 A),ζ_A 增大,则:

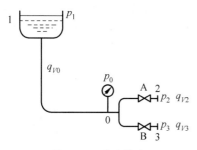

图 1.35 分支管路

(1)考察整个管路,由于阻力增加而使总流量 q_V 下降,p_0 上升;

(2)在截面 0—2 间考察,因 ζ_A 增大,而使 q_{V2} 下降,p_0 上升;

(3)在截面 0—3 间考察,p_0 上升,但 ζ_B 不变,而使 q_{V3} 增加。

由此可见,关小分阀门使所在的支管流量下降,与之平行的支管流量上升,但总管的流量还是减少了。上述为一般情况,还需注意以下两种极端的情况。

(1)忽略总管阻力,以支管阻力为主。此时 $p_0=p_1$,且接近为一常数。阀 A 关小仅使该支管的流量发生变化,但对支管 B 的流量几乎没有影响,即任一支管的情况改变不影响其他支管的流量。

(2)总管阻力为主,可以忽略支管阻力。此时 p_0 与下游出口段的压强 p_2 或 p_3 相近,总管的流量不因支管情况而改变,阀 A 的启闭不影响总流量,仅改变各支管间的流量分配。

3. 汇合管路

图 1.36 为简单的汇合管路,设下游阀门全开时高位槽中的流体流下在 0 处汇合。

现将阀门关小,q_{V3} 下降,交汇处 0 的压强升高,此时 q_{V1}、q_{V2} 同时降低,但因 $p_2<p_1$,使得 q_{V2} 下降更快。当阀门关小到一定程度,因 $p_0=p_2$,致使 $q_{V2}=0$,继续关小阀门则 q_{V2} 将作反向流动。

综上可知,管路应视为一个整体来考虑。流体在沿程各处的压强或势能有着确定的分布,或者说在管路中存在着能量的平衡。任一管段或局部平衡条件的变化都会使整个管路原有的能量平衡遭

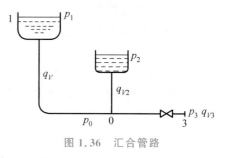

图 1.36 汇合管路

到破坏,需要根据新的条件建立新的能量平衡关系。管路中流量及压强的变化正是这种能量平衡关系发生变化的反映。

1.6.2 管路计算

简单管路可以是管径不变的单一管路,也可以是由若干异径管段串联而成的管路。

描述简单管路中各变量间关系的控制方程共有 3 个:连续性方程、机械能衡算方程和阻力系数方程,它们构成一个非线性方程组。对于任一给定的管路系统,若规定一些变量,则可求出另外一些变量(参考图 1.34 简单管路)。

连续性方程(质量守恒方程) $q_V=\dfrac{\pi}{4}d^2u$ (1.125)

机械能守恒方程 $\left(\dfrac{p_1}{\rho}+gz_1\right)+\dfrac{u_1^2}{2}+W_e=\left(\dfrac{p_2}{\rho}+gz_2\right)+\dfrac{u_2^2}{2}+\left(\lambda\dfrac{l}{d}+\sum\zeta\right)\dfrac{u^2}{2}$ (1.126)

摩擦系数计算式 $\lambda=\varphi\left(\dfrac{d\rho u}{\mu},\dfrac{e}{d}\right)$ (1.127)

上述方程中,当被输送的流体已定,其物性 μ、ρ 已知,则方程中包含 13 个变量(q_V、d、

u、u_1、u_2、p_1、p_2、z_1、z_2、λ、$\sum\zeta$、e、l、W_e），若给定其中的 10 个变量，则可求出其余 3 个变量。

1. 简单管路的设计型计算

管路计算可分为设计型计算和操作型计算两类。设计型计算通常是指对于给定的流体输送任务（一定流体的体积流量），选用合理且经济的管路和输送设备。例如，规定输送任务 q_V，确定最经济的管径 d 及须由供液点提供的总势能（$p_1/\rho+gz_1$）。

给定条件：

(1) 供液与需液点间的距离，即所需管长 l；

(2) 所用管道材料及管件配置，即 $\sum\zeta$、e；

(3) 需液点的总势能。

在上述命题中方程依然无解，设计人员必须再补充一个条件才能满足方程求解的需要。例如，对上述命题可指定流速 u，计算管径 d 及所需的供液点总势能（$p_1/\rho+gz_1$）。指定不同的流速 u，可对应地求得一组 d 和（$p_1/\rho+gz_1$）。设计人员的任务就在于从这一系列计算结果中，选出最经济合理的管径 d_{opt}。由此可见，设计型问题一般都包含着选择或优化的问题。

对一定流量，管径 d 与 $\sqrt{u}$ 成反比。流速 u 越小，管径越大，设备费用就越大。反之，流速越大，管路设备费用虽然减小，但输送流体所需的能量（$p_1/\rho+gz_1$）会越大，这就意味着操作费用的增加。因此，最经济合理的管径或流速的选择应使每年的操作费用与按使用年限计的设备折旧费用之和为最小，如图 1.37 所示。图中操作费用包括能耗及每年的大修费用，大修费用是设备费用的一部分，故流速过小、管径过大时的操作费用反而升高。通常，根据工作生产经验，为确定最优管径，可选用不同的流速进行方案计算，从中找出经济、合理的最佳流速（或管径）。对于车间内部的管路，可根据表 1.6 列出的某些流体在管道中常用的流速范围选择。

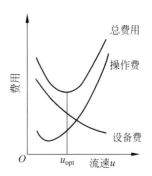

图 1.37　管径的最优化

表 1.6　某些流体在管道中的常用流速范围

流体种类及状况	常用流速范围 /(m/s)	流体种类及状况	常用流速范围 /(m/s)
自来水（3×10^5 Pa 左右）	1～1.5	一般空气（常压）	10～20
水及低黏度液体（$10^5\sim10^6$ Pa）	1.5～3.0	易燃、易爆的低压气体（如乙炔）	<8
黏度较大的液体	0.5～1.0	真空操作下气体	<18
工业供水（8×10^5 Pa 以下）	1.5～3.0	饱和水蒸气（8×10^5 Pa 以下）	40～60
锅炉供水（8×10^5 Pa 以下）	>3.0	鼓风机吸入管	10～15
饱和水蒸气（3×10^5 Pa 以下）	20～40	鼓风机排出管	15～20
过热水蒸气	30～50	离心泵吸入管（水一类液体）	1.5～2.0
蛇管、螺旋管内的冷却水	<1.0	离心泵排出管（水一类液体）	2.5～3.0
低压空气	8～15	往复泵吸入管（水一类液体）	0.75～1.0
高压空气	15～25	往复泵排出管（水一类液体）	1.0～2.0
液体自流（冷凝水等）	0.5		

选择流速时要考虑流体的性质,例如对黏度较大的流体(如油类),流速应取得低些;含有固体悬浮液的液体,为防止固体颗粒沉积堵塞管路,流速则不能取得太低。密度较大的液体,流速应取得低,而密度很小的气体,速度则可以取得比液体大得多。在气体输送中,容易获得压强的气体(如饱和水蒸气)流速可更高;而一般气体输送的压强得来不易,流速不宜取得太高。对于真空管路,流速的选择必须保证产生的压降要低于允许值。有时,最小管径要受到结构上的限制,如支撑在跨距 5m 以上的普通钢管,管径不应小于 40mm。

2. 简单管路的操作型计算

操作型计算是指管路系统已固定,要求核算在某些条件下的输送能力或某些技术指标。这类问题的命题如下:

给定条件:d、l、$\sum \zeta$、e、$p_1 + \rho g z_1$、$p_2 + \rho g z_2$,

计算目的:输送量 q_V;

或　给定条件:d、l、$\sum \zeta$、e、$p_2 + \rho g z_2$、q_V,

计算目的:所需的 $p_1 + \rho g z_1$。

计算目的不同,命题中所需的给定条件也不同。但是,在各种操作型命题中,有一点是完全一致的,即都给定了 7 个变量,方程组有唯一解。在第一类命题中,为求得流量 q_V 必须联立式(1.126)和式(1.127)求解方程组,计算流速 u 和 λ,然后再用方程(1.125)求得 q_V。由于式 $\lambda = \varphi\left(\dfrac{d\rho u}{\mu}, \dfrac{e}{d}\right)$ 或者莫狄摩擦系数图是一个复杂的非线性函数,上述求解过程

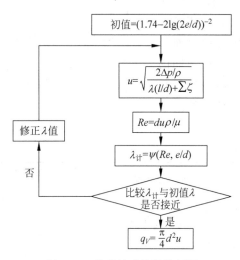

需要迭代试差。例如,当已知 d、l、$\sum \zeta$、e、$p_1 + \rho g z_1$、$p_2 + \rho g z_2$,求流量 q_V,其计算步骤可用图 1.38 表示。其中的迭代过程实际上就是式(1.125)～式(1.127)的非线性方程组的求解过程。必须指出,迭代试差的主要原因是 $\lambda = \varphi\left(\dfrac{d\rho u}{\mu}, \dfrac{e}{d}\right)$ 是非线性的。在进行试差计算时,由于 λ 值的变化范围较小,故通常将其作为迭代变量,将流动已进入阻力平方区的 λ 值作为迭代计算的初始值。当阻力损失服从平方或一次方定律时,则是可以解析求解的,无须试差。

上述试差计算过程,实为非线性方程组的求解过程。对于非线性方程或方程组,目前已发展了多种计算方法,利用计算机很容易解决。

图 1.38　迭代法求流量的框图

3. 分支与汇合管路的计算

管路中存在分流与合流时,称为复杂管路,如图 1.39 所示。

实际上,在复杂管路中,如图 1.40 所示,根据管段 2—0 内流向,可能存在分支管路,也可能存在汇合管路。无论是分支还是汇合,在交汇处 0 都会产生动量交换。在动量交换过

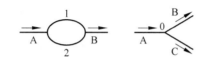

图 1.39　分支与汇合管路示意图

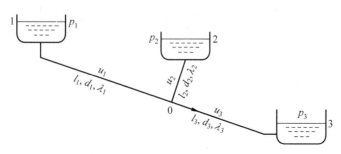

图 1.40　分支与汇合管路计算

程中,一方面会造成局部能量损失,另一方面在各流股之间还有能量转移。

在机械能衡算过程中,两截面间是没有分流或者合流的,但是能量衡算式是对单位质量流体而言的,若能明了因动量交换而引起的能量损失和转移,则能量衡算式仍可用于分流或合流。过程上采用两种方法解决 0 处的能量交换和损失。

(1) 交汇处 0 的能量交换和损失与各流股的流向和流速大小皆有关系,但可将单位质量流体跨越交点的能量变化看作流过管件(三通)的局部阻力损失,由实验测定在不同情况下三通的局部阻力系数 ζ。当流过交点时能量有所增加,则 ζ 值为负,能量减少则为正。这样,只要各流股的流向明确,仍可跨越交点列出机械能衡算式。

(2) 若输送管路其他部分的阻力较大,如对 l/d 大于 1 000 的长管,三通阻力(即单位质量流体流过交点的能量变化)所占的比例甚小可以予以忽略,可不计三通阻力而跨越交点列机械能衡算式,所得结果是足够准确的。

现在设图 1.40 中流体由高位槽 1 流至槽 2 与槽 3,则可列出以下方程:

$$\left.\begin{array}{l} \dfrac{p_1}{\rho} + gz_1 = \dfrac{p_2}{\rho} + gz_2 + \lambda_1 \dfrac{l_1}{d_1} \dfrac{u_1^2}{2} + \lambda_2 \dfrac{l_2}{d_2} \dfrac{u_2^2}{2} \\[4mm] \dfrac{p_1}{\rho} + gz_1 = \dfrac{p_3}{\rho} + gz_3 + \lambda_1 \dfrac{l_1}{d_1} \dfrac{u_1^2}{2} + \lambda_3 \dfrac{l_3}{d_3} \dfrac{u_3^2}{2} \\[4mm] \dfrac{\pi}{4} d_1^2 u_1 = \dfrac{\pi}{4} d_2^2 u_2 + \dfrac{\pi}{4} d_3^2 u_3 \end{array}\right\} \qquad (1.128)$$

比较式(1.128)的前两式可得

$$\dfrac{p_3}{\rho} + gz_3 + \lambda_3 \dfrac{l_3}{d_3} \dfrac{u_3^2}{2} = \dfrac{p_2}{\rho} + gz_2 + \lambda_2 \dfrac{l_2}{d_2} \dfrac{u_2^2}{2}$$

式(1.128)中管长 l 均包括局部阻力的当量长度,下标 1、2、3 分别代表 0—1、0—2、0—3 三段管路。对于分支管路,单位质量流体在各支管流动终了时的总机械能与能量损失之和相等。

对操作型计算,可设 λ 为一常数,由上述方程组即可求出 u_1、u_2、u_3。

4. 并联管路的计算

并联管路与分支管路中各支管的流量彼此影响,相互制约。其流动规律虽比简单管路复杂,但仍满足连续性方程和能量守恒原理,如图 1.41 所示。

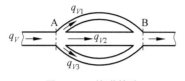

图 1.41　并联管路

并联管路的特点在于分流点 A 和合流点 B(严格来说应分别在 A 点上游和 B 点下游的两点)的总势能($p/\rho + gz$)值唯一。

在 A、B 两截面之间列机械能衡算方程式,可得

$$\frac{p_A}{\rho} + gz_A + \frac{u_A^2}{2} = \frac{p_B}{\rho} + gz_B + \frac{u_B^2}{2} + \sum h_{fA-B} \tag{1.129}$$

对于支管 1,有

$$\frac{p_A}{\rho} + gz_A + \frac{u_A^2}{2} = \frac{p_B}{\rho} + gz_B + \frac{u_B^2}{2} + \sum h_{f1} \tag{1.130}$$

对于支管 2,有

$$\frac{p_A}{\rho} + gz_A + \frac{u_A^2}{2} = \frac{p_B}{\rho} + gz_B + \frac{u_B^2}{2} + \sum h_{f2} \tag{1.131}$$

对于支管 3,有

$$\frac{p_A}{\rho} + gz_A + \frac{u_A^2}{2} = \frac{p_B}{\rho} + gz_B + \frac{u_B^2}{2} + \sum h_{f3} \tag{1.132}$$

比较以上各式,可得

$$\sum h_{f1} = \sum h_{f2} = \sum h_{f3} = \sum h_{fA-B} \tag{1.133}$$

因此,单位质量流体由 A 流到 B,不论通过哪一支管,阻力损失应是相等的。

若忽略分流点与合流点的局部阻力损失,各管段的阻力损失可按下式计算:

$$h_{fi} = \lambda_i \frac{l_i}{d_i} \frac{u_i^2}{2} \tag{1.134}$$

式中　l_i——支管长度,包括了各局部阻力的当量长度。

在一般情况下,各支管的长度、直径、粗糙度情况均不同,但各支管中流动的流体是由相同的势能差推动的,故各支管流速 u_i 也不同,将 $u_i = \dfrac{4q_{Vi}}{\pi d_i^2}$ 代入上式,经整理得

$$q_{Vi} = \frac{\sqrt{2}\pi}{4} \sqrt{\frac{d_i^5 h_{fi}}{\lambda_i l_i}} \tag{1.135}$$

由此可得各支管的流量分配。例如若只有三个支管,则

$$q_{V1} : q_{V2} : q_{V3} = \sqrt{\frac{d_1^5}{\lambda_1 l_1}} : \sqrt{\frac{d_2^5}{\lambda_2 l_2}} : \sqrt{\frac{d_3^5}{\lambda_3 l_3}} \tag{1.136}$$

由质量守恒可知总流量 $q_V = q_{V1} + q_{V2} + q_{V3}$。 $\tag{1.137}$

【例 1.10】　20℃的水以 2m/s 的平均流速流过一内径为 60mm、长为 100m 的直管,管的材质为新的铸铁管。试求单位质量流体的直管能量损失和压降。

解:20℃水的物性为 $\rho = 998.2 \text{kg/m}^3$,$\mu = 1.005 \text{mPa·s}$。

$$Re = \frac{d\rho u}{\mu} = \frac{0.06 \times 2.0 \times 998.2}{1.005 \times 10^{-3}} = 1.192 \times 10^5,\text{故流动为湍流}。$$

查表可知,对于新的铸铁管,$e = 0.3\text{mm}$,故 $e/d = 0.3/60 = 0.005$。

由 $Re = 1.192 \times 10^5$ 及 $e/d = 0.005$ 查莫狄图可得 $\lambda = 0.031$，所以

$$\sum h_{\mathrm{f}} = \lambda \frac{l}{d} \frac{u^2}{2g} = \left(0.031 \times \frac{100}{0.06} \times \frac{2^2}{2} \right) \mathrm{J/kg} = 103.3 \mathrm{J/kg}$$

$$\Delta p_{\mathrm{f}} = \rho \sum h_{\mathrm{f}} = (998.2 \times 103.3) \mathrm{Pa} = 1.031 \times 10^5 \mathrm{Pa}$$

分析：通过本题的计算，应熟练掌握查莫狄摩擦系数图的方法。

【例 1.11】　如本题附图所示，用泵将 20℃ 的甲苯从地下储槽输送到高位槽，体积流量为 $5 \times 10^{-3} \mathrm{m}^3/\mathrm{s}$。高位槽高出储槽液面 10m。泵吸入管用 $\phi 89\mathrm{mm} \times 4\mathrm{mm}$ 的无缝钢管，其直管部分总长为 10m，管路上装有一个底阀（可粗略地按旋启式止回阀全开计），一个标准弯头；泵排出管用 $\phi 57\mathrm{mm} \times 3.5\mathrm{mm}$ 的无缝钢管，其直管部分总长为 20m，管路上装有一个全开的闸阀、一个全开的截止阀和三个标准弯头。储槽及高位槽液面上方均为大气压。设储槽液面维持恒定。试求泵的轴功率，设泵的效率为 70%。

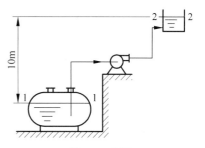

例 1.11 附图

解：取储槽液面为截面 1—1，并为基准面。高位槽液面为截面 2—2。在两截面间列机械能衡算方程，即

$$g z_1 + \frac{p_1}{\rho} + \frac{u_1^2}{2} + W_{\mathrm{e}} = g z_2 + \frac{p_2}{\rho} + \frac{u_2^2}{2} + \sum h_{\mathrm{f}1-2} \tag{1}$$

由题干可知，储槽和高位槽的截面都远大于相应的管道截面，故 $u_1 = u_2 \approx 0$。于是式（1）变为

$$W_{\mathrm{e}} = 10g + \sum h_{\mathrm{f}1-2} = 98.1 \mathrm{J/kg} + \sum h_{\mathrm{f}1-2} \tag{2}$$

吸入管路与排出管路直径不同，故应分别计算流动阻力。

（1）吸入管路能量损失 $\sum h_{\mathrm{f吸}}$

$$\sum h_{\mathrm{f吸}} = \left(\lambda \frac{l + \sum l_{\mathrm{e}}}{d} + \zeta \right) \frac{u_1^2}{2}$$

式中 $d = 89\mathrm{mm} - 2 \times 4\mathrm{mm} = 81\mathrm{mm}$，由图 1.33 可查出相应管件的当量长度为：底阀（按旋启式止回阀全开考虑）$l_{\mathrm{e}} = 6.3\mathrm{m}$，标准弯头 $l_{\mathrm{e}} = 2.7\mathrm{m}$，所以

$$\sum l_{\mathrm{e}} = 2.7\mathrm{m} + 6.3\mathrm{m} = 9\mathrm{m}$$

管进口突然缩小 $\zeta = 0.5$，

$$u = \frac{q_V}{\frac{\pi}{4} d^2} = \frac{5 \times 10^{-3}}{0.785 \times 0.081^2} \mathrm{m/s} = 0.97\mathrm{m/s}$$

查得 20℃ 时甲苯的物性为：$\rho = 867 \mathrm{kg/m}^3$，$\mu = 0.675 \mathrm{mPa \cdot s}$

$$Re = \frac{d \rho u}{\mu} = \frac{0.081 \times 867 \times 0.97}{0.675 \times 10^{-3}} = 1.01 \times 10^5 \text{，故流动为湍流。}$$

取管壁粗糙度为 $e = 0.3\mathrm{mm}$，则 $e/d = 0.3/81 = 0.0037$。查图 1.30 可得 $\lambda = 0.027$，则

$$\sum h_{\mathrm{f吸}} = \left[\left(0.027 \times \frac{10 + 9}{0.081} + 0.5 \right) \times \frac{0.97^2}{2} \right] \mathrm{J/kg} = 3.21 \mathrm{J/kg}$$

(2) 排出管路能量损失 $\sum h_{\mathrm{f出}}$

$$\sum h_{\mathrm{f出}} = \left(\lambda \frac{l + \sum l_{\mathrm{e}}}{d} + \zeta\right) \frac{u_2^2}{2}$$

式中 $d = 57\mathrm{mm} - 2 \times 3.5\mathrm{mm} = 50\mathrm{mm}$，查出相应管件的当量长度为：

闸阀全开 $l_{\mathrm{e}} = 0.33\mathrm{m}$，截止阀全开 $l_{\mathrm{e}} = 17\mathrm{m}$，三个标准弯头 $l_{\mathrm{e}} = 3 \times 1.6\mathrm{m} = 4.8\mathrm{m}$，则

$$\sum l_{\mathrm{e}} = 0.33\mathrm{m} + 17\mathrm{m} + 4.8\mathrm{m} = 22.13\mathrm{m}$$

管出口突然扩大 $\zeta = 1.0$，

$$u = \frac{q_V}{\frac{\pi}{4} d^2} = \frac{5 \times 10^{-3}}{0.785 \times 0.050^2} \mathrm{m/s} = 2.55\mathrm{m/s}$$

$$Re = \frac{d \rho u}{\mu} = \frac{0.050 \times 867 \times 2.55}{0.675 \times 10^{-3}} = 1.64 \times 10^5，故流动为湍流。$$

仍取管壁粗糙度为 $e = 0.3\mathrm{mm}$，则 $e/d = 0.3/50 = 0.006$。查图 1.31 可得 $\lambda = 0.032$，则

$$\sum h_{\mathrm{f出}} = \left[\left(0.032 \times \frac{20 + 22.13}{0.05} + 1\right) \times \frac{2.55^2}{2}\right] \mathrm{J/kg} = 90.9\mathrm{J/kg}$$

(3) 管路系统的总能量损失

$$\sum h_{\mathrm{f总}} = \sum h_{\mathrm{f吸}} + \sum h_{\mathrm{f出}} = 3.21\mathrm{J/kg} + 90.9\mathrm{J/kg} = 94.12\mathrm{J/kg}$$

得 $W_{\mathrm{e}} = 98.1\,\mathrm{J/kg} + 94.12\,\mathrm{J/kg} = 192.2\,\mathrm{J/kg}$

泵的有效功率为：$N_{\mathrm{e}} = W_{\mathrm{e}} \rho q_V = (192.2 \times 0.005 \times 867)\mathrm{W} = 0.83\mathrm{kW}$

泵的轴功率为：$N = N_{\mathrm{e}}/\eta = 0.83/0.7\ \mathrm{kW} = 1.19\mathrm{kW}$

分析：通过本题的计算，应掌握管路中各种局部阻力的计算方法。

【例 1.12】 用压缩空气将密闭容器中的苯液沿直径为 $\phi 48\mathrm{mm} \times 2\mathrm{mm}$ 的钢管送至某容器内，若在某势能差下，15min 可将容器内 $2.62\mathrm{m}^3$ 的苯排空，已知操作条件下苯的密度 $\rho = 890\mathrm{kg/m}^3$，黏度 $\mu = 6.66 \times 10^{-4}\mathrm{Pa \cdot s}$。试求：(1)欲将输送时间缩短一半，管路两端的势能差需增加多少倍？(2)若用压缩空气将容器中的甘油沿直径为 $\phi 16\mathrm{mm} \times 2\mathrm{mm}$ 的管道送至高位槽，管内流量为 $0.324\mathrm{m}^3/\mathrm{h}$，若将流量提高一倍，管路两端的势能差需增加多少倍？(甘油的密度 $\rho = 1\,261\mathrm{kg/m}^3$，黏度 $\mu = 1.50\mathrm{Pa \cdot s}$)

解：(1) 由题意可知，$\phi 48\mathrm{mm} \times 2\mathrm{mm}$ 钢管内苯的速度

$$u = \frac{q_{V1}}{\frac{\pi}{4} d_1^2} = \frac{2.62/900}{0.785 \times 0.044^2} \mathrm{m/s} = 1.92\mathrm{m/s}$$

$$Re = \frac{d_1 \rho_1 u_1}{\mu_1} = \frac{0.044 \times 890 \times 1.92}{6.66 \times 10^{-4}} = 1.13 \times 10^5，故流动为湍流$$

相对粗糙度 $e_1/d_1 = 1.5/44 = 0.034\,1$

由此可知流动已进入阻力平方区，管路阻力系数与 Re 无关，仅与相对粗糙度有关。若要求输送时间减半，则需将流速加倍，故所求管路两端的势能差的比值为

$$\frac{\Delta p'_1}{\Delta p_1} = \frac{\left(\lambda\,\dfrac{l}{d} + \sum \zeta\right)\dfrac{\rho u_1'^2}{2}}{\left(\lambda\,\dfrac{l}{d} + \sum \zeta\right)\dfrac{\rho u_1^2}{2}} = \frac{u_1'^2}{u_1^2} = 4$$

（2）输送甘油时管内流速

$$u = \frac{q_{V2}}{\dfrac{\pi}{4}d_2^2} = \frac{0.324/3\,600}{0.785 \times 0.012^2}\ \mathrm{m/s} = 0.796\mathrm{m/s}$$

$$Re = \frac{d_2\rho_2 u_2}{\mu_2} = \frac{0.012 \times 1\,261 \times 0.796}{1.5} = 8.03,故流动为层流。$$

由此可知流动在层流区，当流量加一倍时，流动依然在层流区，管路两端的势能差的比值为

$$\frac{\Delta p'_1}{\Delta p_1} = \frac{u'_2}{u_2} = 2$$

注意：在层流条件下，所需势能差与管内的流速（或流量）成正比；而在湍流条件下，所需势能差与流速（或流量）的平方成正比。

1.7　流速和流量的测定

在生产或实验研究中，为控制一个连续过程必须测量流量。各种反应器、搅拌器等中流速分布的测量，更是改进操作性能、开发新型化工设备的重要途径，也是化工生产过程中加以调节、控制的重要参数之一。测量流量的仪表种类很多，原理各异。本节仅介绍几种以流体流动守恒原理为基础设计的流速与流量计。

1.7.1　测速管

测速管又称皮托管（Pitot tube），如图 1.42 所示。它由两根同心套管组成，内管前端管口敞开，朝着迎面而来的被测流体；两管前端环隙封闭，但在前端壁面四周开有若干小孔，

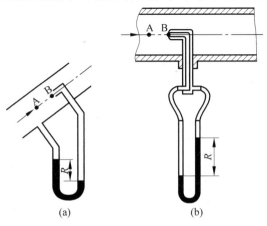

图 1.42　皮托管测速示意图

流体在小孔旁流过。内管与环隙分别与液柱压差计的两臂相连接。

当流体流近测速管的前端时,由于内管中已被先前流入的流体所占据,故当后续流体到达管口 B 处便停滞下来,形成停滞点(驻点)。此时,流体的动能全部转变为驻点压强(stagnation pressure)。

如图 1.42(a)所示,考察图中从 A 点到 B 点的流线,由于 B 点速度为零,所以 B 点的总势能应等于 A 点的势能与动能之和。B 点称为驻点,利用驻点与 A 点的势能差可以测得管中的流速。在点 A 与 B 处的伯努利方程为

$$\frac{p_A}{\rho} + gz_A + \frac{u_A^2}{2} = \frac{p_B}{\rho} + gz_B \tag{1.138}$$

式中 p_B ——点 B 处的驻点压强。

另一方面,当流体平行流过外管侧壁上的小孔时,其速度仍为点 A 处值,故侧壁小孔外的流体通过小孔传递至套管环隙间的压强为点 B 处的压强 p_B。

由式(1.138),得

$$u_A = \sqrt{2\left[(gz_B + p_B/\rho) - (gz_A + p_A/\rho)\right]} \tag{1.139}$$

若管道水平,U 形管压差计的读数反映的是 $\Delta p = p_B - p_A$,如图 1.42(b)所示,则上式变为

$$u_A = \sqrt{2(p_B - p_A)/\rho} \tag{1.140}$$

式中 u_A ——待测点的流速。

若 U 形管压差计内充密度为 ρ_A 的指示液,其读数为 R,则

$$\Delta p = (\rho_A - \rho)gR$$

将上式代入式(1.140),得

$$u_A = \sqrt{2(\rho_A - \rho)gR/\rho} \tag{1.141}$$

测速管的测量准确度与其制造精度有关。一般情况下,式(1.141)的右侧需引入一校正系数 C,即

$$u_A = C\sqrt{2(\rho_A - \rho)gR/\rho} \tag{1.142}$$

通常 $C = 0.98 \sim 1.00$,但有时为了提高测量的准确度,C 值应在仪表标定时确定。

测速管测定的流速是管道截面上某一点处的速度,称为点速度。因此,可以利用测速管测定管道截面上的速度分布。欲获得管截面上的平均流速 $\bar{u}$,需测量径向上若干点的速度,而后按 u 的定义用数值法或图解法积分求得平均速度。

对于内径为 d 的圆管,可以只测出管中心点的速度 u_{max},然后根据 u_{max} 与平均流速 $\bar{u}$ 的关系将 u 求出。此关系随 Re 改变,如图 1.43 所示。

测速管的优点是流体的能量损失较小,结构简单,使用方便。通常适于测量大直径管路中的气体流速,但不能直接测量平均流速,且压差读数小,常需配用微压压差计。当流体中含有固体杂质时,会堵塞测压孔,故不宜采用测速管。

为保证测速管安装在速度分布的稳定段,要求测量点上、下游的直管长度最好各有 $50d$ 以上的长度(d 为管径),至少也应大于 $8 \sim 12$ 倍的管径。为减少测速管本身对流动的干扰,测速管的外径应不超过管内径 d 的 1/50。测定时还应注意使测速管管口截面严格垂直于流动方向。

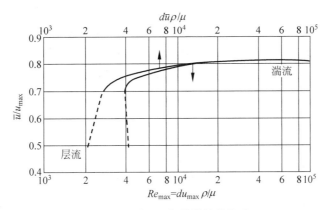

图 1.43　u/u_{max} 与雷诺数的关系

1.7.2　孔板流量计

孔板流量计利用孔板对流体的节流作用,使流体的流速增大,压强减小,以产生的压强差作为测量的依据。这类流量计称为节流式流量计。

在管道内与流动垂直的方向插入一片中央开圆孔的金属板,孔的中心位于管道的中心线上,孔板前后有测压点与压差计相连,即构成孔板流量计,如图 1.44 所示。板上的孔要精细加工,从前到后逐渐扩大,侧边与管轴线成 $45°$ 角,称为锐角。

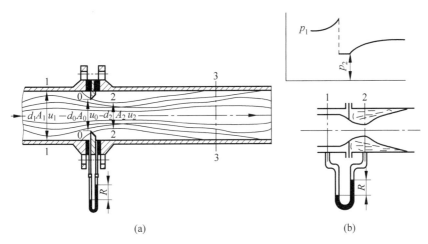

图 1.44　孔板流量计及其示意图

当待测流体流过孔板的孔口时,流动截面收缩至小孔的截面积,由于惯性作用,在小孔之后流体将继续收缩一段距离,然后逐渐扩大至整个管截面。流动截面最小处(图 1.44(a)中截面 2—2)称为缩脉。这种由于孔板节流作用而产生的流速变化必然引起流体压强的变化(图 1.44(b))。在缩脉处,流速最大,流体的压降至最低。当流体以一定的流量流经孔板时,流量越大,压强改变的幅度也越大。也就是说,压强变化的幅度反映了流体流量的大小。

需要指出,流体在孔板前后的压强变化,一部分是由于流速改变所引起的,还有一部分是由于流过孔板阻力造成的。因此,当流速恢复到流经孔板之前的值时,其压强并不能复原,从而产生了永久压降。

为了建立管内流量与孔板前后压强变化的定量关系,取孔板上游尚未收缩的流动截面为 1—1,下游截面宜放在缩脉处 2—2,以便测得最大压差读数。截面 1 和截面 2 可认为是均匀段且水平,暂时不计阻力损失,在两截面之间列机械能衡算方程,可得

$$\frac{p_1}{\rho} + \frac{u_1^2}{2} = \frac{p_2}{\rho} + \frac{u_2^2}{2}$$

$$\sqrt{u_2^2 - u_1^2} = \sqrt{\frac{2(p_1 - p_2)}{\rho}}$$

但由于缩脉的位置 2 及其截面积难以确定,故工程上以孔口处的速度 u_0 代替上式中的 u_2。同时考虑,实际流体流过孔口时由于阻力损失,且实际所测势能差因缩脉位置将随流动状况而变,因此引入一校正系数 C。于是

$$\sqrt{u_0^2 - u_1^2} = C\sqrt{\frac{2(p_1 - p_2)}{\rho}} \tag{1.143}$$

由质量守恒　$u_1 A_1 = u_0 A_0$

令

$$m = A_0/A_1 \tag{1.144}$$

则

$$u_1 = m u_0 \tag{1.145}$$

式中　m——面积比。

由 U 形管测压原理 $\Delta p = p_1 - p_2 = Rg(\rho_i - \rho)$,将以上各式代入式(1.143)可得

$$u_0 = \frac{C}{\sqrt{1 - m^2}}\sqrt{\frac{2gR(\rho_i - \rho)}{\rho}} \tag{1.146}$$

或

$$u_0 = C_0 \sqrt{\frac{2gR(\rho_i - \rho)}{\rho}} \tag{1.147}$$

其中

$$C_0 = \frac{C}{\sqrt{1 - m^2}} \tag{1.148}$$

式中　C_0——孔板的孔流系数。

于是孔板的流量计算式为

$$q_V = C_0 A_0 \sqrt{\frac{2gR(\rho_i - \rho)}{\rho}} \tag{1.149}$$

孔流系数 C_0 需由实验测定,其值与 Re、面积比 m 以及取压法、孔口形状、加工光洁度、孔板厚度和管壁粗糙度等有关。对于测压方式、结构尺寸、加工状况等均已规定的标准孔板,流量系数 C_0 可表示成

$$C_0 = f(Re_d, m) \tag{1.150}$$

式中　Re_d——以管径计算的雷诺数,即 $Re_d = d_1 u_1 \rho/\mu$,实验测得的 C_0 如图 1.45 所示。

由图可见,对于任一 A_0/A_1 值,当 Re 超过某一临界值 Re_c 后,C_0 即变为一个常数。

流量计的测量范围最好落在 C_0 为常数的区域。设计合理的孔板流量计, C_0 在 $0.6\sim0.7$ 为宜。

在应用式(1.139)或式(1.141)时,需预先确定流量系数 C_0 的值。但由于 C_0 与 Re 及 A_0/A_1 有关,因此不论是设计型计算(确定孔板孔径与 d_0)还是操作型计算(确定流量或流速),均需采用试差法。

孔板流量计安装位置的上、下游都要有一段内径不变的直管作为稳定段,根据经验,其上游直管长度至少应为 $(10\sim40)d_1$,下游长度至少为 $5d_1$ 。孔板流量计制造简单,安装与更换方便,其主要缺点是流体的能量损失大, A_0/A_1 越小,能量损失越大。这一阻力损失是由于流体与孔板的摩擦阻力,尤其是缩脉后流道突然扩大形成大量漩涡造成的。孔板流量计的永久能量损失,可按下式估算:

$$h_{\mathrm{f}}=\zeta\frac{u_0^2}{2}=\zeta C_0^2\frac{Rg(\rho_i-\rho)}{\rho} \qquad (1.151)$$

式中 ζ 值一般在 0.8 左右。上式表明阻力损失

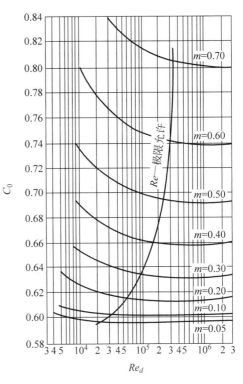

图 1.45　标准孔板流量系数

正比于压差计读数 R ,说明读数 R 是以机械能损失为代价取得的。缩口越小,孔口速度越大,读数 R 越大,阻力损失随之增大。因此须选择适当的面积比 m 来兼顾适宜的读数和阻力损失。

1.7.3　文丘里流量计

仅仅是为了测定流量而引起过多的能量消耗是不合理的,应尽可能设法降低能耗。能耗的起因是流道突然缩小和突然扩大,尤其是后者。因此,可用一段渐缩渐扩管代替孔板,避免突然缩小和突然扩大,必然可以大大地降低阻力损失。这种管称为文丘里(Venturi)管,用于测量流量时,也称为文丘里流量计。

如图 1.46 所示,当流体在渐缩渐扩段内流动时,流速变化平缓,涡流较少,于喉颈处(即最小流通截面处)流体的动能达到最高。此后,在渐扩的过程中,流体的速度又平缓降低,相应的流体压强逐渐恢复。如此过程避免了涡流的形成,从而大大降低了能量的损失。

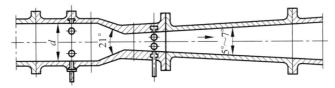

图 1.46　文丘里流量计

由于文丘里流量计的工作原理类似于孔板流量计,故流体的流量可按下式计算,此时以 C_V 代替 C_0。文丘里管的流量系数 C_V 为 0.98~0.99,阻力损失为 $h_f = 0.1u_0^2$,u_0 为喉颈流速,m/s。

$$q_V = C_V A_0 \sqrt{\frac{2(p_1 - p_0)}{\rho}} = C_V A_0 \sqrt{\frac{2gR(\rho_i - \rho)}{\rho}} \qquad (1.152)$$

式中 A_0——喉颈处截面积。

通常文丘里流量计上游的测压点距管径开始收缩处的距离至少应为管径的 1/2 长度,而下游测压口设在喉颈处。

文丘里流量计的优点是能量损失小,大多用于低压气体输送。但不如孔板那样容易更换以适用于各种不同的流量测量;文丘里管的喉颈是固定的,致使其测量的流量范围受到实际 Δp 的限制。

1.7.4 转子流量计

前述各流量计的共同特点是收缩口的截面积保持不变,而压强随流量的改变而变化,这类流量计统称为变压强流量计。另一类流量计是压强差几乎保持不变,而收缩口的截面积变化,这类流量计称为变截面流量计,其中最为常见的是转子流量计。

1. 测量原理

转子流量计应用很广,图 1.47 为转子流量计结构示意图,它由一个截面自下而上逐渐扩大的锥形垂直玻璃管和一个能够旋转自如的金属或其他材质的转子所构成。被测流体由底端进入,由顶端流出。

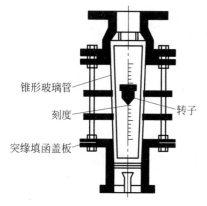

当待测流体以某一流量流过该转子流量计时,转子受到两个力的作用:其一是垂直向上的推动力,其值为流体在转子上、下游的压强差;其二是与之方向相反的转子所受的净重力,其值为转子本身所受的重力减去流体对转子的浮力。当流动稳定后,作用在转子上的合外力为零,转子处于平衡状态,此时转子停留在某一定位置处。若流体的流量改变,平衡被打破,转子将移到新的位置,以建立新的平衡。因此,转子所处的不同位置与流体的流量一一对应。由此可见,转子停留的高度随流量而变,转子上端平面指示刻度即为流量的大小。

图 1.47   转子流量计结构示意图

锥形玻璃管
刻度
转子
突缘填函盖板

转子流量计的计算式可由转子受力平衡导出。设转子的体积为 V_f,密度为 ρ_f,其最大截面积为 A_f,被测流体的密度为 ρ,转子上、下游流体的压强为 p_1、p_2,当转子处于平衡时,流体作用于转子的力应与转子的重力相等,即

$$(p_1 - p_2)A_f = V_f \rho_f g \qquad (1.153)$$

为求取 p_1、p_2,以图 1.48 中 1、2 两截面列机械能守恒方程,并将截面 2 的流速用环隙流速 u_0 代替:

$$\frac{p_1}{\rho} + gz_1 + \frac{u_1^2}{2} = \frac{p_2}{\rho} + gz_2 + \frac{u_0^2}{2}$$

可得

$$p_1 - p_2 = (z_2 - z_1)\rho g + \left(\frac{u_0^2}{2} - \frac{u_1^2}{2}\right)\rho \qquad (1.154)$$

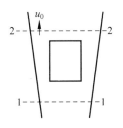

图 1.48　转子受力平衡

上式表明,形成转子上、下两端压差$(p_1 - p_2)$有两个原因:一是两截面的位差,因位差形成的压差而作用于物体上即为浮力;二是由于端面存在动能差。将式(1.154)两端均乘上转子的截面积 A_f,则有

$$(p_1 - p_2)A_f = (z_2 - z_1)\rho g A_f + \left(\frac{u_0^2}{2} - \frac{u_1^2}{2}\right)\rho A_f \qquad (1.155)$$

式(1.155)的左边为流体作用于转子的力;右边第一项即为浮力,可写成一般式 $V_f \rho g$。应用质量守恒式将 u_1 用 u_0 表示,即 $u_1 = u_0 A_0 / A_1$。A_0 为环隙面积,式(1.155)写成

$$(p_1 - p_2)A_f = V_f \rho g + \left[1 - \left(\frac{A_0}{A_1}\right)^2\right]\frac{u_0^2}{2} \cdot \rho A_f \qquad (1.156)$$

将式(1.156)与式(1.153)比较可得

$$u_0 = \frac{1}{\sqrt{1 - (A_0/A_1)^2}} \times \sqrt{\frac{2V_f(\rho_f - \rho)g}{\rho A_f}} \quad \text{或} \quad u_0 = C_R \sqrt{\frac{2V_f(\rho_f - \rho)g}{\rho A_f}} \qquad (1.157)$$

流量计算为

$$q_V = C_R A_0 \sqrt{\frac{2V_f(\rho_f - \rho)g}{A_f \rho}} \qquad (1.158)$$

式中校正系数 C_R 同时考虑转子形状不同即流动阻力造成的影响,需由实验测定。

由式(1.158)可见,对于特定的转子流量计,如果在所测量的流量范围内,流量系数 C_R 不变,则流量仅随 A_0 而变。由于玻璃管为上大下小的锥体,故 A_0 值随转子所处的位置而变,因而转子所处位置的高低反映了流量的大小。

转子流量计由专门厂家生产,通常厂家选用水或空气分别作为标定流量计的介质。因此,当测量其他流体时,需要对原有的刻度加以校正。

转子流量计的优点是能量损失小、测量范围宽,缺点是耐温、耐压性差。

2. 转子流量计的特点——恒流速、恒压差

从式(1.158)可知,V_f、ρ_f、A_f、ρ 均为常数,若 Re 较高,C_R 也是常数,则不论流量大小,环隙速度 u_0 为一常数。流量不同,并不改变转子受力平衡,故转子上、下两端面的压差为常数,所变化的只是在不同的平衡高度形成不同的环隙面积。而孔板流量计则是流通面积不变,压差随流量而变。转子流量计恒流速、恒压差的特点也说明其阻力损失不随流量而变,因而常用于测量流量范围变化较宽的场合。

3. 转子流量计的刻度换算

和孔板不同,转子流量计出厂前,不是提供流量系数 C_R,而是直接用 20℃ 的水或 20℃、101.3kPa 的空气进行标定,将流量值刻于玻璃管上。当被测流体与上述条件不符时,应作刻度换算。在同一刻度下,A_0 相同:

$$\frac{q_{V2}}{q_{V1}}=\sqrt{\frac{\rho_1(\rho_f-\rho_2)}{\rho_2(\rho_f-\rho_1)}}\quad\text{或}\quad\frac{q_{m2}}{q_{m1}}=\sqrt{\frac{\rho_2(\rho_f-\rho_2)}{\rho_1(\rho_f-\rho_1)}}\tag{1.159}$$

式中　q_{V1},q_{m1},ρ_1——标定流体(水或空气)的体积流量、质量流量和密度;

q_{V2},q_{m2},ρ_2——被测流体(液体或气体)的体积流量、质量流量和密度。

【例 1.13】　如本题附图所示,自水塔将水送至车间,输送管路采用 $\phi114\text{mm}\times4\text{mm}$ 的钢管,管路总长为190m(包括管件与阀门的当量长度,但不包括进、出口损失)。水塔内水面维持恒定,并高于出水口15m。设水温为12℃,试求管路的输水量(m^3/h)。

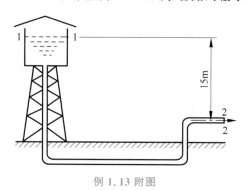

例 1.13 附图

解:选取塔内水面为上游截面 1—1,排水管出口内侧为下游截面 2—2,并以排水管出口中心作为基准水平面。则有

$$gz_1+\frac{p_1}{\rho}+\frac{u_1^2}{2}=gz_2+\frac{p_2}{\rho}+\frac{u_2^2}{2}+\sum h_{f1-2}\tag{1}$$

其中　$z_1=15\text{m}$,　$z_2=0$,　$u_1=0$,　$u_2=u$(未知),　$p_1=p_2$

$$\sum h_{f1-2}=\left(\lambda\frac{l+\sum l_e}{d}+\zeta\right)\frac{u^2}{2}=\left(\lambda\frac{190}{0.106}+1.5\right)\frac{u^2}{2}$$

将以上各值代入式(1)中,经整理得

$$u=\sqrt{\frac{2\times9.81\times15}{\frac{190\lambda}{0.106}+1.5}}\text{m/s}=\sqrt{\frac{294.3}{1\,792.5\lambda+1.5}}\text{m/s}\tag{2}$$

式中 $\lambda=f(Re,e/d)=\phi(u)$。

上两式中,含有两个未知数 λ 和 u。由于 λ 的求解依赖于 Re,而 Re 又是 u 的函数,故需要采用试差求解,其步骤为:

① 设定一个 λ 的初值 λ_0;

② 根据式(2)求 u;

③ 根据此 u 值求 Re;

④ 用求出的 Re 及 e/d 值从摩擦系数图中查出新的 λ_1;

⑤ 比较 λ_0 与 λ_1,若二者接近或相符,u 即为所求,并据此计算输水量;否则以当前的 λ_1 值代入式(2),按上述步骤重复计算直至二者接近或相符为止。

本问题中,取管壁的绝对粗糙度 $e=0.2\text{mm}$,则 $e/d=0.2/106=0.001\,89$。

12℃时,水的物性为 $\rho=1\,000\text{kg/m}^3,\mu=1.236\times10^{-3}\text{Pa}\cdot\text{s}$。

于是,根据上述步骤计算的结果如例 1.3 附表所示:

例 1.3 附表

	λ_0	$u/(\mathrm{m/s})$	Re	e/d	λ_1
第 1 次	0.02	2.81	2.4×10^5	0.001 89	0.024
第 2 次	0.024	2.58	2.2×10^5	0.001 89	0.024 1

由于两次计算的 λ 值基本相符,故 $u=2.58\mathrm{m/s}$,于是输水量为

$$q_V = uA = \frac{\pi}{4}d^2 u = (0.785\times0.106^2\times2.58\times3\,600)\mathrm{m^3/h} = 81.92\mathrm{m^3/h}$$

分析:本题是管路流体输送的典型问题之一,即求流体的输送量。

【例 1.14】　15℃的水以 $0.056\,7\mathrm{m^3/s}$ 的流速流过一根当量长度为 122m 的光滑水平管道。已知总压降为 $1.03\times10^5\mathrm{Pa}$,试求管的直径。

解:在管进口 1—1、出口 2—2 截面间列机械能衡算方程

$$gz_1 + \frac{p_1}{\rho} + \frac{u_1^2}{2} = gz_2 + \frac{p_2}{\rho} + \frac{u_2^2}{2} + \sum h_{\mathrm{f}1-2}$$

由于管道水平,$z_1=z_2=0$,$u_1=u_2$,故

$$\frac{p_1-p_2}{\rho} = \sum h_{\mathrm{f}} \tag{1}$$

即

$$\Delta p_{\mathrm{f}} = \rho \sum h_{\mathrm{f}}$$

$$\sum h_{\mathrm{f}1-2} = \lambda\frac{l+\sum l_{\mathrm{e}}}{d}\frac{u^2}{2} = \lambda\frac{122}{d}\times\frac{1}{2}\times\left(\frac{0.056\,7}{0.785d^2}\right)^2 = 0.318\frac{\lambda}{d^5} \tag{2}$$

将式(2)代入式(1)中,得

$$1.03\times10^5 = 1\,000\times0.318\frac{\lambda}{d^5}$$

即

$$\frac{\lambda}{d^5} = 323.9 \tag{3}$$

因 $\lambda=f(Re)=\phi(d)$,故本例题仍需采用试差法求解。其步骤为:

① 设定一个 λ 的初值 λ_0;

② 根据式(3)求 d;

③ 根据此 d 值求 Re;

④ 用求出的 Re 及 ε/d 值从摩擦系数图中查出新的 λ_1;

⑤ 重复上述计算步骤,比较 λ_0 与 λ_1,若二者接近或相符,d 即为所求。

计算可得管道直径为 0.13m($\lambda=0.012$)。

分析:本题是管路流体输送的典型问题之二,即给定流体的输送量,求输送管路直径。

【例 1.15】　某转子流量计,转子为不锈钢($\rho_{\text{钢}}=7\,920\mathrm{kg/m^3}$),水的流量刻度范围为 $250\sim2\,500\mathrm{L/h}$,如将转子改为硬铅($\rho_{\text{铅}}=10\,670\mathrm{kg/m^3}$),保持形状和大小不变,用来测定 $\rho_{\text{液}}=800\mathrm{kg/m^3}$ 的液体,问:转子流量计的最大流量约为多少?

解：由式(1.159)可得

$$\frac{q_{V液}}{q_{V水}}=\sqrt{\frac{\rho_水(\rho_铅-\rho_液)}{\rho_液(\rho_钢-\rho_水)}}=\sqrt{\frac{1\,000\times(10\,670-800)}{800\times(7\,920-1\,000)}}=1.34$$

可测液体最大流量 $q_{V液}=1.34\times2\,500\text{L/h}=3\,350\text{L/h}$。

▶▶▶ 本章主要符号说明 ◀◀◀

A——面积,m^2

μ——(动力)黏度,$\text{Pa}\cdot\text{s}$

μ'——湍流黏度,$\text{Pa}\cdot\text{s}$

ν——运动黏度,m^2/s

ρ——密度,kg/m^3

τ——剪应力,N/m^2

v——比体积,m^3/kg

M——摩尔质量,kg/kmol

m——质量,kg

V——体积,m^3

p——流体压强,Pa

p_a——大气压,Pa

R——摩尔气体常量,$8.314\text{kJ/(kmol}\cdot\text{K)}$

X、Y、Z——单位质量流体的体积力在直角坐标轴上的分量,N/kg 或 m/s^2

x、y、z——坐标轴

z——高度,m

R——管路半径(压差计读数),m

t——时间,s

u——流速,m/s

q_V——体积流量,$\text{m}^3/\text{s}(\text{m}^3/\text{h}$ 或 $\text{L/h})$

q_m——质量流量,$\text{kg/s}(\text{kg/h})$

d——管径,m

G——质量流速,$\text{kg/(m}^2\cdot\text{s)}$

g——重力加速度,m/s^2

H_f——单位重量流体的机械能损失,m

h_f——单位质量流体的机械能损失,J/kg

F——力,N

a——动能校正系数

Re——雷诺数

r——径向距离,m

e——绝对粗糙度,mm

ζ——局部阻力系数

λ——摩擦系数

l——管路长度,m

l_e——局部阻力当量长度,m

d_e——管道当量直径,mm

C_0、C_R、C_V——流量系数

▶▶▶ 本章能力目标 ◀◀◀

通过本章的学习,应掌握流体流动的特点和遵循的基本规律(质量守恒和能量守恒),能将基本原理应用于解决流体输送过程中的复杂工程问题。工程问题分为设计型和计算型,学会区分复杂问题的种类,选用合适的解决方案。同时要具备以下能力：①能熟练应用流体静力学方程进行压力测量、液位观测和液封高度的计算；②能根据生产要求,进行管径的选型设计,通过机械能衡算方程,进行管路输送相关问题的分析和计算；③能进行简单、复杂管路的设计型和操作型问题的分析和计算；④对影响管路输送问题的参数进行分析,给出合理判断,能够提出强化的基本思路和解决方法。

▶▶▶ 学 习 提 示 ◀◀◀

1. 流体流动的研究对象是没有具体形态的流体(液体和气体),比较抽象。在研究过程中将流体拟态化成固体来研究,借用了物理学中质点的概念。但是在流体中无法确定质点的具体位置,因此还是从宏观角度出发研究流体在流动过程中遵循的特点。

2. 不论流体处于何种流动型态,质量和能量永远守恒。在应用过程中注意固体与流体能量守恒方程的区别,在势能中引入了压力势能,实际上可以理解为固体在液体中所受到的浮力。流体的势能包括重力势能和压力势能,因此机械能守恒依然是势能和动能之和。流体在流动过程中受到壁面约束以及流体自身内部黏度的影响,阻力损失(能量消耗)是计算的难点。其计算思路与流体在管道中的具体流动型态(层流、湍流)有关。

3. 管路设计与计算时,分清楚直管管长 L 与总管长($L+L_e$)、压强差 Δp 与阻力压强降 Δp_f 的区别。

4. 进行管路定性分析时,首先从质量守恒、能量守恒出发,分析流速、流量、阻力损失、压力的变化趋势;其次分清楚工程问题的种类是设计型还是操作型。

讨论题

1. 对比轨线与流线的区别,为什么流线互不相交?

2. 流体连续介质模型假设的要点是什么? 该模型假设对研究流体有何作用?

3. 应用静力学原理,解释为何室内水槽下方的下水管装有 U 形管,其作用是什么?

4. 在分析管路阻力损失摩擦系数的影响时采用量纲分析法,该方法有何优缺点?

5. 在相同管径的两条圆形管道中,同时分别流动着油和水($\mu_水 > \mu_油$),若雷诺数相同,且密度相近,试判断油的流速大还是水的速度大,并说明原因。

6. 在流量、管长相同的前提下:(1)对比流通截面积相同的圆管和方形管,哪种管子的流通阻力小? (2)对比周长相同的圆管和方形管,哪种管子的流通阻力小?(两种情况下阻力系数近似都相等)

7. 如本题附图所示,某储气柜外接一等径输气管,其气柜压力恒定。整个体系密度近似相等,问:(1)当阀门全开时,压力表读数 p_A、p_B 是否相同? 说明原因。(2)当阀门开度减小时,阀门前后压力表读数如何变化?

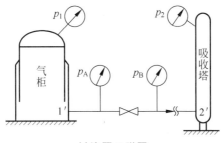

讨论题 7 附图

8. 如本题附图所示,A、B、C、D 四套装置,所用材质均相同,各装置两侧压孔间管长、管径、入口速度均相同,在 C 图中 $d/D=3/4$,D 装置闸阀全开,试比较四种装置 U 形压差计

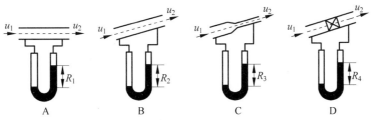

讨论题 8 附图

读数 R 的大小。

9. 试分析本题附图中水的流向,并说明原因。

10. 某液体在内径为 d_1 的管路中稳态流动,其平均流速为 u_1,当它以相同的体积流量通过某内径为 $d_2(d_2=d_1/2)$ 的管子时,流速如何改变? 流动为层流时,管子两端的压力降如何改变,湍流时压力降又如何改变?

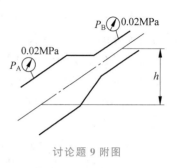

讨论题 9 附图

11. 若质量流量相同的两液体,分别流经同一均匀直管,且已知 $\rho_1=2\rho_2$,黏度 $\mu_1=4\mu_2$,判断 Re_1 与 Re_2 的关系如何? 若流动皆为层流,则二者的阻力损失 h_{f1} 与 h_{f2} 关系如何? 若两流体流动均处于阻力平方区,二者的阻力损失 h_{f1} 与 h_{f2} 关系又如何?

12. 如本题附图所示,敞口容器液面保持不变,阀门 A 和 B 的阻力系数分别为 ζ_A 和 ζ_B,h_1 和 h_2 为连接管路的玻璃管显示的液面高度,现 ζ_B 不变,ζ_A 增大,分析 h_1、h_2、(h_1-h_2) 的变化趋势;若 ζ_A 不变,ζ_B 增大,h_1、h_2、(h_1-h_2) 的变化趋势又如何?

13. 如本题附图所示管路,两敞口容器,水位恒定,总流量为 q_V,三个支管的阀门全开,阻力系数分别为 ζ_1、ζ_2、ζ_3,流量为 q_{V1}、q_{V2}、q_{V3}。现阀门 2 关小,试分析总流量、各支管流量以及阻力如何分配。

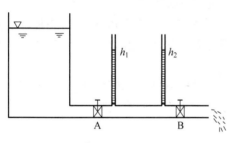

讨论题 12 附图

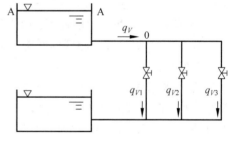

讨论题 13 附图

14. 如本题附图所示,将水从水池送往 A 塔,已知水池水面比地面低 2m,从水面到泵的吸入口 OA 长为 3m,在吸入管线中有一个 90°弯头,一个底阀。从泵的出口到塔顶喷嘴总长 36m,管线中有两个 90°弯头,一个闸阀,阻力系数 $\zeta=4.5$,与管子连接处离地面高 24m,要求流量 56m³/h。已知水温 20℃,塔内压力 700mm H_2O(表压),喷嘴进口处的压力比塔中压力高 0.1kgf/cm²,输水管的绝对粗糙度 $\varepsilon=0.2$mm,已知水的黏度 $\mu=1.005\times10^{-3}$Pa·s,输水管均为 ϕ114mm×4mm 的无缝钢管。

(1) 求泵所需的理论功率;

(2) 求 C 点的压强(表压)为多少?

(3) 若将闸阀关小或开大,则管道上 A、B、C、D 点的压力如何变化(设泵的功率不变)? 计算闸阀关小,$\zeta=14$ 时,A 点和 C 点的压强。

(4) 由于生产需要,要求从 E 点并联一个与 A 塔相同的 B 塔,问: 此时两管流量各为多少(泵的功率不变)?

(5) 要求 A 塔的流量为 40m³/h,从 E 点出发到 B 塔的管道直径 d 为多少(mm,泵的功率不变)?

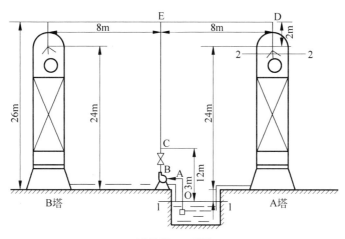

讨论题 14 附图

思考题

1. 描述流体运动的拉格朗日法和欧拉法有何不同?

2. 黏性的物理本质是什么? 分析气体、液体黏度与温度和压强的关系。

3. $z+p/\rho g=z_0+p_0/\rho g$, $p=p_a+\rho g h$。这两个静力学方程式说明什么?

4. 如本题附图所示,水从小管流至大管,当流量 q_V、管径 D、d 及指示剂均相同时,试问水平放置时的压差计读数 R 和垂直放置时的读数 R' 的大小关系如何? 为什么?(忽略测压点的阻力损失)

5. 伯努利方程的应用条件有哪些?

6. 何为哈根-泊肃叶方程? 其应用条件有哪些?

7. 非圆形管的水力当量直径是如何定义的? 能否按 $u\pi d_e^2/4$ 计算流体流量?

8. 某液体分别在如本题附图所示的 3 根管道中稳定流过,各管绝对粗糙度、管径均相同,上游截面的压力、流速也相同。问:(1)在 3 种情况下,下游截面 2—2 的流速是否相等? (2)在 3 种情况下,下游截面 2—2 的压力是否相等? 如果不等,指出哪种情况的数值最大,哪种情况的数值最小,并给出理由。

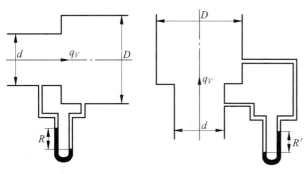

思考题 4 附图

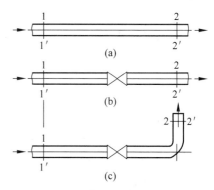

思考题 8 附图

习　　题

一、填空题

1. 流体在圆管内流动时的摩擦阻力可分为_____和_____两种。局部阻力的计算方法有_____法和_____法。

2. 常温下水的密度为 $1\,000\text{kg/m}^3$,黏度为 1cP,在 $d_内 = 100\text{mm}$ 的管内以 3m/s 的速度流动,其流动类型为 $Re =$ _____,流动类型_____。

3. 流体在管内作湍流流动,在管壁处速度为_____,邻近管壁处存在_____层,且 Re 值越大,则该层厚度越_____。

4. 转子流量计流量为 q_{V1} 时,通过流量计前后的压降为 Δp_1,当流量 $q_{V2} = 2q_{V1}$ 时,则相应的压降 Δp_2 为_____。

5. 流体流经横截面为 0.02m^2 的管道时,流速为 8m/s。现管道收缩,某处的横截面为 0.013m^2,根据_____方程,此时流体的流速为_____ m/s。

6. 用内径为 200mm 的管子输送液体,其雷诺数 Re 为 1 750,流动类型属层流,若流体及其流量不变,改用内径为 50mm 的管子,$Re =$ _____,流动类型_____。

7. 流体在圆形直管内流动时,在湍流区摩擦系数 λ 与_____及_____有关。在完全湍流区,λ 与雷诺数的关系曲线趋近于_____线。

8. 转子流量计的特点是_____,孔板流量计的特点是_____。

9. 层流与湍流的本质区别是_____。

10. 定态流动时,不可压缩理想流体在管道中流过时,各截面上_____相等。它们是_____之和,每一种能量_____,但可以_____。

11. 当流体在圆形直管中作层流流动时,其速度分布呈_____型曲线,其管中心流速为平均流速的_____倍,摩擦系数 λ 与 Re 的关系为_____。

12. 从液面恒定的敞口高位槽向常压容器加水,若将放水管路上的阀门开度减小,则管内水流量将_____,管路的局部阻力将_____,直管阻力将_____,管路总阻力将_____。(忽略动能项)

13. 流体在管内作层流流动,流量不变,仅增大一倍管径,则摩擦系数_____,直管阻力_____。流体在管内流动造成损失的根本原因是_____,直管阻力损失体现在_____。

14. 一输油管,原输送 $\rho_1 = 900\text{kg/m}^3$、$\mu_1 = 1.35\text{P}$ 的油品,现改送 $\rho_2 = 880\text{kg/m}^3$、$\mu_2 = 1.25\text{P}$ 的另一油品。若两种油品在管内均层流流动,且维持输油管两端由流动阻力所引起的压强降不变,则输油量比原来增加_____%。

15. 圆形直管中,流量一定,设计时若将管径减小为原来的一半,则层流时能量损失是原来的_____倍;完全湍流时能量损失是原来的_____倍。(忽略 ε/d 的变化)

16. 如本题附图所示,在一倾斜放置的变径管路 A、B 两点间连接 U 形压差计,其读数 R 反映的是_____。

填空题 16 附图

17. 有一并联管路,其两支管的流量、流速、管径及流动能量损失分别为 q_{V1}、u_1、d_1、l_1、h_{f1} 和 q_{V2}、u_2、d_2、l_2、h_{f2}。已知:$d_1 = 2d_2$,$l_1 = 3l_2$,流体在两支管中均为层流流动,则:$h_{f1}/h_{f2} = $ _____,$q_{V1}/q_{V2} = $ _____,$u_1/u_2 = $ _____。

18. 用 U 形管压差计(指示液为汞)测量一段水平等径直管内水流动的能量损失。两测压口之间的距离为 3m,压差计的读数 $R = 20$mm。现若将该管路垂直放置,管内水从下向上流动,且能量不变,则此时压差计的读数 $R' = $ _____ mm,水流过该管段的能量损失为 _____ J/kg。

19. 某孔板流量计用水测得 $c_0 = 0.64$,现用于测量密度为 900kg/m³、$\mu = 0.8$cP 液体的流量,此时 c_0 _____ 0.64(设 Re 超过临界值)。

20. 某孔板流量计,当水流量为 q_V 时,U 形管压差计读数为 $R = 600$mm(指示液密度 $\rho_0 = 3\,000$kg/m³),若改用 $\rho_0 = 6\,000$kg/m³ 的指示液,水流量不变,则读数 R 变为 _____ mm。

21. 质量流量相同的两液体,分别流经同一均匀直管,已知 $\rho_1 = 2\rho_2$,黏度 $\mu_1 = 4\mu_2$,则 $Re_1 = $ _____ Re_2。若流动皆为层流,则 $h_{f1} = $ _____ h_{f2}。若两流体流动均处于阻力平方区,则 $h_{f1} = $ _____ h_{f2}。

22. 如本题附图所示,在两密闭容器 A、B 的上下方各连接一 U 形压差计,指示液相同,密度均为 ρ_0。容器及连接管中流体相同,其密度为 ρ。当用下方 U 形压差计读数表示时,则 $p_A - p_B = $ _____ ;当用上方压差计表示时,$p_A - p_B = $ _____,则 R_1 与 R_2 的关系为 _____。

23. 如图所示,流体在等径斜管中定态流动,则阀门的局部阻力系数 ζ 与压力计读数 R 的关系为 _____。

24. 油品在 $\phi120$mm×6mm 的管内流动,在管截面上的速度分布可以表示为 $u = 20y - 200y^2$,式中 y 为截面上任一点至管内壁的径向距离(m),u 为该点上的流速(m/s);油的黏度为 0.05Pa·s。则管中心的流速为 _____ m/s,管半径中点处的流速为 _____ m/s,管壁处的剪应力为 _____ N/m²。

25. 液体在等直径的管中作稳态流动,其流速沿管长 _____,由于有摩擦阻力损失,静压强沿管长 _____。

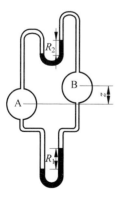

填空题 22 附图

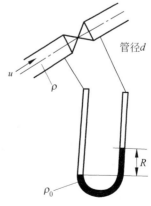

填空题 23 附图

二、计算题

1. 在大气压为 $98.7 \times 10^3 Pa$ 的地区，某设备上真空表的读数为 $13.3 \times 10^3 Pa$。试求设备内的绝对压和表压。

2. 用如本题附图所示的 U 形压差计测量管路 A 点的压强，U 形压差计与管路的连接导管中充满水，指示剂为汞，读数 $R=120mm$，当地大气压为 $101.3kPa$。试求：(1)A 点的绝对压强，Pa；(2)A 点的表压，Pa。

3. 储油罐中盛有密度为 $960kg/m^3$ 的油品(如本题附图所示)，油面最高时离罐底 9m，油面上方与大气相通。在罐侧壁的下部有一直径为 760mm 的人孔，其中心距罐底 900mm，孔盖用 14mm 的钢制螺钉紧固。若螺钉材料的工作压强为 $39.5 \times 10^6 Pa$，问至少需要几个螺钉(大气压强为 $101.3kPa$)？

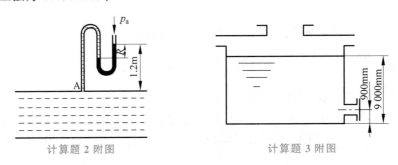

计算题 2 附图　　　　　　　　计算题 3 附图

4. 欲知地下油品储槽的存油量，采用如本题附图所示装置在地面上进行测量。测量时通入氮气，用调节阀控制氮气的流量，使之在观察瓶中缓慢鼓泡通过。已知测得 $R=130mmHg$，通气管出口距槽底部距离 $h_1=200mm$，试问：底面积为 $8m^2$ 的储油槽内存油量为多少吨(油的密度为 $890kg/m^3$)？

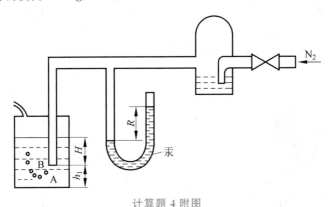

计算题 4 附图

5. 在本题附图所示的油水分离器内，油的密度为 $800kg/m^3$，水的密度为 $1\,000kg/m^3$，分离器导管流动阻力可以忽略。器内油水界面距顶部液面的距离为 h，导管口距器内顶部液面的距离为 x。

(1) 在图(a)中，当 $h=1m$ 时，下列四种结论哪种正确？

$x=1m$；$x=0$；$x>1m$；$0<x<1m$。

（2）在图（b）中，当 $x=0.1\text{m}$ 时，h 的值是多少？

6. 用串联的 U 形管压差计测量蒸汽锅炉水面上方的蒸汽压，如本题附图所示，U 形管压差计的指示液为水银，两 U 形管间的连接管内充满水。已知水银面与基准面的垂直距离分别为：$h_1=2.4\text{m}$，$h_2=1.3\text{m}$，$h_3=2.6\text{m}$ 及 $h_4=1.5\text{m}$。锅炉中水面与基准面的垂直距离 $h_5=3\text{m}$。当地大气压为 $98.7\times10^3\text{Pa}$。试求锅炉上方水蒸气的压强。

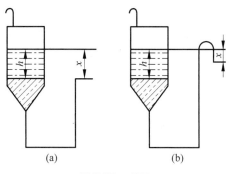

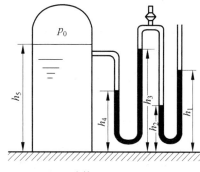

计算题 5 附图　　　　　　　　　　　　　　　　计算题 6 附图

7. 在本题附图所示的气液直接接触式混合冷凝器中，为了维持操作的真空度，在冷凝器上方接有真空泵，以抽走器内的不凝气（空气）。蒸汽冷凝后，凝液与水沿大气腿流至液封槽中。现已知器内真空表的读数为 $75\times10^3\text{Pa}$，试求大气腿中水上升的高度 h 以及设备内的绝对压。当地大气压为 100kPa。

8. 用本题附图所示的测压装置来计算管路中气体的表压 p。压差计中以油和水为指示剂，其密度分别为 920kg/m^3 和 998kg/m^3，U 形管中油、水分界面高度差为 $R=300\text{mm}$。两扩大室的内径均为 $D=60\text{mm}$，U 形管内径为 $d=6\text{mm}$。

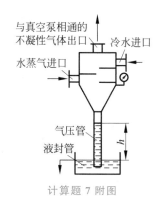

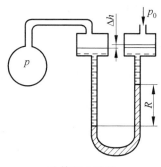

计算题 7 附图　　　　　　　　　　　　　　　　计算题 8 附图

9. 列管式换热器的管束由 110 根 $\phi25\text{mm}\times2.5\text{mm}$ 的钢管组成。空气以 9m/s 的速度在列管内流动。空气在管内的平均温度为 50℃，压强为 $1.96\times10^5\text{Pa}$（表压），当地大气压为 $9.87\times10^4\text{Pa}$，试求：（1）空气的质量流量；（2）操作条件下空气的体积流量；（3）将（2）的结果换算成标况下的空气的体积流量。

10. 硫酸流经变径管尺寸分别为 $\phi57\text{mm}\times3.5\text{mm}$ 和 $\phi76\text{mm}\times4.0\text{mm}$ 的管路。硫酸的密度为 1 830kg/m^3，黏度 20.3mPa·s，体积流量为 150L/min，试分别求出硫酸在两种管

道中的质量流量、平均速度和质量流速,并判断硫酸在管道中的流动型态。

11. 黏度为 30mPa·s,密度为 920kg/m³ 的液体在 $\phi108mm\times4.0mm$ 的管道内以 $3m^3/h$ 的体积流量流动。试求:(1)管中心、管半径中点两处的流速;(2)管壁处的剪应力。

12. 有一装满水的储槽,直径 1m,初始水面高 2.5m。现由槽底部的小孔向外排水。小孔的直径为 6cm,测得水流过小孔的平均流速 u_0 与槽内水面高度 z 的关系为:$u_0 = 0.62\sqrt{2gz}$。试求水位下降 1m 所需的时间(设水的密度为 $1000kg/m^3$)。

13. 本题附图所示的储槽内径 D 为 2m,槽底与内径 d_0 为 32mm 的钢管相连,槽内无液体补充,其初始液面高度 h_1 为 2m(以管子中心线为基准)。液体在管内流动时的全部能量损失可按 $\sum h_f = 20u^2$ 计算,式中 u 为液体在管内的平均流速,m/s。试求当槽内液面下降 1m 时所需的时间。

14. 如本题附图所示,水以 $60m^3/h$ 的流量在倾斜管中流过,水管的内径由 200mm 缩小到 100mm。A、B 之间的垂直距离为 0.5m。在此两点间连接以 U 形管压差计,指示液为四氯化碳,其密度为 $1630kg/m^3$。若忽略两点间的阻力,试求:(1)U 形管两侧的指示液液面哪边高,相差多少?(2)若将管道改为水平放置,压差计读数有何变化?(3)若保持(1)中水流量不变,水从细管流入粗管,则 U 形管内两侧界面哪侧高,高多少?

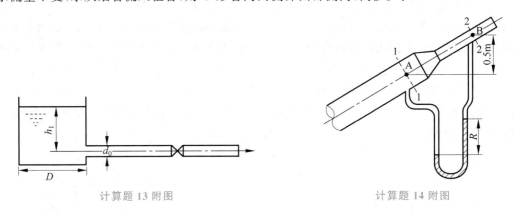

计算题 13 附图　　　　　　　　　计算题 14 附图

15. 如本题附图所示,高位槽内的水面高于地面 7m,水从 $\phi108mm\times4.0mm$ 的管道中流出,管路出口高于地面 1.5m。在本题条件下,水流经系统的能量损失可按 $\sum h_f = 5.5u^2$ 计算,其中 u 为水在管内的平均流速,m/s。流动为稳态,试计算:(1) 截面 A—A 处水的平均流速;(2)水的流量,以 m^3/h 计。

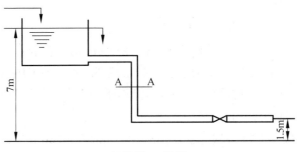

计算题 15 附图

16. 如本题附图所示,30℃的水由高位槽流经直径不等的两管段。上部细管直径为 20mm,下部粗管直径为 36mm,忽略所有阻力损失,管路中何处压强最低? 该处的水是否会发生汽化现象?

17. 用离心泵将 20℃的水自储槽送至水洗塔顶部,槽内水位维持恒定。各部分相对位置如本题附图所示。管路的直径均为 $\phi 76\text{mm} \times 3.5\text{mm}$,在操作条件下,泵入口处真空表的读数为 $25.6 \times 10^3 \text{Pa}$;水流经吸入管与排出管(不包括喷头)的能量损失可分别按 $\sum h_{f1} = 4u^2$ 与 $\sum h_{f2} = 8u^2$ 计算,由于管径不变,故式中 u 为吸入或排出管的平均流速,m/s。排水管与喷头连接处的压强为 $87.5 \times 10^3 \text{Pa}$(表压)。试求泵的有效功率。

18. 气体以一定流量流过如本题附图所示的测量装置。在操作条件下,气体的密度为 0.5kg/m^3,黏度为 0.02mPa·s。ab 管段的内径为 10mm,锐孔的阻力相当于 10m 长的管路阻力,其余阻力可忽略不计,假定气体通过该装置的密度不变。试求:(1)当水封管中水上高度 $H = 40\text{mm}$ 时,气体通过 ab 段的流速;(2)若维持气体质量流量不变,而将气体的压强减为原来的 1/2,水封管中水的上升高度 H。

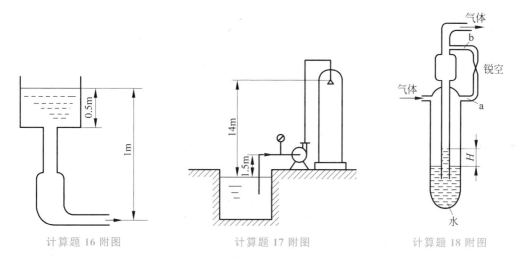

计算题 16 附图　　　　计算题 17 附图　　　　计算题 18 附图

19. 用压缩空气将密度为 $1\,100\text{kg/m}^3$ 某腐蚀性液体自低位槽送到高位槽,两槽的液面维持恒定。管路直径均为 $\phi 60\text{mm} \times 3.5\text{mm}$,其他尺寸见本题附图。各管段的能量损失为 $\sum h_{fA-B} = \sum h_{fC-D} = u^2$,$\sum h_{fB-C} = 1.18u^2$。两压差计中的指示液均为水银。试求当

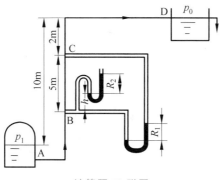

计算题 19 附图

$R_1 = 45\text{mm}, h = 200\text{mm}$ 时:(1)压缩空气的压强 p_1;(2)U 形管压差计读数 R_2。

20. 在如本题附图所示的实验装置中,于异径水平管段两截面间连一倒置 U 形管压差计,以测量两截面之间的压强差。当水的流量为 $3.77 \times 10^{-3}\text{m}^3/\text{s}$ 时,U 形管压差计读数 R 为 150mm。粗、细管的直径分别为 $\phi 89\text{mm} \times 4.5\text{mm}$ 与 $\phi 57\text{mm} \times 3.5\text{mm}$。计算:(1)1kg 水流经扩大管段两截面间的能量损失;(2)与该能量损失相当的压降。

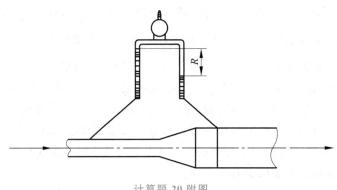

计算题 20 附图

21. 不可压缩流体在矩形截面的管道中作一维稳态层流流动。设管道宽度为 b,高度 $2y_0$,且 $b \gg y_0$,流道长度为 l,两端压降为 $-\Delta p$,试根据力的衡算导出:(1)剪应力 τ 随高度 y(自中心至任意一点的距离)变化的关系式;(2)管截面上的速度分布方程;(3)主体(平均)流速与最大流速的关系。

22. 常压下 30℃的空气流过内径为 10mm、长度为 5m 的管道。测得管中心处的流速为 0.1m/s,试求算空气流过 5m 长管道时的压降。又在相同的条件下令水流过上述管道,压降应为若干?试对两种情况下的计算结果进行比较,并分析结果不同的原因。

23. 不可压缩流体在水平圆管中作一维稳态、轴向、层流流动,试证明:

(1)与主体流速 u_b 相应的速度点出现在离管壁 $0.293r_i$ 处,其中 r_i 为管内半径。

(2)剪应力沿径向为直线分布,且在管中心为零。

24. 一定量的液体在水平直圆管内作湍流流动。若管长及液体物性不变,而管径减至原有的 1/2,问因流动阻力而产生的能量损失为原来的多少倍?

25. 某流体在圆形直管内作湍流流动。试求:(1)若管长和管径不变,仅将流量增加到原来的 2 倍,因摩擦阻力而产生的压降为原来的几倍?(2)若管长和流量不变,仅将管径减小为原来的 2/3,因摩擦阻力而产生的压降又为原来的几倍?设两种情况下,雷诺数 Re 均在 $3 \times 10^3 \sim 1 \times 10^5$ 范围内。

26. 本题附图所示为丙烯精馏塔的回流系统,丙烯由储槽回流入塔顶(储槽液面恒定),精馏塔内操作压强为 1.5MPa(表压),储槽内液面上方表压为 2.01MPa。塔内丙烯出口管距储槽内液面的高度差为 30m,管路内径为 140mm,输送量为 40t/h,丙烯密度为 600kg/m³。管路全部摩擦损失为 150J/kg,试核算将丙烯从储槽送到精馏塔是否需要泵。

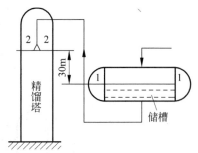

计算题 26 附图

27. 如本题附图所示,常温水由高位槽经一

$\phi89mm\times3.5mm$ 的钢管流向低位槽,两槽液位恒定,管路中装有孔板流量计和一个截止阀。已知直管与局部阻力的当量长度(不包括截止阀)总和为 60m。截止阀在某一开度时其局部阻力系数为 7.5,此时读数 $R_1=185mmHg$。试求:

(1) 此时管路中的流量及两槽液面的位差 Δz。

(2) 此时阀门前后的压强差及汞柱压差计的读数 R_2。

(3) 若将阀门关小,使流速减为原来的 0.9 倍,则读数 R_1 为多少(mmHg)? 截止阀的阻力系数变为多少? 已知孔板流量与压差关系式为 $q_V=3.32\times10^{-3}\left(\dfrac{\Delta p}{\rho}\right)^{0.5}$, ρ 为流体密度,kg/m^3; Δp 为孔板两侧压差,Pa; q_V 为流量,m^3/s。流体在管内呈湍流流动,管路摩擦系数 $\lambda=0.026$。汞的密度为 $13\,600kg/m^3$。

28. 在本题附图所示的管路系统中,有一直径为 $\phi38mm\times2.5mm$、长为 30m 的水平直管段 AB,在其中间装有孔径为 16.4mm 的标准孔板流量计,孔流系数 C_0 为 0.63,流体流经孔板的永久压降为 6×10^4Pa,AB 段摩擦系数 $\lambda=0.022$,试计算:

(1) 流体流经 AB 段的压强差。

(2) 若泵的轴功率为 800W,效率为 0.62,求 AB 管段所消耗的功率为泵的有效功率的百分数。已知,操作条件下流体的密度为 $870kg/m^3$,U 形管中的指示剂为汞,其密度为 $13\,600kg/m^3$。

(3) 若输送流量提高到原流量的 1.8 倍,用计算结果说明该泵是否仍能满足要求(设摩擦系数不变)?

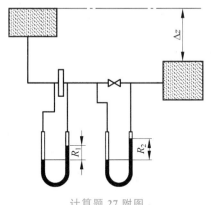

计算题 27 附图

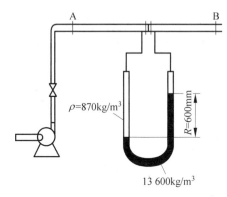

计算题 28 附图

29. 如本题附图所示,储槽内水位维持不变。槽的底部与内径为 100mm 的钢质放水管相连,管路上装有一个闸阀,距管路入口端 15m 处安有以水银为指示液的 U 形管压差计,其一臂与管道相连,另一臂通大气。压差计连接管内充满了水,测压点与管路出口端之间的直管长度为 20m。

(1) 当闸阀关闭时,测得 $R=600mm$, $h=1\,500mm$; 当闸阀部分开启时,测得 $R=400mm$, $h=1\,400mm$。摩擦系数 λ 可取为 0.025,管路入口处的局部阻力系数取为 0.5。问每小时从管中流出多少水(m^3)?

(2) 当闸阀全开时,U 形管压差计测压处的压强为多少 Pa(表压)? 闸阀全开时 $l_e/d\approx$

15,摩擦系数仍可取 0.025。

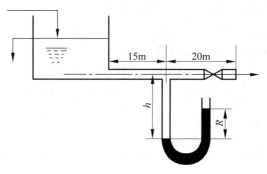

计算题 29 附图

30. 用效率为 85％的往复泵将某黏稠液体从敞口槽送至密闭容器内,两者液面均维持恒定,容器顶部压强表的读数为 150kPa。用旁路调节流量,其流程如本题附图所示。主管流量为 14m³/h,管径为 ϕ66mm×3.0mm,管长为 80m(包括所有局部阻力的当量长度)。旁路的流量为 5m³/h,管径为 ϕ38mm×3mm,管长为 40m(包括除了阀门外的所有局部阻力的当量长度)。两管路的流型相同,忽略储槽液面至分支点 O 之间的能量损失。被输送液体的黏度为 50mPa·s,密度为 1 100kg/m³。试计算:(1)泵的轴功率;(2)旁路阀门的阻力系数。

31. 如本题附图所示,在管路系统中装有离心泵。管路的管径均为 60mm,吸入管长度为 6m,压出管直管长度为 13m,两段管路的摩擦系数均为 λ＝0.03,压出管路装有阀门,其阻力系数为 ζ＝6.4,管路两端水面高度差为 10m,泵进口高于水面 2m,管内流量为 0.012m³/s。试求:(1)泵的扬程;(2)泵进口处断面上的压强;(3)如果是高位槽中的水沿同样管路流回,不计泵内阻力,是否可流过同样的流量(用数字比较)。

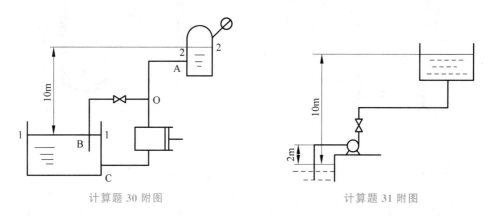

计算题 30 附图   计算题 31 附图

32. 如本题附图所示,用泵将水由低位槽打到高位槽(均敞口,且液面保持不变)。已知两槽液面距离为 20m,管路全部阻力损失 5m 水柱,泵出口管路内径为 50mm,其上装有 U 形管压差计,A、B 之间的距离为 6m,压强计指示液为汞,其读数 R＝40mm,R'＝1 200mm。H 为 1m。设摩擦系数为 0.02。求:(1)泵所需的外加功,J/kg;(2)管路流速,m/s;(3)A 截面压强,MPa。

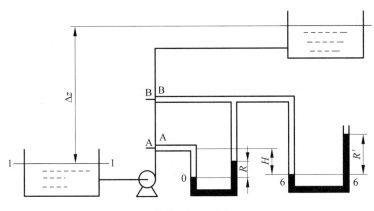

计算题 32 附图

33. 本题附图所示为一输水系统,用离心泵将储槽内的溶液同时送到敞口高位槽 A 和 B 中,已知从泵出口的三通处到 A 槽的管子直径为 $\phi76mm\times3mm$,直管部分长为 20m,管件及阀门的当量长度为 5m。从三通处到 B 槽的管子直径为 $\phi57mm\times3mm$,直管部分长为 47m,管件及阀门的当量长度为 4.5m。A 槽比 B 槽液面高 2m,储槽及 A、B 槽的液面维持恒定。已知总管路中的流量为 $60m^3/h$,试求两分支管路的流量。设两支管中流动时的摩擦系数均可取为 0.02。

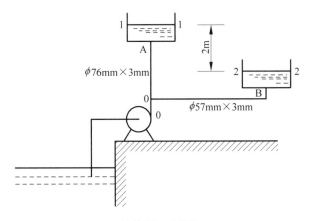

计算题 33 附图

34. 如本题附图所示,某水槽水恒定,水由总管 A 流出,然后由 B、C 两支管流入大气。已知 B、C 两支管的内径均为 20mm,管长 $l_B=2m$, $l_C=4m$。阀门以外的局部阻力可以略去。

(1) 两阀门全开($\zeta=0.17$)时,求两流量之比;

(2) 提高位差 H,同时关小两阀门至 1/4 开($\zeta=24$),使总流量保持不变,求 B、C 两支管流量之比;

(3) 说明流量均布的条件是什么?

设流动已进入阻力平方区,两种情况下的 $\lambda=0.028$。

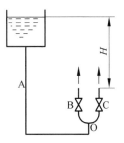

计算题 34 附图

35. 在 $\phi38mm\times2.5mm$ 的管路上装有标准孔板流量计,孔板的孔径为 16.4mm,管中流动的是 20℃的甲苯,采用角接取压法用 U 形管压差计测量孔板两侧的压强差,以水银为指示液,测压连接管中充满甲苯。现测得 U 形管压差计的读数为 600mm,试计算管中甲苯的流量,kg/h。

36. 在 $\phi165\text{mm}\times4.5\text{mm}$ 的钢管中,装上孔径为 78mm 的孔板用来测定管中苯(20℃)的流量,用 U 形管压差计测量孔板前后的压强差,若压差计读数为 30mmHg,试求管中苯的流量,m^3/h。

第 1 章习题答案

第2章

流体输送机械

本章重点

1. 掌握离心泵的工作原理及设备主要结构;

2. 掌握离心泵的性能参数及其测量方法、影响因素;

3. 掌握离心泵管路特性曲线、工作点以及工作点的调节原理;

4. 掌握离心泵气缚现象、汽蚀现象及其避免手段,以及离心泵安装高度的计算;

5. 掌握正位移泵和离心泵在安装和流量条件方面的区别;了解其他常用流体输送设备的结构、适用场所。

2.1 概　　述

流体输送是化工生产及其他工业中最常见、最重要的单元操作之一。应用流体输送机械是为了将流体由低位向高位送,由低压向高压送。用以输送液体的机械统称为泵,用以输送气体的机械则可按不同的情况分为通风机、鼓风机、压缩机和真空泵等。本章主要介绍化工常用流体的输送机械的基本结构、工作原理及操作特性,以便根据生产工艺要求,恰当、合理地选择和正确地使用机械,使之高效可靠运行。

2.1.1 管路系统对流体输送机械的基本要求

1. 管路系统对流体输送机械的能量要求——管路特性方程

流体输送机械的功能就是对流体做功以提高其机械能。流体从输送机械获得能量后,其直接表现是静压能增大。增加的静压能在输送过程中再转变为其他形式的机械能(如动能、位能、静压能),或在流动过程中克服阻力。管路对流体输送机械的能量要求可由伯努利方程计算。

图 2.1 表示包括输送机械在内的某管路系统。为将流体由低能位 1 处向高能位 2 处输送,若储槽与受液槽两液面保持恒定,则泵对单位重量流体(1N)需补加的能量为 H_e,从而有

$$z_1 + \frac{p_1}{\rho g} + \frac{u_1^2}{2g} + H_e = z_2 + \frac{p_2}{\rho g} + \frac{u_2^2}{2g} + \sum H_f$$

移项可得

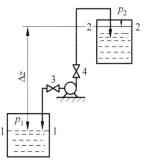

图 2.1　输送系统简图

$$H_e = \Delta z + \frac{\Delta p}{\rho g} + \frac{\Delta u^2}{2g} + \sum H_f \tag{2.1}$$

式中　H_e——输送机械对 1N 液体所提供的的能量,J/N 或 m;

　　　Δz——下游与上游截面间的位压头差,m;

　　　$\Delta p/\rho g$——上游与下游截面间的静压头差,m;

　　　$\Delta u^2/2g$——上游与下游截面间的动压头差,m;

　　　$\sum H_f$——两截面间压头损失,m。

　　一般情况下,对特定的管路系统,式(2.1)中的动能差 $\Delta u^2/2g$ 一项常可以忽略,Δz 与 $\Delta p/\rho g$ 均为定值,令

$$K = \Delta z + \frac{\Delta p}{\rho g}$$

　　阻力损失 $\sum H_f$ 的数值视管路条件及流速大小而定。对于直径均匀的管路系统,压头损失可表达为

$$\sum H_f = \left(\lambda \frac{l + \sum l_e}{d} + \sum \zeta \right) \frac{u^2}{2g}$$

　　输送管路中的流速为

$$u = \frac{q_V}{\frac{\pi}{4} d^2}$$

$$\sum H_f = \left(\frac{8 \left(\lambda \dfrac{l + \sum l_e}{d} + \sum \zeta \right)}{\pi^2 d^4 g} \right) q_V^2 \tag{2.2}$$

式中　λ——摩擦系数,量纲为 1;

　　　l——管路长度,m;

　　　l_e——局部阻力当量长度,m;

　　　d——管径,m;

　　　ζ——局部阻力系数(如阀门),量纲为 1;

　　　q_V——体积流量,m³/s;

　　　g——重力加速度,m/s²。

　　令

$$G = \frac{8 \left(\lambda \dfrac{l + \sum l_e}{d} + \sum \zeta \right)}{\pi^2 d^4 g}$$

其数值由管路特性曲线决定。当管内流动已进入阻力平方区,系数 G 是一个与管内流量无关的常数。则式(2.2)可简化为

$$H_e = K + G q_V^2 \tag{2.3}$$

式(2.3)表明管路中流体的流量与所需补加能量(压头)的关系,称为管路特性方程。图 2.2

中 H_e 与 q_V 的关系曲线称为管路特性曲线。此曲线的形状由管路布置情况与流量等条件来确定,与泵的性能无关。

由式(2.3)可知,泵向流体提供的能量用于提高流体的势能和克服管路的阻力损失;其中阻力损失项与被输送的流体量有关。显然,低阻管路系统的特性曲线较为平坦(曲线 1),高阻管路的特性曲线较为陡峭(曲线 2)。

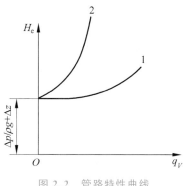

图 2.2　管路特性曲线

2. 流体输送机械的主要技术指标——压头和流量

输送流体,必须达到规定的输送量。因此,需要补给单位重量流体以足够的能量,其值应与 H_e 相等。通常将输送机械向单位重量流体提供的能量称为压头或者扬程。许多流体输送机械在不同流量下其压头不同,压头和流量的关系由输送机械本身的特性决定,本章的主要内容是讨论流体输送机械在使用过程中压头和流量的关系。

3. 管路系统对输送机械的其他性能要求

流体输送机械除了满足工艺上对流量和压头(对气体为风量和风压)两项主要技术指标的要求外,还应满足以下要求:

(1) 结构简单,质量轻,投资费用低;

(2) 运行可靠,操作效率高,日常维护操作费用低;

(3) 能适应被输送流体的特性,如黏度、可燃性、毒性、腐蚀性、爆炸性、含固体杂质等。

2.1.2　流体输送机械分类

由于化工生产工艺条件复杂,流体种类、特性具有多样性,在不同场合下,对输送和补加能量的要求也相差悬殊。根据施加给流体机械能的手段和工作原理,可将它们作如下分类。

(1) 动力式(叶轮式):依靠旋转的叶片向液体提供机械能。常用的有离心泵、轴流泵和旋涡泵等。

(2) 容积式泵(正位移泵):利用工作室容积周期性的变化,把能量传递给液体。常用的有往复泵、旋转式(转子泵)等。

(3) 其他类型的泵,是指不属于上述两类的其他型式,如喷射泵、电磁泵等。

泵的分类如图 2.3 所示。

气体的密度及压缩性与液体有显著的区别,从而导致气体与液体输送机械在结构和特性上有不同之处。因此将两者分别讨论。

对于泵和输送技术来说,人们关注的是输送费用、节能性能和可靠性。流体输送机械的发展趋势是提高转速、工作压强、工作温度及功率。本章以离心泵为重点进行讨论,然后通过与离心泵的对比来介绍其他输送机械在结构和操作控制上的特殊性。

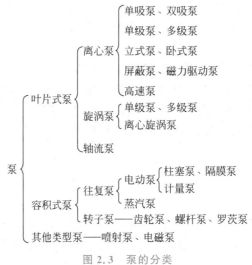

图 2.3　泵的分类

2.2　离　心　泵

离心泵在化工生产中应用最为广泛，这是由于其具有适用范围广（包括流量、压头及对介质性质的适应性）、体积小、结构简单、操作容易、流量均匀、故障少、寿命长、购置费和操作费均较低等突出优点。

2.2.1　离心泵的基本结构和工作原理

1. 离心泵的基本结构

离心泵的装置结构如图 2.4 所示。泵壳中央的吸入口与吸入管路相连接，吸入管路的底部装有单向底阀。泵壳侧旁的排出口与装有调节阀门的排出管路相连接。

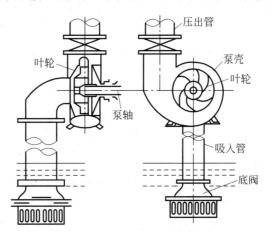

图 2.4　离心泵的装置结构

2. 离心泵的工作原理

离心泵的种类很多,但因工作原理相同,构造大同小异,其主要工作部件是旋转叶轮和固定的泵壳。叶轮是离心泵直接对液体做功的部件,其上有若干后弯叶片。当离心泵启动后,泵轴带动叶轮一起作高速旋转运动(1 000~3 000r/min),迫使预先充灌在叶片间的液体作近似于等角速度旋转运动,同时在惯性离心力的作用下,液体自叶轮中心向外周作径向运动。在叶轮中心处吸入低势能、低动能的液体,液体在流经叶轮的运动过程中获得了能量,静压能增高,流速增大。当液体离开叶轮进入泵壳后,由于壳内流道逐渐扩大而减速,部分动能转化为静压能,最后沿切向流入排出管路。所以蜗形泵壳不仅是汇集由叶轮流出液体的部件,而且是一个转能装置。当液体自叶轮中心甩向外周的同时,叶轮中心形成低压区,在储槽液面与叶轮中心总势能差的作用下,液体被源源不断地吸进叶轮中心。依靠叶轮的不断运转,液体便连续地被吸入和排出。液体在离心泵中获得的机械能最终表现为静压能的提高。

需要强调指出的是,若在离心泵启动前没向泵壳内灌满被输送的液体,由于空气密度低,叶轮旋转后产生的离心力小,叶轮中心区不足以形成吸入储槽内液体的低压,因而虽启动离心泵也不能输送液体。这表明离心泵无自吸能力,此现象称为气缚。吸入管路安装单向底阀是为了防止启动前灌入泵壳内的液体从壳内流出。空气从吸入管道进到泵壳中会造成气缚。

3. 离心泵的叶轮和其他部件

1) 离心泵的叶轮

叶轮是离心泵的关键部件。叶轮的分类如下:

(1) 按机械结构可分为蔽式、半蔽式和敞式三种。蔽式叶轮适用于输送清洁液体;半蔽式和敞式叶轮适用于输送含有固体颗粒的悬浮液,这类泵的效率低。如图 2.5 所示。

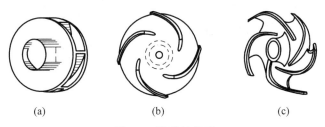

图 2.5 叶轮的类型

(a) 蔽式;(b) 半蔽式;(c) 敞式

敞式和半蔽式叶轮在运转时,离开叶轮的一部分高压液体可漏入叶轮与泵壳之间的空腔中,因叶轮前侧液体吸入口处压强低,故液体作用于叶轮前、后侧的压强不等,便产生了指向叶轮吸入口侧的轴向推力。该力推动叶轮向吸入口侧移动,引起叶轮和泵壳接触处的磨损,严重时造成泵的振动,破坏泵的正常操作。在叶轮后盖板上钻若干个小孔,可减少叶轮两侧的压强差,从而减轻轴向推力的不利影响,但同时也降低了泵的效率。这些小孔称为平衡孔。

(2) 按吸液方式不同可将叶轮分为单吸式与双吸式两种。单吸式叶轮结构简单,液体只能从一侧吸入。双吸式叶轮可同时从叶轮两侧对称地吸入液体,它不仅具有较大的吸液能力,而且基本上消除了轴向推力,如图 2.6 所示。

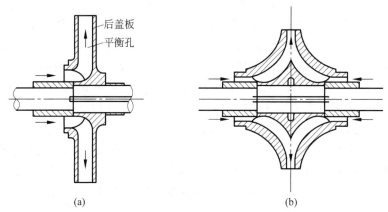

图 2.6　离心泵的吸液方式
(a) 单吸式；(b) 双吸式

(3) 根据叶轮上叶片的几何形状,可将叶片分为后弯、径向和前弯三种。由于后弯叶片有利于液体的动能转换为静压能,故而被广泛采用。

2) 离心泵的导轮

为了减少离开叶轮的液体直接进入泵壳时因冲击而引起的能量损失,在叶轮与泵壳之间有时装置一个固定不动而带有叶片的导轮。导轮中的叶片使进入泵壳的液体逐渐转向而且流道连续扩大,使部分动能有效地转换为静压能。多级离心泵通常均安装导轮。如图 2.7 所示,蜗牛形的泵壳、叶轮上的后弯叶片及导轮均能提高动能向静压能的转化率,故均可视作转能装置。

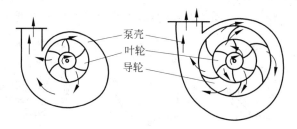

图 2.7　泵壳和导轮

3) 轴封装置

由于泵轴转动而泵壳固定不动,在轴和泵壳的接触处必然有一定间隙。为避免泵内高压液体沿间隙漏出,或防止外界空气从相反方向进入泵内,必须设置轴封装置。离心泵的轴封装置有填料函和机械(端面)密封两种。填料函是将泵轴穿过泵壳的环隙做成密封圈,于其中装入软填料(如浸油或涂石墨的石棉绳等),如图 2.8 所示。机械密封是由一个装在转轴上的动环和另一固定在泵壳上的静环所构成,两环的端面借弹簧力互相贴紧而作相对转动,起到了密封的作用,如图 2.9 所示。机械密封适用于密封要求较高的场合,如输送酸、碱、易燃、易爆及有毒的液体时。

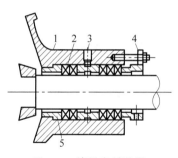

图 2.8 填料密封装置

1—填料函壳；2—软填料；3—液封圈；
4—填料压盖；5—内衬套

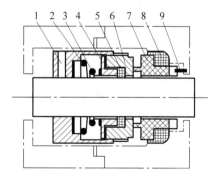

图 2.9 机械密封装置

1—螺钉；2—传动座；3—弹簧；4—锥环；5—动环密封
圈；6—动环；7—静环；8—静环密封圈；9—防转销

2.2.2 离心泵的基本方程

离心泵的基本方程是从理论上描述在理想情况下离心泵可能达到的最大压头（扬程）与泵的结构、尺寸、转速及液体流量诸因素之间关系的表达式，是设计离心泵的主要依据。由于液体在叶轮中的运动情况十分复杂，很难提出一个定量表达上述各因素之间关系的方程。工程上采用数字模型法来研究此类问题。

1. 简化假设

为了便于分析研究流体在叶轮内的运动情况，特作如下简化假设：

（1）叶轮为具有无限薄、无限多叶片的理想叶轮，流体质点将完全沿着叶片表面流动，流体无漩涡、无冲击损失；

（2）被输送的是理想液体，液体在叶轮内流动不存在流动阻力；

（3）泵内为稳态流动过程。

按上面假想模型推导出来的压头必为在指定转速下可能达到的最大压头——理论压头。

2. 液体在叶片间的流动

理想流体在理想叶轮中的旋转运动应是等角速度的。考察等角速度旋转运动有两种坐标系可供选择：一种是以与流体一起作等角速度运动的旋转坐标为参照系，此时流体在叶轮中作径向运动，与普通管内流动十分相似；另一种是以地面为参照系，流体质点在作等角速度旋转运动的同时还伴有径向流动，作二维流动。本节选择地面静止参照系。

离心泵在输送液体时，液体在叶轮内部除了以切向速度 u 随叶轮旋转外，还以相对速度 w 沿叶片之间的通道流动。液体在叶片之间任一点的绝对速度 c 等于该点的切向速度 $u(=wr)$ 和相对速度 w 的向量和。上述三个速度 w、u、c 所组成的矢量图称为速度三角形。在叶轮进口处相对速度 w_1、切向速度 u_1、绝对速度 c_1 构成速度三角形；同样，在叶轮出口处，相对速度 w_2、切向速度 u_2、绝对速度 c_2 也构成速度三角形。α 表示绝对速度与切向速度两矢量之间的夹角，β 表示相对速度与切向速度反方向延长线的夹角，称为流动角，α 及 β

的大小与叶片的形状有关。因此,液体在叶轮进、出口处的绝对速度 c_1 和 c_2 应满足图2.10 所示的速度三角形。

速度三角形是研究叶轮内流体流动的重要工具,在分析泵的性能、确定叶轮进出口几何参数时都要用到它。根据速度三角形并应用余弦定理,由图2.10可以导出液体质点的切向速度 u、相对速度 w 和绝对速度 c 之间的关系为

$$w_1^2 = c_1^2 + u_1^2 - 2c_1 u_1 \cos\alpha_1 \tag{2.4}$$

$$w_2^2 = c_2^2 + u_2^2 - 2c_2 u_2 \cos\alpha_2 \tag{2.5}$$

3. 离心泵基本方程式的推导

设有一离心泵叶轮如图2.11所示。基于前面的简化假设,离心泵基本方程式可由离心力做功推导,也可根据动量理论得到。本节采用前者,推导的出发点在于有效提高液体的静压能。

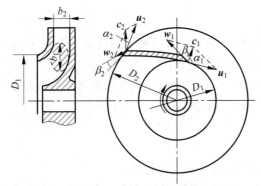
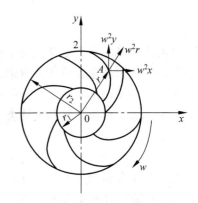

图 2.10　液体在泵内叶片间流动的速度三角形　　　图 2.11　旋转流体所受的惯性离心力

1) 理想流体在离心力场中的运动方程

流体质点在叶片通道内的相对运动速度 w 应满足

$$X\,\mathrm{d}x + Y\,\mathrm{d}y + Z\,\mathrm{d}z - \frac{\mathrm{d}p}{\rho} = d\left(\frac{w^2}{2}\right) \tag{2.6}$$

式中　w——流体质点的相对运动速度。

此时,流体质点除受重力作用外,还受到惯性离心力的作用。为方便起见,假设叶轮水平放置,并取旋转中心为坐标原点,z 轴朝上。在叶轮内半径为 r 处取单位质量流体,作用在该单位质量流体上的体积力为

重力

$$Z = -g$$

惯性离心力

$$F_c = w^2 r$$

此离心力在 x、y 轴上的投影是

$$X = w^2 x, \quad Y = w^2 y$$

将 X、Y 及 Z 代入式(2.6)中,并积分得

$$\left(\frac{p}{\rho g} + z - \frac{u^2}{2g}\right) + \frac{w^2}{2g} = 常数 \tag{2.7}$$

此式表明,理想流体在无限多叶片构成的叶片通道中作稳态流动时,其总机械能守恒。在重力和离心力的双重作用下,总机械能由总势能 $\left(\frac{p}{\rho g} + z - \frac{u^2}{2g}\right)$ 与用相对运动速度计算的动能 $\frac{w^2}{2g}$ 构成,各项能量可以相互转换但总量不变。因而,在叶轮入口和出口两截面列机械能衡算式,整理后如下:

$$H_p = \frac{p_2 - p_1}{\rho g} = \frac{u_2^2 - u_1^2}{2g} + \frac{w_1^2 - w_2^2}{2g} \tag{2.8}$$

式中　H_p——理想流体流经叶轮后静压头的增量,m。

2) 离心泵的理论压头

若以静止物体(例如地面)为参照系,具有径向运动的旋转流体所具有的机械能包括静压能 $\frac{p}{\rho g}$ 和以绝对速度表示的动能 $\frac{c^2}{2g}$,则离心泵叶轮对单位重量流体所提供的能量等于流体在叶片入口截面 1 与叶片出口截面 2 所获得的机械能差

$$H_{T\infty} = \frac{p_2 - p_1}{\rho g} + \frac{c_2^2 - c_1^2}{2g} = H_p + H_c \tag{2.9}$$

式中　$H_{T\infty}$——离心泵的理论压头,m;

　　　H_p——1N 理想流体经叶轮后静压头的增量,m;

　　　H_c——1N 理想流体经叶轮后动压头的增量,m。

$$H_c = \frac{c_2^2 - c_1^2}{2g} \tag{2.10}$$

将式(2.8)代入式(2.9)可得

$$H_{T\infty} = \frac{u_2^2 - u_1^2}{2g} + \frac{c_2^2 - c_1^2}{2g} + \frac{w_1^2 - w_2^2}{2g} \tag{2.11}$$

式(2.11)表明离心泵是以势能和动能两种形式向流体提供能量。此式为离心泵基本方程的一种表达式。对于通常具有后弯叶片的叶轮,$\frac{c_2^2 - c_1^2}{2g} < \frac{u_2^2 - u_1^2}{2g}$(图 2.11),而且 $w_1 > w_2$,其中势能部分将占更大的比例。将式(2.4)和式(2.5)代入式(2.11)得

$$H_{T\infty} = \frac{u_2 c_2 \cos\alpha_2 - u_1 c_1 \cos\alpha_1}{g} \tag{2.12}$$

由式(2.12)可以看出,在离心泵的设计中,为提高理论压头,通常使液体不产生预旋,从径向进入叶轮,即 $\alpha_1 = 90°$,$\cos\alpha_1 = 0$,于是,泵的理论压头可简化为

$$H_{T\infty} = \frac{u_2 c_2 \cos\alpha_2}{g} \tag{2.13}$$

式(2.12)和式(2.13)为离心泵基本方程式的又一表达式。为了能明显地看出影响离心泵理论压头的因素,需要将式(2.13)作进一步变换。

3) 流量对理论压头的影响

离心泵的理论流量可表示为在叶轮出口处的液体径向速度和叶片末端圆周出口面积的

乘积，即

$$q_{VT} = c_{r2} \pi D_2 b_2 \tag{2.14}$$

式中　D_2——叶轮外径，m；

　　　b_2——叶轮外缘宽度，m；

　　　c_{r2}——液体在叶轮出口处绝对速度的径向分量，m/s。

由图 2.11 的速度三角形可得

$$c_2 \cos\alpha_2 = u_2 - c_{r2} \cot\beta_2 \tag{2.15}$$

将式（2.14）和式（2.15）代入式（2.13）可得

$$H_{T\infty} = \frac{u_2^2}{g} - \frac{u_2}{g \pi D_2 b_2} q_{VT} \cot\beta_2 \tag{2.16}$$

$$u_2 = \frac{\pi D_2 n}{60} \tag{2.17}$$

式中　n——叶轮转速，r/min。

式（2.16）是离心泵基本方程式的另一种表达式，用来分析各项因素对离心泵理论压头的影响。

（1）叶轮的转速和直径

当理论流量 q_{VT} 和叶片几何尺寸（b_2、β_2）一定时，$H_{T\infty}$ 随 D_2、n 的增大而增大，即加大叶轮直径、提高转速均可提高泵的压头。

（2）叶片的几何形状

根据流动角 β_2 的大小，叶片形状可分为径向、前弯、后弯三种，见图 2.12。

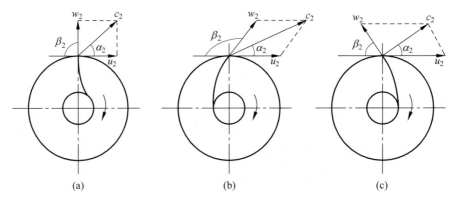

图 2.12　叶片弯曲形状及出口速度三角形

(a) 径向叶片；(b) 前弯叶片；(c) 后弯叶片

由式（2.16）可看出，当 n、D_2、β_2 及 q_{VT} 一定时，离心泵的理论压头 $H_{T\infty}$ 随叶片形状而变，即

后弯叶片　　$\beta_2 < 90°$　　$\cot\beta_2 > 0$　　$H_{T\infty} < u_2^2/g$

径向叶片　　$\beta_2 = 90°$　　$\cot\beta_2 = 0$　　$H_{T\infty} = u_2^2/g$

前弯叶片　　$\beta_2 > 90°$　　$\cot\beta_2 < 0$　　$H_{T\infty} > u_2^2/g$

叶片形状不同，离心泵的理论压头 H_T 与流量 q_{VT} 的关系也不同。由式（2.16）可知，对径向叶片 $\cot\beta_2 = 0$，泵的理论压头 H_T 与流量 q_{VT} 无关；对前弯叶片 $\cot\beta_2 < 0$，泵的理论

压头 H_T 随流量 q_{VT} 增加而增大；对后弯叶片 $\cot\beta_2>0$，泵的理论压头 H_T 随流量 q_{VT} 增加而减少。

在三种叶片中，前弯叶片产生的理论压头最高。但是，理论压头包括势能提高和动能提高两部分。对于前弯叶片，动压头的提高大于静压头的提高；而对后弯叶片，静压头的提高大于动压头的提高，其净结果是获得较高的有效压头。为获得较高的能量利用率，提高离心泵的经济指标，应采用后弯叶片。

（3）理论流量

式(2.16)表达了一定转速下指定离心泵(b_2、D_2、β_2一定)的理论压头与理论流量的关系。这个关系是离心泵的主要特性。图 2.13 所示 $H_{T\infty}$-q_{VT} 曲线称为离心泵的理论特性曲线。该线的截距 $A=u_2^2/g$，斜率 $B'=u_2\cot\beta_2/g\pi D_2 b_2$。于是式(2.16)可表示为

$$H_{T\infty}=A-B'q_{VT} \qquad (2.18)$$

显然，对于后弯叶片，$B'>0$，$H_{T\infty}$ 随 q_{VT} 的增加而降低。

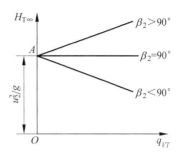

图 2.13 $H_{T\infty}$ 与 q_{VT} 关系曲线

（4）液体密度

在式(2.18)中并未出现液体密度这样一个重要参数，这表明离心泵的理论压头与液体密度无关。因此，同一台离心泵，只要转速恒定，不论输送何种液体，都可提供相同的理论压头。

但是，应当注意离心泵的压头是以被输送流体的液柱高度来表示的。在同一压头下，泵进、出口的压差与流体密度成正比。若启动时，泵体内是空气，而被输送的是液体，则启动后泵所产生的压头虽为定值，但因空气的密度太小，造成的压差或泵的吸入口的真空度很小，从而不能将液体吸入泵内。因此，离心泵启动时必须先使泵内充满液体，这一操作称为灌泵。当然，如果泵的位置处于吸入液面的下方，液体则可以借位差自动进入泵内，无须人工灌泵。

4）离心泵实际压头、流量关系曲线的实验测定

实际上，由于叶轮的叶片数目是有限的，且输送的是黏性流体，因而必然引起流体在叶轮内的泄漏和能量损失，致使泵的实际压头和流量小于理论值。所以泵的实际压头与流量的关系曲线应在离心泵理论特性曲线的下方。离心泵的 H-q_V 关系曲线通常在一定条件下由实验测定。

2.2.3 离心泵的特性曲线与性能参数

1. 离心泵的特性方程式

输入泵的功率较理论值为高，泵的有效功率可由下式计算：

$$N_e=\rho g q_V H_e \qquad (2.19)$$

式中 H_e——泵的有效压头，即单位重量流体自泵处净获得的能量，m；

q_V——泵的实际流量，m^3/s；

ρ——液体密度，kg/m^3；

N_e——泵的有效功率，即单位时间内液体从泵处获得的机械能，W。

由电机输入离心泵的功率称为泵的轴功率,以 N 表示。有效功率与轴功率之比定义为泵的(总)效率 η,即

$$\eta = N_e/N \qquad (2.20)$$

影响离心泵的理论压头和效率的因素主要表现在如下几个方面:

(1) 在非理想叶轮内,液体不可能完全沿叶片形状运动,而且在流道内产生与旋转方向不一致的漩涡,使得实际的切向速度 u_2 和绝对速度 c_2 比理想叶轮的小。

(2) 实际流体流过叶片间的间隙和泵内流道时必然产生能量损失,主要表现在:①容积损失,指叶轮出口处高压流体因机械泄漏返回叶轮入口所造成的能量损失,三种叶轮中,敞式叶轮的容积损失最大,但在输送含固体颗粒的悬浮液时,叶片通道不易堵塞;②水力损失,是实际流体在有限叶片作用下的各种摩擦损失,包括由于液体与叶片和壳体的冲击,形成漩涡而造成的机械能损失;③机械损失,包括旋转叶轮盘面与液体间的摩擦以及轴承机械摩擦所造成的能量损失。所以泵的实际压头与流量的关系曲线在离心泵理论特性曲线的下方,如图 2.14 所示。离心泵的 $H\text{-}q_V$ 关系曲线通常在一定条件下由实验测定,离心泵的实际 $H\text{-}q_V$ 关系可表达为

$$H = A - Bq_V^2 \qquad (2.21)$$

式(2.21)称为离心泵的特性方程。

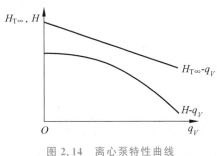

图 2.14   离心泵特性曲线

2. 离心泵的性能参数与特性曲线

离心泵的性能及相互之间的关系是选泵和进行流量调节的依据。离心泵的主要性能参数有流量、压头、效率、轴功率等,它们之间的关系常用特性曲线来表示。特性曲线是在一定转速下,用 20℃清水在常压下实验测得的。

1) 离心泵的性能参数

(1) 流量:流量是指单位时间内排到管路系统的液体体积,一般用 q_V 表示,常用单位为 L/s、m^3/s 或 m^3/h 等。离心泵的流量与泵的结构、尺寸和转速有关。

(2) 压头(扬程):压头是指离心泵对单位重量(1N)液体所提供的有效能量,一般用 H 表示,单位为 J/N 或 m。影响压头的因素在前节已作过介绍。

(3) 效率:离心泵在实际运转中,由于存在各种能量损失(前面已介绍过),致使泵的实际(有效)压头和流量均低于理论值,而输入泵的功率比理论值高。反映能量损失大小的参数称为效率。

离心泵的能量损失包括以下三项,即:

① 容积损失:无容积损失时泵的功率与有容积损失时泵的功率之比称为容积效率 η_v,闭式叶轮的容积效率值为 0.85～0.95。

② 水力损失:这种损失可用水力效率 η_h 来反映。额定流量下,液体的流动方向恰与叶片的入口角相一致,这时损失最小,水力效率最高,其值为 0.8～0.9。

③ 机械效率:机械损失可用机械效率 η_m 来反映,其值为 0.96～0.99。

离心泵的总效率由上述三部分构成,即

$$\eta = \eta_v \eta_h \eta_m \qquad (2.22)$$

离心泵的效率与泵的类型、尺寸、加工精度、液体流量和性质等因素有关。通常,小泵效率为 $50\%\sim70\%$,而大型泵可达 90%。

(4) 轴功率 N:由电机输入泵轴的功率称为泵的轴功率,单位为 W 或 kW。离心泵的有效功率是指液体在单位时间内从叶轮获得的能量,即式(2.19)所示: $N_e=\rho g q_V H_e$。

由于泵内存在上述三项能量损失,轴功率必大于有效功率,即

$$N=\frac{N_e}{1\,000\eta}=\frac{\rho q_V H}{102\eta} \tag{2.23}$$

式中 N 的单位为 kW。

2) 离心泵的特性曲线

离心泵压头 H、轴功率 N 及效率 η 均随流量 q_V 而变,它们之间的关系可用泵的特性曲线或离心泵的工作性能曲线表示,如图 2.15 所示。在离心泵出厂前由泵的制造厂测定出 $H\text{-}q_V$、$N\text{-}q_V$、$\eta\text{-}q_V$ 等曲线,列入产品样本或说明书中,供使用部门选泵和操作时参考。各种型号的离心泵都有其本身独有的特性曲线,且不受管路特性的影响,但它们都具有一些共同的规律:

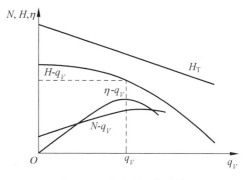

图 2.15　离心泵特性曲线

(1) 离心泵的压头一般随流量加大而下降(在流量极小时可能有例外),这一点和离心泵的基本方程式相吻合。

(2) 离心泵的轴功率在流量为零时为最小,随流量的增大而上升。故在启动离心泵时,应关闭泵出口阀门,以减小启动电流,保护电机。停泵时先关闭出口阀门,主要是为了防止高压液体倒流损坏叶轮。

(3) 额定流量下泵的效率最高。该最高效率点称为泵的设计点,对应的值称为最佳工况参数。离心泵铭牌上标出的性能参数即是最高效率点对应的参数。离心泵一般不大可能恰好在设计点运行,但应尽可能在高效区(在最高效率的 92% 范围内)工作。

3. 影响离心泵性能的因素分析和性能换算

影响离心泵性能的因素很多,其中包括液体性质(密度 ρ 和黏度 μ 等)、泵的结构尺寸(如 D_2 和 β_2)、泵的转速 n 等。当这些参数任一个发生变化时,都会改变泵的性能,此时需要对泵的生产厂家提供的性能参数或特性曲线进行换算。

1) 液体物性的影响

(1) 密度的影响。离心泵的流量、压头均与液体密度无关,效率也不随液体密度而改变,因而当被输送液体密度发生变化时,$H\text{-}q_V$ 与 $\eta\text{-}q_V$ 曲线基本不变,但泵的轴功率与液体密度成正比。此时,$N\text{-}q_V$ 曲线不再适用,N 需要重新计算。

(2) 黏度的影响。当被输送液体的黏度大于常温水的黏度时,泵内液体的能量损失增大,导致泵的流量、压头减小,效率下降,但轴功率增加,泵的特性曲线发生变化。当液体运动黏度 ν 大于 $20\,\text{mm}^2/\text{s}$ 时,离心泵的性能需按下式进行修正,即

$$q_V'=c_Q q_V, \quad H'=c_H H, \quad \eta'=c_\eta \eta \tag{2.24}$$

式中 c_Q、c_H、c_η——离心泵的流量、压头和效率的校正系数,其值从参考书可查;

q_V,H,η——离心泵输送清水时的流量、压头和效率;

q'_V,H',η'——离心泵输送高黏度液体时的流量、压头和效率。

2) 离心泵转速的影响

由离心泵的基本方程式可知,同一台离心泵,当泵的转速发生改变时,泵的流量、压头随

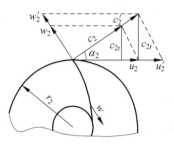

图 2.16　不同转速下的速度三角形

之发生变化,并引起泵的效率和功率的相应改变。当液体的黏度不大,效率变化不明显,如转速相差不大,转速改变后的特性曲线可从已知的特性曲线近似地换算求出,换算的条件是转速改变前后液体离开叶轮的速度三角形相似,则泵的效率相等,如图 2.16 所示。

不同转速下泵的流量、压头和功率与转速的关系可近似表达成如下各式,即

$$\frac{q_{V1}}{q_{V2}}=\frac{n_1}{n_2}, \quad \frac{H_1}{H_2}=\left(\frac{n_1}{n_2}\right)^2, \quad \frac{N_1}{N_2}=\left(\frac{n_1}{n_2}\right)^3 \tag{2.25}$$

式中　q_{V1},H_1,N_1——转速为 n_1 时泵的流量、压头和功率;

q_{V2},H_2,N_2——转速为 n_2 时泵的流量、压头和功率。

式(2.25)称为离心泵的比例定律,其适用条件是离心泵的转速变化不超过±20%。

3) 离心泵叶轮直径的影响

当离心泵的转速一定时,泵的基本方程式表明,其流量、压头与叶轮直径有关。对于同一型号的泵,可换用直径较小的叶轮(除叶轮出口宽度稍有变化外,其他尺寸不变),此时泵的流量、压头和功率与叶轮直径的近似关系为

$$\frac{q'_V}{q_V}=\frac{D'_2}{D_2}, \quad \frac{H'}{H}=\left(\frac{D'_2}{D_2}\right)^2, \quad \frac{N'}{N}=\left(\frac{D'_2}{D_2}\right)^3 \tag{2.26}$$

式中　q'_V,H',N'——直径为 D'_2 时泵的流量、压头和功率;

q_V,H,N——直径为 D_2 时泵的流量、压头和功率。

式(2.26)称为离心泵的切割定律。其适用条件是固定转速下,叶轮直径的车削不大于 $5\%D_2$。

2.2.4　离心泵的工作点和流量调节

1. 管路特性曲线和离心泵的工作点

每种型号的离心泵,在一定转速下都有其自身固有的特性曲线。但当离心泵安装在特定管路系统操作时,实际的工作压头和流量,不仅遵循特性曲线上二者的对应关系,而且还受管路特性所制约。

1) 管路特性方程式和特性曲线

当离心泵安装到特定的管路系统中操作时,若储槽与受液槽两液面保持恒定,则泵对单位重量(1N)流体所做的净功为(本章开始就推出)

$$H_e=\Delta z+\frac{\Delta p}{\rho g}+\frac{\Delta u^2}{2g}+\sum H_f$$

以及

$$H_e = K + Gq_V^2$$

2）离心泵的工作点

安装在管路中的离心泵其输液量即为管路的流量，泵所提供的压头应与管路系统所要求的数值一致。此时，安装于管路中的离心泵必须同时满足管路特性方程与泵的特性方程，即

管路特性方程 $H_e = K + Gq_V^2$

泵的特性方程 $H = f(q_V)$

联解上述两方程所得到两特性曲线的交点，即离心泵的工作点 M。对所选定的泵以一定转速在此管路系统操作时，只能在此点工作。在此点，$H = H_e$。见图 2.17。

2. 离心泵的流量调节

通常，所选择离心泵的流量和压头可能会和管路中要求的不完全一致，或生产任务发生变化，此时都需要对泵进行流量调节，实质上是改变泵的工作点。由于工作点是由泵及管路特性共同决定的，因此，改变任一条特性曲线均可达到流量调节的目的。

1）改变管路特性曲线——改变泵出口阀开度

改变离心泵管路出口处安装的阀门开度，便可改变管路特性方程式(2.3)中的 G 值，从而使管路特性曲线发生变化，使调节后的管路特性曲线与泵的特性曲线的交点移至适当的位置，满足流量调节的要求，如图 2.18 所示。例如关小阀门，使 G 值变大，流量变小，曲线变陡。这种调节方法增加了管路阻力损失，且使泵在低效率点下工作，在经济上很不合理。但阀门调节快捷方便，流量可连续变化，故应用很广。对于调节幅度不大而经常需要改变流量的情况，此法尤为适用。

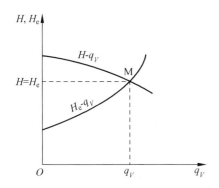

图 2.17 管路特性曲线与泵的工作点

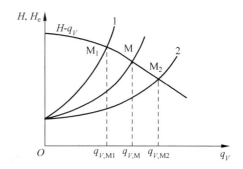

图 2.18 改变阀门开度时工作点变化

2）改变泵的特性曲线

(1) 改变泵的转速：根据比例定律，n 的变化小于 20%。

(2) 改变叶轮直径：根据切割定律，切割比例不大于 5%（季节性调节）。

用这种调节方法调节流量时不额外增加管路阻力，而且在一定范围内可保持泵在高效区工作，能量利用较为经济，这对大功率泵是重要的，如图 2.19 所示。但改变泵的转速需配置变速装置或价格较为昂贵的变速原动机，车削叶轮又不太方便，故生产上极少采用。

3. 离心泵的并联和串联操作

当单台泵不能满足生产任务要求，需较大幅度增加流量或压头时，可采用泵的并联或串

联。下面以两台性能相同的泵为例,讨论离心泵组合操作的特性。

1）离心泵的并联

设将两台型号相同的泵并联于管路系统中,如图 2.20 所示,且各自的吸入管路相同,则两台泵的流量和压头必定相同。因此,在同样压头下,并联的流量为单台泵的两倍。这样,将单泵特性曲线 1 的横坐标加倍,纵坐标保持不变,便可求得两泵并联后的合成特性曲线 2。并联泵的工作点由并联特性曲线与管路特性曲线的交点决定。由于流量加大使管路流动阻力加大,因此,并联后的总流量必低于单台泵流量的两倍,而并联压头略高于单台泵的压头。并联泵的总效率与单台的效率相同。

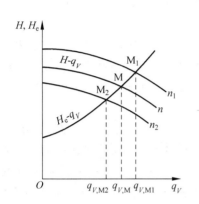

图 2.19　改变泵转速时工作点的变化

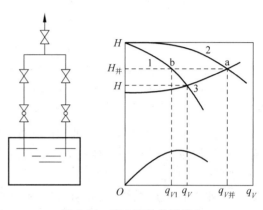

图 2.20　离心泵的并联操作

2）离心泵的串联

设将两台型号相同的泵串联于管路系统中,如图 2.21 所示。两台型号相同的泵串联操作时,每台泵的流量和压头也各自相同。因此,在同一流量下,串联泵的压头为单台泵压头的两倍。

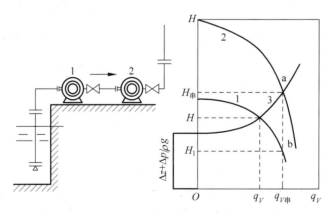

图 2.21　离心泵的串联操作

同样,串联泵的工作点由合成特性曲线与管路特性曲线的交点决定。两台泵串联操作的总压头必低于单台泵压头的两倍,流量大于单台泵的流量。串联泵的效率为 $q_{V串}$ 下单台泵的效率。

3）离心泵组合方式的选择

生产中采取何种组合方式能够取得最佳经济效果，则应视管路要求的压头和特性曲线形状而定。

（1）如果单台泵所能提供的最大压头小于管路两端的$(\Delta z + \Delta p/\rho g)$值，则只能采用泵的串联操作。

（2）对于管路特性曲线较平坦的低阻型管路，采用并联组合方式输送的流量大于串联组合；而在高阻输送管路中，串联组合流量大于并联组合。对于压头情况类似。因此，对于低阻输送管路，并联优于串联；对于高阻输送管路，则采用串联更为合适。如图 2.22 所示。

2.2.5 离心泵的汽蚀现象与安装高度

离心泵在管路系统中允许安装位置是否合适，将会影响泵的运行及使用寿命。

1. 离心泵的汽蚀现象

由离心泵的工作原理可知，泵的吸液作用是靠液面 0—0 与泵吸入口截面 1—1 之间的势能差来实现的，即在泵的吸入口附近为低压地区。若提高泵的安装位置，当叶片入口处附近的低压等于或小于输送温度下液体的饱和蒸气压时，液体将在此处汽化或是溶解在液体中的气体析出并形成气泡。实际上，泵内压强最低处位于叶轮内缘叶片的背面（图 2.23 中K—K 面）。

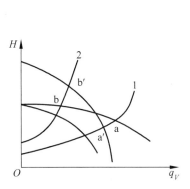

图 2.22 组合方式的选择

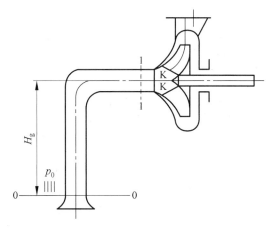

图 2.23 离心泵的安装高度

泵的安装位置高至离液面 0—0 一定距离，首先在该处发生汽化现象。含气泡的液体进入叶轮后，因压强升高，气泡立即凝聚。气泡的消失产生局部真空，周围的液体高速涌向气泡中心，造成冲击和振动。尤其是当气泡的凝聚发生在叶片表面附近时，众多液体质点犹如细小的高频水锤撞击叶片，使叶片表面材质疲劳，从开始点蚀到形成裂缝；另外气泡中还可能带有些氧气等，会对金属材质发生化学腐蚀作用。泵长期在这种状况下运转，将导致叶片过早损坏。这种现象称为泵的汽蚀。

离心泵在产生汽蚀条件下运转，泵体振动并发生噪声，流量、扬程和效率都明显下降，严重时甚至吸不上液体，泵不能正常工作。汽蚀发生的根本原因是叶片吸入口附近的压强过低,而造成吸入口压强过低的原因是多方面的,例如泵的安装高度超过规定值、吸入管路局部阻力损失过大、泵送液体的温度超过允许值等。为避免汽蚀发生,就要采取措施使叶片入口处附近的最低压强维持在某一数值以上,通常取输送温度下液体的饱和蒸气压为最低压强。应合理地确定泵的安装高度,以保证叶轮中各处压强高于液体的饱和蒸气压。

2. 离心泵的允许安装(吸上)高度

泵的允许安装高度或允许吸上高度是指上游储槽液面与泵吸入口之间允许达到的最大垂直距离,以 H_g 表示。

在图 2.23 所示的 0—0 与 1—1 两截面之间列伯努利方程式,可求得

$$H_g = \frac{p_0 - p_1}{\rho g} - \frac{u_1^2}{2g} - H_{f0-1} \tag{2.27}$$

式中 H_g——泵的允许安装高度,m;

p_1——泵入口处可允许的最低压强,也可写作 $p_{1,\min}$,Pa;

H_{f0-1}——流体流经吸入管路的压头损失,m;

p_0——储槽液面上的压强,若储槽上方与大气相通,则 p_0 即为大气压 p_a,Pa。

于是式(2.27)可表示为

$$H_g = \frac{p_a - p_1}{\rho g} - \frac{u_1^2}{2g} - H_{f0-1} \tag{2.28}$$

离心泵的安装高度受吸入口附近最低允许压强的限制,在国产离心泵标准中,采取抗汽蚀性能指标来限定泵吸入口附近的最大压强能。

1) 临界汽蚀余量(NPSH)$_c$

产生原因:泵吸入口附近压强等于或低于 p_v。

汽蚀现象的标志:泵扬程较正常值下降 3%。

泵在正常运转时,泵入口截面 1—1 的压强 p_1 和叶轮入口截面 K—K 的压强 p_K 密切相关,两者的关系服从截面 1—1 至 K—K 之间的机械能衡算式:

$$\frac{p_1}{\rho g} + \frac{u_1^2}{2g} = \frac{p_K}{\rho g} + \frac{u_K^2}{2g} + H_{f1-K} \tag{2.29}$$

从上式可以看出,在一定流量下,p_1 减低,p_K 也相应降低。当泵内刚发生汽蚀时,p_K 等于被输送液体的饱和蒸气压 p_v,而 p_1 必等于某确定的最小值 $p_{1,\min}$。在此条件下,上式可写成

$$\frac{p_{1,\min}}{\rho g} + \frac{u_1^2}{2g} = \frac{p_v}{\rho g} + \frac{u_K^2}{2g} + H_{f1-K}$$

或

$$\frac{p_{1,\min}}{\rho g} + \frac{u_1^2}{2g} - \frac{p_v}{\rho g} = \frac{u_K^2}{2g} + H_{f1-K} \tag{2.30}$$

式(2.30)表明,在泵内刚发生汽蚀时的临界条件下,在离心泵的入口处液体的静压头与动压头之和 $\left(\dfrac{p_{1,\min}}{\rho g} + \dfrac{u_1^2}{2g}\right)$ 比液体汽化时的势能超出 $\left(\dfrac{u_K^2}{2g} + H_{f1-K}\right)$。此超出量定义为离心泵的

临界汽蚀余量,并以符号$(NPSH)_c$表示,即

$$(NPSH)_c = \frac{p_{1,\min}}{\rho g} + \frac{u_1^2}{2g} - \frac{p_v}{\rho g} = \frac{u_K^2}{2g} + H_{f1-K} \tag{2.31}$$

临界汽蚀余量作为泵的一个特性,须由制造厂通过实验测定。式(2.31)是实验测定$(NPSH)_c$的基础。实验时设法在泵流量不变的条件下逐渐降低p_1,当泵内刚好发生汽蚀时测取$p_{1,\min}$,然后算出该流量下离心泵的临界汽蚀余量$(NPSH)_c$。

2) 必需汽蚀余量$(NPSH)_r$

为了确保离心泵正常操作,根据有关标准,将所测定的$(NPSH)_c$加上一定的安全量作为必需汽蚀余量$(NPSH)_r$,并列入泵产品样本,或绘于泵的特性曲线上。

3) 实际汽蚀余量 NPSH

为使泵正常运转,泵入口处的压强p_1必须高于$p_{1,\min}$,即实际汽蚀余量(亦称装置汽蚀余量)

$$NPSH = \frac{p_1}{\rho g} + \frac{u_1^2}{2g} - \frac{p_v}{\rho g} \tag{2.32}$$

不难看出,当流量一定且流动已进入阻力平方区时,$(NPSH)_c$只与泵的结构尺寸有关,是泵的抗汽蚀性能参数。NPSH 必须大于临界汽蚀余量$(NPSH)_c$一定的量。根据标准规定,取必需汽蚀余量$(NPSH)_r$加上 0.5m 以上作为实际汽蚀余量 NPSH,其值随流量增大而加大。

4) 离心泵的允许吸上真空高度 H_s'

若大气压强为p_a,泵入口处允许的最低压强为p_1,则泵入口处的最高真空度为$(p_a - p_1)$,单位为 Pa。习惯上,真空度常以输送液体的液柱高度来计量,称为允许吸上真空度H_s',即

$$H_s' = \frac{p_a - p_1}{\rho g} \tag{2.33}$$

用H_s'计算泵的安装高度,依然使用机械能衡算式。在上游吸液口液面与泵入口处列机械能衡算式可得

$$H_g' = H_s' - \frac{u_1^2}{2g} - H_{f0-1} \tag{2.34}$$

H_s'是泵的抗汽蚀性能参数,其值随q_V加大而增高。H_s'与泵的结构、被输送液体的性质及当地大气压有关,由泵生产厂家于常压下(98.1kPa)用 20℃清水实验测得。当操作条件与该条件不一致或输送其他液体时,对H_s'要进行校正:

$$H_s = \left[H_s' + (H_a - 10) - \left(\frac{p_v}{9.81 \times 10^3} - 0.24 \right) \right] \frac{1\,000}{\rho'} \tag{2.35}$$

式中　H_s——操作条件下输送液体时的允许吸上真空度,m 液柱;

　　　H_s'——实验条件下输送水时允许吸上真空度,mH_2O;

　　　H_a——泵安装地区的大气压强,mH_2O;

　　　p_v——操作条件下液体的饱和蒸气压,Pa;

　　　10——实验条件下的大气压,mH_2O;

　　　0.24——20℃下水的饱和蒸气压,mH_2O;

1 000——实验条件下水的密度,kg/m^3;

ρ'——操作条件下液体的密度,kg/m^3。

3. 离心泵的最大允许安装高度 H_g

在一定流量下,泵的安装位置越高,泵的入口处压强就越低,叶轮入口处的压强 p_K 更低。当泵的安装位置达到某一极限高度时,则 $p_1 = p_{1,min}$,$p_K = p_v$,汽蚀现象就发生。从吸入液面 0—0 至叶轮入口截面 K—K 之间列机械能衡算式,可求得最大允许安装高度

$$H_g = \frac{p_0 - p_v}{\rho g} - H_{f0-1} - \left(\frac{u_K^2}{2g} + H_{f1-K}\right)$$

$$= \frac{p_0 - p_v}{\rho g} - H_{f0-1} - (NPSH)_c \tag{2.36}$$

实际使用时用[$(NPSH)_r + 0.5$]代替$(NPSH)_c$,相应可得最大允许安装高度

$$H_g = \frac{p_0 - p_v}{\rho g} - H_{f0-1} - [(NPSH)_r + 0.5] \tag{2.37}$$

式中$(NPSH)_r$ 即是泵产品样本提供的必需汽蚀余量。离心泵的实际安装高度应比最大允许安装高度小 0.5～1m。离心泵的实际安装高度应以夏天当地最高温度和所需要最大用水量为设计依据。

2.2.6　离心泵的类型与选择

1. 离心泵的类型

由于化工生产及石油工业中被输送液体的性质相差悬殊,对流量和扬程的要求千变万化,因而设计和制造出种类繁多的离心泵。

离心泵有多种分类方法:①按叶轮数目分为单级泵和多级泵;②按叶轮吸液方式分为单吸泵和双吸泵;③按泵送液体性质和使用条件分为清水泵、油泵、耐腐蚀泵、杂质泵、高温泵、高温高压泵、低温泵、液下泵、磁力泵等。各种类型的离心泵按其结构特点自成一个系列,同一系列中又有各种规格。泵样本列有各类离心泵的性能和规格。附录中列有各类离心泵的性能和规格。下面仅对几种主要类型作简要介绍。

1) 清水泵(IS 型、D 型、Sh 型)

清水泵是应用最广的离心泵,在化工生产中用来输送各种工业用水以及物理、化学性质类似于水的其他液体。

最普遍使用的是单级单吸悬臂式离心水泵,其系列代号为"IS",其结构如图 2.24 所示。全系列扬程范围为 8～98m,流量范围为 4.5～360m^3/h。一般生产厂家提供 IS 型水泵的系列特性曲线(或称选择曲线),以便于泵的选用。曲线上的点代表额定参数。现工业生产中仍广泛使用的清水泵系列代号为 B。

若要求的流量很大而所需扬程并不高时,则可采用双吸式离心泵,如图 2.25 所示。国产双吸泵系列代号为 Sh,全系列扬程范围为 9～140m,流量范围为 120～12 500m^3/h。

若工艺所要求流量下其扬程高于单级泵所能提供的扬程,可采用图 2.26 所示的多级

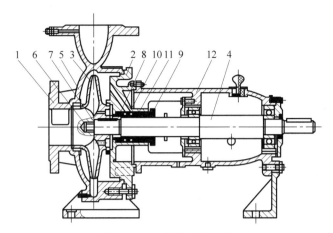

图 2.24 IS 型离心泵结构

1—泵体;2—泵盖;3—叶轮;4—轴;5—密封环;6—叶轮螺母;7—止动垫圈;8—轴盖;9—填料压盖;
10—填料环;11—填料;12—悬架轴承部件

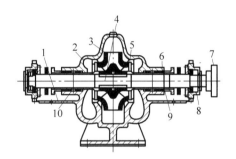

图 2.25 双吸式离心泵结构示意图

1—泵体;2—泵盖;3—叶轮;4—轴;5—密封环;6—轴套;7—联轴器;8—轴承体;9—填料压盖;10—填料

泵,国产多级离心泵系列代号为 D,称为 D 型离心泵,叶轮级数通常为 2～9 级,最多 12 级。全系列扬程范围为 14～351m,流量范围为 10.8～850m³/h。

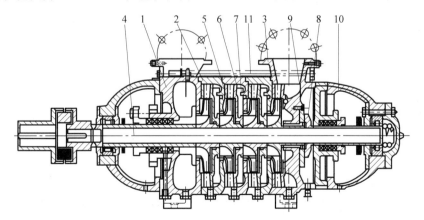

图 2.26 多级离心泵(D 型)结构示意图

1—吸入段;2—中段;3—压出端;4—轴;5—叶轮;6—导叶;7—密封环;8—平衡盘;9—平衡圈;
10—轴承部;11—螺栓

2）油泵（Y 型）

输送石油产品的泵称为油泵。因为油品易燃易爆，因而要求油泵有良好的密封性能。当输送高温油品（200℃以上）时，需采用具有冷却措施的高温泵。油泵有单吸与双吸、单级与多级之分。国产油泵系列代号为 Y、双吸式为 YS。全系列的扬程范围为 60～603m，流量范围为 6.25～500m^3/h。

3）耐腐蚀泵（F 型）

当输送酸、碱及浓氨水等腐蚀性液体时应采用防腐蚀泵。该类泵中所有与腐蚀液体接触的部件都用抗腐蚀材料制造，其系列代号为 F。F 型泵多采用机械密封装置，以保证高度密封要求。在 F 后面再加一个字母表示材料。F 泵全系列扬程范围为 15～105m，流量范围为 2～400m^3/h。但是，用玻璃、陶瓷、橡胶等材料制造的耐腐蚀泵，多为小型泵，不属于"F"系列。常见的泵用金属材料与非金属材料的耐腐蚀性能见表 2.1 和表 2.2。

表 2.1　泵常用金属材料的耐腐蚀性能

材　　料	天然水（普通水）	处理水（软水、矿化水）	不含氧的水、锅炉给水	海水	盐水			有机介质（油、烃等）
					中性	酸性	碱性	
球墨铸铁	A	×	A	×	B	D	A	A
铸钢	A	×	A	×	B	D	A	A
Ni-Resist	A	A	A	A	A	B	A	A
高硅铸铁	A	A	A	A	A	A	A	A
12％铬铁	A	A	A	×	A^1	B	A^1	A
奥氏体不锈钢	A	A	A	×	A^1	B	A	A
奥氏体不锈钢 316L	A	A	A	A	A	B	A	A
哈氏合金	A	A	A	A	A	B	A	A
GA-20 不锈钢	A	A	A	A	A	B	A	A
青铜	A	A	B	B	A^2	×	×	A

注：A—满意；B—适用；D—限制使用；×—不适用；1—Cl$^-$ 含量不多；2—无 NH$_4^+$。

表 2.2　泵常用非金属材料的耐腐蚀性能

材料名称（英文缩写）		氟合金（F50）	聚全氟乙丙烯（F46）	聚偏氟乙烯（PVDF）	超高分子量聚乙烯（UHMWPE）	聚丙烯（PP）	酚醛玻璃钢（FRP）	刚玉陶瓷	增强聚丙烯（FRPP）
耐腐蚀性	弱酸	耐	耐	耐	耐	耐	耐	耐	耐
	强酸	耐	耐	除热浓硫酸	除氧化性酸	除氧化性酸	除氧化性酸	耐	除氧化性酸
	弱碱	耐	耐	耐	耐	耐	高耐	耐	耐
	强碱	耐	耐	耐	耐	耐	不耐	不耐	耐
	有机溶剂	耐	耐	耐大多数溶剂	耐大多数溶剂	耐大多数溶剂<80℃	耐大多数溶剂	耐	耐大多数溶剂
	典型不蚀介质	氢氟酸氟元素	氢氟酸氟元素发烟硝酸	铬酸发烟硫酸强碱	浓硝酸浓硫酸含氯有机溶剂	浓硝酸铬酸	浓硝酸浓碱浓硫酸热碱	氢氟酸热碱	浓硝酸铬酸
耐磨性能		不好	不好	较好	好	不好	较差	很好	较差
抗汽蚀性能		较好	较好	较好	较好	较好	较差	好	较好

4）杂质泵（P 型）

输送悬浮液及稠厚的浆液时用杂质泵，其系列代号为 P。对这类泵的要求是不易堵塞、容易拆卸、耐磨。它在构造上的特点是叶轮流道宽、叶片数目少、常采用半闭式或开式叶轮，有些泵壳内衬以耐磨的铸钢护板，泵的效率低。

5）屏蔽泵

近年来，输送易燃、易爆、剧毒及具有放射性液体时，常采用一种无泄漏的屏蔽泵，如图 2.27 所示。其结构特点是叶轮和电机连为一个整体封在同一泵壳内，不需要轴封装置，又称无密封泵。

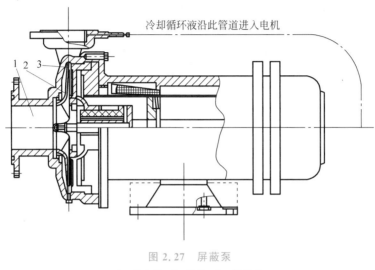

图 2.27　屏蔽泵

1—吸入口；2—叶轮；3—集液室

6）磁力泵（C 型）

磁力泵是高效节能的特种离心泵。它采用永磁联轴驱动，无轴封，消除液体渗漏，使用极为安全；在泵运转时无摩擦，故可节能。主要用于输送不含固体颗粒的酸、碱、盐溶液和挥发性、剧毒性液体等。特别适用于易燃、易爆液体的输送。C 型磁力泵全系列扬程范围为 $1.2\sim100\text{m}$，流量范围为 $0.1\sim100\text{m}^3/\text{h}$。

2. 离心泵的选择

离心泵种类齐全，能适应各种不同用途，离心泵的选择在原则上可分为两步进行：

（1）根据被输送液体的性质和操作条件，确定适宜的类型。

（2）根据管路系统在最大流量下的流量 q_V 和压头 H_e 确定泵的型号。

根据泵的样本、产品目录或系列特性曲线选出合适的型号。在确定泵的型号时，要使所选择的泵所能提供的流量 q_V 和压头 H 比管路要求值稍大一点，并使泵在高效范围内工作。选出泵的型号后，应列出泵的有关性能参数和转速。离心泵的选择是一个设计型问题，因此会遇到几种型号的泵在最佳工作范围内同时满足流量和压头要求的情况，此时应选择效率最高者，并参考价格作出综合权衡。

（3）若输送液体的密度大于水的密度，则要核算泵的轴功率。

另外，要会利用泵的系列特性曲线。

【例 2.1】 采用如本题附图所示的装置,泵的转速 $n=2\,900\text{r/min}$,以 20℃的清水为介质测得如下一组数据:泵进口处真空表读数为 26.67kPa,泵出口处压强表读数为 147.2kPa,泵的流量 $q_V=10\text{L/s}$,泵的轴功率 $N=2.98\text{kW}$。

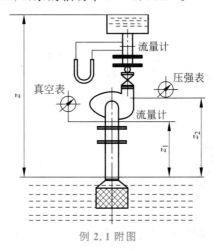

例 2.1 附图

已知两测压口间的距离 0.5m,吸水管直径 $d_1=80\text{mm}$,压出管直径 $d_2=65\text{mm}$。试求在此流量下泵的压头 H 和总效率 η。

解:(1)泵的压头

$$H=z_2-z_1+\frac{p_2-p_1}{\rho g}+\frac{u_2^2-u_1^2}{2g}$$

已知:

$$z_2-z_1=0.5\text{m},\quad p_2=14.72\times10^4\,\text{Pa},\quad p_1=-2.667\times10^4\,\text{Pa}$$

$$\frac{p_2-p_1}{\rho g}=\frac{14.72\times10^4+2.667\times10^4}{1\,000\times9.81}\text{m}=17.72\text{m}$$

$$u_1=\frac{4q_V}{\pi d_1^2}=\frac{4\times10\times10^{-3}}{\pi\times80^2\times10^{-6}}\text{m/s}=1.99\text{m/s}$$

$$u_2=\frac{4q_V}{\pi d_2^2}=\frac{4\times10\times10^{-3}}{\pi\times65^2\times10^{-6}}\text{m/s}=3.01\text{m/s}$$

$$\frac{u_2^2-u_1^2}{2g}=\frac{3.01^2-1.99^2}{2\times9.81}\text{m}=0.26\text{m}$$

则

$$H=z_2-z_1+\frac{p_2-p_1}{\rho g}+\frac{u_2^2-u_1^2}{2g}=0.5\text{m}+17.72\text{m}+0.26\text{m}=18.5\text{m}$$

(2)泵的总效率

$$N_e=Hq_V\rho g=(18.5\times10\times10^{-3}\times1\,000\times9.81)\text{W}$$

$$=1.81\times10^3\,\text{W}=1.81\text{kW}$$

$$\eta=N_e/N\times100\%=1.81/2.98\times100\%=61\%$$

【例 2.2】 某管路系统中有一直径为 $\phi38\text{mm}\times2.5\text{mm}$、长为 30m 的水平直管段 AB,

其间装有孔径 $d_0 = 16.4\text{mm}$ 的标准孔板流量计,孔流系数 C_0 为 0.63,流体流经孔板的永久性压降为 $6 \times 10^4 \text{Pa}$,AB 段摩擦系数 λ 取为 0.022,操作条件下液体的密度为 870kg/m^3,U 形管中的指示液为汞,其密度为 $13\,600 \text{kg/m}^3$,读数 R 为 600mm。试计算:(1)AB 管内的流量与流速;(2)液体流经 AB 段的压差;(3)若泵的轴功率为 800W,效率为 62%,则 AB 管段所消耗的功率的百分数。

解:(1)根据孔板流量计的流量计算式,AB 管内的流量为

$$
\begin{aligned}
q_V &= C_0 A_0 \sqrt{\frac{2gR(\rho_i - \rho)}{\rho}} \\
&= \left(0.63 \times 0.785 \times 0.016\,4^2 \times \sqrt{\frac{2 \times 9.81 \times 0.6 \times (13\,600 - 870)}{870}}\right) \text{m}^3/\text{s} \\
&= 1.75 \times 10^{-3} \text{m}^3/\text{s}
\end{aligned}
$$

故流速为

$$
u = \frac{q_V}{\frac{\pi}{4}d^2} = \frac{1.75 \times 10^{-3}}{0.785 \times 0.033^2} \text{m/s} = 2.04 \text{m/s}
$$

(2)对截面 A—A 至截面 B—B 列机械能衡算式,可得

$$
gz_A + \frac{p_A}{\rho} + \frac{u_A^2}{2} = gz_B + \frac{p_B}{\rho} + \frac{u_B^2}{2} + \sum h_{fA-B}
$$

以截面 A—A 为基准,则 $z_A = z_B = 0$,$u_A = u_B = 2.04 \text{m/s}$

阻力损失

$$
\sum h_{fA-B} = \lambda \frac{l}{d} \frac{u^2}{2} + \frac{h_{f0}}{\rho} = \left(0.022 \times \frac{30}{0.033} \times \frac{2.04^2}{2}\right) \text{J/kg} + \frac{6 \times 10^4}{870} \text{J/kg} = 111 \text{J/kg}
$$

故 AB 段的压降

$$
\Delta p_f = p_A - p_B = \rho \sum h_{fA-B} = (870 \times 111 \times 10^{-3}) \text{kPa} = 96.6 \text{kPa}
$$

(3)由题意,泵的有效功率为

$$
N_e = N\eta = 800 \times 62\% = 496 \text{W}
$$

AB 段所消耗的功率为

$$
N_{AB} = \rho q_V \sum h_{fA-B} = (870 \times 1.75 \times 10^{-3} \times 111) \text{W} = 169 \text{W}
$$

则 AB 段所消耗功率的百分数为

$$
N_{AB}/N_e \times 100\% = 169/496 \times 100\% = 34.1\%
$$

本题结合流体流动过程中机械能衡算式与阻力计算,主要考察离心泵的有效功率即消耗功率的计算式。

【例 2.3】 某输水泵在转速 $n = 1\,480\text{r/min}$ 下的特性方程为:$H = 38 - 40q_V^2$,管路特性方程为:$H = 18 + 460q_V^2$;式中扬程 H 单位为 m,流量 q_V 单位为 m^3/min(下同)。试求:(1)该泵工作点对应的流量 q_V 与扬程 H;(2)转速 $n' = 1\,700\text{r/min}$ 时的工作点流量 q_V' 和扬程 H';(3)转速 $n' = 1\,700\text{r/min}$ 时,若轴功率为 3.21kW,该泵的效率 η;(4)在转速 n' 时关小阀门,管路特性曲线方程变为 $H = 18 + 960q_V^2$ 时工作点 q_V'' 与扬程 H''。

解:(1)联立泵与管路的特性方程,可得

$$\begin{cases} H = 38 - 40q_V^2 \\ H = 18 + 460q_V^2 \end{cases}$$

故该泵对应的流量 q_V 与扬程 H 为

$$\begin{cases} q_V = 0.200\text{m}^3/\text{min} \\ H = 36.4\text{m} \end{cases}$$

(2)当 $n' = 1\,700\text{r}/\text{min}$ 时,由于

$$\frac{n - n'}{n} = \frac{1\,700 - 1\,480}{1\,480} = 14.9\% < 20\%$$

因此特性曲线变化满足比例定律要求,即

$$q_V = \frac{n}{n'}q_V', \quad H = \left(\frac{n}{n'}\right)^2 H'$$

则该泵在 n' 转速下的特性方程变为

$$H = \left(\frac{n}{n'}\right)^2 H' = 38 - 40\left(\frac{n}{n'}\right)^2 q_V'^2$$

整理后可得

$$H' = 38 \times \left(\frac{1\,700}{1\,480}\right)^2 - 40q_V'^2 = 50 - 40q_V'^2$$

将此方程与管路特性曲线联立,可得 n' 转速下泵对应的流量 q_V' 与扬程 H' 为

$$q_V' = 0.253\text{m}^3/\text{min}, \quad H' = 47.4\text{m}$$

(3) n' 转速下的有效功率为

$$N_e = \rho g H' q_V' = (1 \times 9.81 \times 47.4 \times 0.253/60)\text{kW} = 1.96\text{kW}$$

故该泵的效率为

$$\eta = \frac{N_e}{N} = \frac{1.96}{3.21} \times 100\% = 61.3\%$$

(4)联立 n' 时泵的特性曲线与关小阀门后管路的特性曲线方程可得

$$\begin{cases} H = 50 - 40q_V^2 \\ H = 18 + 960q_V^2 \end{cases}$$

故该泵对应的流量 q_V'' 与扬程 H'' 为

$$\begin{cases} q_V'' = 0.179\text{m}^3/\text{min} \\ H'' = 48.7\text{m} \end{cases}$$

【例2.4】 某输水管路装有一台 IS80—65—125 型水泵,其额定流量为 $30\text{m}^3/\text{h}$,扬程为 22.5m。将江水以 6.4L/s 的流量向上输送至 0.80at 密闭高位槽中,已知高位槽内液面距江水面的垂直距离为12m,进出口管长分别为20m与80m(均包括全部局部阻力的当量长度),摩擦系数为0.028。试计算:(1)管路特性曲线方程表达式;(2)如生产任务需使管内流量增加20%,问是否需要更换该泵?

解:(1)泵的型号说明该泵为单级单吸的清水离心泵,其吸入管与压出管直径分别为

80mm 和 65mm。若在江面和高位槽内液面列机械能衡算式可得

$$H = \Delta z + \frac{\Delta p}{\rho g} + \frac{\Delta u^2}{2g} + H_f$$

$$= 12 + \frac{0.8 \times 9.81 \times 10^4}{10^3 \times 9.81} + Gq_V^2$$

而

$$H_f = \sum \left(\lambda \frac{l}{d} + \zeta \right) \frac{u^2}{2g} = \sum \frac{8\left(\lambda \frac{l}{d} + \zeta \right)}{\pi^2 d^4 g} q_V^2 = Gq_V^2$$

故管路特性曲线系数为

$$G = \sum \frac{8\left(\lambda \dfrac{l}{d} + \zeta \right)}{\pi^2 d^4 g} = \frac{8 \times 0.028 \times \dfrac{20}{0.08}}{3.14^2 \times 0.08^4 \times 9.81} + \frac{8 \times 0.028 \times \dfrac{80}{0.065}}{3.14^2 \times 0.065^4 \times 9.81} = 1.74 \times 10^5$$

由此可得管路特性曲线方程为：$H = 20 + 1.74 \times 10^5 q_V^2$，$q_V$ 的单位为 $\mathrm{m^3/s}$。

（2）当生产任务变化后的新流量 q_V' 为

$$q_V' = (1 + 0.2)q_V = 1.2 \times 6.4 \times 10^{-3}\ \mathrm{m^3/s} = 7.68 \times 10^{-3}\ \mathrm{m^3/s} = 27.6\ \mathrm{m^3/h} < 30\ \mathrm{m^3/h}$$

对应的扬程为

$$H' = 20\ \mathrm{m} + 1.74 \times 10^5 \times (7.68 \times 10^{-3})^2\ \mathrm{m} = 30.3\ \mathrm{m} > 22.5\ \mathrm{m}$$

即无法完成新的输送任务。

【例 2.5】　用一台离心泵将某有机液体由罐送至敞口高位槽，泵安装在地面上，罐与高位槽的相对位置为 10m，泵安装在液面下方 2m 处。吸入管道中全部压头损失为 1.5m 水柱，泵出口管道的全部压头损失为 17m 水柱，要求输送量为 55m³/h。泵的铭牌上标有：流量 60m³/h，扬程 33m，允许汽蚀余量 4m，试问该泵能否完成输送任务？已知罐中液体的密度为 850kg/m³，饱和蒸气压为 72.12kPa。

解：首先核算泵是否合适。

在截面 1—1 和截面 2—2 间列机械能衡算式，可得

$$H_e = z_2 - z_1 + \frac{p_2 - p_1}{\rho g} + \frac{u_2^2 - u_1^2}{2g} + H_f \tag{1}$$

式中 $z_2 - z_1 = 10\mathrm{m}$，$p_2 - p_1 = 0$，$u_2^2 - u_1^2 = 0$。而

$$H_f = H_{f吸入} + H_{f输出} = (1.5 + 17) \times \frac{1\,000}{850}\ \mathrm{m} = 21.76\ \mathrm{m}$$

代入式（1）可得 $H_e = 10\mathrm{m} + 21.76\mathrm{m} = 31.76\mathrm{m} < 33\mathrm{m}$

由此可知，泵的铭牌上标的流量、扬程均大于管路所需流量和扬程，故该泵满足输送要求。

核算安装高度：

最大允许安装高度

$$H_g = \frac{p_0 - p_v}{\rho g} - (\mathrm{NPSH})_r - H_f$$

$$= \frac{1.013 \times 10^5 - 72.12 \times 10^3}{850 \times 9.81}\ \mathrm{m} - 4\mathrm{m} - 1.5 \times \frac{1\,000}{850}\ \mathrm{m} = -2.27\ \mathrm{m}$$

而实际安装高度为(－2.0m),可见该泵将发生汽蚀现象而无法完成输送任务。

【例 2.6】　欲用一台离心泵将水池中 20℃的水以 15～25m³/h 的流量送至密闭高位槽中,高位槽液面与水池液面高度差为 15m,高位槽中的气相表压强为 49.1kPa,泵的吸入管长 24m,压出管长 60m(均包括局部阻力的当量长度),管子均为 ϕ68mm×4mm,摩擦系数为 0.021。试选用一台离心泵,并计算泵的最大允许安装高度(当地大气压为 101.3kPa)。

解:以最大流量 25m³/h 计算。

管内流体压头损失

$$H_f = \frac{8\lambda \left(l + \sum l_e\right)}{\pi^2 d^5 g} q_V^2 = \frac{8 \times 0.021 \times (24+60)}{3.14^2 \times 0.06^5 \times 9.81}\left(\frac{25}{3\,600}\right)^2 \text{m} = 9.05\text{m}$$

管内流体所需额外功

$$H_e = \Delta z + \frac{\Delta p}{\rho g} + H_f = 15\text{m} + \frac{49.1 \times 1\,000}{1\,000 \times 9.81}\text{m} + 9.05\text{m} = 29.06\text{m}$$

根据流量及压头查附录可得离心泵型号,选型号为 IS65—50—160 的离心泵,其相关参数为:流量 25m³/h,压头 32m,转速 2 900r/min,必需汽蚀余量 2.0m,效率 65%,轴功率 3.35kW。

20℃水的饱和蒸气压 $p_v = 2.335$kPa,吸入管路压头损失

$$H_{f吸入} = \frac{8\lambda \left(l + \sum l_e\right)_{吸入}}{\pi^2 d^5 g} q_V^2 = \frac{8 \times 0.021 \times 24}{3.14^2 \times 0.06^5 \times 9.81} \times \left(\frac{25}{3\,600}\right)^2 \text{m} = 2.59\text{m}$$

则泵的最大允许安装高度

$$H_g = \frac{p_0 - p_v}{\rho g} - (\text{NPSH})_r - H_{f吸入} = \frac{(101.3 - 2.335) \times 10^3}{1\,000 \times 9.81}\text{m} - 2.0\text{m} - 2.59\text{m} = 5.50\text{m}$$

2.3　其他流体输送机械

2.3.1　往复泵

往复泵是活塞泵、柱塞泵和隔膜泵的总称,它是容积式泵中的一种,应用比较广泛。

1. 往复泵的基本结构

图 2.28 所示为曲柄连杆机构带动的往复泵。其主要部件有:泵缸、活塞(或活柱)、活塞杆、单向开启的吸入阀和排出阀。泵缸内活塞与阀门间的空间为工作室。

2. 往复泵的工作原理

当活塞自左向右移动时,工作室的容积增大形成低压,吸入阀被泵外液体推开而进入泵缸内,排出阀因受排出管内液体压强而关闭。活塞移至右端点时即完成吸入行程。当活塞自右向左移动时,泵缸内液体受到挤压,压强增高,从而推开排出阀而压入排出管路,吸入阀则被关闭。活塞

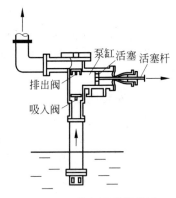

图 2.28　往复泵装置简图

移至左端点时排液结束,完成了一个工作循环。活塞在外力推动下作往复运动,由此改变泵缸内的容积和压强,从而使液体间断地被吸入泵缸和排入压出管路,达到输液的目的。由此可见,往复泵是通过活塞的往复运动直接以压强能的形式向液体提供能量的液体输送机械。

3. 往复泵的类型及流量调节

活塞从左端点到右端点(或相反)的距离叫作冲程或位移。

1) 按照往复泵的动力来源分类

(1) 电动往复泵:电动往复泵由电动机驱动,是往复泵中常见的一种。电动机通过减速箱和曲柄连杆机构与泵相连,把旋转运动转变为往复运动。

(2) 汽动往复泵:汽动往复泵直接由蒸汽机驱动。泵的活塞和蒸汽机的活塞共同连在一根活塞杆上,构成一个总的机组。

2) 按照往复泵的作用方式分类

(1) 单动往复泵:活塞往复一次只吸液一次和排液一次的泵称为单动泵。单动泵的吸入阀和排出阀均装在泵缸的同一侧,吸液时不能排液,因此排液不连续。对于机动泵,活塞由连杆和曲轴带动,它在左右两端点之间的往复运动是不等速的,于是形成了单动泵不连续的流量曲线,如图 2.29(a)所示。

(2) 双动往复泵:双动泵活塞两侧的泵缸内均装有吸入阀和排出阀,如图 2.30 所示,活塞每往复一次各吸液和排液两次,使吸入管路和压出管路总有液体流过,所以送液连续,但由于活塞运动的不匀速性,流量曲线仍有起伏,如图 2.29(b)所示。双动泵和三联泵的流量曲线都是连续但不均匀的。

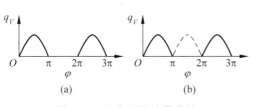

图 2.29　往复泵的流量曲线

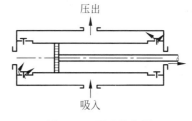

图 2.30　双动往复泵

3) 往复泵的流量调节

往复泵的流量原则上应等于单位时间内活塞在泵缸中扫过的体积,它与往复频率、活塞面积和行程以及泵缸数有关。

流量的不均匀是往复泵的严重缺点,它不仅使往复泵不能用于某些对流量均匀性要求较高的场合,而且使整个管路内的液体处于变速运动状态,不但增加了能量损失,且易产生冲击,造成水锤现象,并会降低泵的吸入能力。提高管路流量均匀性常用的方法有:

(1) 采用多缸往复泵:多缸泵的瞬时流量等于同一瞬时各缸瞬时流量之和。只要各缸曲柄的相对位置适当,就可使流量较为均匀,如图 2.31 所示。

(2) 装置空气室:空气室利用气体的压缩和膨胀来储

图 2.31　三缸单动往复泵的流量曲线

存或放出部分液体,以减小管路中流量的不均匀性。空气室的设置可使流量较为均匀,但不能完全消除理论的波动。

4. 往复泵的工作点与流量调节

往复泵的理论流量是由活塞扫过的体积决定的,而与管路特性曲线无关,如图 2.32 所示。往复泵提供的压头值则决定于管路情况。这种特性称为正位移特性,具有这种特性的泵称为正位移泵。实际上,往复泵的流量随压头升高而有所减少,这是由容积损失增大造成的。

离心泵可用管路出口阀门来调节流量,但对往复泵却不适用。任何类型泵的工作点都是由管路特性曲线和泵的特性曲线的交点所决定的,如图 2.32 所示,往复泵也不例外。因为往复泵属于正位移泵,其流量与管路特性无关,工作点只能沿 q_V 为常数的垂直线移动,安装调节阀非但不会改变流量,还会带来危险,一旦出口阀门全关,泵缸内的压强将急剧上升,导致机件损坏或电机烧毁。

要想改变往复泵的输液能力,可采取如下流量调节措施。

(1) 旁路调节。如图 2.33 所示,因往复泵的流量一定,通过阀门调节旁路流量,使一部分压出流体返回吸入管路,从而达到调节主管流量的目的。显然,旁路调节流量并没有改变泵的总流量,只是改变了流量在旁路之间的分配。旁路调节很不经济,造成了功率的无谓消耗,但对于流量变化幅度较小的经常性调节非常方便,在生产上常被采用。

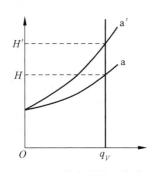

图 2.32　往复泵的工作点

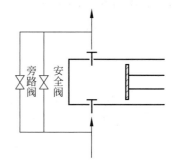

图 2.33　往复泵旁路调节流量示意图

(2) 改变曲柄转速(往复频率)和活塞行程。因电动机是通过减速装置与往复泵相连的,因此改变减速装置的传动比可以更方便地改变曲柄转速,达到调节流量的目的。所以,调节活塞冲程 S 或往复频率 n_r 均可达到改变流量的目的,而且能量利用合理。改变转速调节是最常用的经济方法。

对于输送易燃易爆液体,采用由蒸汽推动的往复泵,可以方便调节进入蒸汽缸的蒸汽压强以实现流量调节。

5. 往复泵的性能参数与特性曲线

1) 流量(排液能力)

往复泵的流量由泵缸尺寸、活塞冲程及往复次数(即活塞扫过的体积)所决定,其理论平均流量可按下式计算:

单动泵理论流量

$$q_{VT} = ASn_r \tag{2.38}$$

式中　q_{VT}——往复泵的理论流量，$\mathrm{m^3/min}$；

　　　A——活塞的截面积，$\mathrm{m^2}$；

　　　S——活塞冲程，m；

　　　n_r——活塞每分钟往复次数，$1/\mathrm{min}$。

双动泵理论流量

$$q_{VT} = (2A - a)Sn_r \tag{2.39}$$

式中　a——活塞杆的截面积，$\mathrm{m^2}$。

实际上，由于活塞与泵缸内壁之间存在泄漏且泄漏量随泵压头升高而更加明显，以及吸入阀和排出阀启闭滞后等原因，往复泵的实际流量低于理论流量，即

$$q_V = \eta_v q_{VT} \tag{2.40}$$

式中　η_v——往复泵的容积效率，其值在 $0.85 \sim 0.95$ 的范围内，小型泵接近下限，大型泵接近上限。一般来说，泵越大，容积效率就越高。

2）功率与效率

往复泵的功率计算与离心泵相同，即

$$N = \frac{Hq_V \rho g}{60\eta} \tag{2.41}$$

式中　N——往复泵的轴功率，W；

　　　η——往复泵的总效率，通常 $\eta = 0.65 \sim 0.85$，其值由实验测定。

3）压头和特性曲线

往复泵的压头与泵本身的几何尺寸和流量无关，只决定于管路情况。只要泵的机械强度和原动机提供的功率允许，输送系统要求多高的压头，往复泵即提供多高的压头。往复泵的流量与压头的关系曲线，即泵的特性曲线如图 2.34 所示。

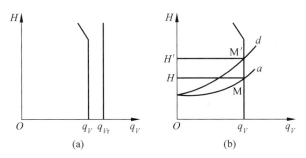

图 2.34　往复泵的特性曲线及工作点

6. 往复泵的安装高度

往复泵的吸上真空度取决于储液槽液面上方的压力、液体的性质和温度、活塞的运动速度等因素，因此往复泵的吸上高度也有一定的限制。和离心泵不同的是，往复泵内的低压是靠工作室的扩大而形成的，往复泵有自吸作用，所以在启动前无须向泵内灌满被输送的液体。

基于以上特性,往复泵主要适用于较小流量,高扬程、清洁、高黏度液体的输送,不宜输送腐蚀性液体和含有固体粒子的悬浮液。

2.3.2 计量泵

计量泵又称比例泵,也是往复泵的一种。当要求精确输送流量恒定的液体或者要求两种(或两种以上)液体按严格的流量比例送入时,计量泵能够相当好地满足这些要求。

图 2.35 所示是计量泵的一种形式。它是柱塞泵的一种,由转速稳定的电动机通过偏心轮来带动,偏心轮的偏心程度可调整,于是柱塞的冲程也就跟着改变。在单位时间内柱塞的往复次数不变的情况下,流量与冲程成正比。若用一台电动机同时带动两台或更多台计量泵,则不但可以达到每股流体的流量固定,而且也能达到各股流体流量的比例固定。

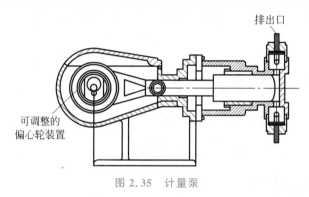

图 2.35 计量泵

2.3.3 隔膜泵

当输送腐蚀性液体或悬浮液时,可采用隔膜泵。隔膜泵实际上就是柱塞泵,其结构特点是借助薄膜将被输送液体与活柱和泵缸隔开,如图 2.36 所示,从而使得活柱和泵缸得以被保护。隔膜左侧与液体接触的部分均由耐腐蚀材料制造或涂一层耐腐蚀物质;隔膜右侧充满水或油。当柱塞作往复运动时,迫使隔膜交替向两侧弯曲,将被输送液体吸入和排出。弹性隔膜采用耐腐蚀橡胶或金属薄片制成。

隔膜泵用来定量输送剧毒、易燃、易爆和具有腐蚀性或含悬浮物的液体。

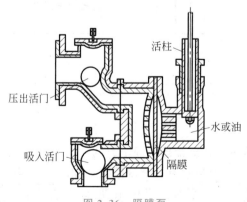

图 2.36 隔膜泵

2.3.4　回转式泵

回转式泵又称转子泵,属正位移泵,它的工作原理是依靠泵内一个或多个转子的旋转来吸液和排液。适用于流量小、扬程大的情况。由于转子泵是连续输送液体的,所以其排液量不会像一般往复泵那样产生脉动现象。转子泵的形式很多,化工中常用的有齿轮泵和螺杆泵。

1. 齿轮泵

目前化工中常用的是外啮合齿轮泵,结构如图 2.37 所示。泵壳内有两个齿轮,其中一个为主动轮,它由电机带动旋转;另一个称为从动轮,它是靠与主动轮的相啮合而转动。两齿轮将泵壳内分为互不相通的吸入室和排出室。当齿轮按图中箭头方向旋转时,吸入室内两轮的齿互相拨开,形成低压而将液体吸入;然后液体分两路封闭于齿穴和壳体之间,随齿轮向排出室旋转,在排出室两齿轮的齿互相合拢,形成高压而将液体排出。近年来已逐步采用的内啮合式的齿轮泵,较外啮合齿轮泵工作平稳,但制造较复杂。

齿轮泵的流量小而扬程高,适用于黏稠液体乃至膏状物料的输送,但不能输送含有固体粒子的悬浮液。

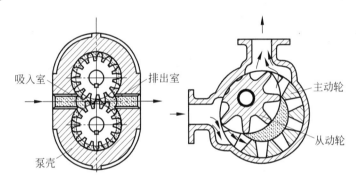

吸入室　排出室　主动轮　从动轮　泵壳

图 2.37　齿轮泵的工作原理

2. 螺杆泵

螺杆泵属于容积式转子泵,由泵壳和一根或多根螺杆所构成。运转时,螺杆一边旋转一边啮合,液体便被一个或几个螺杆上的螺旋槽带动,沿轴向排出。螺杆泵按螺杆数目分为单螺杆泵、双螺杆泵、三螺杆泵和五螺杆泵。图 2.38 所示为双螺杆泵,实际上是齿轮泵的变形,利用两根互相啮合的螺杆来压送液体。当需要较高压头时,可采用较长的螺杆。

螺杆泵主要优点是结构紧凑、流量及压强无脉动、运行平稳、寿命长、效率高、运转平稳,适用于高黏度液体的输送。缺点是制造加工要求高,工作特性对黏度变化较为敏感。

正位移泵具有以下特点:

(1) 有自吸能力,启动前不需要灌泵;

(2) 定排量,不随压头和管路特性而变,而压头随管路要求而定;

(3) 通常采用旁路调节流量。

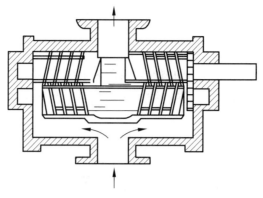

图 2.38　双螺杆泵

2.3.5　旋涡泵

旋涡泵是一种特殊类型的离心泵，也称涡流泵，其工作原理和离心泵相同，即依靠叶轮旋转产生的惯性离心力而吸液和排液，无自吸能力，启动前需向泵壳内灌满被输送液体，而泵的其他操作特性则又和容积泵相似。

旋涡泵的基本结构如图 2.39 所示，主要由叶轮（图 2.40）和泵壳组成。叶轮和泵壳之间形成引液道，吸入口和排出口之间由间壁（隔舌）隔开。叶轮上有呈辐射状排列、多达数十片的叶片。当叶轮旋转时，叶轮内的液体受到的离心力大于流道内液体受到的离心力，使得泵内液体随叶轮旋转的同时，又在各叶片与引液道之间作反复的迂回运动，被叶片多次拍击而获得较高能量。旋涡泵的特性曲线如图 2.41 所示。

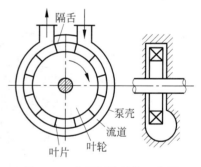

图 2.39　旋涡泵的结构示意图

旋涡泵适用于输送流量小、压头高且黏度不高的清洁液体。因液体在叶片与流道之间的反复迂回是靠离心力的作用，故旋涡泵在启动前也要灌满液体。旋涡泵的最高效率比离心泵低，特性曲线也与离心泵有所不同，如图 2.41 所示。当流量很小时，压头升高很快，轴功率也增大，所以此类泵应避免在太小的流量或出口阀全关的情况下长时间运转，以保证电动机和泵的安全。因而启动泵时出口阀应全开，并采用旁路调节流量。

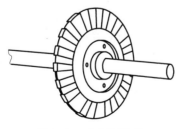

图 2.40　旋涡泵叶轮

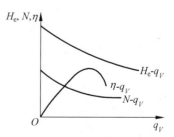

图 2.41　旋涡泵的特性曲线

2.4　气体输送机械

气体输送机械的基本结构、工作原理与液体输送机械大体相同,它们的作用都是对流体做功以提高其机械能(主要表现为静压能),但是气体具有可压缩性和比液体小得多的密度(约为液体密度的 1/1 000),从而使气体输送机械具有某些不同于液体输送机械的特点。

对一定的质量流量,气体由于密度很小,其体积流量很大,气体输送管路中的流速要比液体输送管路中的流速大得多。由前述可知,液体在管道中的经济流速为 $1\sim3\mathrm{m/s}$,而气体则为 $15\sim25\mathrm{m/s}$,约为液体的 10 倍。这样,若利用各自最经济的流速输送同样的质量流量,经相同管长后气体的阻力损失约为液体阻力损失的 10 倍。也就是说,气体输送管路对输送机械要求的压头比液体管路大得多。

气体因具有压缩性,故在输送机械内部气体压强变化的同时,体积和温度也将随之发生变化。这些变化对气体输送机械的结构、形状有很大的影响。因此气体输送机械除了按其结构和作用原理进行分类外,还根据它所能产生的进、出口压强差或压强比(称为压缩比)进行分类,方便选择。

(1) 通风机:出口压强(表压)不大于 15kPa,压缩比为 $1\sim1.15$;

(2) 鼓风机:出口压强(表压)为 $15\sim300\mathrm{kPa}$,压缩比小于 4;

(3) 压缩机:出口压强(表压)为 0.3MPa,压缩比大于 4;

(4) 真空泵:用于减压,出口压强为 0.1MPa,其压缩比由真空度决定。

通常,通风机用于克服输送过程中的流动阻力,达到输送气体的目的;鼓风机和压缩机用于产生高压气体,以满足化学反应和单元操作所需要的工艺条件;真空泵则用于某些单元操作(如过滤、缩合、真空蒸发等)对于负压的要求。

2.4.1　离心式通风机、鼓风机

工业上常用的通风机有轴流式和离心式两类。离心式通风机对气体只起输送作用,可用伯努利方程进行有关计算;鼓风机和压缩机都是多级,用于产生高压气体,压缩机需要采取冷却措施。离心式气体输送机械和离心泵的工作原理相似,但在结构上随压缩比的变化而有某些差异。

1. 离心通风机

对于通风机,习惯上将压头表示成单位体积气体所获得的能量,SI 单位 $\mathrm{N/m^2}$,与压强相同,所以风机对单位体积气体所做的有效功称为风压,以 p_T 表示,单位为 $\mathrm{J/m^3}=\mathrm{Pa}$。根据风压的不同,将离心通风机分为三类:

低压离心通风机:出口风压低于 $0.981\times10^3\,\mathrm{Pa}$(表压);

中压离心通风机:出口风压为 $0.981\times10^3\sim2.94\times10^3\,\mathrm{Pa}$(表压);

高压离心通风机:出口风压为 $2.94\times10^3\sim14.7\times10^3\,\mathrm{Pa}$(表压)。

1) 离心通风机的结构和工作原理

离心通风机的结构和工作原理与离心泵大致相同。图 2.42 及图 2.43 所示为低压通风机结构,主要由蜗形机壳和多叶片的叶轮构成。低压通风机的叶片数目多,与轴心成辐射状平直安装。中、高压通风机的叶片则是后弯的,所以高压通风机的外形与结构与单级离心泵更相似。

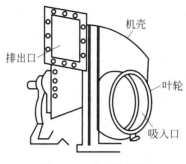

图 2.42　离心通风机

图 2.43　低压通风机叶轮

2) 离心通风机的性能参数

离心通风机的主要性能参数和离心泵类似,主要包括风量(流量)、风压(全压)、轴功率和效率。

(1) 风量 q_V:风量是指单位时间内从风机出口排出的气体体积,并以风机进口处的气体状态计,单位为 m^3/h。

(2) 风压 p_T:风压是单位体积气体通过风机时所获得的能量,单位为 J/m^3 或 Pa,习惯上用 mmH_2O 表示。通风机的风压与气体密度成正比,如取 $1m^3$ 气体为基准,对通风机进、出口截面(分别以下标 1、2 表示)作能量衡算,可得通风机的全风压为

$$p_T = H\rho g = (z_2 - z_1)\rho g + p_2 - p_1 + \frac{\rho(u_2^2 - u_1^2)}{2} \tag{2.42}$$

因式中 $(z_2 - z_1)\rho g$ 可以忽略,当空气直接由大气进入通风机时 u_1 也可忽略,则上式简化为

$$p_T = H\rho g = p_2 - p_1 + \frac{\rho u_2^2}{2} = p_S + p_K \tag{2.43}$$

即通风机的压头由两部分构成,其中压差 $p_2 - p_1$ 习惯上称为静风压;而 $\frac{\rho u_2^2}{2}$ 称为动风压。

通风机全风压由静风压与动风压构成,通风机性能表上所列的风压为全风压。

和离心泵一样,通风机性能表上的风压也是在出厂前通过实验测定。一般是在空气密度为 $1.2kg/m^3$($20℃$、$101.3kPa$)的条件下用空气做介质测定的。若实际的操作条件与上述的实验条件不同,则在选择通风机时,应将操作条件下的风压 p'_T 换算为实验条件下的风压 p_T 来选择风机,即

$$p_T = p'_T\left(\frac{\rho}{\rho'}\right) = p'_T\left(\frac{1.2}{\rho'}\right) \tag{2.44}$$

式中　ρ'——操作条件下空气的密度,kg/m^3。

(3) 轴功率与效率

离心通风机的轴功率为

$$N = p_T q_V / 1\,000\eta \tag{2.45}$$

式中　N——轴功率，kW；

　　　　q_V——风量，m^3/s；

　　　　p_T——全风压，Pa；

　　　　η——全压效率。

注意，用式(2.45)计算功率时，p_T 和 q_V 必须是同一状态下的数值。

3) 离心通风机的特性曲线

与离心泵一样，通风机出厂前在温度为 20℃ 的常压下(101.3kPa)实验测定其特性曲线，如图 2.44 所示。它表示在一定转速下某通风机的风量 q_V 与全风压 p_T、静风压 p_S、轴功率 N 以及效率 η 四者之间的关系。由图 2.44 可见，离心通风机的特性曲线与离心泵的特性曲线相比，增加了一条静风压随流量的变化曲线 p_S-q_V。

4) 离心通风机的选择

与离心泵的选择遵循相似的步骤：

(1) 根据管路布局和工艺条件，计算输送系统所需的实际风压 p_T'，并按式(2.44)换算为实验条件下的风压 p_T。

(2) 根据所输送气体的性质及所需的风压范围，确定风机的类型。

(3) 根据实际风量和实验条件下的风压，选择适宜的风机型号。

(4) 当 $\rho' > 1.2\text{kg/m}^3$ 时，要核算轴功率。

2. 鼓风机

在工厂中常用的鼓风机有离心式和旋转式(罗茨鼓风机)两种。

1) 离心鼓风机

离心鼓风机又称透平鼓风机，工作原理和离心通风机相同。但由于单级鼓风机不可能产生很高的风压(一般不超过 50kPa)，故压头较高的离心鼓风机都是多级的，其结构类似于多级离心泵，如图 2.45 所示，每级叶轮之间都有导轮，离心压缩机的段与段之间设置冷却器，以免气体温度过高。离心鼓风机的出口压强(表压)一般不超过 0.3MPa，因压缩比不大，不需要冷却装置，各级叶轮的尺寸基本相等。其规格、性能及用途详见有关产品目录或手册。

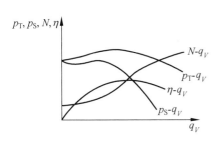

图 2.44　离心式通风机的特性曲线

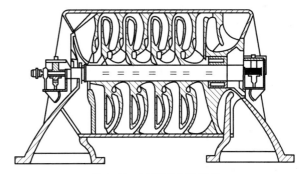

图 2.45　五级离心鼓风机

2) 罗茨鼓风机

普通型罗茨鼓风机的主要部件是机壳内的两个特殊形状的转子(常为腰形或三星形)，

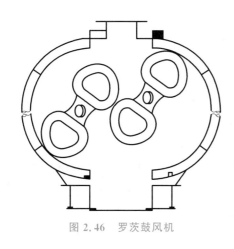

图 2.46　罗茨鼓风机

如图 2.46 所示。罗茨鼓风机的工作原理和齿轮泵相似,因转子的端部与机壳、转子与转子之间的缝隙很小,当转子作旋转运动时,可将机壳与转子之间的气体强行排出。两个转子的旋转方向相反,可将气体从机壳一侧吸入,从另一侧排出。如改变转子的旋转方向,可使吸入口与排出口互换。

罗茨鼓风机属容积式机械(正位移型),其风量与转速成正比,而与出口压强无关。其风量为 $0.03 \sim 9 m^3/s$,当转速一定时,表压为 40kPa 上下时效率较高,出口压强不超过 80kPa。

罗茨鼓风机一般用旁路调节流量,其出口应安装稳压气柜并配置安全阀。

2.4.2　真空泵

从设备或系统中抽出气体使其中的绝对压强低于大气压,此种抽气机械称为真空泵。从原则上讲,真空泵就是在负压下吸气,一般是大气压下排气的输送机械。用来维持工艺系统要求的真空状态。

在真空技术中,通常把真空状态按绝对压强高低划分为低真空($10^5 \sim 10^3 Pa$)、中真空($10^3 \sim 10^{-1} Pa$)、高真空($10^{-1} \sim 10^{-6} Pa$)、超高真空($10^{-6} \sim 10^{-10} Pa$)及极高真空($< 10^{-10} Pa$)五个真空区域。为了产生和维持不同真空区域强度的需要,设计出多种类型的真空泵。

化工中用来产生低、中真空的真空泵有往复真空泵、旋转真空泵(包括液环式、旋片式真空泵)和喷射真空泵等。

1. 往复真空泵

往复真空泵的构造和工作原理与往复式压缩机基本相同。但是,由于真空泵所抽吸气体的压力很小,且其压缩比又很高(对于 95% 的真空度,通常大于 20),因而真空泵吸入和排出阀门必须更加轻巧灵活,余隙容积必须更小。为了减少余隙的不利影响,真空泵气缸设有连通活塞左右两侧的平衡气道。在排出行程终了时,使平衡气道连通较长时间,使余隙中的残留气体从活塞的一侧流至另一侧,从而减少余隙的影响。

往复式真空泵所排放的气体不应含有液体,如气体中含有大量蒸汽,必须把可凝性气体设法除掉之后再进入气柜。即它属于干式真空泵。若气体具有腐蚀性,可采用隔膜真空泵。

2. 旋转真空泵

1) 液环真空泵

用液体工作介质的粗抽泵称作液环泵。其中,用水做工作介质的叫水环真空泵,其他还可用油、硫酸及醋酸等作为工作介质。工业上水循环泵应用居多。

水环真空泵如图 2.47 所示,其外壳呈圆形,其中有一叶轮偏心安装,叶轮上有辐射状叶片,泵壳内约充有一半容积的水。当叶轮旋转时,形成水环。水环有液封作用,使叶片间空隙形成大小不等的密封小室。当小室的容积增大时,气体通过吸入口被吸入;当小室变小时,气体由压出口排出。水环真空泵运转时,要不断补充水以维持泵内液封,同时也起到冷却作用。水环真空泵属湿式真空泵,吸气中可允许夹带少量液体。结构简单紧凑,最高真空度可达 85%。

水环真空泵可产生的最大真空度为 83kPa 左右。当被抽吸的气体不宜与水接触时,泵内可充以其他液体。

液环真空泵又称纳氏泵,在化工生产中应用很广,其结构如图 2.48 所示。液环泵外壳呈椭圆形,其中装有叶轮,叶轮带有很多爪形叶片,壳中盛有适量的液体。当叶轮旋转时,液体在离心力作用下被甩向四周,沿壁成一椭圆形液环。壳内充液量应使液环在椭圆短轴处充满壳与叶轮间的间隙,而在长轴方向上形成两月牙形的工作腔。和水环泵一样,工作腔也是由一些大小不同的密封室组成。但水环泵的工作腔只有一个,系由于叶轮的偏心所造成的,而液环泵的工作腔有两个,是由于泵壳的椭圆形状所造成的。

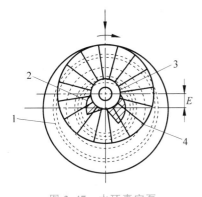

图 2.47　水环真空泵
1—水环;2—排气口;3—吸入口;4—转子

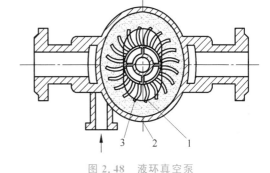

图 2.48　液环真空泵
1—叶轮;2—泵体;3—气体分配器

由于叶轮的旋转运动,每个工作腔的密封室逐渐由小变大,从吸入口吸进气体,然后由大变小,将气体强行排出。当叶轮回转一周时,叶片和液环间所形成的密闭空间逐渐变大又变小两次,气体从两个吸入口进入机内,从两个排出口排出。

需要指出,液环泵除了可用作真空泵,也可用作压缩机,产生的压强(表压)可达 0.5~0.6MPa;同时,液环泵在工作时,所输送的气体与泵壳不直接接触,仅与叶轮接触。因此,只要叶轮采用耐腐蚀材料制造,液环泵便可输送腐蚀性气体。而泵内所充的液体也必须不与气体发生化学反应。例如压送氯气时,壳内的液体可采用硫酸。

2) 旋片真空泵

旋片泵是获得低中真空的主要泵种之一。它可分为油封泵和干式泵。根据所要求的真空度,可采用单级泵(极限压力为 4Pa,通常为 50~200Pa)和双级泵(极限压力为 $(6\sim1)\times10^{-2}$ Pa),其中以双级泵应用更为普遍。

旋片泵的工作原理如图 2.49 所示。当带有两个旋片的偏心转子按图中箭头方向旋转时,旋片在弹簧的压力及自身离心力的作用下,紧贴着泵体的内壁滑动,吸气工作室的容积不断扩大,被抽气体流经吸入口和吸气管进入其中,直到旋片转到垂直位置时吸气结束,吸入的气体被旋片隔离。转子继续旋转,被隔离气体逐渐被压缩,压力升高。当压力超过排气阀片上的压力时,气体从排气口排出。转子每旋转一周有两次吸气和排气过程。

双级旋片真空泵中气体从高真空腔进入低真空腔后再排出泵外。

旋片泵的主要部分浸没于真空油中,为的是密封各部件间隙,充填有害的余隙和得到润滑。此泵属于干式真空泵。如需抽吸含有少量可凝性气体的混合气时,泵上设有专门设计的镇气阀(能在一定压强下打开的单向阀),把经控制的气流(通常是湿度不大的空气)引入泵的压缩腔内,以提高混合气的压强,使其中的可凝性气体在分压尚未达到泵腔温度下的饱和值时,即被排出泵外。

旋片真空泵具有使用方便、结构简单、工作压力范围宽、可在大气压下直接启动等优点,应用比较广泛。但旋片真空泵不适于抽除含氧过高、有爆炸性、有腐蚀性、对油起化学反应及含颗粒尘埃的气体。

3) 喷射泵

喷射泵是利用流动时静压能转换为动能而造成的真空来抽送流体的。它既可用来抽送气体,也可用来抽送液体。在化工生产中,喷射泵常用于抽真空,故又称为喷射真空泵。

喷射泵的工作流体可以是蒸汽,也可以是液体。图2.50所示的是单级蒸汽喷射泵。工作蒸汽以很高的速度从喷嘴喷出,在喷射过程中,蒸汽的静压能转变为动能,产生低压,而将气体吸入。吸入的气体与蒸汽混合后进入扩散管,使部分动能转变为静压能,而后从压出口排出。

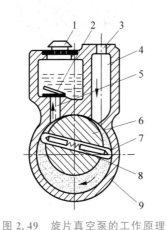

图 2.49　旋片真空泵的工作原理

1—排气口;2—排气阀片;3—吸入口;4—吸气管;5—排气管;
6—转子;7—旋片;8—弹簧;9—泵体

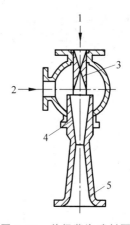

图 2.50　单级蒸汽喷射泵

1—工作蒸汽入口;2—气体吸入口;3—喷嘴;
4—扩散口;5—压出口

单级蒸汽喷射泵可达到99%的真空度,若要获得更高的真空度,可以采用多级蒸汽喷射泵。

图2.51所示为三级蒸汽喷射泵。工作蒸汽与被抽吸气体先进入第一级喷射泵,混合气体经冷凝器2使蒸汽冷凝,气体则进入第二级喷射泵3,而后顺序通过冷凝器4、第三级喷射泵5及冷凝器6,最后由喷射泵7排出。辅助喷射泵与主要喷射泵并联,用以增加启动速度。当系统达到指定的真空度时,辅助喷射泵可停止工作。

由于抽送流体与工作流体混合,喷射真空泵的应用范围受到一定限制。

【例2.7】 某操作过程需将绝对压强为101.33kPa、流量为18 000kg/h的空气,在列管式换热器中从20℃加热到90℃。根据工艺要求风机应装在换热器之后,管路和换热器全部

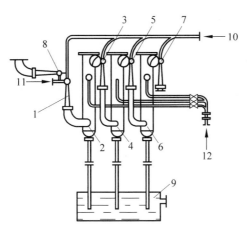

图 2.51　三级蒸汽喷射泵

1、3、5—第一、二、三级喷射泵；2、4、6—冷凝器；7—排出喷射泵；8—辅助喷射泵；
9—槽；10—工作蒸汽；11—气体入口；12—水进口

流动阻力为 1 030Pa，试求过程所需的风压和风量，并选择合适的风机。

解：空气进风机的温度为 90℃，常压下 90℃ 空气的密度为

$$\rho = 1.2 \times \frac{273+20}{273+90} \text{ kg/m}^3 = 0.969\text{kg/m}^3$$

进风机的风量

$$q_V = \frac{18\,000}{0.969} \text{ m}^3/\text{h} = 18\,600\text{m}^3/\text{h}$$

操作条件下

$$p'_T = 1\,030\text{Pa}$$

则实验条件下

$$p_T = \frac{\rho}{\rho'}p'_T = \left(\frac{1.2}{0.969} \times 1\,030\right)\text{Pa} = 1\,263\text{Pa}$$

根据 $q_V = 18\,600\text{m}^3/\text{h}$，$p_T = 1\,263\text{Pa}$，选风机 4—72—11—8C，风机的性能参数为：$n = 1\,250\text{r/min}$，$q_V = 20\,800\text{m}^3/\text{h}$，$p_T = 1\,343\text{Pa}$，$N = 10.3\text{kW}$，$\eta = 91\%$。

【例 2.8】　用单动往复泵向表压为 490.5kPa 的密闭容器输送密度为 1 230kg/m³ 的黏稠液体。储槽与密闭容器中两液面位差 15m。在泵出口连接一旁路备调节流量用。主管内径为 50mm，总长度为 80m（包括所有局部阻力当量长度），旁路内径为 30mm，主管与支管中摩擦系数均取 0.031。已知泵的活塞直径 $D = 120\text{mm}$，冲程 $S = 225\text{mm}$，往复次数 $n_r = 200/\text{min}$，在操作范围内泵的容积效率 $\eta_v = 0.96$，总效率 $\eta = 0.85$。试计算：

（1）旁路阀全闭时主管的流量和泵的功率；

（2）欲用旁路调节流量使主管流量减少 1/3，则旁路的总长度（包括所有局部阻力当量长度）及泵的功率应为多少；

（3）若改变冲程使主管流量减少 1/3，再求泵的功率。

解：本题的主要目的是比较往复泵不同流量调节方法的经济性，但其内容包括了往复泵性能的基本计算。

（1）旁路阀全闭时泵的流量和功率

泵的实际流量为

$$q_V = \eta_v A S n_r = \left(0.96 \times \frac{\pi}{4} \times 0.12^2 \times 0.225 \times 200\right) \text{m}^3/\text{min}$$

$$= 0.488\,6\,\text{m}^3/\text{min} = 8.143 \times 10^{-3}\,\text{m}^3/\text{s}$$

主管内的流速为

$$u = \frac{q_V}{\frac{\pi}{4} d^2} = \frac{8.143 \times 10^{-3}}{0.785 \times 0.05^2}\,\text{m}/\text{s} = 4.149\,\text{m}/\text{s}$$

则

$$H_f = \lambda \frac{l + \sum l_e}{d} \frac{u^2}{2g} = \left(0.031 \times \frac{80}{0.05} \times \frac{4.149^2}{2 \times 9.81}\right)\text{m} = 43.5\,\text{m}$$

在储槽及密闭容器中两液面之间列机械能方程(忽略动能项)，得到

$$H_e = (z_2 - z_1) + \frac{p_2 - p_1}{\rho g} + H_f = 15\,\text{m} + \frac{490.5 \times 10^3}{9.81 \times 1\,230}\,\text{m} + 43.5\,\text{m} = 99.15\,\text{m}$$

泵的功率为

$$N = \frac{H q_V \rho}{102 \eta} = \frac{99.15 \times 8.143 \times 10^{-3} \times 1\,230}{102 \times 0.85}\,\text{kW} = 11.45\,\text{kW}$$

（2）旁路的管长及泵的功率

因主管流量减少 1/3，使其压头损失减小，总压头降低，而泵的流量不变，因而使泵的功率下降。

$$u' = \frac{2}{3} u = \frac{2}{3} \times 4.147\,\text{m}/\text{s} = 2.765\,\text{m}/\text{s}$$

$$H_f' = \frac{u'}{u} H_f = \left(\frac{2.765\,\text{m}}{4.147\,\text{m}}\right)^2 \times 43.5\,\text{m} = 19.33\,\text{m}$$

$$H_e' = 15\,\text{m} + \frac{490.5 \times 10^3}{9.81 \times 1\,230}\,\text{m} + 19.33\,\text{m} = 74.98\,\text{m}$$

$$N' = \frac{H_e' q_V \rho}{102 \eta} = \frac{74.98 \times 8.143 \times 10^{-3} \times 1\,230}{102 \times 0.85}\,\text{kW} = 8.66\,\text{kW}$$

对于旁路，泵对它提供的压头也为 74.98m，其管长计算如下：

$$u_{\text{旁}}' = \frac{q_V/3}{\frac{\pi}{4} d_{\text{旁}}^2} = \frac{8.143 \times 10^{-3}/3}{0.785 \times 0.03^2}\,\text{m}/\text{s} = 3.84\,\text{m}/\text{s}$$

$$H_e' = \lambda \left(\frac{l + \sum l_e}{d}\right)_{\text{旁}} \frac{u_{\text{旁}}^2}{2g}$$

$$\Rightarrow \left(l + \sum l_e\right)_{\text{旁}} = \frac{2 H_e' g d_{\text{旁}}}{\lambda u_{\text{旁}}^2} = \frac{2 \times 74.98 \times 9.81 \times 0.03}{0.031 \times 3.84^2}\,\text{m} = 96.5\,\text{m}$$

（3）冲程调节流量

改变冲程使流量减少 1/3，即通过泵的流量为原来的 2/3，主管路要求的压头仍为 74.98m，则泵的功率为

$$N'' = \frac{H'_e q'_V \rho}{102\eta} = \frac{74.98 \times \dfrac{2}{3} \times 8.143 \times 10^{-3} \times 1\,230}{102 \times 0.85} \text{kW} = 5.77\text{kW}$$

由上面计算结果可看出,用改变冲程方法调节往复泵的流量最为经济。但若需要经常进行流量调节,旁路调节在操作上更为方便。

【例 2.9】　已知空气的最大输送量为 14 500kg/h,在最大风量下系统输送所需的风压为 1 600Pa(以风机进口状态计)。风机进口与温度为 40℃、真空度为 196Pa 的设备连接。试选合适的离心式通风机。当地大气压强为 $93.3 \times 10^3 \text{Pa}$。

解:换算全风压:$p_a = 93.3 \times 10^3 \text{Pa} - 196\text{Pa} = 93\,104\text{Pa}$,$p'_T = 1\,600\text{Pa}$

$$t = 40℃, \quad \rho' = \frac{pM}{RT} = \frac{93.10 \times 28.94}{8.314 \times 313.15} \text{kg/m}^3 = 1.035\text{kg/m}^3$$

$$p_{T0} = p'_T \frac{101.3}{p_a} \times \frac{273.15 + t}{273.15 + 20} = \left(1\,600 \times \frac{101.3}{93.10} \times \frac{313.15}{293.15}\right) \text{Pa} = 1\,860\text{Pa}$$

风量按风机进口状态计,即 $q_V = 14\,500/1.04\ \text{m}^3/\text{h} = 14\,010\text{m}^3/\text{h}$

根据风量 $q_V = 14\,010\text{m}^3/\text{h}$ 和风压 $p_{T0} = 1\,860\text{Pa}$,从有关手册中可查得 4—72—11—6C 型离心式通风机可满足要求。该机性能见本题附表。

例 2.9 附表

转速/(r·min^{-1})	风压/Pa	风量/(m³·h^{-1})	效率/%	所需功率/kW
2 000	1 941.8	14 100	91	10

➤➤➤ 本章主要符号说明 ➤➤➤

H——压头,m

H_e——有效压头,m

H_T——理论压头

H_g——泵的最大允许安装高度,m

$\sum H_f$——阻力损失,m

q_V——泵的流量,m³/s

q_{VT}——泵的理论流量,m³/s

w——相对速度,m/s

c——绝对速度,m/s

c_{2r}——叶片出口处绝对速度的径向分速度, m/s

u——流体的切向速度(圆周速度),平均速度, m/s

α——绝对速度与圆周速度之间的夹角,(°)

β——相对速度与圆周速度(反向)之间的夹角,(°)

b——叶轮宽度,m

r——叶轮半径,m

d——管道直径,m

D——叶轮直径,m

F_c——离心力,N

n——叶轮转速,r/s

G——真空泵抽气量,kg/s

η——效率

N——轴功率,W 或 kW

N_e——有效功率,W 或 kW

p_v——液体的饱和蒸气压,Pa

p_T——全风压,Pa

p_S——静风压,Pa

p_K——动风压,Pa

n_r——活塞往复频率,s^{-1}

S——活塞冲程,m

W——外功,J

μ——流体黏度,Pa·s

ν——流体的运动黏度,m²/s

ω——旋转角速度,rad/s

ρ——密度,kg/m³

本章能力目标

通过本章的学习,能够通过离心泵特性曲线以及管路特性曲线解释工作点的确定方法、调节方式以及计算阀门调节对能耗的影响;能够对选定的离心泵进行安装高度的计算,完成泵的选型;同时对正位移泵的结构特点和流量调节方式有一定了解。

学习提示

1. 管路特性曲线的实质依然是实际流体机械能衡算方程的另外一种表达方式,本章主要是以做功机械为主,重点考察离心泵的特性曲线、工作点、组合方式以及主要特性参数,而管路所需流量、过程能量损失不是主要的;管路特性曲线的求取必须是供液点到需液点之间的能量衡算,不能截取其中某一段来完成,这是和第 1 章应用能量守恒方程的不同点。

2. 离心泵特性曲线的推导是从最理想的角度出发得出,然后根据实际情况进行分析,拟合出特性曲线的表达方式。影响特性曲线的物性参数虽然在方程中没有特别体现,但也会影响离心泵的选型和定性分析,所以需要对三条特性曲线作物性参数影响的校核。

3. 通过对汽蚀、气缚等现象产生的原因的理解,更好地掌握心泵的开、停车的操作步骤。

讨论题

1. 什么情况下离心泵会发生"气缚"现象,应该如何消除? 如何判断离心泵发生了气缚现象? 在离心泵正常工作过程中有没有可能发生这种现象?

2. 离心泵流量调节方法有哪些? 改变了什么特性? 生产过程中,更倾向于哪种方法? 解释原因。

3. 某储槽的出料泵在正常使用过程中,某一时刻突然振动、噪声增大,流量下降,试分析原因可能是什么? 如何解决?

4. 某离心泵将江水送入一敞口高位槽,吸入管与压出管管径相同。现因落潮,江水水面下降,当管路条件和 λ 均不变(泵仍能正常操作)时,分析泵的压头、管路总阻力损失、泵的出口压力表读数、泵入口真空表读数如何变化? 为维持泵的原有输送能力,泵出口调节阀应如何调节? 写出分析过程。

5. 操作中的离心泵,将水由水池送往高位敞口槽。现泵的转速增加,管路情况不变,分析管路流量、泵的扬程、管路总阻力、泵的轴功率以及泵的效率如何变化。

6. 已知泵的特性曲线方程 $H_e = 18 - 2q_V^2$,管路特性曲线 $H = 8 - 8q_V^2$,流量单位为 m^3/min。现要求两台相同型号的泵组合操作后使流量为 $1.4m^3/min$,问哪种组合合适?(并联还是串联)

7. 离心泵将水由储槽送至高位槽,两槽均敞口,试判断下列几种情况下流量、压头以及轴功率如何变化并画出定性判断示意图。(1)储槽液位上升;(2)将高位槽改为高压容器;(3)改送密度大于水的其他液体,高位槽为敞口;(4)改送密度大于水的其他液体,高位槽为高压容器(设管路状况不变,且流动处于阻力平方区)。

8. 设计一实验流程(画出实验流程示意图),可以完成如下实验内容:(1)进行离心泵性能实验研究;(2)进行水平直管摩擦阻力与雷诺数关系的研究。

1. 液体输送机械的压头或扬程指什么？

2. 离心泵采用后弯叶片有什么优、缺点？

3. 什么是"气缚"现象？产生的原因是什么？如何防止"气缚"？

4. 影响离心泵特性曲线的主要因素有哪些？

5. 简述选用离心泵的一般步骤。

6. 什么是"汽蚀"现象？产生的原因是什么？如何防止"汽蚀"？

7. 为何离心泵启动前要关闭泵出口阀，而旋涡泵启动前要打开泵出口阀？

8. 通风机的全风压、动风压各有什么意义？为什么离心泵的压头与密度无关，而风机的全风压与密度有关？

习　　题

一、填空题

1. 已知每千克水经过泵后机械能增加 200J，则泵的扬程等于_____。

2. 离心泵的特性曲线主要有_____、_____和_____。

3. 离心泵用出口阀调节流量实质上是改变_____曲线，用改变转速来调节流量实质上是改变_____曲线。

4. 离心泵在一管路系统中工作，管路要求流量为 q_V，假如阀门全开管路所需压头为 H_e，而与 q_V 相对应的泵所提供的压头为 H_m，则因阀门关小压头损失百分数为_____。

5. 原油输送管路属于高阻管路，一般采用泵的_____操作。而在抗洪排涝过程中一般采用泵的_____操作。

6. 某输水的水泵系统，经管路计算得，需泵提供的压头为 $H_e = 25m$ 水柱，输水量为 $0.007\,9m^3 \cdot s^{-1}$，则泵的有效功率为_____。

7. 离心泵的主要参数有：_____，_____，_____，_____。

8. 离心泵的最大安装高度不会大于_____。

9. 离心泵的工作点是如下两条曲线的交点：_____，_____。

10. 调节泵流量的方法有：_____，_____，_____。

11. 若被输送的流体黏度增高，则离心泵的压头_____，流量_____，效率_____，轴功率_____。

12. 离心泵的流量调节阀安装在离心泵_____管路上，关小出口阀门后，真空表的读数_____，压力表的读数_____。

13. 离心泵的安装高度超过允许安装高度时，离心泵会发生_____现象。

14. 离心泵铭牌上标明的流量和扬程指的是_____时的流量和扬程。

15. 产品样本上离心泵的性能曲线是在一定的_____下，输送_____时的性能曲线。

16. 用离心泵在两敞口容器间输液,在同一管路中,若用离心泵输送 $\rho = 1\,200 \text{kg/m}^3$ 的某液体(该溶液的其他性质与水相同),与输送水相比,离心泵的流量 _____,扬程 _____,泵出口压力 _____,轴功率 _____。(变大,变小,不变,不确定)

17. 离心泵用来输送常温的水,已知泵的性能为:$q_V = 0.05 \text{m}^3/\text{h}$ 时 $H = 20 \text{m}$;管路特性为 $q_V = 0.05 \text{m}^3/\text{h}$ 时,$H_e = 18 \text{m}$,则在该流量下,消耗在调节阀门上的压头增值 $\Delta H =$ _____ m;有效功率增值 $\Delta N =$ _____ kW。

18. 离心泵采用并联操作的目的是 _____,采用串联操作的目的是 _____。

19. 离心泵启动后不吸液,其原因可能是 _____。

20. 风机的风压是指 _____ 的气体通过风机而获得的能量。

21. 通风机的全风压是指 _____ 的气体通过风机所获得的能量,单位常用 _____;习惯上以 _____ 单位表示。

22. 真空泵是一个获得 _____ 于外界大气压的设备,它用于抽送设备内的 _____ 压气体,使设备内获得一定的 _____。往复式真空泵用于抽吸 _____ 的气体。

23. 离心泵叶轮的作用是 _____,使液体的 _____ 均得到提高。

24. 往复泵的扬程与泵的几何尺寸 _____,即理论上扬程和流量 _____。它适用于扬程 _____ 而流量 _____ 的场合。

二、计算题

1. 如本题附图所示,拟用一泵将碱液由敞口碱液槽打入位差为 10m 高的塔中。塔顶压强(表压)为 0.06MPa。全部输送管均为 $\phi57\text{mm} \times 3.5\text{mm}$ 无缝钢管,管长 50m(包括局部阻力的当量长度)。碱液的密度为 $\rho = 1\,200 \text{kg/m}^3$,黏度 $\mu = 2\text{mPa} \cdot \text{s}$。管壁粗糙度为 0.3mm。试求:(1)流动处于阻力平方区时的管路特性方程;(2)流量为 $30\text{m}^3/\text{h}$ 时的 H_e 和 N_e。

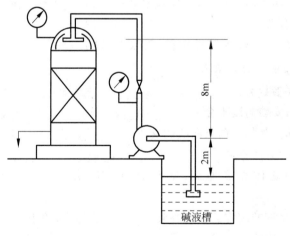

计算题 1 附图

2. 在用水测定离心泵性能的实验中,当流量为 $26\text{m}^3/\text{h}$ 时,离心泵出口处压强表和入口处真空表的读数分别为 215kPa 和 40kPa,轴功率为 2.15kW,转速为 2 900r/min。若真空表和压强表两测压口间的垂直距离为 0.4m,泵的进、出口管径分别为 70mm 和 50mm,两测压口间管路流动阻力可忽略不计,试计算该泵的压头和效率,并列出该效率下泵的性能。

3. 如本题附图所示,用离心泵将江水输送至常压高位槽。已知吸入管直径 $\phi70\text{mm}\times3.0\text{mm}$,管长 $l_{AB}=15\text{m}$,压出管直径 $\phi60\text{mm}\times3.0\text{mm}$,管长 $l_{CD}=60\text{m}$(管长均包括局部阻力当量长度),摩擦系数 λ 均为 0.03,$\Delta z=12\text{m}$,离心泵特性曲线为 $H_e=30-6\times10^5 q_V^2$(其中 H_e 单位为 m;q_V 单位为 m^3/s)。试求:(1)管路流量;(2)旱季江面下降 3m 时的流量。

4. 用某离心泵以 $40\text{m}^3/\text{h}$ 的流量将储水池中 65℃ 的热水输送到凉水塔顶,并经喷头喷出而落入凉水池中,以达到冷却的目的。已知在进水喷头之前需要维持 49kPa 的表压强,喷头入口较热水池水面高 6m。吸入管路和排出管路中压头损失分别为 1m 和 3m,管路中的动压头可以忽略不计。试选用合适的离心泵,并确定泵的安装高度。当地大气压按 101.33kPa 计。

5. 如本题附图所示,将减压精馏塔塔釜中的液体产品用离心泵输送至高位槽,釜中真空度为 $6.67\times10^4\text{Pa}$(其中液体处于沸腾状态,即其饱和蒸气压等于釜中绝对压强)。泵位于地面上,吸入管总阻力为 0.87m 液柱,液体的密度为 986kg/m^3,已知该泵的 $(NPSH)_r=4.2\text{m}$,试问该泵的安装位置是否合适? 如不合适应如何重新安排?

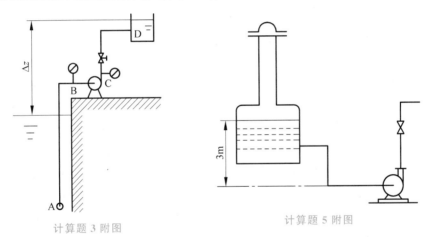

计算题 3 附图　　　　　　　　　计算题 5 附图

6. 如本题附图所示,某液体由一敞口储槽经泵送至精馏塔,管道入塔处与储槽液面的垂直距离为 12m,液体流经换热器的压强损失为 0.3kgf/cm^2($1\text{kgf/cm}^2=98.1\text{kPa}$),排出管路为 $\phi114\text{mm}\times4.0\text{mm}$ 的钢管,管长为 120m(包括局部阻力的当量长度),液体流速为 1.5m/s,相对密度为 0.96,其他物性均与水极为接近,摩擦系数 $\lambda=0.03$。泵吸入管路压头损失 1m 液柱,吸入管径为 $\phi114\text{mm}\times4.0\text{mm}$。试通过计算,从附表所示型号的离心泵中选出较合适的离心泵。

计算题 6 附表

型号	$q_V/(\text{m}^3\cdot\text{h}^{-1})$	H/m	$n/(\text{r}\cdot\text{min}^{-1})$	N/kW	$\eta/\%$	H_s/m
2B19	22	16	2 900	1.66	66	6.0
3B57A	50	37.5	2 900	7.98	64	6.4
4B91	90	91	2 900	32.8	68	6.2

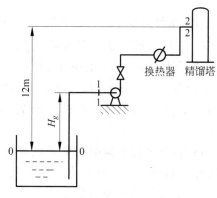

计算题 6 附图

7. 用离心泵向设备输送水,要求流量为 $50\mathrm{m}^3/\mathrm{h}$。已知管路特性方程为 $H_e=28+0.01q_V^2$,泵的特性方程为 $H_e=40-0.005q_V^2$,问:(1)单泵能否完成任务?(2)若单泵无法完成,考虑采用两台型号相同的泵组合操作,该如何组合能完成输送任务(以上所给方程中,流量的单位均为 m^3/h,压头的单位均为 m)?

8. 某台离心泵的特性方程可用方程 $H_e=20-2q_V^2$ 表示,现该泵用于两敞口容器之间送液,已知单泵使用时流量为 $1\mathrm{m}^3/\mathrm{min}$,欲使流量增加 50%,试问应将相同两台泵并联还是串联使用?两容器的液面位差为 10m(以上所给方程中,流量的单位均为 $\mathrm{m}^3/\mathrm{min}$,压头的单位均为 m)。

9. 由水库将水打入一水池,水池水面比水库水面高 50m,两水面上的压强均为常压,要求的流量为 $90\mathrm{m}^3/\mathrm{h}$,输送管径为 156mm,在阀门全开时,管长和各种局部阻力的当量长度总和为 $1\,000\mathrm{m}$,对所使用的泵在 $q_V=65\sim135\mathrm{m}^3/\mathrm{h}$ 范围内属于高效区。在高效区中泵的性能曲线可近似地用直线 $H_e=124.5-0.392q_V$ 表示,此处 H 单位是 m,q_V 单位是 m^3/h,泵的转速为 $2\,900\mathrm{r/min}$,摩擦系数 $\lambda=0.025$,水的密度为 $1\,000\mathrm{kg/m}^3$。试确定:(1)此泵能否满足要求?(2)如泵的效率在 $q_V=90\mathrm{m}^3/\mathrm{h}$ 时可取为 68%,求泵的轴功率;如用阀门进行调节,由于阀门关小而损失的功率为多少?(3)如将泵的转速调为 $2\,600\mathrm{r/min}$,并辅以阀门调节使流量达到要求的 $90\mathrm{m}^3/\mathrm{h}$,比第(2)问的情况节约多少能量(百分比)?

10. 一管路系统由水泵、加热器($\zeta_H=10$)、散热器($\zeta_R=10$)和四段输入管组成,如本题附图所示,各管段的直径 $d=40\mathrm{mm}$,长度 $l=10\mathrm{m}$,阻力系数 $\lambda=0.02$,为避免管内出现负压,在 A 点接一水面高度为 H 的水箱,已知水泵的供水量为 $3.76\times10^{-3}\mathrm{m}^3/\mathrm{s}$,试求此时泵的压头和有效功率各为多少?

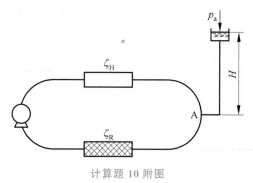

计算题 10 附图

11. 在上题所示的循环管路中,水箱接点 A 与泵叶轮入口位于同一水平面,已知离心泵在给定流量 $q_V = 3.76 \times 10^{-3}\ \mathrm{m^3/s}$ 时的必需汽蚀余量 $(\mathrm{NPSH})_r = 3.5\mathrm{m}$,散热器出口水温为 40℃,为防止离心泵发生汽蚀现象,高位槽的高度 H 应为多少?

12. 现采用一台三效单动往复泵,将敞口储罐中密度为 $1\ 250\mathrm{kg/m^3}$ 的液体输送到表压为 $1.28 \times 10^6\ \mathrm{kPa}$ 的塔内,储罐液面比塔入口低 10m,管路系统的总压头损失为 2m。已知泵的活塞直径为 70mm,冲程为 225mm,往复次数为 $2\ 001/\mathrm{min}$,泵的总效率和容积效率分别为 0.9 和 0.95。试求泵的实际流量、压头和轴功率。

13. 如本题附图所示,用电动往复泵从敞口储水池向密闭容器供水,容器内压强为 $9.81 \times 10^5\ \mathrm{Pa}$(表压),容器比水池面高 10m,主管线长度(包括当量长度)为 100m,管径为 50mm,管壁粗糙度为 0.25mm,在泵进口处设一旁路,其直径为 30mm。设水温为 20℃,试求:(1)当旁路关闭时,管内流量为 $0.006\mathrm{m^3/s}$,泵的有效功率为多少?(2)若所需流量减半,采用旁路调节,则旁路的总阻力系数和泵的有效功率为多少?(3)若采用改变活塞行程进行上述流量调节,则行程应如何调整? 相应的有效功率为多少?

14. 用两台离心泵从水池向密闭容器供水,单台泵的特性曲线可近似表示为:$H_e = 50 - 1.1 \times 10^6 q_V^2$,适当关闭或开启阀门,两泵即可串联或并联工作,如本题附图所示。已知水池和容器内液面间的高度差为 10m,容器内压强为 98.1kPa(表压),管路总长为 20m(包括各种管件的当量长度,但不包括阀门),管径为 50mm。假设管内流动已进入阻力平方区,其阻力系数为 $\lambda = 0.025$,若两支路皆很短,其阻力损失可忽略。试求:(1)阀门 A 全开,哪一种组合方式的输送能力大?(2)若将阀门 A 关小至 $\zeta_A = 100$,哪一种组合方式的输送能力大?(3)若容器内压强升至 343.4kPa(表压),阀门 A 全开,哪一种组合方式的输送能力大?

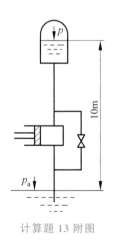
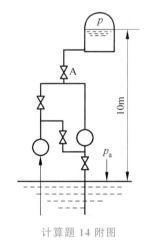

计算题 13 附图   计算题 14 附图

15. 欲将温度为 200℃、密度为 $0.75\mathrm{kg/m^3}$ 的烟气以 $12\ 700\mathrm{m^3/h}$ 的流量送往某设备,忽略风机进口至管路出口之间的压强差以及位差,而两者之间以每立方米气体计的机械能损失为 1.2kPa。现有一台离心式通风机,其铭牌上所标流量为 $12\ 700\mathrm{m^3/h}$,全风压为 1.57kPa。问该风机是否适用?

16. 已知空气的最大输送量为 $14\ 500\mathrm{m^3/h}$,在最大风量下输送系统所需的风压为 $1\ 600\mathrm{Pa}$(以风机进口状态计)。由于工艺条件的要求,风机进口与温度为 40℃、真空度为

196Pa 的设备连接。试选合适的离心通风机。当地大气压力为 93.3kPa。

17. 储罐内存有密度为 710kg/m³、温度为 40℃ 的粗汽油，液面维持恒定，这些粗汽油用泵抽出，经过三通时分为两路：一路至分馏塔顶部，最大流量为 10 800kg/h；另一路至吸收解析塔中部，最大流量为 6 400kg/h。有关部分的高度及压强见本题附图。已估计出管路的压头损失（包括局部阻力）如下：自储槽液面至三通为 2m，自三通至分馏塔为 6m，自三通至解吸塔为 5m。现有一台离心式油泵，其主要性能参数为：型号 65Y—100×2，转速为 2 950r/min，流量为 25m³/h，压头为 200m，轴功率为 34kW，效率为 40%，配套电机功率为 55kW。问该泵能否完成输送任务？

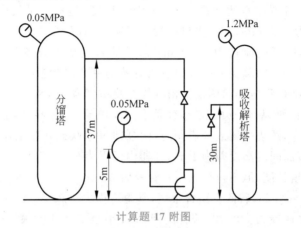

计算题 17 附图

第 2 章习题答案

机械分离与固体流态化

本章重点

1. 了解颗粒与颗粒床层的特性;

2. 掌握颗粒(颗粒床层)与流体相对运动规律;

3. 掌握沉降(重力沉降和离心沉降)分离的基本原理、过程计算、典型设备的结构与特点;

4. 掌握过滤分离的基本原理、过程计算、典型设备的结构与特点;

5. 掌握固体流态化的基本概念。

3.1 概 述

在前面两章中,主要阐述了均相流体在管道中流动的基本规律,讨论了流体在密闭管道中流动时能量的转化、压强的变化和能量的损失,研究了固体壁面以及流体黏性等对均相流体的作用。化工生产中有时会涉及由固体颗粒和流体组成的两相流动物系,液体为连续相(处于连续状态的物质),固体则为分散相(处于分散状态的物质)悬浮于流体中。这就涉及自然界物质的分类。物质可分为纯物质和混合物。混合物中有均相混合物和非均相混合物,均相混合物(或均相物质)内各处均匀且无相界面,例如溶液,混合气等;非均相混合物内部存在相界面,且界面两侧物系的性质有区别,例如悬浮液、乳浊液、含尘气体以及含雾气体等均属于非均相混合物。而其中悬浮液属于液态非均相混合物,含尘气体则属于气态非均相混合物。

非均相物系的分离通常采用机械方法,即利用非均相混合物中两相的物理性质(如密度、颗粒形状、大小等)的差异,使两相之间发生相对运动而使其分离。根据两相运动方式的不同,机械分离可按过滤和沉降两种操作方式进行。

在化工生产中,机械分离的应用主要表现在以下几个方面。

(1)回收收集分散相。从含有粉尘或液滴的气体中分离出粉尘或液滴,例如从气流干燥器或喷雾干燥器出来的气体带有的固体颗粒;又如回收从催化反应器出来的气体中夹带的催化剂颗粒以循环使用等。从含有固体颗粒的悬浮液中分离出固体颗粒,例如从结晶器出来的晶浆中分离出结晶物质。

(2)净化分散介质。例如某些催化反应,原料气中夹带的杂质会影响催化剂的活性,必须在气体进入反应器之前去除催化反应原料气中的杂质,以保证催化剂的使用性能。

(3)保护环境。随着工业的发展,工业废弃物对环境的污染越来越明显,利用机械分离方法处理工厂排放的废气、废液,使其达标或者循环利用,走可持续发展的绿色化工道路。

以上这些应用均涉及流体相对于固体颗粒及颗粒床层流动时的基本规律以及与之相关的非均相混合物的机械分离问题。本章从研究颗粒与流体间的相对运动规律入手,介绍沉降和过滤操作的基本原理及设备,同时简单介绍固体流态化技术的基本概念。

3.2　颗粒及颗粒床层的特性

流体通过颗粒层的流动与普通管内的流动相似,都属于固体边界内部的流动问题。流体在颗粒层内的流动问题,常遇到边界条件复杂难以用方程加以表示的困难。颗粒层的流体通道是由大量尺寸不等、形状不规则的固体颗粒随机堆积而成的,具有复杂的网状结构。如此复杂的通道描述就应从组成通道的颗粒的特性入手,因而首先介绍颗粒的特性。

3.2.1　单一颗粒的特性

对颗粒层中流体通道有重要影响的单颗粒的几何特性主要有颗粒的大小(体积)、形状和表面积(比表面积)。下面介绍球形颗粒的特性。

众所周知,球形颗粒的形状为球形,其尺寸由直径 d_p 来确定,其他有关参数均可表示为直径 d_p 的函数,如

体积

$$V = \frac{\pi}{6} d_p^3 \tag{3.1}$$

表面积

$$S = \pi d_p^2 \tag{3.2}$$

式中　d_p——球形颗粒的直径,m;

　　　　S——球形颗粒的表面积,m^2;

　　　　V——球形颗粒的体积,m^3。

因此,球形颗粒的各有关特性可用单一参数——直径 d_p 全面表示。

除了单个颗粒的表面积 S 之外,还可引入单位体积固体颗粒所具有的表面积,即比表面积的概念,以表征颗粒表面积的大小。球形颗粒的比表面积(单位颗粒体积具有的表面积)的单位是 m^2/m^3。

比表面积

$$a = \frac{S}{V} = \frac{6}{d_p} \tag{3.3}$$

工业上所遇到的固体颗粒大多是非球形的。非球形颗粒的形状可以有无穷多种,不可能用单一参数全面地表示颗粒的体积、表面积和形状。通常是将非球形颗粒以某种相当的球形颗粒代表,以使所考察的领域内非球形颗粒的特性与球形颗粒等效。这一球形直径称为当量直径。等效条件有很多,比如质量或体积等效。影响流体通过颗粒层流动阻力的主要颗粒特性是颗粒的比表面积,此时常用比表面当量直径。根据不同条件的等效性,可以定义不同的当量直径。对非球形颗粒必须有两个参数才能确定其特性,即球形度和当量直径。

1）体积等效

使当量球形颗粒的体积 $\frac{\pi}{6}d_{eV}^3$ 等于真实颗粒的体积,则体积当量直径定义为

$$d_{eV} = \sqrt[3]{\frac{6V}{\pi}} \tag{3.4}$$

2）表面积等效

使当量球形颗粒的表面积 πd_{eS}^2 等于真实颗粒的表面积,则表面积当量直径定义为

$$d_{eS} = \sqrt{\frac{S}{\pi}} \tag{3.5}$$

3）比表面积等效

使当量球形颗粒的比表面积 $6/d_{ea}$ 等于真实颗粒的比表面积,则表面积当量直径定义为

$$d_{ea} = \frac{6}{a} = \frac{6}{S/V} \tag{3.6}$$

很明显,三种等效直径(d_{eV}、d_{eS}、d_{ea})在数值上是不等的,但根据各自的定义可以推出三者之间的如下关系

$$d_{ea} = \frac{6}{S/V} = \left(\frac{d_{eV}}{d_{eS}}\right)^2 d_{eV} \tag{3.7}$$

定义球形度 $\phi_s = (d_{eV}/d_{eS})^2$,则可得

$$d_{ea} = \phi_s d_{eV} = \phi_s^{1.5} d_{eS} \tag{3.8}$$

由此可以看出 ϕ_s 的物理意义:

$$\phi_s = \frac{d_{eV}^2}{d_{eS}^2} = \frac{\pi d_{eV}^2}{\pi d_{eS}^2} = \frac{\text{与非球形颗粒体积相等的球的表面积}}{\text{非球形颗粒的表面积}} \tag{3.9}$$

故 ϕ_s 又称形状系数,它表示颗粒形状与球形的差异。体积相同时球形颗粒的表面积最小。因此,任何非球形颗粒的形状系数 ϕ_s 均小于 1。颗粒的形状越接近球形,ϕ_s 越接近 1；对球形颗粒,$\phi_s=1$。

3.2.2　颗粒床层的特性

大量固体颗粒堆积在一起便形成颗粒床层。流体流经颗粒床层时,床层中的固体颗粒静止不动,此时静止的颗粒床层又称为固定床。对流体流动产生重要影响的床层特性有以下几项。

1. 床层的空隙率

床层中颗粒之间的空隙体积与整个床层体积之比称为空隙率(或称空隙度),以 ε 表示,即

$$\varepsilon = \frac{\text{床层体积} - \text{颗粒体积}}{\text{床层体积}}$$

式中　ε——床层的空隙率,m^3/m^3。

空隙率的大小与下列因素有关。

(1) 颗粒形状、粒度分布

非球形颗粒的直径越小,形状与球的差异越大,组成床层的空隙率越大。颗粒床层是由大小不均匀的颗粒所填充而成的。小颗粒可以嵌入大颗粒之间的空隙中,因此床层空隙率比均匀颗粒填充的床层小。粒度分布越不均一,床层的空隙率就越小;颗粒表面越光滑,床层的空隙率也越小。因此,采用大小均匀的颗粒是提高固定床空隙率的一个方法。

(2) 颗粒直径与床层直径的比值

空隙率在床层同一截面上的分布是不均匀的,在容器壁面附近,空隙率较大;而在床层中心处,空隙率较小。器壁对空隙率的这种影响称为壁效应。壁效应使得流体通过床层的速度不均匀,流动阻力较小的近壁处流速较床层内部大。改善壁效应的方法通常是限制床层直径与颗粒直径之比不得小于某极限值。若二者的比值较大,则壁效应可忽略。

(3) 床层的填充方式

采用"湿装法"填充颗粒,通常会形成较疏松的排列。填充方式对床层空隙率的影响较大,即使相同的颗粒,用同样的填充方式重复填充,每次所得的空隙率也未必相同。

床层的空隙率可通过实验测定。在体积为 V 的颗粒床层中加水,直至水面达到床层表面,测定加入水的体积 $V_水$,则床层空隙率为 $\varepsilon = V_水/V$。也可用称重法测定。一般,非均匀、非球形颗粒的乱堆床层的空隙率大致在 0.47~0.7 之间。均匀的球体最松排列时的空隙率为 0.48,最紧密排列时的空隙率为 0.26。

2. 床层的自由截面积

床层截面上未被颗粒占据的流体可以自由通过的面积,称为床层的自由截面积。

小颗粒乱堆床层可认为是各向同性的。各向同性床层的重要特性之一是其自由截面积与床层截面积之比在数值上与床层空隙率相等。同床层空隙率一样,由于壁效应的影响,壁面附近的自由截面积较大。

3. 床层的比表面积

床层的比表面积是指单位体积床层中具有的颗粒表面积(即颗粒与流体接触的表面积)。如果忽略床层中颗粒间相互重叠的接触面积,对于空隙率为 ε 的床层,床层的比表面积 $a_b (\mathrm{m^2/m^3})$ 与颗粒物料的比表面积 a 具有如下关系:

$$a_b = a(1-\varepsilon) \tag{3.10}$$

床层的比表面积也可用颗粒的堆积密度估算,即

$$a_b = \frac{6(1-\varepsilon)}{\phi_s d_e} = \frac{6}{\phi_s d_e}\frac{\rho_b}{\rho_s} \tag{3.11}$$

式中 ϕ_s——形状系数;

d_e——当量直径,m;

ρ_b——颗粒的堆积密度,kg/m³;

ρ_s——颗粒的真实密度,kg/m³。

4. 床层的各向同性

工业上的小颗粒床层通常是乱堆的,若颗粒是非球形,则各颗粒的定向应是随机的,从

而可以认为床层是各向同性的。

各向同性床层的一个重要特点是床层横截面上供流体通过的空隙面积(即自由截面)与床层截面之比在数值上等于空隙率 ε。

固定床层中颗粒间的空隙形成可供流体通过的细小、曲折、互相交联的复杂通道。流体通过如此复杂通道时流动阻力很难用理论进行推算,本节采用数学模型法规划实验的实验研究方法。

3.3 颗粒与流体间的相对运动

3.3.1 床层的当量直径

流体在固定床中流动,实际上是在固定床颗粒间的空隙里流动,而这些空隙所构成的流道的结构非常复杂,彼此交错联通,大小、形状有很大差别,很不规则。细小而密集的固体颗粒床层具有很大的比表面积,流体通过床层的流动多为爬流,流动阻力基本上为黏性摩擦阻力,同时使整个床层截面速度的分布均匀化。为解决流体通过床层的压降计算问题,在保证单位床层体积和表面积相等的前提下,将颗粒床层内实际流动过程大幅度加以简化,以便用数学方程式加以描述。

经简化而得到的等效流动过程称之为原真实流动过程的物理模型。

简化模型是将床层中不规则的通道假设成长度为 L、当量直径为 d_e 的一组平行细管,如图 3.1 所示,并且规定:

(1) 细管的全部流动空间等于颗粒床层的空隙容积;

(2) 细管的内表面积等于颗粒床层的全部表面积。

在上述简化条件下,以 $1\,\mathrm{m}^3$ 床层体积为基准,细管的当量直径可表示为床层空隙率 ε 及比表面积 a_b 的函数,即

$$d_e = 4 \times \frac{床层流动空间}{细管的全部内表面积} = \frac{4\varepsilon}{a_b} = \frac{4\varepsilon}{(1-\varepsilon)a} \tag{3.12}$$

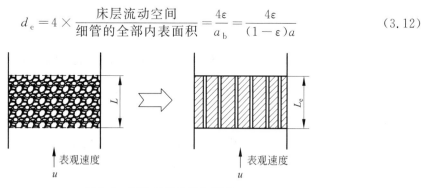

图 3.1 颗粒床层的简化模型

3.3.2 流体通过固体颗粒床层(固定床)的压降的数学描述

流体通过固定床的压降主要有两个方面,一是流体与流道(即颗粒表面)间的摩擦作用产生的压降;二是流动过程中,蜿蜒曲折的孔道使流速的大小和方向不断变化而产生的形体阻力所引起的压降。层流时,压降主要由表面摩擦作用产生,而湍流以及在薄的床层中流

动时,形体阻力起主要作用。

根据上述简化模型,流体通过一组平行细管流动的压降为

$$\Delta p_f = \lambda \frac{L}{d_e} \frac{\rho u_1^2}{2} \tag{3.13}$$

式中　Δp_f——流体通过床层的压降,Pa;

　　　L——床层高度,m;

　　　d_e——床层流道的当量直径,m;

　　　u_1——流体在床层内的实际流速,m/s。

u_1 与按整个床层截面计算的空床流速 u 的关系为

$$u_1 = \frac{u}{\varepsilon} \quad 或 \quad u = \varepsilon u_1 \tag{3.14}$$

将式(3.12)与式(3.14)代入式(3.13),得到

$$\frac{\Delta p_f}{L} = \lambda' \frac{(1-\varepsilon)a}{\varepsilon^3} \rho u^2 \tag{3.15}$$

式中　$\Delta p_f / L$——单位床层高度的压降。

式(3.15)即为流体通过固定床压降的数学模型,式中的 λ' 为流体通过床层流道的摩擦系数,称为模型参数,其值由实验测定。

3.3.3　模型参数的实验测定

上述床层的简化处理只是一种假定,其有效性必须通过实验检验,其中的模型参数 λ' 需实验测定。

1) 康采尼(Kozeny)的实验结果

康采尼对此进行了实验研究,发现在流速较低,床层雷诺数 $Re_b < 2$ 的层流情况下,模型参数 λ' 可较好地符合下式:

$$\lambda' = \frac{K'}{Re_b} \tag{3.16}$$

式中,K' 称为康采尼常数,其值可取作 5.0,Re_b 称为床层雷诺数,其定义为

$$Re_b = \frac{d_e u_1 \rho}{4\mu} = \frac{\rho u}{a(1-\varepsilon)\mu} \tag{3.17}$$

对不同的床层,康采尼常数 K' 的误差不超过 10%,这表明上述简化模型是实际过程的合理简化。因此,在实验确定参数 λ' 的同时,也检验了简化模型的合理性。

将式(3.16)与式(3.17)代入式(3.15),可得

$$\frac{\Delta p_f}{L} = 5 \frac{(1-\varepsilon)^2 a^2 u \mu}{\varepsilon^3} \tag{3.18}$$

上式即为康采尼方程式,仅适用于低雷诺数范围($Re_b < 2$)。

2) 欧根(Ergun)的实验结果

欧根在较宽的 Re_b 范围内研究了 λ' 与 Re_b 的关系,获得如下关联式:

$$\lambda' = \frac{4.17}{Re_b} + 0.29 \tag{3.19}$$

将式(3.19)代入式(3.15),可得到

$$\frac{\Delta p_f}{L} = 4.17\frac{(1-\varepsilon)^2 a^2 u\mu}{\varepsilon^3} + 0.29\frac{(1-\varepsilon)a}{\varepsilon^3}\rho u^2 \tag{3.20}$$

或

$$\frac{\Delta p_f}{L} = 150\frac{(1-\varepsilon)^2}{\varepsilon^3 d_e^2}u\mu + 1.75\frac{1-\varepsilon}{\varepsilon^3 d_e}\rho u^2 \tag{3.21}$$

式(3.21)称为欧根方程,其实验范围为 $Re_b=0.17\sim420$。当 $Re_b<3$ 时,式(3.21)右边第二项可忽略;当 $Re_b>100$ 时,右边第一项可略去。

从式(3.18)、式(3.21)可看出,影响床层压降的因素有三个方面,即操作因素 u,流体物性 ρ 及 μ,床层特性 ε 及 a。所有这些因素中,影响最大的是床层空隙率。

对于非球形颗粒,用 $\phi_s d_e$ 代替式中的 d_e 即可。

3.3.4　量纲分析法与数学模型法的比较

化工过程中已经形成了两种基本的研究方法:一种是实验研究方法,即经验的方法;另一种是数学模型方法,即半理论、半经验的方法。但化工过程都是在固定边界内部进行的,由于几何边界的复杂性以及物系性质的千变万化,多数情况下很难采用数学解析求解的方法,而必须依靠实验。为使实验工作富有成效,即以尽量少的实验得到可靠和明确的结果,必须在理论指导下进行实验。指导实验的理论包括两个方面;一是化学工程学科本身的基本规律和基本观点;二是正确的实验方法论。

用量纲分析法来规划实验,关键在于能否如数地列出影响过程的主要因素。这种方法无须对过程本身的内在规律有深入了解,只要做若干析因实验,考察每个变量对实验结果的影响即可。在量纲分析法指导下的实验研究只能得到过程的外部联系,对内在过程规律却不了解,就像"黑匣子",但这正是其最大的特点,它使量纲分析法成为对各种研究对象原则上皆适用的一般方法。即使对于某些复杂过程,在不了解内部规律的情况下,依然可以作研究。

数学模型法则正好相反,关键是要对复杂过程作出合理简化,即能否得到一个足够简单、可用数学方程式表示的物理模型,然后对物理模型进行数学描述(建立数学模型),再通过实验对数学模型的合理性进行检验并测定模型参数。由此可知,数学模型法的精髓是紧扣过程的特征和研究目的这两方面的特殊性,对具体问题作具体分析,即对不同的过程、不同的研究目的,作出不同的简化。这是数学模型法与对各种问题皆采用同一模式进行处理的量纲分析法的不同之处。

数学模型法最终还是通过实验解决问题。但是,在两种方法中,实验的目的大相径庭。在量纲分析法中,实验的目的是寻找各无量纲变量之间的函数关系;在数学模型法中,实验的目的是检验物理模型的合理性,并测定为数较少的模型参数。很显然,检验性的实验要比搜索性的实验容易得多。

在两种方法的实验规划中,数学模型法更具有科学性。但是,数学模型法立足于对所研究过程的深刻理解,没有深刻的理解就不可能作出合理的简化,这种方法就不能使用。因此,数学模型法的发展并不意味着量纲分析法就可以被完全舍弃;相反,两种方法应同时并

存,各有所用,相辅相成。

【例 3.1】　某工业固定床层由直径 5mm、高 10mm 的圆柱形催化剂组成,床层空隙率为 0.46,床层高度为 2.4m。已知操作温度为 703K,压强为 25.5kPa(表压),单位面积催化剂的截面上处理的混合气体量为 210m³/h(标准状态),操作条件下空气的密度 $\rho = 0.512$kg/m³,黏度 $\mu = 3.43 \times 10^{-5}$ Pa·s。试求:(1)该催化剂颗粒的形状系数;(2)气体通过催化剂床层的压降。

解:(1)由题意知,该圆柱形催化剂颗粒的体积为

$$V = \frac{\pi}{4}d^2 h$$

体积(等效)当量直径

$$d_{eV} = \sqrt[3]{\frac{6V}{\pi}} = \sqrt[3]{\frac{3d^2 h}{2}} = \sqrt[3]{\frac{3 \times (5 \times 10^{-3})^2 \times 10^{-2}}{2}} \text{ m} = 0.007\ 21\text{m} = 7.21\text{mm}$$

由于该圆柱形催化剂的表面积为

$$S_p = \frac{\pi}{2}d + \pi dh$$

故所求的形状系数为

$$\phi_s = \frac{S}{S_p} = \frac{d_{eV}^2}{\frac{d^2}{2} + dh} = \frac{0.007\ 21^2}{\frac{(5 \times 10^{-3})^2}{2} + 5 \times 10^{-3} \times 0.01} = 0.832$$

(2)由题意,操作条件下单位面积催化剂截面通过的混合气体流量即为气体流速

$$u = \left(\frac{p_0}{p}\right)\left(\frac{T}{T_0}\right)\frac{q_{V0}}{A}$$

$$= \left(\frac{101.3}{101.3 + 25.5}\right) \times \left(\frac{703}{273}\right) \times \left(\frac{210}{3\ 600}\right) \text{ m/s} = 0.120\text{m/s}$$

根据固定床压降计算的欧根方程,可得单位高度床层的压降为

$$\frac{\Delta p}{L} = 150\frac{(1-\varepsilon)^2}{\varepsilon^3 (\phi_s d_{eV})^2}\mu u + 1.75\frac{1-\varepsilon}{\varepsilon^3 \phi_s d_{eV}}\rho u^2$$

$$= 150 \times \frac{(1-0.46)^2 \times 3.43 \times 10^{-5} \times 0.120}{0.46^3 \times (0.832 \times 0.007\ 21)^2} \text{ Pa/m} + 1.75 \times$$

$$\frac{(1-0.46) \times 0.512 \times 0.120^2}{0.46^3 \times 0.832 \times 0.007\ 21} \text{ Pa/m}$$

$$= 63.3\text{Pa/m}$$

因此,所求气体通过整个催化床层的压降为

$$\Delta p_f = 63.3 \times 2.4 \text{ Pa} = 152\text{Pa}$$

3.4　沉　降　分　离

非均相物系包括气固体系、液固体系、气液体系、液液体系等。沉降技术主要用于非均相混合物的分离,即不同形态或不同物质之间有明显界面的系统的分离。沉降,主要是利用

被分离物质之间的密度差异进行分离。

3.4.1　重力沉降

在重力场中进行的沉降过程称为重力沉降。

1. 球形颗粒的自由沉降

1）沉降过程

（1）沉降颗粒受力分析

将一个表面光滑的刚性球形颗粒置于静止的流体中,若颗粒的密度大于流体的密度,则颗粒所受重力大于浮力,颗粒将在流体中沉降。此时颗粒受到三个力的作用,如图 3.2 所示。对于一定的流体和颗粒,阻力随颗粒的沉降速度而变,而重力和浮力是恒定的。

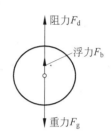

图 3.2　沉淀粒子的受力情况

若颗粒的密度为 ρ_p,直径为 d_p,流体的密度为 ρ,则颗粒所受的三个力为

重力

$$F_g = \frac{\pi}{6} d_p^3 \rho_p g \tag{3.22}$$

浮力

$$F_b = \frac{\pi}{6} d_p^3 \rho g \tag{3.23}$$

阻力

$$F_d = \zeta A \frac{\rho u^2}{2} \tag{3.24}$$

式中　ζ——阻力系数,无因次;

　　　A——颗粒在垂直于其运动方向的平面上的投影面积,$A = \dfrac{\pi d_p^2}{4}$,$\mathrm{m^2}$;

　　　u——颗粒相对于流体的降落速度,$\mathrm{m/s}$;

　　　ρ_p, ρ——颗粒和流体的密度,$\mathrm{kg/m^3}$;

　　　d_p——颗粒直径,m。

在静止流体中,颗粒的沉降速度一般经历加速和匀速两个阶段。颗粒开始沉降的瞬间,初速度为零,使得阻力为零,加速度为最大值;颗粒开始沉降后,阻力随速度的增加而加大,加速度则相应减小,当速度达到某一值时,阻力、浮力与重力平衡,颗粒所受合力为零,加速度为零,颗粒的速度不再变化,开始作匀速沉降运动。

（2）沉降的加速阶段

根据牛顿第二运动定律可知,上述三力的合力应等于颗粒的质量与其加速度的乘积,即

$$F_g - F_b - F_d = m \frac{du}{dt} \tag{3.25}$$

或

$$\frac{\pi}{6}d_{\mathrm p}^3\rho_{\mathrm p}g - \frac{\pi}{6}d_{\mathrm p}^3\rho g - \zeta A\frac{\rho u^2}{2} = m\frac{\mathrm{d}u}{\mathrm{d}t} \tag{3.26}$$

式中　m——颗粒的质量,kg;

　　　$\mathrm{d}u/\mathrm{d}t$——加速度,m/s^2;

　　　t——时间,s。

由于小颗粒的比表面积很大,颗粒与流体间的接触面积很大,颗粒开始沉降后,在极短的时间内阻力便与颗粒所受的净重力接近平衡。因此,颗粒沉降时加速阶段时间很短,对整个沉降过程来说往往可以忽略。

（3）沉降的匀速阶段

此阶段中颗粒相对于流体的运动速度 $u_{\mathrm t}$ 称为沉降速度,由于该速度是加速段终了时颗粒相对于流体的运动速度,故又称为"终端速度",也称为自由沉降速度。从式(3.26)可得出沉降速度的表达式。当加速度为零时,$u=u_{\mathrm t}$,则

$$u_{\mathrm t} = \sqrt{\frac{4d_{\mathrm p}(\rho_{\mathrm p}-\rho)g}{3\zeta\rho}} \tag{3.27}$$

式中　$u_{\mathrm t}$——颗粒的自由沉降速度,m/s。

2）沉降速度的计算

（1）阻力系数 ζ

首先需要确定阻力系数 ζ 值后,才能用式(3.27)计算沉降速度。根据因次分析,ζ 是颗粒与流体相对运动时雷诺准数 $Re_{\mathrm t}$ 的函数。ζ 随 $Re_{\mathrm t}$ 及 $\phi_{\mathrm s}$ 变化的实验测定结果见图 3.3,图中 $\phi_{\mathrm s}$ 为球形度。

$$Re_{\mathrm t} = \frac{d_{\mathrm p}u_{\mathrm t}\rho}{\mu}$$

式中　μ——流体的黏度,Pa·s。

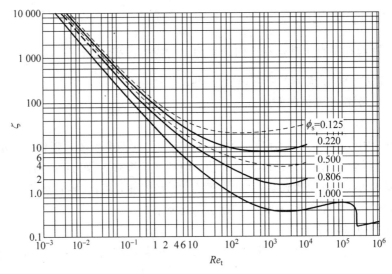

图 3.3　ζ-$Re_{\mathrm t}$ 关系曲线

从图 3.3 中可以看出,对球形颗粒($\phi_s = 1$),曲线按 Re_t 值大致分为三个区域,各区域内的曲线可分别用以下相应的关系式表达。

① 滞流区或斯托克斯(Stokes)定律区

Re_t 非常低时($10^{-4} < Re_t < 1$),流体的流动称为爬流(又称蠕动流),可以推出流体对球形颗粒的阻力为

$$F_d = 3\pi u_t \mu d_p \tag{3.28}$$

式(3.28)称为斯托克斯定律,此区域称为滞流区或斯托克斯定律区。与式(3.24)比较可得

$$\zeta = \frac{24}{Re_t} \tag{3.29}$$

需要指出,此区域 Re_t 范围并不严格,有资料上定为≤2,但应用该式时,计算结果误差较小。

② 过渡区或艾仑(Allen)定律区($1 < Re_t < 10^3$)

$$\zeta = \frac{18.5}{Re_t^{0.6}} \tag{3.30}$$

③ 湍流区或牛顿(Newton)定律区($10^3 < Re_t < 2 \times 10^5$)

$$\zeta = 0.44 \tag{3.31}$$

④ 湍流边界层区($Re_t > 2 \times 10^5$)

此区域内阻力系数由 0.44 降为 0.1 左右,但实际生产中很少达到这个区域。

(2) 沉降速度

将式(3.29)、式(3.30)及式(3.31)分别代入式(3.27),便可得到球形颗粒在相应各区的沉降速度公式:

滞流区

$$u_t = \frac{d_p^2 (\rho_p - \rho) g}{18\mu} \tag{3.32}$$

过渡区

$$u_t = 0.27 \sqrt{\frac{d_p (\rho_p - \rho) g}{\rho} Re_t^{0.6}} = 0.78 \frac{d_p^{1.143} (\rho_p - \rho)^{0.715}}{\rho^{0.286} \mu^{0.428}} \tag{3.33}$$

湍流区

$$u_t = 1.74 \sqrt{\frac{d_p (\rho_p - \rho) g}{\rho}} \tag{3.34}$$

球形颗粒在流体中的沉降速度可根据不同流型,分别选用上述三式进行计算。式(3.32)、式(3.33)及式(3.34)分别称为斯托克斯公式、艾仑公式和牛顿公式。由于沉降操作中涉及的颗粒直径都较小,操作通常处于滞流区,所以斯托克斯公式应用较多。

3) 沉降速度的影响因素

沉降速度由颗粒特性(ρ_p、形状、大小及运动的方向)、流体物性(ρ、μ)及沉降环境等综合因素所决定。

上面得到的式(3.32)~式(3.34)是表面光滑的刚性球形颗粒在流体中作自由沉降时的速度计算式。自由沉降是指在沉降过程中,任一颗粒的沉降不因其他颗粒的存在而受到干扰。单个颗粒在大空间中的沉降或气态非均相物系中颗粒的沉降都可视为自由沉降。相

反,如果分散相的体积分数较高,颗粒间有明显的相互作用,容器壁面对颗粒沉降的影响不可忽略,这时的沉降称为干扰沉降或受阻沉降。液态非均相物系中,当分散相浓度较高时,往往发生干扰沉降。在实际沉降操作中,沉降速度受以下因素的影响。

(1) 颗粒的最小尺寸

上述自由沉降速度的公式不适用于非常细小的颗粒(如小于 $0.5\mu m$)的沉降计算,这是因为流体分子热运动使得颗粒发生布朗运动。当 $Re_t > 10^{-4}$ 时,布朗运动的影响可不考虑。

(2) 颗粒的体积浓度

当颗粒的体积浓度小于 0.2% 时,前述各种沉降速度关系式的计算偏差在 1% 以内。当颗粒浓度较高时,由于颗粒间相互作用明显,便发生干扰沉降。

(3) 颗粒形状的影响

同一种固体物质,球形或近球形颗粒比同体积的非球形颗粒的沉降要快一些。

从图 3.3 可知,相同 Re_t 下,颗粒的球形度越小,阻力系数 ζ 越大,但 ϕ_s 值对 ζ 的影响在滞流区内并不显著。随着 Re_t 的增大,这种影响逐渐变大。

(4) 器壁效应

容器的壁面和底面会对沉降的颗粒产生曳力,使颗粒的实际沉降速度低于自由沉降速度。当容器尺寸远远大于颗粒尺寸时(例如 100 倍以上),器壁效应可以忽略,否则,应考虑器壁效应对沉降速度 u_t 的影响。在斯托克斯定律区,器壁对沉降速度的影响可用下式修正:

$$u'_t = \frac{u_t}{1 + 2.1\dfrac{d_p}{D}} \qquad (3.35)$$

式中　u'_t——颗粒的实际沉降速度,m/s;

　　　D——容器的直径,m。

(5) 流体的黏度

在湍流区内,流体黏性对沉降速度无明显影响,而流体在颗粒后半部出现的边界层分离所引起的形体阻力占主要地位。在滞流区内,由流体黏性引起的表面摩擦力占主要地位。在过渡区,表面摩擦阻力和形体阻力都不可忽略。当雷诺准数 Re_t 超过 2×10^5 时,出现湍流边界层,此时边界层分离的现象减弱,所以阻力系数 ζ 突然下降,但在实际沉降操作中很少能达到这个区域。

4) 沉降速度的计算方法

在给定介质中颗粒的沉降速度可采用下述三种方法计算。

(1) 试差法

由式(3.32)、式(3.33)及式(3.34)计算沉降速度 u_t 时,首先需要根据雷诺准数 Re_t 值判断流型,才能选用相应的计算公式。但 Re_t 中含有待求的沉降速度 u_t,所以,沉降速度 u_t 的计算需采用试差法,即:先假设沉降属于某一流型(例如滞流区),选用与该流型相对应的沉降速度公式计算 u_t,然后用求出的 u_t 计算 Re_t 值,检验是否在原假设的流型区域内。如果与原假设一致,则计算的 u_t 有效。否则,按计算的 Re_t 值所确定的流型,另选相应的计算公式求 u_t,直到用 u_t 的计算值算出的 Re_t 值与选用公式的 Re_t 值范围相符为止。

（2）摩擦数群法

为避免试差，可将图 3.3 加以转换，使其两个坐标轴之一变成不包含 u_t 的无因次数群，进而便可求得 u_t。

由式（3.27）可得

$$\zeta = \frac{4gd_p(\rho_p - \rho)}{3u_t^2 \rho} \qquad (3.36)$$

又因为

$$Re_t^2 = \frac{d_p^2 u_t^2 \rho^2}{\mu^2}$$

上两式相乘可消去 u_t，即

$$\zeta Re_t^2 = \frac{4gd_p^3 \rho(\rho_p - \rho)}{3\mu^2} \qquad (3.37)$$

再令

$$K = d_p \sqrt[3]{\frac{\rho(\rho_p - \rho)g}{\mu^2}} \qquad (3.38)$$

得到

$$\zeta Re_t^2 = \frac{4}{3}K^3 \qquad (3.39)$$

因 ζ 是 Re_t 的函数，则 ζRe_t^2 必然也是 Re_t 的函数，所以，图 3.3 的 ζ-Re_t 曲线可转化成 ζRe_t^2-Re_t 曲线，如图 3.4 所示。

计算 u_t 时，可先将已知数据代入式（3.37），求出 ζRe_t^2 的值，再由图 3.4 的 ζRe_t^2-Re_t 曲线查出 Re_t，最后由 Re_t 反求 u_t。

若要计算介质中具有某一沉降速度 u_t 的颗粒的直径，可用 ζ 与 Re_t^{-1} 相乘，得到一不含颗粒直径 d_p 的无因次数群 ζRe_t^{-1}：

$$\zeta Re_t^{-1} = \frac{4\mu g(\rho_p - \rho)}{3u_t^3 \rho^2}$$

同理，ζRe_t^{-1}-Re_t 曲线绘于图 3.4 中。根据 ζRe_t^{-1} 值查出 Re_t，再反求直径，即

$$d = \frac{\mu Re_t}{\rho u_t} \qquad (3.40)$$

（3）无因次判别因子法

仿照摩擦数群法的思路，设法找到一个不含 u_t 的无因次数群作为判别流型的判据。将式（3.34）代入雷诺准数定义式，根据式（3.37）得

$$Re_t = \frac{d_p^3(\rho_p - \rho)\rho g}{18\mu^2} = \frac{K^3}{18} \qquad (3.41)$$

在斯托克斯定律区，$Re_t \leqslant 1$，则 $K \leqslant 2.62$，同理可得牛顿定律区的下限值为 69.1。因此，$K \leqslant 2.62$ 为斯托克斯定律区，$2.62 < K \leqslant 69.1$ 为艾仑定律区，$K > 69.1$ 为牛顿定律区。

这样，计算已知直径的球形颗粒的沉降速度时，可根据 K 值选用相应的公式计算 u_t，从而避免试差。

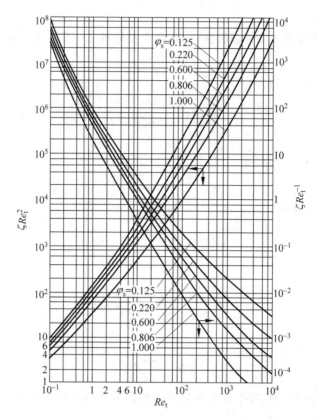

图 3.4 $\zeta Re_t^2\text{-}Re_t$ 及 $\zeta Re_t^{-1}\text{-}Re_t$ 关系曲线

2. 重力沉降设备

1) 降尘室

依靠重力沉降从气流中分离出尘粒的设备称为降尘室。

(1) 单层降尘室

最常见的降尘室如图 3.5 所示。含尘气体进入沉降室后,颗粒随气流有一水平向前的运动速度 u,同时,在重力作用下,以沉降速度 u_t 向下沉降。只要颗粒能够在气体通过降尘室的时间内降至室底,便可从气流中分离出来。

指定粒径的颗粒能够被分离出来的必要条件是气体在降尘室内的停留时间等于或大于颗粒从设备最高处降至底部所需要的时间。

设降尘室的长度为 l,宽度为 b,高度为 H,含尘气通过降尘室的体积流量为 q_V,气体在降尘室内的水平通过速度为 u,则位于降尘室最高点的颗粒沉降到室底所需的时间为

$$\theta_t = \frac{H}{u_t}$$

气体通过降尘室的时间为

$$\theta = \frac{l}{u}$$

颗粒被分离出来,则气体在降尘室内的停留时间至少需等于颗粒的沉降时间,即

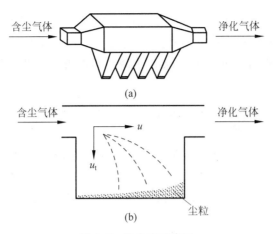

图 3.5　降尘室示意图

(a) 降尘室；(b) 尘粒在降尘室内的运动情况

$$\theta \geqslant \theta_t \quad \text{或} \quad \frac{l}{u} \geqslant \frac{H}{u_t} \qquad\qquad (3.42)$$

气体在降尘室内的水平通过速度为

$$u = \frac{q_V}{Hb}$$

式中　q_V——降尘室的处理量或生产能力，m^3/h。

将此式代入式(3.42)并整理得

$$q_V \leqslant lbu_t \qquad\qquad (3.43)$$

（2）多层降尘室

式(3.43)表明，理论上降尘室的生产能力只与其沉降面积 bl 及颗粒的沉降速度 u_t 有关，而与降尘室高度 H 无关。所以降尘室一般设计成扁平形，或在室内均匀设置多层水平隔板，通常隔板间距为 $40 \sim 100mm$，构成多层降尘室，如图 3.6 所示。

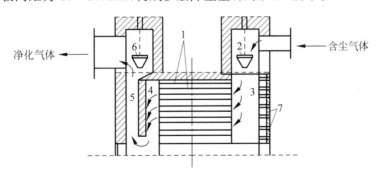

图 3.6　多层除尘室

1—隔板；2、6—调节闸阀；3—气体分配道；4—气体集聚道；5—气道；7—清灰口

若降尘室内设置 n 层水平隔板，则多层降尘室的生产能力变为

$$q_V = bl(n+1)u_t \qquad\qquad (3.43a)$$

但应核算流体流过各层的雷诺数，保证 $Re < 2\,000$，使流体流动为层流，以免流体漩涡妨碍颗粒沉降或将已沉至器底的颗粒重新卷起。

当某含尘气体水平流过一已知尺寸的重力降尘室时,若 q_V 与底面积 A 已知,由式(3.43)算出 u_t,由该 u_t 算出的颗粒直径是临界直径 $d_{p,min}$,即 $d_p \geqslant d_{p,min}$ 的颗粒理论上均可沉降到器底,$d_{p,min}$ 也就是降尘室能 100% 除去的最小颗粒直径。若颗粒沉降时处于层流区,$d_{p,min}$ 为

$$d_{p,min} = \sqrt{\frac{18\mu H u}{g(\rho_s - \rho)l}} = \sqrt{\frac{18\mu q_V}{g(\rho_s - \rho)A_{底}}} \tag{3.44}$$

但这并不说明 $d_p < d_{p,min}$ 颗粒不能有一部分沉降至器底。设进尘室时含尘气体中颗粒分布均匀,对于某一粒径 d_p' 颗粒,$d_p' < d_{p,min}$,其沉降速度为 u_t',在含尘气体流过降尘室的过程中,该种颗粒沉降了 H' 距离,则这种颗粒在降尘室中被除去的分率可按式(3.45)计算:

$$\varphi = \frac{H'}{H} = \frac{u_t'}{u_t} \tag{3.45}$$

若沉降速度符合斯托克斯公式,则上式又可写成

$$\varphi = \frac{H'}{H} = \frac{u_t'}{u_t} = \frac{d_p'^2}{d_{p,min}^2} \tag{3.46}$$

降尘室结构简单,流体阻力小,但体积庞大,分离效率低,通常只适用于分离粒度大于 $50\mu m$ 的粗粒,一般作为预除尘使用。多层降尘室虽能分离较细的颗粒且节省占地面积,但清灰比较麻烦。

【例 3.2】 某降尘室长 3m,在常压下处理 2 500 m^3/h 含尘气体,设颗粒为球形,密度为 2 400kg/m^3,气体密度为 1kg/m^3,黏度为 2×10^{-5} Pa·s,现要求该降尘室能够除去的最小颗粒直径为 4×10^{-5} m,计算降尘室宽度为多少?

解:据 $b = \dfrac{q_V}{lu}$

设降尘室内颗粒沉降时处于层流区(斯托克斯定律区),即

$$u_t = \frac{d_p^2(\rho_p - \rho)g}{18\mu}$$

已知 $d_p = 4 \times 10^{-5}$ m,$\rho_p = 2 400$kg/m^3,$\rho = 1$kg/m^3,$\mu = 2 \times 10^{-5}$ Pa·s,则

$$u_t = \frac{9.81 \times (4 \times 10^{-5})^2 \times (2 400 - 1)}{18 \times 2 \times 10^{-5}} \text{m/s} = 0.105 \text{m/s}$$

$$Re_t = \frac{d_p u_t \rho}{\mu} = \frac{4 \times 10^{-5} \times 1 \times 0.105}{2 \times 10^{-5}} = 0.21 < 2$$

故假设成立,计算结果有效。

已知 $q_V = 2 500 m^3$/h,$l = 3$m,因此降尘室的宽度为

$$b = \frac{q_V}{lu_t} = \frac{2 500/3 600}{0.105 \times 3} \text{m} = 2.2\text{m}$$

分析与讨论:降尘室有关的三类工程问题可以概括为三个变量知二求一,这三个变量为临界颗粒直径、降尘室底面积和降尘室处理量或生产能力。需要说明的是,这三类工程问题的解决,都要用到沉降速度 u_t 的计算公式,但因为 u_t 在这三类问题中均为未知数,所以解决这三类工程问题均需要试差。

【例 3.3】　拟用降尘室除去矿石焙烧炉炉气中的氧化铁粉尘(密度为 45 00kg/m³),要求净化后的气体不含粒径大于 $40\mu m$ 的尘粒。操作条件下的气体体积流量为 $10\,800\text{m}^3/\text{h}$,密度为 1.6kg/m^3,黏度为 0.03cP。(1)所需的降尘室面积至少为多少(m^2)? 若降尘室底面宽 1.5m、长 4m,则降尘室需几层? (2)假设进入降尘室的气流中颗粒分布均匀,则直径 $20\mu m$ 的尘粒能除去百分之几? (3)若在原降尘室内增加隔板(不计厚度),使层数增加一倍,而 100% 除去的最小颗粒不变,则生产能力如何变化?

解:(1) 降尘室面积 $A=bl=\dfrac{q_V}{u_t}$,首先计算 $40\mu m$ 被 100% 除去的沉降速度 u_t。

假设该颗粒的沉降处于斯托克斯定律区,即

$$u_t=\frac{d_p^2(\rho_p-\rho)g}{18\mu}=\frac{(40\times10^{-6})^2\times(4\,500-1.6)\times9.81}{18\times3\times10^{-5}}\text{m/s}=0.13\text{m/s}$$

校核:

$$Re_t=\frac{d_p u_t\rho}{\mu}=\frac{40\times10^{-6}\times0.13\times1.6}{3\times10^{-5}}=0.277<1$$

计算有效。

因此,降尘室的底面积为 $A=\dfrac{q_V}{u_t}=\dfrac{10\,800}{0.13\times3\,600}\text{m}^2=23.08\text{m}^2$

每一层降尘室的底面积为 $A_0=1.5\text{m}\times4\text{m}=6\text{m}^2$

则降尘室的层数 $n=\dfrac{A}{A_0}=\dfrac{23.08}{6}=3.8$,取整数为 4 层。

(2) 由于第(1)问直径 $40\mu m$ 的颗粒沉降在斯托克斯定律区,可知直径 $20\mu m$ 的颗粒沉降也自然在斯托克斯定律区,根据式(3.46)可得直径 $20\mu m$ 的尘粒能除去的百分数为

$$\varphi=\frac{d_p'^2}{d_{p,min}^2}=\left(\frac{20}{40}\right)^2\times100\%=25\%$$

(3) 当要求 100% 除去的最小颗粒不变,即沉降速度 u_t 不变,且 $q_V\propto A$,在原降尘室增加隔板,层数增加一倍,底面积 A 也增大一倍,生产能力必然增大,即

$$q_V'=2q_V=2\times10\,800\text{m}^3/\text{h}=21\,600\text{m}^3/\text{h}$$

分析与讨论:降尘室的生产能力仅与底面积有关,而与降尘室的高度无关。因此在设计降尘室时,在满足流动阻力、扬尘情况等方面要求的情况下,降尘室高度应尽可能小。要提高生产能力,只能靠扩大降尘室底面积实现,即采用多层降尘室。

【例 3.4】　用降尘室除去常压、400℃含尘气体中的尘粒,尘粒密度 1 800kg/m³,操作条件下的含尘气体质量流量 14 400kg/h,降尘室长 5m、宽 2m、高 2m,用隔板分成 5 层(不计隔板厚度),试求:(1)能 100% 除去的最小尘粒直径;(2)若将上述含尘空气先降温至 100℃,然后再除尘粒,则能 100% 除去的最小尘粒直径为多大? 降温后,为保证 100% 除去的最小颗粒直径不变,含尘空气的质量流量应变为多大? 假设含尘空气的物性可视为与同温下的空气相同。已知 400℃ 的空气黏度为 $3.3\times10^{-5}\text{Pa}\cdot\text{s}$,100℃ 的空气的黏度为 $2.19\times10^{-5}\text{Pa}\cdot\text{s}$。

解:(1)假设沉降处于斯托克斯定律区,则能 100% 除去的颗粒的最小粒径为

$$d_{\mathrm{p,min}} = \sqrt{\frac{18\mu q_V}{g(\rho_s-\rho)A_{\text{底}}}} = \sqrt{\frac{18\mu q_m}{\rho g(\rho_s-\rho)A_{\text{底}}}}$$

其中 $\rho = \dfrac{pM}{RT} = \dfrac{1.013\times10^5\times29}{8\,314\times(400+273)}\mathrm{kg/m^3} = 0.525\mathrm{kg/m^3}$，$A_{\text{底}} = 5\mathrm{m}\times2\mathrm{m}\times5 = 50\mathrm{m^2}$，代入得

$$d_{\mathrm{p,min}} = \sqrt{\frac{18\times3.3\times10^{-5}\times14\,400}{0.525\times9.81\times(1\,800-0.525)\times50\times3\,600}}\mu\mathrm{m} = 71.6\mu\mathrm{m}$$

校核 Re_t：

$$u_t = \frac{q_V}{A_{\text{底}}} = \frac{q_m}{\rho A_{\text{底}}}$$

$$Re_t = \frac{d_p u_t \rho}{\mu} = \frac{q_m d_p}{A_{\text{底}}\mu} = \frac{14\,400\times71.6\times10^{-6}}{3\,600\times50\times3.3\times10^{-5}} = 0.174 < 1$$

假设正确，计算有效。

(2) 含尘气体温度降至 $100^\circ\mathrm{C}$，$\mu' = 2.19\times10^{-5}\,\mathrm{Pa\cdot s}$

$$\rho' = \frac{pM}{RT'} = \frac{1.013\times10^5\times29}{8\,314\times(100+273)}\mathrm{kg/m^3} = 0.947\mathrm{kg/m^3}$$

则 $d'_{\mathrm{p,min}} = \sqrt{\dfrac{18\mu' q_m}{\rho' g(\rho_s-\rho')A_{\text{底}}}} = \sqrt{\dfrac{18\times2.19\times10^{-5}\times14\,400}{0.947\times9.81\times(1\,800-0.947)\times50\times3\,600}}\mu\mathrm{m} = 43.4\mu\mathrm{m}$

若降温后，保证100%除去的最小颗粒直径 $71.6\mu\mathrm{m}$ 不变，将上式变换可得

$$q'_m = \frac{d^2_{\mathrm{p,min}}g\rho'(\rho_s-\rho')A_{\text{底}}}{18\mu'} = \frac{(71.6\times10^{-6})^2\times9.81\times0.947(1\,800-0.947)\times50}{18\times2.19\times10^{-5}}\mathrm{kg/s}$$

$$= 10.87\mathrm{kg/s}$$

分析与讨论：由本题计算结果可知，温度对重力沉降的除尘有影响。在 q_m 一定、设备条件一定的情况下，停留时间 $\propto\dfrac{1}{u}\propto\dfrac{1}{q_V}\propto\rho$，沉降时间 $\propto\dfrac{1}{u_t}\propto\mu$。当气体温度降低时，黏度 μ 变小、密度 ρ 变大，因此，停留时间变长、沉降时间变短，这对沉降分离有利，即在相同质量流量 q_m 下，能被100%除去的最小颗粒直径变小；或在相同的除尘要求（$d_{\mathrm{p,min}}$）下，质量流量 q_m 变大。

【例3.5】 有一长 l、宽 b、高 H 的降尘室，已知球形尘粒的粒径与密度分别为 d_p、ρ_p，气体的密度、黏度为 ρ、μ，颗粒沉降满足 $Re_t<1$。试推导用增加水平隔板的方法在保证气流 $Re\leqslant1\,600$ 条件下最大气体处理量及每层高 h 的计算式。（均表达为 H、b、l、ρ、μ 与沉降速度 u_t 的函数）

解：设降尘室分隔为 n 层，每层高 h，每层最大气流量为 $q_{V,\mathrm{max}}$。

$$d_e = \frac{4\times\text{流通截面积}}{\text{流通周边长}} = \frac{4hb}{2(b+h)} = \frac{2hb}{b+h}$$

因此，$Re_t = \dfrac{d_e u\rho}{\mu} = \dfrac{2q_V\rho}{(b+h)\mu} = 1\,600$，得到 $q_V = \dfrac{800(b+h)\mu}{\rho}$

为保证颗粒有足够的沉降时间，则又需满足 $q_V = u_t bl$

所以有
$$\frac{800(b+h)\mu}{\rho}=u_{t}bl$$

得到
$$h=\frac{u_{t}bl\rho}{800\mu}-b$$

气体最大处理量
$$q_{V,\text{总}}=\frac{Hq_{V}}{h}=\frac{Hu_{t}bl}{\dfrac{u_{t}bl\rho}{800\mu}-b}=\frac{800\mu Hu_{t}l}{u_{t}l\rho-800\mu}$$

分析与讨论：若气固体系中颗粒沉降在斯托克斯定律区，当降尘室达到最大生产能力时，从颗粒角度需满足沉降在斯托克斯定律区，从气体角度需满足在流动层流区，根据这两个条件计算出的最大生产能力较小者为该降尘室的最大生产能力。

2）沉降槽

沉降槽又称为增浓器和澄清器，是利用重力沉降来提高悬浮液浓度并同时得到澄清液体的设备。沉降槽可间歇操作也可连续操作。

连续沉降槽是底部做成锥状的大直径浅槽，如图 3.7 所示。悬浮液经中央进料口送到液面以下 0.3～1.0m 处，在尽可能减小扰动的情况下，迅速分散到整个横截面上，液体向上流动，清液经由槽顶端四周的溢流堰连续流出，称为溢流；固体颗粒下沉至底部，槽底有缓慢旋转的耙将沉渣缓慢地聚拢到底部中央的排渣口连续排出。排出的稠浆称为底流。

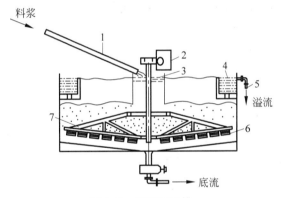

图 3.7　连续沉降槽

1—进料槽道；2—转动机构；3—料井；4—溢流槽；5—溢流管；6—叶片；7—转耙

连续沉降槽的直径大的可达数百米，小的为数米；高度为 2.5～4m。有时将数个沉降槽垂直叠放，共用一根中心竖轴带动各槽的转耙。多层沉降槽可以节省地面，但控制操作较为复杂。连续沉降槽适合于浓度不高、处理量大、颗粒不太细的悬浮液，常见的污水处理就是一例。

3）分级器

利用重力沉降可将悬浮液中不同粒度的颗粒进行粗略的分离，或将两种不同密度的颗粒进行分类，这样的过程统称为分级，实现分级操作的设备称为分级器。

【例 3.6】　如本题附图所示为一双锥分级器，利用它可将密度不同或尺寸不同的粒子混合物分开。混合粒子由上部加入，水经可调锥与外壁的环形间隙向上流过。沉降速度大于水在环隙处上升流速的颗粒进入底流，而沉降速度小于该流速的颗粒则被溢流带出。

利用此双锥分级器对方铅矿与石英两种粒子混合物进行分离。已知：粒子形状为正方体,粒子棱长为 $0.08 \sim 0.7\text{mm}$,方铅矿密度 $\rho_{s1} = 7\,500\text{kg/m}^3$,石英密度 $\rho_{s2} = 2\,650\text{kg/m}^3$,20℃水的密度 $\rho = 998.2\text{kg/m}^3$,黏度 $\mu = 1.005 \times 10^{-3}\text{Pa} \cdot \text{s}$。假定粒子在上升水流中作自由沉降,试求:(1)欲得纯方铅矿粒,水的上升流速至少应取多少 m/s?(2)所得纯方铅矿粒的尺寸范围。

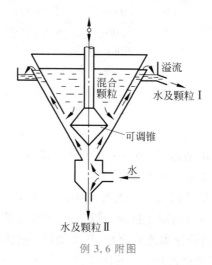

例 3.6 附图

解:(1)为了得到纯方铅矿粒,应使全部石英粒子被溢流带出,应按最大石英粒子的自由沉降速度决定水的上升流速。对于正方体颗粒,先算出其当量直径和球形度。设 l 代表棱长,V_p 代表一个颗粒的体积。

$$d_e = \sqrt[3]{\frac{6}{\pi}V_p} = \sqrt[3]{\frac{6}{\pi}l^3} = \sqrt[3]{\frac{6}{\pi}}(0.7 \times 10^{-3})\text{m} = 8.685 \times 10^{-4}\,\text{m}$$

$$\phi_s = \frac{S}{S_p} = \frac{\pi d_e^2}{6l^2} = \frac{8.685 \times 10^{-4}}{6 \times (0.7 \times 10^{-3})^2} = 0.806$$

用摩擦数群法求最大石英粒子的沉降速度:

$$\xi Re_t^2 = \frac{4d_e^2(\rho_{s2} - \rho)\rho g}{3\mu^2} = \frac{4(8.685 \times 10^{-4})^3(2\,650 - 998.2) \times 998.2 \times 9.81}{3(1.005 \times 10^{-3})^2} = 14\,000$$

$\phi_s = 0.806$,查图 3.4 得 $Re_t = 60$,则:

$$u_t = \frac{Re_t\mu}{d_e\rho} = \frac{60 \times 1.005 \times 10^{-3}}{998.2 \times 8.685 \times 10^{-4}}\text{m/s} = 0.069\,6\text{m/s}$$

(2)所得到纯方铅矿粒尺寸最小的沉降速度应等于 $0.069\,6\text{m/s}$。用摩擦数群法计算该粒子的当量直径。

$$\xi Re_t^{-1} = \frac{4\mu(\rho_{s1} - \rho)g}{3\rho^2 u_t^3} = \frac{4 \times 1.005 \times 10^{-3}(7\,500 - 998.2) \times 9.81}{3 \times 998.2^2 \times (0.069\,6)^3} = 0.254\,4$$

$\phi_s = 0.806$,查图 3.4 得 $Re_t = 22$,则:

$$d_e = \frac{Re_t\mu}{\rho u_t} = \frac{22 \times 1.005 \times 10^{-3}}{998.2 \times 0.069\,6}\text{m} = 3.182 \times 10^{-4}\,\text{m}$$

与此当量直径相对应的正方体的棱长为:

$$l' = \frac{d_e}{\sqrt[3]{\dfrac{6}{\pi}}} = \frac{3.182 \times 10^{-4}}{\sqrt[3]{\dfrac{6}{\pi}}} \mathrm{m} = 2.565 \times 10^{-4} \, \mathrm{m}$$

所得方铅矿的棱长范围为 0.256 5～0.7mm。

分析与讨论：从计算结果可看出，该分级器只能将粒径在 0.256 5～0.7mm 范围内的方铅矿分离出来，而粒径在 0.08～0.256 5mm 范围内的方铅矿仍与石英矿混合在一起，故应用这种方法只能实现混合物部分分离。

3.4.2 离心沉降

离心沉降指在惯性离心力作用下实现的沉降过程。对于颗粒较细、两相密度差较小的非均相物系，在离心力场中可得到较好的分离。通常，液固悬浮物系的离心沉降可在旋液分离器或离心机中进行，气固非均相物质的离心沉降在旋风分离器中进行。

3.4.2.1 离心沉降速度

当流体围绕某一中心轴作圆周运动时，便形成了惯性离心力场。在与轴距离为 R、切向速度为 u_T 的位置上，离心加速度为 $\dfrac{u_T^2}{R}$。显然，离心加速度不是常数，随位置及切向速度而变，其方向是沿旋转半径从中心指向外周。

当流体带着颗粒旋转时，如果颗粒的密度大于流体的密度，则惯性离心力将会使颗粒在径向上与流体发生相对运动而飞离中心。惯性离心力场中颗粒在径向上受到三个力的作用，即惯性离心力、向心力（其方向为沿半径指向旋转中心）和阻力（与颗粒的运动方向相反，其方向为沿半径指向中心）。如果球形颗粒的直径为 d_p，密度为 ρ_p，流体密度为 ρ，颗粒与中心轴的距离为 R，切向速度为 u_T，则上述三个力分别为

惯性离心力　　　$\dfrac{\pi}{6} d_p^3 \rho_p \dfrac{u_T^2}{R}$

向心力　　　　　$\dfrac{\pi}{6} d_p^3 \rho \dfrac{u_T^2}{R}$

阻力　　　　　　$\zeta \dfrac{\pi}{4} d_p^2 \rho \dfrac{u_r^2}{2}$

式中　　u_r——颗粒与流体在径向上的相对速度，m/s。

平衡时颗粒在径向上相对于流体的运动速度 u_r 便是它在此位置上的离心沉降速度：

$$u_r = \sqrt{\frac{4 d_p (\rho_p - \rho)}{3 \zeta \rho} \frac{u_T^2}{R}} \tag{3.47}$$

比较式(3.47)与式(3.27)可以看出，若将重力加速度 g 用离心加速度 $\dfrac{u_T^2}{R}$ 代替，则式(3.27)便成为式(3.47)。离心沉降速度 u_r 随位置而变，不是恒定值，而重力沉降速度 u_t 则是恒定不变的。离心沉降速度 u_r 不是颗粒运动的绝对速度，而是绝对速度在径向上的分量，且方向不是向下而是沿半径向外。

离心沉降时，若颗粒与流体的相对运动处于滞流区，阻力系数 ζ 可用式(3.29)表示，于

是得到

$$u_r = \frac{d_p^2(\rho_p - \rho)}{18\mu} \frac{u_T^2}{R} \tag{3.48}$$

式(3.45)与式(3.32)相比可知,同一颗粒在相同介质中的离心沉降速度与重力沉降速度的比值为

$$\frac{u_r}{u_t} = \frac{u_T^2}{Rg} = K_C \tag{3.49}$$

比值 K_C 称为离心分离因数。分离因数是离心分离设备的重要指标。旋风或旋液分离器的分离因数一般在 $5 \sim 2\,500$ 之间,某些高速离心机,分离因数 K_C 值可高达数十万。例如,当旋转半径 $R = 0.3$m、切向速度 $u_T = 20$m/s 时,分离因数为 $K_C = \dfrac{20}{9.81 \times 0.3} = 136$。

这表明颗粒在上述条件下的离心沉降速度比重力沉降速度大百倍以上,足见离心沉降设备的分离效果远好于重力沉降设备。

3.4.2.2　离心沉降分离设备

1. 旋风分离器

1) 旋风分离器的结构

旋风分离器代表性的结构型式如图 3.8 所示,称为标准旋风分离器。主体的上部为圆筒形,下部为圆锥形。各部位尺寸均与圆筒直径成比例。

旋风分离器的应用已有近百年的历史,其造价低廉,结构简单,没有活动部件,可用多种材料制造,分离效率较高,操作范围广,所以至今仍在机械、化工、冶金、采矿、轻工等行业广泛采用。对颗粒含量高于 200g/m^3 的气体,由于颗粒聚结作用,旋风分离器甚至能除去 $3\mu\text{m}$ 以下的颗粒。旋风分离器还可以从气流中分离除去雾沫,一般用来除去气流中直径在 $5\mu\text{m}$ 以上的颗粒。对于直径在 $5\mu\text{m}$ 以下的小颗粒,需用袋滤器或湿法捕集。旋风分离器不适用于处理含湿量高的粉尘、黏性粉尘及腐蚀性粉尘。

2) 旋风分离器的性能

评价旋风分离器性能的主要指标是从气流中分离颗粒的效果及气体经过旋风分离器的压降。分离效果可用临界粒径和分离效率来表示。

(1) 临界粒径

理论上能够完全被旋风分离器分离下来的最小颗粒直径称为临界粒径。临界粒径是判断旋风分离器分离效率高低的重要依据之一。临界粒径越小,说明旋风分离器的分离性能越好。

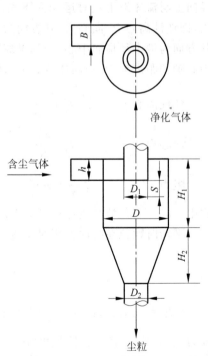

图 3.8　标准旋风分离器
$h = D/2$；$B = D/4$；$D_1 = D/2$；$D_2 = D/4$；
$H_1 = 2D$；$H_2 = 2D$；$S = D/8$

临界粒径的大小很难精确测定,一般在以下简化条件下推出临界粒径的近似计算式:①进入旋风分离器的气流严格按螺旋形路线作等速运动,其切向速度恒定且等于进口气速 u_i;②颗粒向器壁沉降时,其沉降距离为整个进气管宽度 B;③颗粒在滞流区作自由沉降,其径向沉降速度可用式(3.45)计算。

对气固混合物,因为固体颗粒的密度远大于气体密度,即:$\rho \leqslant \rho_p$,故式(3.45)中的 $\rho_p - \rho \approx \rho_p$;又旋转半径 R 可取平均值 R_m,则气流中颗粒的离心沉降速度为

$$u_r = \frac{d_{pc}^2 \rho_p}{18\mu} \frac{u_i^2}{R_m} \tag{3.50}$$

颗粒到达器壁所需的沉降时间为

$$\theta_t = \frac{B}{u_r} = \frac{18\mu R_m B}{d_{pc}^2 \rho_p u_i^2} \tag{3.51}$$

令气流的有效旋转圈数为 N_e,则气流在器内运行的距离为 $2\pi R_m N_e$,因此停留时间为

$$\theta = \frac{2\pi R_m N_e}{u_i} \tag{3.52}$$

若某种尺寸的颗粒所需的沉降时间 θ_t 恰好等于停留时间 θ,该颗粒就是理论上能被完全分离下来的最小颗粒。其直径用 d_{pc} 表示,则

$$\frac{18\mu R_m B}{d_{pc}^2 \rho_p u_i^2} = \frac{2\pi R_m N_e}{u_i} \tag{3.53}$$

得

$$d_{pc} = \sqrt{\frac{9\mu B}{\pi \rho_p N_e u_i}} \tag{3.54}$$

在推导式(3.54)时所作的①和②两项假设与实际情况差距较大,但只要给出合适的 N_e 值,依然可用。标准旋风分离器的 N_e 为 5,N_e 的数值一般为 0.5～3.0。

因旋风分离器的其他尺寸均与 D 成一定比例,所以临界粒径随分离器尺寸增大而加大,因此分离效率随分离器尺寸增大而减小。当气体处理量很大时,常将若干个小尺寸的旋风分离器并联使用(称为旋风分离器组),以维持较好的除尘效果。如图 3.9 所示。

(2) 分离效率

有两种表示旋风分离器的分离效率,一是分效率,又称粒级效率,以 η_{pi} 代表;二是总效率,以 η_0 代表。

① 粒级效率 η_{pi}

按粒度分别表明其被分离下来的质量分数,称为粒级效率。一般把气流中所含颗粒的尺寸范围分成 n 个小段,其中第 i 个小段范围的颗粒(d_{pi} 为平均粒径)的粒级效率定义为

$$\eta_{pi} = \frac{C_{1i} - C_{2i}}{C_{1i}} \tag{3.55}$$

式中　C_{1i}——旋风分离器进口气体中粒径在第 i 小段范围内的颗粒的质量浓度,g/m^3;

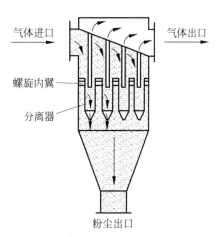

图 3.9　旋风分离器组

C_{2i}——旋风分离器出口气体中粒径在第 i 小段范围内的颗粒的质量浓度,g/m^3。

粒级效率 η_{pi} 与粒径 d_{pi} 的对应关系可用曲线表示,称为粒级效率曲线。这种曲线可通过实测旋风分离器进、出气流中所含尘粒的质量浓度及粒度分布而获得。

通常,把旋风分离器的粒级效率 η_{pi} 标绘成粒径比 d_{pi}/d_{50} 的函数曲线。d_{50} 是粒级效率恰为 50% 的颗粒直径,称为分割粒径。对图 3.8 所示的标准旋风分离器,其 d_{50} 可用下式估算:

$$d_{50} \approx 0.27 \sqrt{\frac{\mu D}{u_i(\rho_p - \rho)}} \qquad (3.56)$$

标准旋风分离器的曲线 $\eta_{pi}-d_{pi}/d_{50}$ 如图 3.10 所示。对于同一型式且尺寸比例相同的旋风分离器,皆可通用同一条 $\eta_{pi}\text{-}d_{pi}/d_{50}$ 曲线,这给旋风分离器效率的估算带来了很大方便。

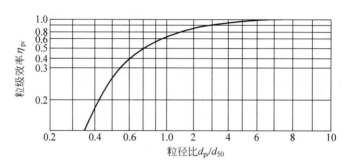

图 3.10　标准旋风分离器的粒级效率

② 总效率 η_0

指进入旋风分离器的全部颗粒中被分离下来的质量分数,即

$$\eta_0 = \frac{C_1 - C_2}{C_1} \qquad (3.57)$$

式中　C_1——旋风分离器进口气体含尘质量浓度,g/m^3;

　　　C_2——旋风分离器出口气体含尘质量浓度,g/m^3。

总效率是工程中最常用的,也是最易于测定的分离效率。

③ 由粒级效率估算总效率

旋风分离器总效率 η_0 不仅取决于各种颗粒的粒级效率,而且取决于气流中所含尘粒的粒度分布。即使同一设备处于同样操作条件下,如果气流含尘的粒度分布不同,也会得到不同的总效率。如果已知粒级效率曲线及气流中颗粒的粒度分布数据,则可按下式估算总效率:

$$\eta_0 = \sum_{i=1}^{n} x_i \eta_{pi} \qquad (3.58)$$

式中　x_i——粒径在第 i 小段范围内的颗粒占全部颗粒的质量分数;

　　　η_{pi}——第 i 小段粒径范围内颗粒的粒级效率;

　　　n——全部粒径被划分的段数。

(3)压降

气体经旋风分离器时,流动时的局部阻力以及气体旋转运动所产生的动能损失,及进气

管和排气管及主体器壁所引起的摩擦阻力等,都会造成气体的压降。可以将压降看作与气体进口动能成正比,即

$$\Delta p = \zeta \frac{\rho u_i^2}{2} \tag{3.59}$$

式中　ζ——比例系数,即阻力系数。

对于同一结构型式及尺寸比例的旋风分离器,ζ 为常数,不因尺寸大小而变。例如图 3.8 所示的标准旋风分离器,其阻力系数 $\zeta=8.0$。

(4) 旋风分离器性能的影响因素

影响旋风分离器性能的因素较多,其中最重要的是物系性质及操作条件。一般来说,粒径大、颗粒密度大、进口气速度高及粉尘浓度高等情况均有利于分离。例如,含尘浓度高则有利于颗粒的聚结,可以提高效率,而且颗粒浓度增大可以抑制气体涡流,从而使阻力下降,所以较高的含尘浓度对压降与效率两个方面都是有利的。但有些因素对这两方面的影响是相互矛盾的,譬如进口气速稍高有利于分离,但过高则导致涡流加剧;增大压降也不利于分离。因此,旋风分离器的进口气速在 10~25m/s 范围内为宜。

3) 旋风分离器类型

旋风分离器的性能不仅与设备的结构尺寸密切相关,还受含尘气流的物理性质、含尘浓度、粒度分布及操作条件的影响。只有各部分结构尺寸恰当,才能获得较高的分离效率和较低的压降。

目前我国对各种类型的旋风分离器已制定了系列标准,各种型号旋风分离器的尺寸和性能均可从有关资料和手册中查到。

2. 旋液分离器

旋液分离器又称水力旋流器,是利用离心沉降原理从悬浮液中分离固体颗粒的设备。它的结构与操作原理和旋风分离器类似。旋液分离器的结构特点是直径小而圆锥部分长。因为液固密度差比气固密度差小,在一定的切线进口速度下,较小的旋转半径可使颗粒受到较大的离心力而提高沉降速度;同时,锥形部分加长可增大液流的行程,从而延长了悬浮液在器内的停留时间,有利于液固分离。

旋液分离器中颗粒沿器壁快速运动,对器壁产生严重磨损,因此,旋液分离器应采用耐磨材料制造或采用耐磨材料做内衬。旋液分离器不仅可用于悬浮液的增浓、分级,还可用于不互溶液体的分离、气液分离以及传热、传质和雾化等操作,因而广泛应用于多种工业领域。

【例 3.7】　采用标准型旋风分离器除去炉气中的球形颗粒。要求旋风分离器的生产能力为 2.0m³,直径 D 为 0.4m,适宜的进口气速为 20m/s。干燥尾气的密度为 0.75kg/m³,黏度为 2.6×10^{-5} Pa·s(操作条件下),固相密度为 3 000kg/m³。求:(1)需要几个旋风分离器并联操作;(2)临界粒径 d_c;(3)分割直径 d_{50};(4)压强降 Δp。

解:对于标准型旋风分离器,$h=D/2$,$b=D/4$,$N_e=5$,$\xi=8$。

(1) 单台旋风分离器的生产能力为:

$$q_{V单} = hbu_i = (D/2)(D/4)u_i = (0.4^2 m^2/8) \times 20m/s = 0.40m^3/s$$
$$n = q_V/q_{V单} = 2.0/0.40 = 5$$

(2) $B = D/4 = 0.4\text{m}/4 = 0.1\text{m}, N_e = 5$, 代入: $d_c = \sqrt{\dfrac{9\mu B}{\pi N_e \rho_s u_i}}\,\mu\text{m} = 4.98\mu\text{m}$

(3) $d_{50} \approx 0.27\sqrt{\dfrac{\mu D}{u_i(\rho_s - \rho)}}\,\mu\text{m} = 3.554\mu\text{m}$

(4) $\Delta p = \zeta\dfrac{\rho u_i^2}{2} = 1\,200\text{Pa}$

3.5 过滤分离

过滤属于流体通过颗粒床层(固定床)的流动现象,过滤操作是分离固-液悬浮物系最普通、最有效的单元操作之一,通过过滤操作可获得清净的液体或固相产品。过滤操作与沉降分离相比,过滤可使悬浮液的分离更迅速、更彻底。在某些场合,过滤是沉降的后续操作,也属于机械分离操作,与蒸发、干燥等加热去湿方法相比,过滤方法去湿能量消耗比较低。

3.5.1 过滤原理

过滤是在外力作用下,使悬浮液中的液体通过多孔介质的孔道,而固体颗粒被截留在介质上,从而实现固、液分离的操作。其中多孔介质称为过滤介质,所处理的悬浮液称为滤浆或料浆,滤浆中被过滤介质截留的固体颗粒称为滤渣或滤饼,滤浆中通过滤饼及过滤介质的液体称为滤液。如图3.11所示为过滤操作示意图。实现过滤操作的外力可以是重力、压强差或惯性离心力。在化工中应用最多的是以压强差为推动力的过滤。

1. 过滤方式

工业上的过滤操作主要分为饼层过滤和深床过滤。

1) 饼层过滤

悬浮液置于过滤介质的一侧,过滤介质常用多孔织物,但其网孔尺寸未必一定小于被截留的颗粒直径。固体物质沉积于介质表面而形成滤饼层。过滤介质中微细孔道的尺寸可能大于悬浮液中部分小颗粒的尺寸,因而,过滤之初会有一些细小颗粒穿过介质而使滤液浑浊,但是不久颗粒会在孔道中发生"架桥"现象,如图3.12所示,使小于孔道尺寸的细小颗粒

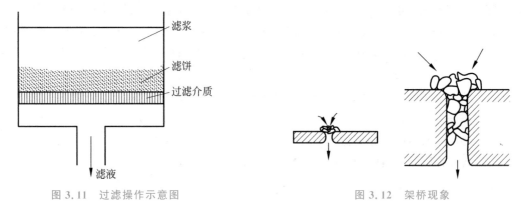

图 3.11 过滤操作示意图   图 3.12 架桥现象

也能被截留。随着滤渣的逐渐累积,在介质上形成了一个滤渣层,称为滤饼。滤饼形成后,滤液变清,过滤真正开始进行。所以说在饼层过滤中,真正发挥截留颗粒作用的主要是滤饼层而不是过滤介质。通常,过滤开始阶段得到的浑浊液,待滤饼形成后应返回滤浆槽重新处理。饼层过滤适用于处理固体含量较高(固相体积分率约在 1% 以上)的悬浮液。

2) 深床过滤

如图 3.13 所示为深床过滤示意图。深床过滤时,过滤介质是很厚的颗粒床层,过滤时固体颗粒并不形成滤饼,悬浮液中的固体颗粒沉积于过滤介质床层内部,悬浮液中的颗粒尺寸小于床层孔道尺寸。当颗粒随流体在床层内的曲折孔道中流过时,在表面力和静电的作用下附着在孔道壁上。这种过滤适用于处理固体颗粒含量极少(固相体积分数 <0.1% 以

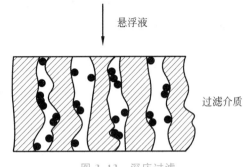

悬浮液

过滤介质

图 3.13　深床过滤

下)、颗粒很小的悬浮液。自来水厂饮用水的净化及从合成纤维丝液中除去极细固体物质等均采用这种过滤方法。

3) 膜过滤

除以上两种过滤方式外,膜过滤作为一种精密分离技术,近年来发展很快,已应用于许多行业。膜过滤是利用膜孔隙的选择透过性进行两相分离的技术。以膜两侧的流体压差为推动力,使溶剂、无机离子、小分子等透过膜,而截留微粒及大分子。膜过滤又分为微孔过滤和超滤,微孔过滤截留 $0.5 \sim 50 \mu m$ 的颗粒,超滤截留 $0.05 \sim 10 \mu m$ 的颗粒,而常规过滤截留 $50 \mu m$ 以上的颗粒。

化工中所处理的悬浮液固相浓度往往较高,故本节只讨论饼层过滤。

2. 过滤介质

过滤介质起着支撑滤饼的作用,对其基本要求是具有足够的机械强度和尽可能小的流动阻力,同时,还应具有相应的耐腐蚀性和耐热性。

工业操作使用的过滤介质主要有以下几种。

(1) 织物介质(又称滤布)　指由棉、毛、丝、麻等天然纤维及合成纤维制成的织物,以及由玻璃丝、金属丝等织成的网。这类介质能截留颗粒的最小直径为 $5 \sim 65 \mu m$。织物介质在工业上应用最为广泛。

(2) 多孔固体介质　具有很多微细孔道的固体材料,此类介质如多孔陶瓷、多孔塑料及多孔金属制成的管或板,能拦截 $1 \sim 3 \mu m$ 的微细颗粒。

(3) 堆积介质　由各种固体颗粒(砂、木炭、石棉、硅藻土)或非编织纤维等堆积而成,一般用于处理含固体量很少的悬浮液。多用于深床过滤中,如水的净化处理等。

(4) 多孔膜　用于膜过滤的各种有机高分子膜和无机材料膜。广泛使用的是粗醋酸纤维素和芳香聚酰胺系两大类有机高分子膜。

过滤介质的选择要根据悬浮液中固体颗粒的含量及粒度范围,介质所能承受的温度和它的化学稳定性、机械强度等因素来考虑。

3. 滤饼的压缩性和助滤剂

随着过滤操作的进行,滤饼的厚度逐渐增加,因此滤液的流动阻力也逐渐增加。构成滤饼的颗粒特性决定流动阻力的大小。某些悬浮液中的颗粒所形成的滤饼具有一定的刚性,颗粒如果是不易变形的坚硬固体(如硅藻土、碳酸钙等),则当滤饼两侧的压强差增大时,颗粒的形状和颗粒间的空隙不会发生明显变化,单位厚度床层的流动阻力可视作恒定,这类滤饼称为不可压缩滤饼。相反,另一些滤饼中的固体颗粒受压就会发生变形,如一些胶体物质,则当滤饼两侧的压强差增大时,颗粒的形状和颗粒间的空隙会有明显的改变,单位厚度饼层的流动阻力随压强差增大而增大,这种滤饼为可压缩滤饼。

为了降低可压缩滤饼的过滤阻力,可加入助滤剂以改变滤饼的结构,增加滤饼刚性。助滤剂是某种质地坚硬而能形成疏松饼层的固体颗粒或纤维状物质,将其混入悬浮液或预涂于过滤介质上,可以改善饼层的性能,减少流动阻力,使滤液得以畅流。

对助滤剂的基本要求如下:

(1) 能形成多孔饼层的刚性颗粒,以保持滤饼有较高的空隙率,使滤饼有良好的渗透性及较低的流动阻力;

(2) 有化学稳定性,不与悬浮液发生化学反应,不溶于液相中。

一般只有在以获得清净滤液为目的时,才使用助滤剂。常用的助滤剂有粒状(硅藻土、珍珠岩粉、碳粉或石棉粉等)和纤维状(纤维素、石棉等)两大类。

3.5.2 过滤过程的数学描述

1. 过滤过程的物料衡算

对指定的悬浮液,获得一定量的滤液必形成相对应的量的滤饼,其关系取决于悬浮液中固体的含固量,并可以通过物料衡算求出。悬浮液中固体含固量的表示方法通常有两种,即质量分数 w(kg 固体/kg 悬浮液)和体积分数 φ(m^3 固体/m^3 悬浮液)。悬浮液物料关系如图 3.14 所示。

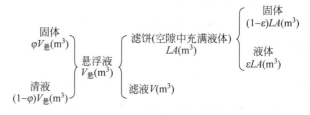

图 3.14　悬浮液物料衡算关系

对颗粒在液体中不发生溶胀效应的物系,按体积加和原则,两者的关系式为

$$\varphi = \frac{w/\rho_{p}}{w/\rho_{p} + (1-w)/\rho} \tag{3.60}$$

式中　ρ_{p}, ρ——固体颗粒和溶液的密度。

若以 $1m^3$ 悬浮液为衡算基准,上式可改写为

$$w = \frac{\varphi \rho_p}{\varphi \rho_p + (1 - \varphi)\rho} \tag{3.61}$$

式(3.60)和式(3.61)是以单位质量或体积的悬浮液为衡算对象,当然也可以以单位质量或体积的滤饼为物料衡算对象,以 1kg 滤饼为衡算基准,衡算关系为

$$\varepsilon = \frac{\dfrac{a}{\rho}}{\dfrac{a}{\rho} + \dfrac{1-a}{\rho_p}} \tag{3.62}$$

若以 1m^3 滤饼为衡算基准,上式可改写为

$$a = \frac{\varepsilon \rho}{\varepsilon \rho + (1 - \varepsilon)\rho_p} \tag{3.63}$$

根据图 3.14,物料衡算时,对固体量和总量可列出两个衡算式(对液体和总量也相同):

$$V_悬 = V + LA \tag{3.64}$$

$$V_悬 \varphi = LA(1 - \varepsilon) \tag{3.65}$$

式中　$V_悬$——获得滤液量为 V 并形成厚度为 L 的滤饼所消耗的悬浮液总量;

　　　ε——滤饼空隙率;

　　　A——过滤面积。

由以上两式可得出滤饼厚度为

$$L = \frac{\varphi}{1 - \varepsilon - \varphi} q \tag{3.66}$$

上式表明,在过滤时若滤饼的空隙率不变,则滤饼厚度 L 与单位面积累积滤液量 q 成正比。一般情况下,悬浮液中颗粒的体积分数 φ 都较滤饼的空隙率 ε 小得多,则式(3.66)中分母的 φ 值可忽略不计,有

$$L = \frac{\varphi}{1 - \varepsilon} q \tag{3.67}$$

式中　q——单位过滤面所获得的滤液量,m^3 / m^2。

2. 滤液通过饼层的流动特点

1)非定态过程

过滤操作中,滤液通过滤饼和过滤介质的流动属于固定床的一种情况。滤饼厚度随过程进行而不断增加,若过滤过程中维持操作压强不变,则随滤饼增厚,过滤阻力加大,滤液通过的速度将减小;反过来,若要维持滤液通过饼层的速率不变,则需不断增大操作压强。

2)层流流动

由于构成滤饼层的颗粒尺寸通常很小,形成的滤液通道不仅细小曲折,而且相互交联,形成不规则的网状结构,所以滤液在通道内的流动阻力很大,流速很小,多属于层流流动的范围。前面有关固定床压降的计算式可用来描述过滤操作过程,适用于低雷诺数下,可用康采尼公式来进行描述:

$$u = \frac{\varepsilon^3}{5a^2(1 - \varepsilon)^2} \left(\frac{\Delta p_c}{\mu L} \right) \tag{3.68}$$

式中　Δp_c——滤液通过滤饼层的压降,Pa;

　　　　L——床层厚度,m;

　　　　μ——滤液黏度,Pa·s;

　　　　ε——床层空隙率,m^3/m^3;

　　　　a——颗粒比表面积,m^2/m^3;

　　　　u——按整个床层截面计算的滤液流速,m/s。

3. 过滤速率与过滤速度

过滤速率的定义为单位时间获得的滤液体积,单位为 m^3/s。而过滤速度则是指单位过滤面积上的过滤速率,应注意不要将二者相混淆。若过滤过程中其他因素维持不变,则由于滤饼厚度不断增加,过滤速度会逐渐变小。任一瞬间的过滤速度应写成如下形式:

$$u = \frac{dV}{A d\tau} = \frac{\varepsilon^3}{5a^2(1-\varepsilon)^2}\left(\frac{\Delta p_c}{\mu L}\right) \tag{3.68a}$$

而过滤速率为

$$\frac{dV}{d\tau} = \frac{\varepsilon^3}{5a^2(1-\varepsilon)^2}\left(\frac{A\Delta p_c}{\mu L}\right) \tag{3.69}$$

式中　V——滤液量,m^3;

　　　　τ——过滤时间,s;

　　　　A——过滤面积,m^2。

4. 过滤阻力

1) 滤饼的阻力

在式(3.68a)和式(3.69)中,$\left(\dfrac{\varepsilon^3}{5a^2(1-\varepsilon)^2}\right)$反映了颗粒及颗粒床层的特性,其值是由物料自身的性质决定的,若将其取倒数定义 r,其意义为滤饼的比阻,单位为 m^{-2}:

$$r = \frac{5a^2(1-\varepsilon)^2}{\varepsilon^3} \tag{3.70}$$

则式(3.68a)可写成

$$u = \frac{dV}{A d\tau} = \frac{\Delta p_c}{r\mu L} = \frac{\Delta p_c}{\mu R} \tag{3.71}$$

式中　R——滤饼阻力,1/m,其计算式为 $R = rL$。

显然,式(3.71)中的分子是施加于滤饼两端的压差,可看作过滤操作的推动力,而分母 $\mu r L$ 可视为滤饼对过滤操作造成的阻力,故该式也可写成

$$过滤速率 = \frac{过程的推动力(\Delta p)}{过程阻力(r\mu L)} \tag{3.72}$$

式中 $\mu r L$ 或 μR 为过滤阻力。其中 μr 为比阻,但因 μ 代表滤液的影响因素,rL 代表滤饼的影响因素,因此习惯上将 r 称为滤饼的比阻,R 称为滤饼阻力。

比阻 r 是单位厚度滤饼的阻力,它在数值上等于黏度为 1Pa·s 的滤液以 1m/s 的平均流速通过厚度为 1m 的滤饼层时所产生的压降。比阻反映了颗粒形状、尺寸及床层的空隙

率对滤液流动的影响。床层空隙率 ε 越小及颗粒比表面 a 越大,则床层越致密,对流体流动的阻滞作用也越大。

2）过滤介质的阻力

式(3.72)表示过滤速率,其优点在于同电路中的欧姆定律具有相同的形式,在串联过程中推动力分别具有加和性。在过滤过程中,滤液除了通过滤饼时遇到阻力,在通过过滤介质时也会遇到同样的阻力。过滤介质的阻力与其材质、厚度等因素有关。其大小可视为通过单位过滤面积获得当量滤液量 q_e 所形成的虚拟滤饼层的阻力。通常把过滤介质的阻力视为常数,仿照式(3.71)可以写出滤液穿过过滤介质层的速度关系式

$$\frac{dV}{A\,d\tau} = \frac{\Delta p_m}{\mu R_m} \tag{3.73}$$

式中　Δp_m——过滤介质上、下游两侧的压强差,Pa;

　　　R_m——过滤介质阻力,1/m。

3）过滤总阻力

由于过滤介质的阻力与最初形成的滤饼层的阻力往往是无法分开的,如图 3.15 所示,因此很难划定介质与滤饼之间的分界面,更难测定分界面处的压强,所以过滤计算中总是把过滤介质与滤饼联合起来考虑。

通常,滤饼与滤布的面积相同,所以两层中的过滤速度应相等,则过滤的总阻力应为滤饼和过滤介质阻力之和,即过滤速率为

$$\frac{dV}{A\,d\tau} = \frac{\Delta p_c + \Delta p_m}{\mu R + \mu R_m} = \frac{\Delta p}{\mu(R + R_m)} \tag{3.74}$$

式中 $\Delta p = \Delta p_c + \Delta p_m$,代表滤饼与滤布两侧的总压降,称为过滤压强差。在实际过滤设备上,常有一侧处于大气压下,此时 Δp 就是另一侧表压的绝对值,所以 Δp 也称为过滤的表压强。式(3.74)表明,过滤推动力为滤液通过串联的滤饼与滤布的总压降,过滤总阻力为滤饼与过滤介质的阻力之和,即 $\sum R = \mu(R + R_m)$。

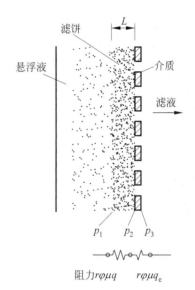

图 3.15　过滤操作的推动力和阻力

为方便起见,假设过滤介质对滤液流动的阻力相当于厚度为 L_e 的滤饼层的阻力,即

$$rL_e = R_m$$

于是,式(3.73)可写为

$$\frac{dV}{A\,d\tau} = \frac{\Delta p}{\mu(rL + rL_e)} = \frac{\Delta p}{\mu r(L + L_e)} \tag{3.75}$$

式中　L_e——过滤介质的当量滤饼厚度,或称虚拟滤饼厚度,m。

在一定操作条件下,以一定介质过滤一定悬浮液时,L_e 为定值;但同一介质在不同的过滤操作中,L_e 值不同。

5. 过滤基本方程式

过滤过程中,饼厚 L 难以直接测定,而滤液体积 V 则易于测量,故用 V 来计算过滤速度

更为方便。

若每获得 $1m^3$ 滤液所形成的滤饼体积为 vm^3,则任一瞬间的滤饼厚度与当时已经获得的滤液体积之间的关系为

$$LA = vV \tag{3.76}$$

则

$$L = \frac{vV}{A} \tag{3.77}$$

式中　v——滤饼体积与相应的滤液体积之比(饼液比),无因次,或 m^3/m^3。

同理,如生成厚度为 L_e 的滤饼所应获得的滤体体积以 V_e 表示,则

$$L_e = \frac{vV_e}{A} \tag{3.78}$$

式中　V_e——过滤介质的当量滤液体积,或称虚拟滤液体积,m^3。

V_e 是与 L_e 相对应的滤液体积,因此,一定的操作条件下,以一定介质过滤一定的悬浮液时,V_e 为定值,但同一介质在不同的过滤操作中,V_e 值不同。

前以已经通过物料衡算得出滤饼厚度和悬浮液空隙率的关系为式(3.66),改写该式:

$$L = \frac{\varphi}{1 - \varepsilon - \varphi}q \tag{3.79}$$

1) 不可压缩滤饼的过滤基本方程式

将式(3.77)和式(3.78)代入式(3.75)中,得

$$\frac{dV}{d\tau} = \frac{A^2 \Delta p}{\mu r v(V + V_e)} \tag{3.80}$$

若令 $q = \frac{V}{A}$,$q_e = \frac{V_e}{A}$,则

$$\frac{dV}{d\tau} = \frac{\Delta p}{\mu r v(q + q_e)} \tag{3.81}$$

式中　q——单位过滤面积所得滤液体积,m^3/m^2;

　　　q_e——单位过滤面积所得当量滤液体积,m^3/m^2。

式(3.81)是过滤速率与各相关因素间的一般关系式,为不可压缩滤饼的过滤基本方程式。

2) 可压缩滤饼的过滤基本方程式

对可压缩滤饼,比阻在过滤过程中将不再是常数,它是两侧压强差的函数。通常用下面的经验公式来粗略估算压强差增大时比阻的变化,即

$$r = r'(\Delta p)^s \tag{3.82}$$

式中　r'——单位压强差下滤饼的比阻,$1/m^2$;

　　　Δp——过滤压强差,Pa;

　　　s——滤饼的压缩性指数,无因次。一般情况下,$s = 0 \sim 1$;对于不可压缩滤饼,$s = 0$。

在一定压强差范围内,上式对大多数可压缩滤饼都适用。

将式(3.82)代入式(3.81),得到

$$\frac{dV}{d\tau} = \frac{A^2 \Delta p^{1-s}}{\mu r' v(V + V_e)} \tag{3.83}$$

或

$$\frac{dV}{d\tau} = \frac{\Delta p^{1-s}}{\mu r' v(q + q_e)} \tag{3.84}$$

上式为过滤基本方程式的一般表达式,适用于可压缩滤饼及不可压缩滤饼。表示过滤进程中某一瞬间的过滤速率与物系性质、操作压强及该时刻以前的累计滤液量之间的关系,是过滤计算及强化过滤操作的基本依据。对于不可压缩滤饼,因 $s=0$,上式即简化为式(3.80)。

由式(3.80)可以看出,影响过滤速率的物性参数很多,包括悬浮液的性质(φ、μ 等)及滤饼特性(空隙率 ε、比表面积 a、比阻 r 等)。为计算过滤本应先获取这些参数,但这些参数在一般的恒压过滤操作中保持恒定,因此可以将这些参数归并为一常数,即令

$$k = \frac{1}{r'\mu v} \quad \text{以及} \quad K = \frac{2\Delta p^{1-s}}{r'\mu v} = 2k\Delta p^{1-s} \tag{3.85}$$

当滤饼不可压缩时,$s=0$,则上式变为

$$K = \frac{2\Delta p}{r\mu v} = 2k\Delta p \tag{3.85a}$$

并用指定的实验物系,直接用实验测定更为方便,这种方法称为参数归并法。K 和 q_e 为过滤常数,可用实验测定。

将式(3.85a)代入式(3.81)可得

$$\frac{dq}{d\tau} = \frac{K}{2(q + q_e)} \tag{3.86}$$

或

$$\frac{dV}{d\tau} = \frac{KA^2}{2(V + V_e)} \tag{3.87}$$

式(3.86)和式(3.87)为过滤过程的基本方程式。

应用过滤基本方程式时,需针对具体的操作方式积分式(3.86),得到过滤时间与所得滤液体积之间的关系。过滤的操作方式有两种,即恒压过滤及恒速过滤。有时,为避免过滤初期因压强差过高而引起滤液浑浊或滤布堵塞,可采用先恒速后恒压的复合操作方式,过滤开始时以较低的恒定速度操作,当表压升至给定数值后,再转入恒压操作。当然,工业上也有既非恒速亦非恒压的过滤操作,如用离心泵向压滤机送浆。

3.5.3 恒压过滤

1. 恒压过滤计算

若过滤操作是在恒定压强差下进行的,则称为恒压过滤。恒压过滤是最常见的过滤方式。连续过滤机内进行的过滤都是恒压过滤,间歇过滤机内进行的过滤也多为恒压过滤。恒压过滤时,滤饼不断变厚致使阻力逐渐增加,但推动力 Δp 恒定,因而过滤速率逐渐变小。

恒压过滤时,压强差 Δp 不变,k、A、s、V_e 也都是常数,则过滤时间与所得滤液体积之间的关系如下:

在边界条件 $\tau=0$,$V=0$;$\tau=\tau$,$V=V$ 下对式(3.87)积分

$$\int_{V=0}^{V=V}(V+V_e)\mathrm{d}V=\frac{KA^2}{2}\int_{\tau=0}^{\tau=\tau}\mathrm{d}\tau$$

可得

$$V^2+2VV_e=KA^2\tau \tag{3.88}$$

或

$$q^2+2qq_e=K\tau \tag{3.88a}$$

此两式表示了恒压条件下过滤时累计滤液量 q(或 V)与过滤时间 τ 的关系,称为恒压过滤方程。它表明恒压过滤时滤液体积与过滤时间的关系为抛物线方程,如图 3.16 所示。

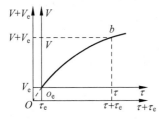

图 3.16　恒压过滤的滤液体积和过滤时间关系曲线

图中曲线 o_eb 段表示实际的过滤时间 τ 与实际的滤液体积 V 之间的关系,而 o_eo 段则表示与介质阻力相对应的虚拟过滤时间 τ_e 与虚拟滤液体积 V_e 之间的关系。

当过滤介质阻力可以忽略时,$V_e=0$,$\tau_e=0$,则式(3.88)可简化为

$$V^2=KA^2\tau \tag{3.89}$$

或

$$q^2=K\tau \tag{3.89a}$$

恒压过滤方程式中的 K 是由物料特性及过滤压强差所决定的常数,其单位为 m^2/s;τ_e 与 q_e 是反映过滤介质阻力大小的常数,均称为介质常数,单位分别为 s 和 $\mathrm{m}^3/\mathrm{m}^2$。三者总称为过滤常数,其数值由实验测定。

2. 恒速过滤与先恒速后恒压的过滤

1) 恒速过滤

恒速过滤是维持过滤速率 $\mathrm{d}q/\mathrm{d}\tau$ 恒定的过滤方式。当用排量固定的正位移泵向过滤机供料,并且支路阀处于关闭状态时,过滤速率便是恒定的。此情况下,随着过滤的进行,滤饼不断增厚,过滤阻力不断增大,要维持过滤速率不变,必须不断增大过滤的推动力——压强差。

恒速过滤时的过滤速度为

$$\frac{\mathrm{d}V}{A\mathrm{d}\tau}=\frac{V}{A\tau}=\frac{q}{\tau}=u_R=常数 \tag{3.90}$$

即

$$\frac{q}{\tau}=\frac{K}{2(q+q_e)}$$

$$q^2+qq_e=\frac{K}{2}\tau \tag{3.91}$$

或

$$V^2+VV_e=\frac{KA^2}{2}\tau \tag{3.91a}$$

式中　u_R——恒速阶段的过滤速度,m/s。

式(3.91)和式(3.91a)均为恒速过滤方程。

2）先恒速后恒压过滤

实际过滤操作中多采用先恒速后恒压的复合式操作方式，其装置如图 3.17 所示。

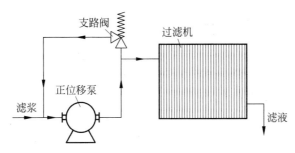

图 3.17 先恒速后恒压过滤装置

由于采用正位移泵，过滤初期保持恒定速率，泵出口表压强逐渐升高。经过 τ_1 时间（获得体积 V_1 的滤液）后，表压强达到能使支路阀自动开启的给定数值，此时支路阀开启，开始有部分料浆返回泵的入口，进入压滤机的料浆流量逐渐减小，而压滤机入口表压强维持恒定。这后一阶段的操作即为恒压过滤。

若令 V_1、τ_1 分别代表恒速阶段的过滤时间及所得滤液体积，则恒压阶段式（3.87）的积分式为

$$\int_{V=V_1}^{V=V} (V+V_e)\,\frac{\mathrm{d}V}{\mathrm{d}\tau} = \frac{KA^2}{2}\int_{\tau=\tau_1}^{\tau=\tau} \mathrm{d}\tau \tag{3.92}$$

积分可得

$$(V^2 - V_1^2) + 2V_e(V-V_1) = KA^2(\tau-\tau_1) \tag{3.93}$$

或

$$(q^2 - q_1^2) + 2q_e(q-q_1) = K(\tau-\tau_1) \tag{3.93a}$$

此式即为恒压阶段的过滤方程，式中 $(V-V_1)=\Delta V$、$(\tau-\tau_1)=\Delta\tau$ 分别代表转入恒压操作后所得的滤液体积及所经历的过滤时间。

3. 过滤常数的测定

1）恒压下 K、q_e、τ_e 的测定

恒压和恒速过滤方程中均包括过滤常数 K、q_e。其测定方式是在指定的压强差下对同一悬浮料浆在实验室中小型设备内进行。

实验在恒定条件下进行，将恒压过滤方程式（3.88a）改写可得到

$$\frac{\tau}{q} = \frac{1}{K}q + \frac{2}{K}q_e \tag{3.94}$$

上式表明，在恒压过滤时 $\left(\dfrac{\tau}{q}\right)$ 与 q 之间具有线性关系，直线的斜率为 $\left(\dfrac{1}{K}\right)$，截距为 $\left(\dfrac{2}{K}q_e\right)$。在不同的过滤时间 τ，记录单位过滤面积所得的滤液量 q，可根据式（3.94）求得过滤常数 K 和 q_e。上式仅对过滤一开始就是恒压操作有效。若在恒压过滤之前的 τ_1 时间内单位过滤面积已得滤液为 V_1，可将式（3.94）改写为

$$\frac{\tau - \tau_1}{q - q_1} = \frac{1}{K}(q - q_1) + \frac{2}{K}(q_e - q_1) \tag{3.95}$$

上式表明,在恒压过滤时 $\left(\dfrac{\tau - \tau_1}{q - q_1}\right)$ 与 $(q - q_1)$ 之间同样具有线性关系,依然可以求出恒压过滤常数 K 和 q_e。

另外,当进行过滤实验比较困难时,只要能够获得指定条件下的过滤时间与滤液量的两组对应数据,也可计算出过滤常数,因为

$$q^2 + 2qq_e = K\tau \tag{3.96}$$

将已知的两组 q-τ 对应数据代入上式,便可解出 q_e 及 K。但是注意,如此求得的过滤常数,其准确性完全依赖于这仅有的两组数据,可靠程度往往较差。

此外,介绍另外一种方法,将式(3.86)改写为

$$\frac{\mathrm{d}\tau}{\mathrm{d}q} = \frac{2q}{K} + \frac{2}{K}q_e \tag{3.97}$$

继续改写为

$$\frac{\Delta\tau}{\Delta q} = \frac{2q}{K} + \frac{2}{K}q_e \tag{3.97a}$$

上式表明,在恒压过滤时 $\left(\dfrac{\Delta\tau}{\Delta q}\right)$ 与 q 之间具有线性关系,直线的斜率为 $\left(\dfrac{2}{K}\right)$,截距为 $\left(\dfrac{2}{K}q_e\right)$。每隔一定时间 $\Delta\tau$ 测定所得滤液体积 Δq,并由此算出相应的 $q = V/A$ 值,从而得到一系列相互对应的 $\Delta\tau$ 与 Δq 之值。在直角坐标系中标绘 $\dfrac{\Delta\tau}{\Delta q}$ 与 q 间的函数关系,可得一条直线,由直线的斜率 $\left(\dfrac{2}{K}\right)$ 及截距 $\left(\dfrac{2}{K}q_e\right)$ 的数值便可求得 K 与 q_e。

2) 压缩性指数 s 的测定

滤饼的压缩性指数 s 以及物料特性常数 k 的确定需要若干不同压强差下对指定物料进行过滤试验的数据,先求出若干过滤压强差下的 K 值,然后对 K-Δp 数据加以处理,即可求得 s 及 k 值:

$$K = 2k\Delta p^{1-s} \tag{3.98}$$

对上式两端取对数,得 $\lg K = (1-s)\lg(\Delta p) + \lg(2k)$。

因 $k = 1/(\mu r' v)$ 为常数,故 K 与 Δp 的关系在双对数坐标上标绘应具有线性关系,直线的斜率为 $(1-s)$,截距为 $2k$。由此可得滤饼的压缩性指数 s 及物料特性常数 k。值得注意的是,上述求压缩性指数的方法是建立在 v 值恒定的条件上的,这就要求在过滤压强变化范围内,滤饼的空隙率应没有显著的改变。

3.5.4　过滤设备

在工业生产中,各种生产工艺形成的悬浮液的性质有很大差别,过滤的目的、原料的处理量等要求也各不相同,为适应各种不同的要求开发了多种形式的过滤机。

过滤设备分类:

(1) 按照操作方式可分为间歇过滤机与连续过滤机;

（2）按照采用的压强差可分为压滤、吸滤和离心过滤机。

工业上应用最广泛的板框过滤机和叶滤机为间歇压滤型过滤机，转筒真空过滤机则为吸滤型连续过滤机。离心过滤机有三足式及活塞推料、卧式刮刀卸料等。

1. 板框压滤机

板框压滤机是一种在工业生产中应用最早、具有较长的历史、至今仍沿用不衰的间歇式压滤机。它由多块带凹凸纹路的滤板和滤框交替排列组装于机架而构成，如图 3.18 所示。

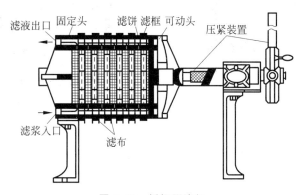

图 3.18　板框压滤机

滤板和滤框一般制成正方形，结构如图 3.19 所示。板和框的四个角端均开有圆孔，装合、压紧后分别构成供滤浆、滤液、洗涤液流动的通道。框的两侧覆以滤布，空框与滤布围成了容纳滤浆及滤饼的空间。板又分为洗涤板与过滤板两种。借手动、电动或液压传动等方式使螺旋杆转动压紧板和框。

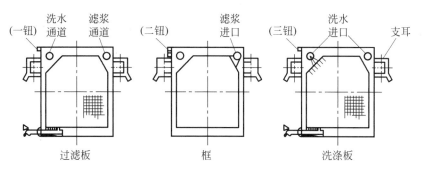

图 3.19　板框压滤机内液体流动路径

过滤操作开始时，悬浮液在指定的压强下经滤浆通道由滤框角端的暗孔进入框内，滤液分别穿过两侧滤布，再经邻板板面流到滤液出口排走，固体则被截留于框内，待滤饼充满滤框后，即停止过滤。滤液的排出方式有明流与暗流之分。若滤液经由每块滤板底部侧管直接排出（见图 3.20），则称为明流。若滤液不宜暴露于空气中，则需将各板流出的滤液汇集于总管后送走（见图 3.18），称为暗流。

若滤饼需要洗涤，可将洗水压入洗水通道，经洗涤板角端的暗孔进入板面与滤布之间。此时，关闭洗涤板下部的滤液出口，洗水便在压强差推动下穿过一层滤布及整个厚度的滤饼,然后再横穿另一层滤布,最后由过滤板下部的滤液出口排出,如图 3.20 所示。这种操作方式称为横穿洗涤法,其作用在于提高洗涤效果。

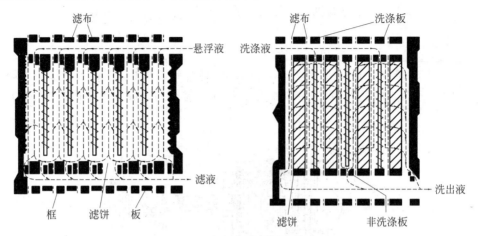

图 3.20　板框压滤机操作简图

洗涤结束后,旋开压紧装置并将板框拉开,卸出滤饼,清洗滤布,重新组合,进入下一个操作循环。

板框压滤机的操作表压,一般在 0.3~1.0MPa 的范围内。滤板和滤框可由金属材料(如铸铁、碳钢、不锈钢、铝等)、塑料及木材制造。我国已有板框压滤机系列标准及规定代号,如 BMS20/635—25,其中 B 表示板框压滤机,M 表示明流式(若为 A,则表示暗流式),S 表示手动压紧(若为 Y,则表示液压压紧),20 表示过滤面积为 20m^2,635 表示滤框为边长 635mm 的正方形,25 表示滤框的厚度为 25mm。滤板和滤框的数目,可根据生产任务自行调节,一般为 10~60 块,所提供的过滤面积为 2~80m^2。

板框压滤机结构简单,制造方便,占地面积较小而过滤面积较大,操作压强高,适应能力强,故应用颇为广泛。它的主要缺点是装卸、清洗大部分需要借手工操作,生产效率低,劳动强度大,滤布损耗也较快。近来,各种自动操作板框压滤机的出现,使上述缺点在一定程度上得到改善。

2. 加压叶滤机

图 3.21 所示的加压叶滤机是由许多不同的矩形或圆形滤叶装合在能承受内压的密闭机壳内而成。滤叶由金属多孔板或金属网制造,内部具有空间,外罩滤布。过滤时,滤浆用泵压送到机壳内,滤液穿过滤布进入网状中空部分并汇集于下部总管后排出机外,滤渣则沉积于滤叶外侧形成滤饼。根据滤饼的性质及操作压强的大小,滤饼的厚度可达 2~35mm,视滤浆性质及操作情况而定。

每次过滤结束后,若滤饼需要洗涤,则于过滤完毕后向滤槽内通入洗涤水,洗涤水的路径与滤液相同,这种洗涤方法称为置换洗涤法。洗涤过后打开机壳上盖,拨出滤叶卸除滤饼。也可以将带有滤饼的滤叶移入专门的洗涤槽中进行洗涤,然后用压缩空气、清水或蒸汽反向吹卸滤渣。

加压叶滤机也是间歇操作设备,其优点是操作密封,过滤面积较大(通常为 20~

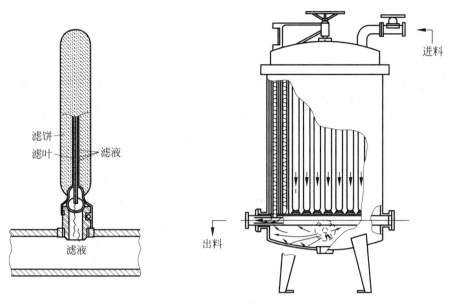

图 3.21　叶滤机

$100\mathrm{m}^2$),过滤速度大,洗涤效果好,占地少,改善了劳动条件。需要洗涤时,洗涤液与滤液通过的路径相同,洗涤比价均匀。每次操作时,滤布不需要装卸,但一旦破损,更换较为困难。对密闭加压的叶滤机,因其结构比较复杂,造价较高。

3. 转筒真空过滤机

转筒真空过滤机是一种工业上应用较广的连续操作吸滤型过滤机械。设备的主体是一个能转动的水平圆筒,其表面有一层金属网,网上覆盖滤布,筒的下部浸入滤浆中,如图 3.22所示。

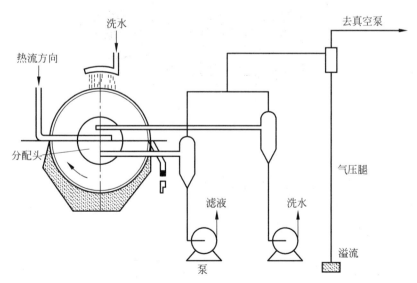

图 3.22　转筒真空过滤机示意图

圆筒沿径向分隔成若干扇形格,每格都有孔道通至分配头上。凭借分配头的作用,圆筒转动时,这些孔道依次分别与真空管及压缩空气管相连通,从而在圆筒回转一周的过程中,每个扇形表面即可按顺序进行过滤、洗涤、吸干、吹松、卸饼等操作,对圆筒的每一块表面,转筒转动一周经历一个操作循环。

分配头是转筒真空过滤机的关键部件,它由紧密贴合着的转动盘与固定盘构成,转动盘随着筒体一起旋转,固定盘不动,其内侧面各凹槽分别与各种不同作用的管道相通。

转筒的过滤面积一般为 $5\sim40m^2$,浸没部分占总面积的 $30\%\sim40\%$。转速可在一定范围内调整,通常为 $0.1\sim3r/min$。滤饼厚度一般保持在 40mm 以内,转筒过滤机所得滤饼中的液体含量很少,低于 10%,常可达 30% 左右。

转筒真空过滤机能连续自动操作,节省人力,生产能力大,对处理量大而容易过滤的料浆特别适宜,对难以过滤的胶体物系或细微颗粒的悬浮液,若采用预涂助滤剂措施也比较方便。但转筒真空过滤机附属设备较多,过滤面积不大。此外,由于它是真空操作,因而过滤推动力有限,尤其不能过滤温度较高(饱和蒸气压高)的滤浆,滤饼的洗涤也不充分。

4. 过滤离心机

离心过滤是指旋转液体借其所受到的径向压差(推动力)通过介质和滤饼,而固体颗粒被截留于过滤介质表面的操作过程。离心机转鼓的壁面上开孔,就成为过滤离心机。工业上应用最多的有以下几种。

1) 三足式离心机

图 3.23 所示的三足式离心机是间歇操作、人工卸料的立式离心机,在工业上采用较早,目前仍是国内应用最广、制造数目最多的一种离心机。

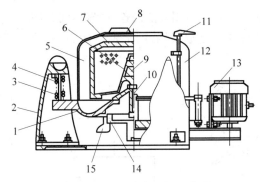

图 3.23　三足式离心机示意图

1—底盘;2—支柱;3—缓冲弹簧;4—摆杆;5—鼓壁;6—转鼓底;7—拦液板;8—机盖;9—主轴;10—轴承座;11—制动器手柄;12—外壳;13—电动机;14—制动轮;15—滤液出口

三足离心机有过滤式和沉降式两种,其卸料方式又有上部卸料与下部卸料之分。离心机的转鼓支承在装有缓冲弹簧的杆上,以减轻由于加料或其他原因造成的冲击。国内生产的三足式离心机技术参数范围如表 3.1 所示。

表 3.1　国产三足式离心机技术参数范围

参数	转鼓直径/m	有效容积/m³	过滤面积/m²	转速/(r·min⁻¹)	分离因数 K_c
范围	$0.45\sim1.5$	$0.02\sim0.4$	$0.6\sim2.7$	$730\sim1\,950$	$50\sim1\,170$

料液加入转鼓后,滤液穿过转鼓于机座下部排出,滤渣沉积于转鼓内壁,待一批料液过滤完毕,或转鼓内的滤渣量达到设备允许的最大值时,可停止加料并继续运转一段时间以沥干滤液。必要时,也可于滤饼表面淋以清水进行洗涤,然后停止卸料,清洗设备。

从表 3.1 可知,三足式离心机的转鼓一般直径较大,转速不高。与其他型式的离心机相比,具有结构简单、制造方便、运转平稳、适应性强、运转周期可灵活掌握等优点。一般所得滤饼中固体含量少,滤饼中固体颗粒不易受损伤,适用于间歇生产中小批量物料,尤其适用于盐类晶体的过滤和脱水。其缺点是卸料时劳动强度大,生产能力低。近年来已出现了自动卸料及连续生产的三足式离心机。

2）卧式刮刀卸料离心机

卧式刮刀卸料离心机是连续操作的过滤式离心机,其特点是在转鼓全速运动中自动地依次进行加料、分离、洗涤、甩干、卸料、洗网等操作,每批操作周期约为 35～90s。每一工序的操作时间可按预定要求实现自动控制。其结构及操作示意于图 3.24。

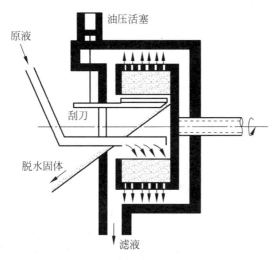

图 3.24　刮刀卸料式离心机

操作时,悬浮液从进料管进入全速运转的鼓内,液相经滤网及鼓壁小孔被甩到鼓外,再经机壳的排液口流出。留在鼓内的固相被耙齿均匀分布在滤网面上。当滤饼达到指定厚度时,进料阀门自动关闭,停止进料进行冲洗,再经甩干一定时间后,刮刀自动上升,滤饼被刮下并经倾斜的溜槽排出。刮刀升至极限位置后自动退下,同时冲洗阀开启,对滤网进行冲洗,即完成一个操作循环,重新开始进料。

此种离心机可连续运转,自动操作,生产能力大,劳动条件好,适宜于大规模连续生产,目前已较广泛地用于石油、化工行业中,如硫铵、尿素、碳酸氢铵、聚氯乙烯、食盐、糖等物料的脱水。由于用刮刀卸料,使颗粒破碎严重,对于必须保持晶粒完整的物料不宜采用。

3）活塞往复式卸料离心机

这种离心机的加料过滤、洗涤、沥干、卸料等操作同时在转鼓内的不同部位进行,结构如图 3.25 所示。料液加入旋转的锥形料斗后被洒在近转鼓底部的一段范围内,形成约 25～75mm 厚的滤渣层。转鼓底部装有与转鼓一起旋转的推料活塞,其直径稍小于转鼓内壁。活塞与料斗一起作往复运动,将滤渣逐步推向加料斗的右边。该处的滤渣经洗涤、沥干后,被卸出转鼓外。活塞的冲程约为转鼓全长的 1/10,往复次数约 30 次/min。

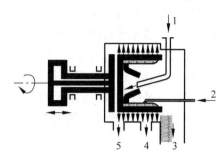

图 3.25　活塞往复式卸料离心机

1—原料液;2—洗涤液;3—脱液固体;4—洗出液;5—滤液

此种离心机主要用于浓度适中并能很快脱水和失去流动性的悬浮液,其优点是颗粒破碎程度小,控制系统较简单,功率消耗也较均匀。缺点是对悬浮液的浓度要求较高,若料浆太稀,则滤饼来不及生成,料液直接流出转鼓,并可冲走先已形成的滤饼;若料浆太浓,则流动性差,易使滤渣分布不均,引起转鼓的振动。

4) 管式高速离心机

离心技术就是利用离心机转子高速旋转产生的强大离心力,加快液体中颗粒的沉降速度,把物料中不同沉降系数和浮力密度的物质进行分离、浓缩和提纯的方法。管式离心机是利用离心力来达到液体与固体颗粒、液体与液体的混合物中各组分分离的机械设备。

管式高速离心机(结构如图 3.26 所示)是目前用离心法进行分离的理想设备,主要用于液-固、液-液或液-液-固三相分离,其最小分离颗粒为 $1\mu m$,特别对一些液固相比重差异小、固体粒径细、含量低,介质腐蚀性强等物料的提取、浓缩、澄清较为适用。

当含有细小颗粒的悬浮液静置不动时,由于重力场的作用使得悬浮的颗粒逐渐下沉。粒子越重,下沉越快,反之,密度比液体小的粒子就会上浮。微粒在重力场下移动的速度与微粒的大小、形态和密度有关,且与重力场的强度及液体的黏度有关。像红细胞大小的颗粒,直径为数微米,就可以在通常重力作用下观察到它们的沉降过程。对小于几微米的微粒如病毒或蛋白质等,它们在溶液中成胶体或半胶体状态,仅仅利用重力是不可能观察到其沉降过程的,所以需要利用离心机产生强大的离心力,才能迫使这些微粒克服扩散产生沉降运动。与其他分离机械相比,此种离心机可以得到高纯度的液相和含湿量较低的固相,而且连续运转、自动控制。

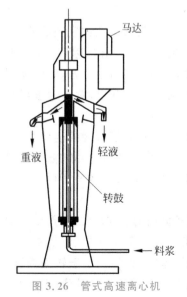

图 3.26　管式高速离心机

管式高速离心机由机身、传动装置、转鼓、集液盘、进液轴承座组成。转鼓上部是挠性主轴,下部是阻尼浮动轴承,主轴由连接座缓冲器与被动轮连接,电动机通过传送带、张紧轮将动力传递给被动轮,从而使转鼓绕自身轴线高速旋转,形成强大的离心力场。物料由底部进液口射入,离心力迫使料液沿转鼓内壁向上流动,且因料液不同组分的密度差而分层。

此种离心机具有操作安全可靠、节省人力、占地面积小、减轻劳动强度和改善劳动条件等优点,已广泛应用在生物医学、中药制剂、保健食品、饮料、化工等行业。

近年来,新型过滤设备及新过滤介质的开发取得可观成绩,有些已在大型生产中获得很好的效益,例如预涂层转筒真空过滤机、真空带式过滤机、节约能源的压榨机、采用动态过滤技术的叶滤机等。读者可参阅有关专著。

3.5.5　滤饼的洗涤

过滤之后所形成滤饼层的空隙内仍残留滤液。洗涤滤饼的目的是回收滞留在颗粒缝隙间的滤液,或净化构成滤饼的颗粒。洗涤操作大多具有恒速恒压的特点。当滤饼需要洗涤时,洗涤液用量 V_W 或单位面积洗涤液的用量 q_W 需由实验决定。

单位时间内消耗的洗涤液体积称为洗涤速率,以 $(dV/d\tau)_W$ 表示,也可以用单位时间单位面积消耗的洗涤液体积,即 $(dq/d\tau)_W$ 表示。由于洗涤液里不含固相,在洗涤过程中滤饼不再增厚,过滤阻力不变,洗涤速率为一常数,因而,洗涤没有恒速和恒压的区别。若每次过滤后用单位面积洗涤液 q_W 洗涤滤饼,则洗涤速率为

$$\left(\frac{dq}{d\tau}\right)_W = \frac{\Delta p}{r\mu_W v(q_{\text{终了}} + q_e)} \tag{3.99}$$

所需洗涤时间为

$$\tau_W = \frac{q_W}{(dq/d\tau)_W} \tag{3.100}$$

式中下标 W 表示洗涤操作。

影响洗涤速率的因素可根据过滤基本方程式来分析,即

$$\frac{dq}{d\tau} = \frac{\Delta p^{1-s}}{\mu r'(L + L_e)} \tag{3.101}$$

对于一定的悬浮液,r' 为常数。当洗涤与过滤终了时的操作压强相同,洗涤液与滤液黏度相近时,则洗涤速率 $\left(\dfrac{dq}{d\tau}\right)_W$ 与过滤终了时的过滤速率 $\left(\dfrac{dq}{d\tau}\right)_E$ 有一定关系,这个关系取决于特定过滤设备上采用的洗涤方式。对于连续式过滤机及叶滤机等所采用的是置换洗涤法,洗涤与过滤终了时的滤液流过的路径基本相同,而且洗涤与过滤面积也相同,故洗涤速率大致等于过滤终了时的过滤速率,即

$$\left(\frac{dq}{d\tau}\right)_W = \left(\frac{dq}{d\tau}\right)_E = \frac{K}{2(q_{\text{终了}} + q_e)} \tag{3.102}$$

式中　$q_{\text{终了}}$——过滤终了时所得的单位面积的滤液体积,m^3/m^2;下标 E 表示过滤终了时刻。

与叶滤机洗涤方式不同,板框压滤机采用的是横穿洗涤法,洗涤液穿过整个厚度的滤饼,流动路径的长度约为过滤终了时滤液流动路径的 2 倍;洗涤液横穿两层滤布而滤液只需穿过一层滤布,洗涤液流通面积为过滤面积的一半,即

$$(L + L_e)_W = 2(L + L_e)_E, \quad A_W = A/2$$

将以上关系代入过滤基本方程式,可得

$$\left(\frac{dq}{d\tau}\right)_W = \frac{1}{4}\left(\frac{dq}{d\tau}\right)_E = \frac{K}{8(q_{\text{终了}} + q_e)} \tag{3.103}$$

即板框压滤机上的洗涤速率约为过滤终了时过滤速率的 1/4。

综合板框压滤机、叶滤机、连续式过滤机,洗涤速率可统一为

$$\left(\frac{\mathrm{d}q}{\mathrm{d}\tau}\right)_{\mathrm{W}}=\frac{K}{\alpha(q_{终了}+q_{\mathrm{e}})} \tag{3.104}$$

式中,对板框压滤机,$\alpha=8$;对叶滤机和连续式过滤机,$\alpha=2$。

当洗涤液与滤液黏度相等、洗涤与过滤终了时的操作压强相同时,板框压滤机的洗涤时间为

$$\tau_{\mathrm{W}}=\frac{8(q_{终了}+q_{\mathrm{e}})q_{\mathrm{W}}}{K} \tag{3.105}$$

或

$$\tau_{\mathrm{W}}=\frac{8(V_{终了}+V_{\mathrm{e}})V_{\mathrm{W}}}{KA^2} \tag{3.105a}$$

若洗涤液黏度、洗涤液表压与滤液黏度、过滤压强差有明显差异,则所需的洗涤时间可按下式进行校正:

$$\tau'_{\mathrm{W}}=\tau_{\mathrm{W}}\left(\frac{\mu_{\mathrm{W}}}{\mu}\right)\left(\frac{\Delta p}{\Delta p_{\mathrm{W}}}\right) \tag{3.106}$$

式中 τ'_{W}——校正后的洗涤时间,s;

τ_{W}——未经校正的洗涤时间,s;

μ_{W}——洗涤液黏度,Pa·s;

Δp——过滤终了时刻的推动力,Pa;

Δp_{W}——洗涤推动力,Pa。

3.5.6   过滤机的生产能力

过滤机的生产能力通常以单位时间获得的滤液体积来计算,少数情况下,也有按滤饼的产量或滤饼中固相物质的产量来计算的。

1. 间歇过滤机的生产能力

间歇过滤机的特点是在整个过滤机上依次进行一个过滤循环中的过滤、洗涤、卸渣、清理、装合等操作。已知过滤设备的过滤面积 A 和指定的操作压强 Δp,计算过滤机的生产能力,这属于典型的操作型问题。叶滤机和压滤机都是典型的间歇式过滤机,在每一循环周期中,全部过滤面积只有部分时间在进行过滤,而过滤之外的其他各步操作(包括洗涤操作时间 τ_{W},组装、卸渣及清洗滤布等辅助时间 τ_{D})所占用的时间也必须计入生产时间内。因此生产能力应以整个操作周期为基准来计算。一个操作周期的总时间为

$$\sum\tau=\tau+\tau_{\mathrm{W}}+\tau_{\mathrm{D}} \tag{3.107}$$

式中 $\sum\tau$——一个操作循环的时间,即操作周期,s;

τ——一个操作循环内的过滤时间,s;

τ_{W}——一个操作循环内的洗涤时间,s;

τ_{D}——一个操作循环内的卸渣、清理、装合等辅助操作所需时间,s。

则生产能力的计算式为

$$q_V = \frac{3\,600V}{\sum \tau} = \frac{3\,600V}{\tau + \tau_W + \tau_D} \tag{3.108}$$

式中　V——一个操作循环内所获得的滤液体积（即过滤时间内所获得的滤液体积），m^3；

　　　q_V——生产能力，m^3/h。

在恒压过滤中，并非过滤时间越长或越短，过滤设备生产能力越大，如图 3.27 所示，原点与滤液量-过滤时间关系曲线上各点间直线斜率的数值表示生产能力的大小。针对某过滤设备一定的洗涤时间和辅助时间，过滤时间有一个使生产能力最大的最佳值。最佳过滤时间为过原点的直线与滤液量-过滤时间关系曲线的切点所对应的时间。即 $\tau_W + \tau_D$ 一定时，

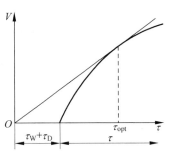

图 3.27　最佳过滤时间

$$q_v = \frac{V}{\dfrac{V^2 + 2V_e V}{KA^2} + \tau_W + \tau_D} \tag{3.109}$$

将 q_V 对 V 求导并令其等于零，得到最佳过滤时间为

$$\tau_{opt} = \tau_W + \tau_D + 2q_e\sqrt{\frac{\tau_W + \tau_D}{K}} \tag{3.110}$$

若过滤介质阻力可忽略，即 $q_e = 0$，则 $\tau_{opt} = \tau_W + \tau_D$；若过滤介质阻力可忽略且滤饼不洗涤，$\tau_{opt} = \tau_D$。

间歇过滤设备的最佳过滤时间也可通过将恒压过滤方程式和洗涤时间代入生产能力定义式，将其整理成生产能力 q_V 对 V 的函数关系，即

$$q_V = \frac{V}{\tau + \tau_W + \tau_D} = \frac{KA^2 V}{(V^2 + 2VV_e) + \alpha\beta(V^2 + VV_e) + KA^2\tau_D} \tag{3.111}$$

式中，$\beta = \dfrac{V_W}{V}$，即洗涤液用量是过滤终了滤液量的倍数。

将式（3.111）对 V 求导并令其等于零，得

$$\tau_D = \frac{V^2}{KA^2} + \frac{\alpha\beta V^2}{KA^2} \tag{3.112}$$

将过滤时间 $\tau = \dfrac{V^2 + 2VV_e}{KA^2}$ 和洗涤时间 $\tau_W = \dfrac{\alpha\beta(V^2 + VV_e)}{KA^2}$ 代入式（3.112），得

$$\tau - \frac{2VV_e}{KA^2} + \tau_W - \frac{\alpha\beta VV_e}{KA^2} - \tau_D = 0 \tag{3.113}$$

也可写为

$$\tau - \frac{2qq_e}{K} + \tau_W - \frac{\alpha\beta qq_e}{K} - \tau_D = 0 \tag{3.113a}$$

此即为间歇过滤机恒压过滤要达到最大生产能力 $q_{V,\,max}$ 时应满足的通用条件。

若过滤介质阻力可忽略，则 $\dfrac{V^2}{KA^2} = \tau$，$\dfrac{\alpha\beta V^2}{KA^2} = \alpha\beta\tau = \tau_W$，于是有

$$\tau_D = \tau + \tau_W = (1 + \alpha\beta)\tau \tag{3.114}$$

当 $\tau_D > \tau + \tau_W$, $dq_V/dV > 0$; 当 $\tau_D < \tau + \tau_W$, $dq_V/dV < 0$。这表明,在过滤介质阻力忽略不计的条件下,当过滤时间与洗涤时间之和等于辅助时间时,间歇过滤机(板框压滤机、叶滤机)的生产能力最大,此时的操作周期为最佳操作周期:

$$\left(\sum\tau\right)_{opt} = 2\tau_D \tag{3.115}$$

若滤饼不洗涤,则 $\tau_W = 0$,达到最大生产能力的条件是 $\tau_D = \tau$。

若间歇过滤采用先恒速后恒压操作,按照上述方法,仍可推导出类似的式子:

$$\tau - \frac{2q_e q}{K} + \frac{2q_e q_1}{K} - \tau_1 + \tau_W - \frac{\alpha\beta q_e q}{K} - \tau_D = 0 \tag{3.116}$$

此即为针对间歇过滤机先恒速后恒压过滤操作生产能力达到最大值 $q_{V,max}$ 时应满足的通用条件。值得注意的是,若无恒速段,过滤自始至终都维持恒压过滤,即 $q_1 = 0$, $\tau_1 = 0$,式(3.116)即可简化为式(3.113a)。

【例 3.8】　悬浮液及滤饼参数的测定。实验室中过滤质量分数为 0.1 的二氧化钛水悬浮液,取湿滤饼 100g 经烘干后称重得干固体质量 55g。二氧化钛密度为 3 850kg/m³。过滤在 20℃及压差 0.05MPa 下进行。试求:(1)悬浮液中二氧化钛的体积分数 φ;(2)滤饼的空隙率 ε;(3)每 1m³ 滤液所形成的滤饼体积。

解:(1) 取 20℃水的密度为 $\rho = 1\,000$kg/m³。二氧化钛颗粒在水中没有体积变化,所以悬浮液中二氧化钛的体积分数为

$$\varphi = \frac{w/\rho_p}{w/\rho_p + (1-w)/\rho} = \frac{0.1/3\,850}{0.1/3\,850 + 0.9/1\,000} = 0.028\,1$$

(2)湿滤饼试样中的固体体积 $V_固$ 为

$$V_固 = \frac{55 \times 10^{-3}}{3\,850}\ \text{m}^3 = 1.43 \times 10^{-5}\ \text{m}^3$$

滤饼中水的体积 $V_水$ 为

$$V_水 = \frac{(100 - 55) \times 10^{-3}}{1\,000}\ \text{m}^3 = 4.5 \times 10^{-5}\ \text{m}^3$$

滤饼空隙率为

$$\varepsilon = \frac{V_水}{V_水 + V_固} = \frac{4.5 \times 10^{-5}}{(4.5 + 1.43) \times 10^{-5}} = 0.759$$

(3) 单位滤液形成的滤饼体积为

$$\frac{LA}{V} = \frac{\varphi}{1 - \varphi - \varepsilon} = \frac{0.028\,1}{1 - 0.028\,1 - 0.759}\ \text{m}^3_饼/\text{m}^3_液 = 0.132\text{m}^3_饼/\text{m}^3_液$$

【例 3.9】　间歇压滤机的计算。板框过滤机滤框尺寸为 450mm×450mm×25mm,操作条件下过滤常数 $K = 1.26 \times 10^{-4}$m²/s, $q_e = 0.026$m³/m²,生产要求在一次过滤操作的 20min 内,得到滤液 3.87m³,已知每获得 1m³ 可获得滤饼 0.034 2m³,试求:(1)需要多少个滤框?(2)洗涤液性质与滤液性质相同,若每次洗涤时洗涤液用量为滤液体积的 1/10,计算洗涤时间;(3)若辅助时间为 15min,求过滤机的生产能力。

解:(1)过滤一次:滤液体积 $V = 3.87$m³,滤饼/滤液体积比 $v = 0.034\,2$m³/m³,则滤饼总体积为

$$V_{饼} = vV = 0.034\,2 \times 3.87 \text{ m}^3 = 0.132\,4 \text{m}^3$$

需要过滤框数

$$n = \frac{0.132\,4}{0.450 \times 0.450 \times 0.025} = 26.15$$

取 27 只滤框。

（2）由题已知

$$K = 1.26 \times 10^{-4} \text{ m}^2/\text{s}, \quad q_e = 0.026 \text{m}^3/\text{m}^2$$

$$A = (2 \times 0.450 \times 0.450 \times 27) \text{m}^2 = 10.94 \text{m}^2$$

$$V_e = Aq_e = (10.94 \times 0.026) \text{m}^3 = 0.284 \text{m}^3$$

则过滤速率

$$\left(\frac{dV}{d\tau}\right) = \frac{KA^2}{2(V+V_e)} = \frac{1.26 \times 10^{-4} \times 10.94^2}{2 \times (3.87+0.284)} \text{ m}^3/\text{s} = 1.815 \times 10^{-3} \text{ m}^3/\text{s}$$

洗涤时间

$$\tau_W = \frac{V_W}{\frac{1}{4}\left(\frac{dV}{d\tau}\right)} = \frac{3.87 \times 0.1}{1.815 \times 10^{-3}/4} \text{ s} = 852.9 \text{s} = 14.21 \text{min}$$

（3）循环一次的时间

$$\sum \tau = \tau + \tau_W + \tau_D = 20 \text{min} + 14.21 \text{min} + 15 \text{min} = 49.21 \text{min}$$

生产能力

$$Q = \frac{V}{\sum \tau} = \frac{3.87 \times 60}{49.21} \text{ m}^3/\text{h} = 4.718 \text{m}^3/\text{h}$$

分析与讨论：求取板框压滤机滤框的个数时，既要考虑过滤面积是否足够，又要考虑滤框能否装得下滤饼。根据已知条件，若求解两种方法只能用一种时，求解结果就是最终结果；若两种方法均可求解时，需选取两种方法计算的 n 值较大者。

【例 3.10】　间歇压滤机的计算。在 $9.81 \times 10^3 \text{Pa}$ 的恒定压强差下过滤某种悬浮液。悬浮液中固相为直径 0.1mm 的球形颗粒，固相体积分率为 10%，过滤时形成空隙率为 60% 的不可压缩滤饼。已知水的黏度为 $1.0 \times 10^{-3} \text{Pa·s}$，过滤介质阻力可以忽略，试求：（1）每平方米过滤面积上获得 1.5 m^3 滤液所需的过滤时间；（2）若将此过滤时间延长 1 倍，可再得滤液多少？

解：（1）已知过滤介质阻力可以忽略时的恒压过滤方程式为
$$q^2 = K\tau$$
单位面积上所得滤液量 $q = 1.5 \text{m}^3/\text{m}^2$
过滤常数
$$K = 2k\Delta p^{1-s} = \frac{2\Delta p^{1-s}}{\mu r' v}$$
对于不可压缩滤饼，$r' = r = $ 常数，$s = 0$，则
$$K = \frac{2\Delta p}{\mu r v}$$
已知 $\Delta p = 9.81 \times 10^3 \text{Pa}, \mu = 1.0 \times 10^{-3} \text{Pa·s}$，滤饼的空隙率 $\varepsilon = 0.6$，球形颗粒的比表

190

面为

$$a = \frac{6}{d} = \frac{6}{0.1 \times 10^{-3}} \, \text{m}^2/\text{m}^3 = 6 \times 10^4 \, \text{m}^2/\text{m}^3$$

于是

$$r = \frac{5a^2(1-\varepsilon)^2}{\varepsilon^3} = \frac{5 \times (6 \times 10^4)^2 (1-0.6)^2}{0.6^3} \, \text{m}^{-2} = 1.333 \times 10^{10} \, \text{m}^{-2}$$

又根据料浆中的固相含量及滤饼的空隙率,可求出滤饼体积与滤液体积之比 v。形成 1m^3 滤饼需要固体颗粒 0.4m^3,所对应的料浆量是 4m^3,因此,形成 1m^3 滤饼可得到 $4\text{m}^3 - 1\text{m}^3 = 3\text{m}^3$ 滤液,则

$$v = 0.333$$

所以

$$\tau = \frac{q^2}{K} = \frac{1.5^2}{4.42 \times 10^{-3}} \, \text{s} = 509\text{s}$$

(2)过滤时间加倍时增加的滤液量

$$\tau' = 2\tau = 2 \times 509 \, \text{s} = 1\,018\text{s}$$

则

$$q' = \sqrt{K\tau} = \sqrt{4.42 \times 10^{-3} \times 1\,018} \, \text{m}^3/\text{m}^2 = 2.12\text{m}^3/\text{m}^2$$

$$q' - q = 2.12\text{m}^3/\text{m}^2 - 1.5\text{m}^3/\text{m}^2 = 0.62\text{m}^3/\text{m}^2$$

即每平方米过滤面积上将再得 0.62m^3 滤液。

【例 3.11】 间歇压滤机最大生产能力的计算。用叶滤机在等压条件下过滤某悬浮液,经实验测得,过滤开始后 20min 和 30min 获得的累计滤液量分别为 $0.53\text{m}^3/\text{m}^2$ 和 $0.66\text{m}^3/\text{m}^2$。过滤后,用相当于滤液体积 1/10 的清水在相同压差下洗涤滤饼,洗涤液黏度为滤液黏度的 1/2。试问:(1)若洗涤后的卸渣、清理、重装等辅助时间为 30min,则每周期的过滤时间为多长,才能使叶滤机达到最大生产能力?最大生产能力(以单位面积计)为多少?(2)若由于工人的工作效率提高,使得辅助时间减少为 20min,则每周期的过滤时间为多长,才能使叶滤机达到最大生产能力?最大生产能力(以单位面积计)又为多少?

解:(1)本题中过滤介质阻力不可忽略,故最大生产能力满足

$$\tau - \frac{2qq_e}{K} + \tau_W - \frac{\alpha'\beta qq_e}{K} - \tau_D = 0$$

因洗涤液黏度不等于滤液黏度,根据式(3.100),$\alpha' = \frac{\alpha}{2}$,上式变为

$$\tau - \frac{2qq_e}{K} + \tau_W - \frac{\alpha\beta qq_e}{2K} - \tau_D = 0$$

将 $\alpha = 2$、$\beta = 1/10$ 代入上式得

$$\tau + \tau_W - \tau_D - \frac{21qq_e}{10K} = 0 \tag{1}$$

此即为本题条件下最大生产能力所满足的条件。

下面求解过滤常数 K。

将 $\tau_1 = 20\text{min}$、$\tau_2 = 30\text{min}$,$q_1 = 0.53\text{m}^3/\text{m}^2$、$q_2 = 0.66\text{m}^3/\text{m}^2$ 代入恒压过滤方程:

$$q^2 + 2qq_e = K\tau \tag{2}$$

得
$$\begin{cases} 0.53^2 + 2 \times 0.53 q_e = 20K \\ 0.66^2 + 2 \times 0.66 q_e = 30K \end{cases}$$

解得 $K = 0.016\,9\,\mathrm{m^2/min}$，$q_e = 0.053\,\mathrm{m^3/m^2}$

将 q_e、K、$\tau_D = 30\,\mathrm{min}$ 代入式(1)得

$$\tau + \tau_W = 30 + 6.59q \tag{3}$$

将 q_e、K、$\alpha = 2$、$\beta = 1/10$ 代入式 $\tau = \dfrac{q^2 + 2qq_e}{K}$、$\tau_W = \dfrac{\alpha\beta(q^2 + qq_e)}{2KA^2}$ 得

$$\tau = \frac{q^2 + 0.106q}{0.016\,9}, \quad \tau_W = \frac{q^2 + 0.053q}{0.169} \tag{4}$$

将式(4)代入式(3)，解得：$q = 0.679\,\mathrm{m^3/m^2}$

将 $q = 0.679\,\mathrm{m^3/m^2}$ 代入式(4)得

$$\tau = \frac{0.679^2 + 0.106 \times 0.679}{0.016\,9}\,\mathrm{min} = 31.5\,\mathrm{min}$$

$$\tau_W = \frac{0.679^2 + 0.053 \times 0.679}{0.169}\,\mathrm{min} = 2.9\,\mathrm{min}$$

将 q、τ、τ_W、τ_D 代入 $q_{V,\max} = \dfrac{V}{\tau + \tau_W + \tau_D}$ 得最大生产能力(以单位面积计)

$$\frac{q_{V,\max}}{A} = \frac{0.679\,\mathrm{m^3/m^2}}{(31.5 + 2.9 + 30)\,\mathrm{min}} = 0.010\,5\,\mathrm{m^3/(m^2 \cdot min)} = 0.63\,\mathrm{m^3/(m^2 \cdot h)}$$

(2) 将 q_e、K、$\tau_D = 20\,\mathrm{min}$ 代入式(1)得

$$\tau + \tau_W = 20 + 6.59q \tag{5}$$

将式(4)代入，解得：$q' = 0.554\,\mathrm{m^3/m^2}$

代入式(4)得

$$\tau = \frac{0.554^2 + 0.106 \times 0.554}{0.016\,9}\,\mathrm{min} = 21.6\,\mathrm{min}$$

$$\tau_W = \frac{0.554^2 + 0.053 \times 0.554}{0.169}\,\mathrm{min} = 1.99\,\mathrm{min}$$

将 q、τ、τ_W、τ_D 代入 $q_{V,\max} = \dfrac{V}{\tau + \tau_W + \tau_D}$ 得最大生产能力(以单位面积计)

$$\frac{q'_{V,\max}}{A} = \frac{0.554\,\mathrm{m^3/m^2}}{(21.6 + 1.99 + 20)\,\mathrm{min}} = 0.012\,7\,\mathrm{m^3/min} = 0.76\,\mathrm{m^3/h}$$

分析与讨论：求间歇过滤机的最大生产能力和最佳操作周期时分为以下情况：①辅助时间和洗涤时间是定值，且过滤介质阻力不可忽略；②辅助时间和洗涤时间是定值，且过滤介质阻力可忽略；③洗涤液用量是滤液量的 β 倍，洗涤液黏度与滤液黏度相同，且过滤介质阻力不可忽略；④洗涤液用量是滤液量的 β 倍，洗涤液黏度与滤液黏度相同，且过滤介质阻力可忽略；⑤洗涤液用量是滤液量的 β 倍，洗涤液黏度是滤液黏度的 γ 倍，且过滤介质阻力不可忽略；⑥洗涤液用量是滤液量的 β 倍，洗涤液黏度是滤液黏度的 γ 倍，且过滤介质阻力可忽略。本题是第⑤种情况，其最大生产能力应该满足的通式为

$$\tau - \frac{2qq_e}{K} + \tau_W - \frac{\alpha\beta\gamma qq_e}{K} - \tau_D = 0$$

2. 连续过滤机(转筒真空过滤机)的生产能力

转筒真空过滤机的特点是过滤、洗涤、卸饼等操作在转筒表面的不同区域内同时进行；任何时刻总有一部分表面在进行过滤；任何一部分表面只有在其浸没在滤浆中那段时间才是有效过滤时间。

连续式过滤机的生产能力计算也以一个操作周期为基准,一个操作周期就是转筒旋转一周所用时间 T。若转筒转速为 $n(r/s)$,转筒表面浸入滤浆中的分数称为浸没度,以 ψ 表示,则

$$T = \frac{60}{n} \tag{3.117}$$

$$\psi = 浸没角度/360°$$

转鼓在回转一周的过程中,任何一块表面都只有部分时间进行过滤操作。那么,在一个过滤周期内,转筒表面上任何一块过滤面积所经历的过滤时间均为

$$\tau = \psi T = \frac{\psi}{n} \tag{3.118}$$

所以,从生产能力的角度来看,一台总过滤面积为 A、浸没度为 ψ、转速为 n 的连续转筒真空过滤机,与一台在同样条件下操作的过滤面积为 A、操作周期为 $T = 1/n$、每次过滤时间为 $\tau = 4/n$ 的间歇式板框压滤机是等效的。这样,就把真空转鼓过滤机部分转鼓表面的连续过滤转换为全部转鼓表面的间歇过滤,使得恒压过滤方程式依然适用。因而,可以完全依照前面所述的间歇式过滤机生产能力的计算方法来解决连续式过滤机生产能力的计算。转筒真空过滤机是在恒压差下操作的,根据恒压过滤基本方程式可知转筒每转一周所得的滤液体积为

$$V = \sqrt{KA^2\tau + V_e^2} - V_e = \sqrt{\frac{KA^2\psi}{n} + V_e^2} - V_e \tag{3.119}$$

则每秒所得滤液体积,即生产能力为

$$q_V = nV = \sqrt{KA^2\psi n + V_e^2 n^2} - V_e n \tag{3.120}$$

将式(3.120)代入式(3.77),即得到转筒真空过滤机一个操作周期(转筒转一周)形成的滤饼厚度:

$$L = \frac{\nu V}{A} = \frac{\nu\left(\sqrt{\frac{KA^2\psi}{n} + V_e^2 n} - V_e\right)}{A} = \nu\left(\sqrt{\frac{K\psi}{n} + q_e^2 n} - q_e\right) \tag{3.121}$$

式中 L 单位为 m/r。

若过滤介质阻力可略去不计,则式(3.120)和式(3.121)可写成

$$q_V = nV = \sqrt{KA^2\psi n} = A\sqrt{Kn\psi} \tag{3.122}$$

$$L = \nu\sqrt{\frac{K\psi}{n}} \tag{3.123}$$

由式(3.122)和式(3.123)均可看出,转筒真空过滤机的生产能力主要与转筒外侧表面积 A、过滤常数 K、转筒浸没度 ψ 及转速 n 4 个参数有关,即指明了提高连续过滤机生产能力的途径。例如,对特定的连续过滤机,浸没度越大,转速越快,生产能力也就越大。但实际上 ψ 过大会使其他操作的面积减少得过多,难以操作。若旋转过快会使得滤饼太薄,难以用刮刀卸除,同时也不利于洗涤,而且功率消耗增大,最合适的转速需经试验来决定。

【例 3.12】　间歇过滤机与连续过滤机的计算。一板框压滤机共 38 个框,框的尺寸为 810mm×810mm×25mm,在 202.6kPa(绝压)下恒压过滤某悬浮液,经 45min 滤框被充满,滤饼不洗涤,此期间共获得滤液 6m³,每次过滤后的清卸、重装等辅助时间为 45min(滤饼不可压缩,过滤介质阻力可忽略)。试问:(1)此过滤机的过滤常数是多少(m²/s)? (2)此过滤机的生产能力是多少(m³/h);(3)现为减轻操作人员劳动强度,拟用一转鼓直径为 1.75m、长为 0.98m、浸没角为 120° 的转筒真空过滤机代替上述压滤机,操作真空度为 80kPa,则此压滤机在此压力条件下过滤常数是多少(m²/s)? (4)转速为多少(r/s)才能达到与板框相同的生产能力?

解:(1)过滤面积 $A = 0.81\text{m} \times 0.81\text{m} \times 38 \times 2 = 49.86\text{m}^2$

由恒压过滤基本方程式可得 $V^2 = KA^2\tau$(忽略介质阻力),即

$$(6\text{m}^3)^2 = K(49.86\text{m}^2)^2 \times 45\text{min} \times 60\text{s/min}$$

$$K = 5.37 \times 10^{-6}\text{m}^2/\text{s}$$

(2)过滤机的生产能力 $q_V = \dfrac{V}{\tau + \tau_D} = \dfrac{6\text{m}^3}{90\text{min}/60\text{min/h}} = 4\text{m}^3/\text{h}$

(3)滤饼不可压缩,则 80kPa 时过滤常数为

$$K' = K\frac{\Delta p_2}{\Delta p_1} = \left(5.37 \times 10^{-6} \times \frac{80}{101.3}\right)\text{m}^2/\text{s} = 4.24 \times 10^{-6}\text{m}^2/\text{s}$$

(4)转筒的过滤面积 $A = \pi dL = 3.14 \times 1.75\text{m} \times 0.98\text{m} = 5.39\text{m}^2$

浸没度 $\psi = \dfrac{120°}{360°} = \dfrac{1}{3}$

由转筒的生产能力公式 $q_V = A\sqrt{Kn\psi}$ 得

$$\frac{4\text{m}^3/\text{h}}{3\,600\text{s/h}} = 5.39\text{m}^2 \times \sqrt{\frac{4.24 \times 10^{-6}\text{m}^2/\text{s}\,n}{3}}$$

$$n = 0.03\text{r/s}$$

3.6　固体流态化

3.6.1　概述

凭借流动流体的作用,使大量固体颗粒悬浮于流体中并呈现出类似于流体的某些特性,这就是固体流态化。借助固体颗粒的流化状态而实现某些生产过程的操作,称为流态化技术。

化学工业中广泛利用流态化技术以强化传热、传质,进行流体或固体的物理、化学加工,甚至颗粒的输送。

1. 流态化现象

所谓流态化就是固体颗粒像流体一样流动的现象。首先讨论均匀颗粒组成的理想流化床。当流体以不同速度向上通过固体颗粒床层时，可能会出现以下几种情况。

1）固定床阶段

当流体向上流过颗粒床层时，如果流速较低，颗粒能够保持静止状态，流体只能穿过颗粒之间的空隙而流动，这种床层称为固定床，如图 3.28(a) 所示，床层高度为 L_0 不变。

保持固定床状态的流体最大空塔速度为

$$u'_{max} = \varepsilon_0 u_t \tag{3.124}$$

式中　ε_0——固定床的空隙率，m^3/m^3；

　　　u_t——颗粒的带出速度，即沉降速度，m/s。

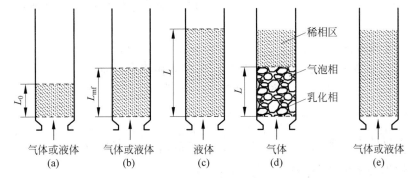

图 3.28　流态化现象

(a) 固定床；(b) 初始化或临界流化床；(c) 散式流化床；(d) 聚式流化床；(e) 输送床

2）流化床阶段

当流体空塔速度 u 稍大于 u'_{max} 时，颗粒开始松动，床层略有膨胀，但颗粒仍不能自由运动，这种情况称为初始流化或临界流化，如图 3.28(b) 所示，此时床层高度为 L_{mf}，空塔气速称为初始流化速度或临界流化速度，以 u_{mf} 表示。

当流体的实际速度 $u_1(u_1 = u/\varepsilon)$ 与颗粒的沉降速度 u_t 相同时，固体颗粒将悬浮于流体中作随机运动，床层空隙率增大，开始膨胀、增高，此时颗粒与流体之间的摩擦力恰好与其净重力相平衡。之后颗粒间的实际流速恒等于 u_t，床层高度将随流速提高而升高，但这种床层具有类似于流体的性质，故称为流化床，如图 3.28(c)、(d) 所示。

若流速再升高达到一极限时 $(u_1 > u_t)$，流化床的颗粒分散悬浮于气流中，并不断被气流带走，这种床层称为稀相输送床，如图 3.28(e) 所示，颗粒开始被带出的速度称为带出速度。

狭义流化床特指上述第二阶段（即流化床阶段），广义流化床泛指非固定阶段的流固系统，其中包括流化床、载流床、气力或液力输送。

2. 实际流化床中两种不同流化形式

1）散式流化

随流速增大，床层逐渐膨胀而没有气泡产生，颗粒间的距离均匀增大，床层高度上升，并保持稳定的上界面。而在流态化时,通过床层的流体称为流化介质。散式流化的特点是固体颗粒均匀地分散在流化介质中,类似于理想流化床。通常,两相密度差小的系统趋向于散式流化,故大多数液-固流化属于散式流化。

2) 聚式流化

在气-固系统的流化床中,超过流化所需最小气量的那部分气体以气泡形式通过颗粒层,上升至床层上界面时破裂,这些气泡内可能夹带有少量固体颗粒。此时床层内分为两相,一相是空隙小而固体浓度大的气固均匀混合物构成的连续相,称为乳化相;另一相则是夹带有少量固体颗粒而以气泡形式通过床层的不连续相,称为气泡相。由于气泡在床层中上升时逐渐长大、合并,至床层上界面处破裂,所以床层极不稳定,床层压降也随之波动。一般对于密度差较大的气-固流化系统,趋向于形成聚式流化。

3.6.2　流化床的流体力学

1. 流化床的压降

1) 理想流化床

在理想状态下,流体通过床层颗粒时,产生的压降与空塔气速之间的关系如图 3.29 所示,大致可分为以下几个阶段。

(1) 固定床阶段

此时气速较低,气体通过静止不动床层的空隙流动,气速增大,气体通过床层的压降也相应增加。如图 3.29 中 AB 段所示。

(2) 流化床阶段

当气速继续增大过点 C 时,床层空隙率增大,颗粒重排,颗粒开始逐渐地悬浮在流体中自由运动,整个床层的压降保持不变,但床层的高度亦随气速的提高而增高。流态化阶段的 Δp 与 u 的关系如图 3.29 中 CD 段。

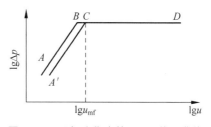

图 3.29　理想流化床的 Δp-u 关系曲线

当流化床气速降低时,Δp-u 关系曲线沿 DCA' 返回,床层高度、空隙率随之降低。这是由于从流化床阶段进入固定床阶段时,床层由于曾被吹松,其空隙率比相同气速下未被吹松的固定床要大,因此,相应的压降会小一些。

与点 C 对应的流速称为临界流化速度 u_{mf},它是最小流化速度。相应的床层空隙率称为临界空隙率 ε_{mf}。

流化床阶段中床层的压降,可根据颗粒与流体间的摩擦力恰与其净重力平衡的关系求出,即

$$\Delta p = L_{mf}(1-\varepsilon_{mf})(\rho_p - \rho)g \tag{3.125}$$

式中　L_{mf}——开始流化时床层的高度,m。

流化床的一个重要特征是随着流速的增大及床层高度和空隙率 ε 的增加,Δp 却维持不变。根据这一特点,可通过测定床层压降来判断流化质量优劣。整个流化床阶段的压降为

$$\Delta p = L(1-\varepsilon)(\rho_p - \rho)g \tag{3.125a}$$

在气-固系统中,ρ 与 ρ_p 相比较小可以忽略,Δp 约等于单位面积床层的重力。

(3) 气流输送阶段

在此阶段,气流中颗粒浓度降低,由浓相变为稀相,使压降变小,并呈现出复杂的流动情况。

2) 实际流化床

实际流化床的 Δp-u 关系曲线如图 3.30 所示。

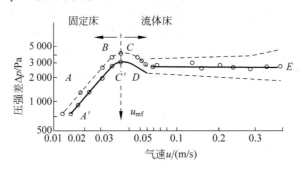

图 3.30　气体流化床实际 Δp-u 关系曲线

实际流化床与理想流化床 Δp-u 曲线的主要区别如下。

(1) 在固定床区域的 AB 段和流化床区域的 DE 段之间有一个"驼峰"BCD,这是因为固定床的颗粒间相互挤压,需要较大的推动力才能使床层松动,至颗粒达到悬浮状态时,压降 Δp 便从"驼峰"段降到水平段 DE 段,此后压降基本不随气速而变。

(2) 流化床阶段压降线 DE 应为水平线,Δp 保持不变,实际流化床中 DE 线右端略微向上倾斜。这是因为气体通过床层时的压降除绝大部分用于平衡床层颗粒的重力外,还有很少一部分消耗于颗粒之间的碰撞及克服颗粒容器壁之间的摩擦。

(3) 在图 3.30 中还可见到线 DE 的上下各有一条虚线,这是流化床压降的波动范围,而 DE 线是这两条线的平均值。说明在气泡运动、长大、破裂的过程中产生压降的波动。

图 3.30 中流化床阶段的 EDC' 阶段和固定床的 $C'A'$ 阶段的交点 C' 即为临界点,该点所对应的流速为临界流化速度 u_{mf},空隙率称为临界空隙率 ε_{mf}。

2. 类似于液体的特点

如图 3.31 所示,在流化床中,气、固两相的运动状态就像沸腾的液体,因此流化床也称为沸腾床。流化床具有液体的某些性质,如无固定形状,随容器形状而变,具有流动性,有上

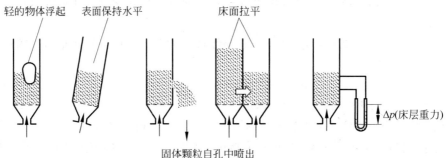

图 3.31　气体流化床类似液体的特性

界面；当容器倾斜时，床层上界面将保持水平，当两个床层连通时，它们的上界面自动调整至同一水平面；比床层密度小的物体被推入床层后会浮在床层表面上；可从小孔中喷出，从一个容器流入另一个容器。类似于液体的这种特性使操作易于实现自动化和连续化。

3. 床层内固体颗粒的均匀混合

流化床内的固体颗粒处于悬浮状态并不停地运动，这种颗粒的剧烈运动和均匀混合使床层基本处于全混状态，整个床层的温度、组成均匀一致，这一特征使流化床中气-固系统的传热大大强化，床层的操作温度也易于调控。但颗粒的激烈运动使颗粒间和颗粒与器壁间产生强烈的碰撞与摩擦，造成颗粒破碎和固体壁面磨损；同时当固体颗粒连续进出床层时会造成颗粒在床层内的停留时间不均，导致固体产品的质量不均。

4. 流化床的不正常现象

1）腾涌现象

腾涌现象主要出现在气-固流化床中。若气速过高，或床层高度与直径之比过大，或气体分布不均时，会发生气泡合并现象。当床层直径与气泡直径相等时，气泡将床层分为几段，形成相互间隔的气泡层与颗粒层。颗粒层被气泡推着向上运动，到达上部后气泡突然破裂，颗粒则分散落下，这种现象称为腾涌现象。出现腾涌时，Δp-u 曲线上表现为 Δp 在理论值附近大幅度地波动。这是因为气泡向上推动颗粒层时，颗粒与器壁的摩擦造成压降大于理论值，而气泡破裂时压降又低于理论值。如图 3.32 所示。

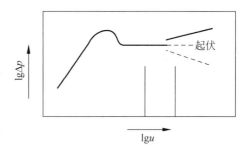

图 3.32　腾涌发生后 Δp-u 关系曲线

当流化床发生腾涌时，不仅使颗粒对器壁的磨损加剧，气-固接触不均，而且引起设备振动。因此，为避免腾涌现象的发生，应采用适宜的床层高度与床径比及适宜的气速。

2）沟流现象

沟流现象发生在气体通过床层时形成短路，大部分气体穿过沟道上升，没有与固体颗粒很好地接触时。由于部分床层变成死床，故在 Δp-u 图上表现为低于单位床层面积上的重力，如图 3.33 所示。

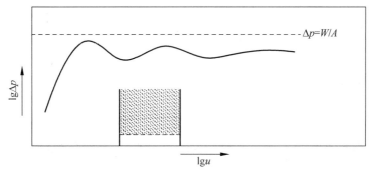

图 3.33　沟流发生后 Δp-u 关系曲线

颗粒的粒度过细、密度大、易于粘连,以及气体在分布板处的初始分布不均,都容易引起沟流。沟流现象的出现主要与颗粒的特性和气体分布板的结构有关。

5. 流化床的操作范围

为使固体颗粒床层在流化状态下操作,必须使气速大于临界气速 u_{mf},而最大气速又不得超过颗粒带出速度 u_t。

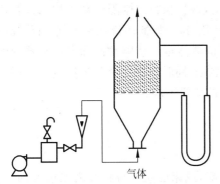

图 3.34　测定 u_{mf} 的实验装置

1) 临界流化速度 u_{mf}

临界流化速度的确定主要有实验测定法和关联式计算法两种方法。

(1) 实验测定法

如图 3.34 所示。利用这套测试装置可测定固体颗粒床层从固定床到流化床,再从流化床回到固定床时压降与气体流速之间的相互关系,可得到如图 3.30 所示的曲线。

测定时常用空气作流化介质,实际生产时根据其所用的介质及其他条件加以校正。设 u'_{mf} 是以空气为流化介质时测定的临界流化速度,则实际生产中的临界流化速度 u_{mf} 可用下式推算:

$$u_{mf} = u'_{mf} \frac{(\rho_p - \rho)\mu_a}{(\rho_p - \rho_a)\mu} \tag{3.126}$$

式中　ρ——实际流化介质密度,kg/m^3;

　　　ρ_a——空气密度,kg/m^3;

　　　μ——实际流化介质黏度,Pa·s;

　　　μ_a——空气的黏度,Pa·s。

(2) 关联式计算法

对于单分散性固体颗粒,其临界流化速度为

$$u_{mf} = \varepsilon_{mf} u_t \tag{3.127}$$

对于多分散性粒子床层,则需通过关联计算。

由于临界点是固定床到流化床的转折点,所以临界点的压降既符合流化床的规律也符合固定床的规律。

当颗粒直径较小时,颗粒床层雷诺数 Re_b 一般小于 20,得到起始流化速度计算式为

$$u_{mf} = \frac{(\phi_s d_p)^2 (\rho_p - \rho)g}{150\mu} \left(\frac{\varepsilon_{mf}^3}{1 - \varepsilon_{mf}} \right) \tag{3.128}$$

对于大颗粒,Re_b 一般大于 1 000,得到

$$u_{mf}^2 = \frac{\phi_s d_p (\rho_p - \rho)g}{1.75\rho} \varepsilon_{mf}^3 \tag{3.129}$$

式中　d_p——颗粒直径,m。非球形颗粒时用当量直径,非均匀颗粒时用颗粒群的平均直径。

应用式(3.128)、式(3.129)计算时,床层的临界空隙率 ε_{mf} 的数据常常不易获得,对于

许多不同系统,发现存在以下经验关系:

$$\frac{1-\varepsilon_{mf}}{\phi_s^2 \varepsilon_{mf}^3} \approx 11 \quad 和 \quad \frac{1}{\phi_s \varepsilon_{mf}^3} \approx 14 \tag{3.130}$$

当 ε_{mf} 和 ϕ_s 未知时,可将此两个经验关系式分别代入式(3.128)和式(3.129),从而得到计算 u_{mf} 的两个近似式:

对于小颗粒

$$u_{mf} = \frac{d_p^2(\rho_p - \rho)g}{1650\mu} \tag{3.131}$$

对于大颗粒

$$u_{mf}^2 = \frac{d_p(\rho_p - \rho)g}{24.5\rho} \tag{3.132}$$

上述处理方法不能用于固体粒度差异很大的窄筛分的混合物,仅适用于粒度分布较为均匀的混合颗粒床层。例如,在由两种粒度相差悬殊(大颗粒直径与小颗粒直径之比大于 6 时)的固体颗粒混合物构成的床层中,细粉可能在粗颗粒的间隙中流化起来,而粗颗粒依然不能悬浮。

当缺乏实验条件时,可用关联式法进行估算,实验测定的流化速度既准确又可靠。

2) 带出速度

计算 u_{mf} 时要用实际存在于床层中不同粒度颗粒的平均直径 d_p,而计算 u_t 时则必须用具有相当数量的最小颗粒直径。

3) 流化床的操作范围

可用比值 u_t/u_{mf} 的大小来衡量流化床的操作范围,该比值称为流化数。对于均匀的细颗粒,由式(3.131)和式(3.32)可得

$$u_t/u_{mf} = 91.7 \tag{3.133}$$

对于大颗粒,由式(3.132)和式(3.34)可得

$$u_t/u_{mf} = 8.62 \tag{3.134}$$

研究表明,u_t/u_{mf} 比值常在 $10 \sim 90$ 之间。u_t/u_{mf} 比值是表示正常操作时允许气速波动范围的指标,大颗粒床层的 u_t/u_{mf} 值较小,说明其操作灵活性较差。

6. 流化床的总高度

流化床的总高度分为稀相段(分离区)和密相段(浓相区)。流化床界面以上的区域称为稀相区,界面以下的区域称为浓相区。流化床的总高度为稀相段和密相段高度之和。

1) 浓相区高度

由于床层内颗粒质量是一定的,因此,浓相区高度 L 与起始流化高度 L_{mf} 之间有如下关系

$$R_C = \frac{L}{L_{mf}} = \frac{1-\varepsilon_{mf}}{1-\varepsilon_0} \tag{3.135}$$

R_C 称为流化床的膨胀比。确定 L 的关键是确定床层空隙率 ε_0。

影响 R_C 的因素主要是床层高径比及气速。

2) 分离高度

流化床中的固体颗粒都有一定的粒度分布,而且在操作过程中也会因为颗粒间的碰撞、磨损产生一些细小的颗粒,因此,流化床的颗粒中会有一部分细小颗粒的沉降速度低于气流速度,在操作中会被带离浓相区,经过分离区而被流体带出器外。另外,气体通过流化床时,气泡在床层表面上破裂时会将一些固体颗粒抛入稀相区,这些颗粒中大部分颗粒的沉降速度大于气流速度,因此,它们到达一定高度后又会落回床层。这样就使得离床面距离越远的区域,其固体颗粒的浓度越小,离开床层表面一定距离后,固体颗粒的浓度基本不再变化。固体颗粒浓度开始保持不变的最小距离称为分离区高度,又称 TDH(transport disengaging height)。床层界面之上必须有一定的分离区,以使沉降速度大于气流速度的颗粒能够重新沉降到浓相区而不被气流带走。

影响分离区高度的因素比较复杂,系统物性、设备及操作条件均会对其产生影响,至今尚无适当的计算公式,有时取其等于浓相段高度 L。为减少细粒被带出,可在分离段上在增加一定高度的扩大段。

3.6.3 气力输送

1. 概述

利用气体在管内的流动来输送粉粒状固体的方法称为气力输送。作为输送介质的气体通常是空气,但在输送易燃易爆粉料时,也可采用如氮气等惰性气体。

气力输送的主要优点有:

(1) 可在运输过程中(或输送终端)同时进行粉碎、分级、加热、冷却及干燥等操作;

(2) 系统密闭,避免物料的飞扬、受潮、受污染,改善了劳动条件;

(3) 易于实现自动化、连续化操作,便于同连续的化工过程衔接;

(4) 占地面积小,设备紧凑,可以根据具体条件灵活地安排线路,例如,可以水平、倾斜或垂直地布置管路。

但是,气力输送与其他机械输送方法相比也存在一些缺点,如颗粒尺寸受到一定限制(<30mm);动力消耗较大,在输送过程中物料破碎及物料对管壁的磨损不可避免,不适于输送粘附性较强或高速运动时易产生静电的物料。

2. 气力输送的分类

1) 按气流中固气比(混合比)分类

在气力输送中,将单位质量气体所输送的固体质量称为混合比 R(或固气比),其表达式为

$$R = \frac{G_s}{G} \tag{3.136}$$

式中 G_s——单位管道面积上单位时间内加入的固体质量,kg/(m² · s);

$\quad\quad G$——气体质量流速,kg/(m² · s);

$\quad\quad R$——气流中固相的浓度,也是气力输送装置的一个经济指标。

(1) 稀相输送

混合比在 25 以下(通常 $R = 0.1 \sim 5$)的气力输送称为稀相输送。在稀相输送中,气速较

高,固体颗粒呈悬浮态。目前,我国稀相输送的应用较多。

(2) 密相输送

混合比大于 25 的气力输送称为密相输送。在密相输送中,固体颗粒呈集团状态。图 3.35 所示为脉冲式密相输送流程。一股压缩空气通过发送罐上罐内的喷气环将粉料吹松,另一股表压为 150~300kPa 的气流通过脉冲发生器以 20~40r/min 的频率间断地吹入输料管入口处,将流出的粉料切割成料栓与气栓相间的粒度系统,凭借空气的压强推动料栓在输送管中向前移动。

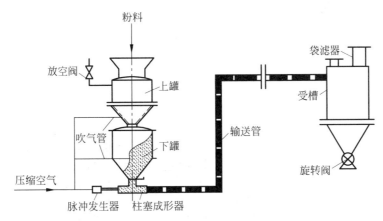

图 3.35 脉冲式密相输送装置

密相输送的特点是低风量高风压,物料在管内呈流态化。此类装置的输送能力大,输送距离可长达 100~1 000m,尾部所需的气固分离设备简单。由于物料或多或少呈集团状低速运动,物料的破碎及管道磨损较轻,但操作较困难。目前密相输送广泛应用于水泥、塑料粉、纯碱、催化剂等粉料物料的输送。

2) 按气流压强分类

(1) 吸引式

输送管中的压强低于常压的输送称为吸引式气力输送。气源真空度不超过 10kPa 的称为低真空式,主要用于近距离、小输送量的细粉尘的除尘清扫;气源真空度在 10~50kPa 之间的称为高真空式,主要用在粒度不大、密度介于 1 000~1 500kg/m^3 之间的颗粒的输送。吸引式输送的输送量一般都不大,输送距离也不超过 50~100m。

稀相吸引式气力输送的典型装置流程如图 3.36 所示,这种装置往往在物料吸入口处设有带吸嘴的挠性管,以便将分散于各处的或在低处、深处的散装物料收集至储仓。这种输送方式适用于须在输送起始处避免粉尘飞扬的场合。

(2) 压送式

输送管中的压强高于常压的输送称为压送式气力输送。按照气源的表压强可分为低压和高压两种。气源表压强不超过 50kPa 的为低压式。这种输送方式在一般化工厂中用得最多,适用于小量粉粒状物料的近距离输送。高压式输送的气源表压强可高达 700kPa,用于大量粉粒状物料的输送,输送距离可长达 600~700m。压送式气力输送的典型流程如图 3.37 所示。

气流输送可在水平、垂直或倾斜管道中进行,所采用的气速和混合比都可在较大范围内

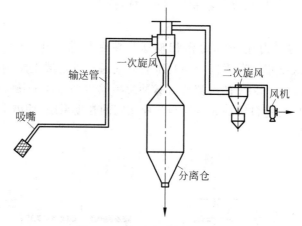

图 3.36　吸引式稀相输送装置

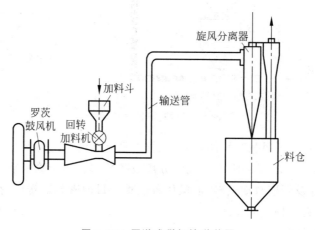

图 3.37　压送式稀相输送装置

变化,从而使管内气固两相流动的特性有较大的差异。

3.7　机械分离方法比较与选择

本章所述气固、液固等各种非均相混合物的分离方法和各种方法所用的设备都有各自的优缺点,各有其适用的场合。为了经济高效地分离非均相混合物,方法的选择比设备的选择更重要,需考虑以下因素。

(1) 混合物的性质:颗粒的大小、密度、浓度、粒度分布、黏结性、坚硬程度、电性能;流体的密度、黏度、化学组成与性质等。

(2) 分离要求:包括分离效率和对产品的要求,如滤饼含水量、纯度、颗粒产品的完整程度。

(3) 操作条件:温度、压力、处理量和允许的压降。

选择分离方法应抓主要矛盾,决定分离问题难易的最关键的因素是颗粒的大小。液固分离最常规的方法是过滤,也可采用离心沉降方法。气固分离最常规的方法是旋风分离,颗粒更小可采用袋滤器、电除尘器、湿法除尘等。具体方法选择见表 3.2。

表 3.2　机械分离方法的比较与选择

方法	气 固 体 系	液 固 体 系
沉降	降尘室(>50μm)	分级器、增稠器
	旋风分离器(5~10μm)	旋流分离器
	袋滤器(0.1~1μm)	离心机
	电除尘器(≤3μm)	
过滤	—	间歇压滤机或连续过滤机
备注	① 气固体系最常规的分离方法是旋风分离； ② 1~2μm 颗粒是难易的分界线； ③ 若细颗粒是产品本身的特性,只能按照上述方法选择； ④ 若细颗粒不是产品本身的特性,生产过程中应控制这些细小颗粒的生成条件； ⑤ 采用湿法除尘(使气固分离问题变得简单得多),可避免颗粒重新卷起	① 液固体系最常规的分离方法是过滤； ② 颗粒较小、阻力较大时,可采用特殊方法(加絮凝剂),或采用离心机； ③ 液固沉降分离可以延伸至液液体系、气固体系、气液体系。液滴比颗粒容易分离,第一,液滴由于滴内可以流动而减少了沉降阻力,沉降速度可以快一些；第二,更主要的是液滴沉降后会聚并,附着于器壁,颗粒则可能被重新卷起

▶▶▶　本章能力目标　▶▶▶

通过本章的学习,应掌握将流体力学的基本原理用于处理绕流和流体通过颗粒床层流动等复杂工程问题,即注意学习对复杂工程问题进行简化处理的思路和方法,同时应具备以下能力：①根据生产要求,恰当选择和应用机械分离过程；②根据分离要求,选择适宜的机械分离方法；③根据给定的分离任务,初步完成机械分离设备的选型或设计,确定操作参数；④对影响分离效果的各种因素进行合理判断,提出过程强化的初步思路。

▶▶▶　学习提示　▶▶▶

(1) 颗粒的沉降运动是流体-颗粒相对运动的一种情况,属于流体力学两相流动问题,其依据是两相的密度差；沉降是流体对颗粒的"绕流"问题,考察着眼点在颗粒,在低速爬流时,可用斯托克斯定律描述；按照颗粒受力不同,沉降可分为重力沉降和离心沉降,在重力场中,沉降速度是常数,在离心力场中,其值随曲率半径变化；沉降原理除尘的依据是含尘气体在降尘室或旋风分离器内的停留时间大于等于其沉降于室底或器壁所需的时间；评价旋风分离器的指标有临界粒径、分离效率和压降,气体处理量大时,为保证分离效率,须采用多个小尺寸分离器并联使用,而非采用大尺寸分离器。

(2) 流体通过颗粒床层的压降与管流压降的区别仅在于流体通道的复杂性,均可用范宁公式描述。随过滤过程的进行,滤饼层加厚、阻力变大,过滤速度变小,因此,过滤过程为非稳态过程。过滤速率微分方程是流体流过颗粒层压降公式的直接应用,过滤速率积分方程是微分方程在不同条件下的积分结果。过滤速率可用过程总推动力与总阻力(饼层阻力与介质阻力)表示；过滤方程中涉及的参数 K、q_e、r、s 等都具有明确的物理意义,其数值的获得需用同一悬浮液在小试验装置上测得；过滤计算的依据是过滤速率方程,类型也分为设计型计算与操作型计算,计算方法与过滤操作方式及设备有关。

▶▶▶ 讨论题 ◀◀◀

1. 对比分析曳力系数、摩擦系数、孔板流量计流量系数。

2. 自由沉降与自由落体有何差异?

3. 如何理解降尘室的处理量取决于其底面积,而与高度无关?

4. 水力分级器分离直径在 $0.005 \sim 0.03$mm 范围内的石英矿(ρ_A)和方铅矿(ρ_B)混合物($\rho_A < \rho_B$),如欲获得纯的石英矿,试分析如何确定水流速度和所获纯石英矿的最大粒径。

5. 过滤速率表达式的导出采用工程上处理复杂问题的参数综合法,试讨论该方法有何优势,并与量纲分析法作比较。

6. 间歇过滤机存在最佳过滤时间的原因是滤液量和总时间随过滤时间的增加而同时增长,试分析讨论以下情形的最佳过滤时间与辅助时间、洗涤时间的关系:①辅助时间和洗涤时间一定且过滤介质阻力可忽略;②洗涤液用量是滤液量的某一倍数;③滤饼不洗涤。

7. 试讨论温度对降尘室气体除尘和过滤机处理悬浮液的影响规律。

8. 试讨论分离一种固体颗粒粒径范围较大的液固混合物时,如何选择机械分离方法。

9. 某炉气带出的尘粒粒度分布如下表所示,炉气含尘量较大,其浓度为 200g/m^3。炉气流量为 $1\,000$m^3/h,炉内气温为 500℃,在此温度下炉气性质接近空气,炉气黏度为 3.6×10^{-5}N·s/m^2,尘粒的密度为 $4\,000$kg/m^3,要求除尘效率达到 98% 以上,净化后气体中所含粒子粒径小于 3μm。

粒径	$<3\mu$m	$3 \sim 5\mu$m	$5 \sim 60\mu$m	$>60\mu$m
质量分数	2%	2%	46%	50%

(1) 现有以下 4 种流程:①多层降尘室;②旋风分离器;③多层降尘室→旋风分离器→袋滤器;④单层降尘室→旋风分离器→电除尘器。你认为 4 种流程是否都能完成任务?为什么?

(2) 根据你选择的流程,计算主要设备的尺寸。

(3) 当冬天炉气温度下降 100℃时,试问所设计的设备除尘效果有无变化?

(4) 若处理量增加一倍,含尘粒子的粒度和质量分数不变,问原装置是否合用?若不合用,应作什么改变?

10. 某工厂欲采购一台框长 250mm、高 250mm、宽 30mm 的板框压滤机,用于分离 TiO_2 水悬浮液,过滤在压差 1MPa 和温度 20℃ 条件下进行,生产上要求每小时获得滤液 1.2m^3。(1)解决以上问题的步骤是什么?如果在小板框机中进行试验,试验时应注意什么问题?假设试验条件合理,得到以下数据:

过滤时间间隔/min	滤液量/(m^3/m^2)	过滤时间间隔/min	滤液量/(m^3/m^2)
20	0.197	20	0.09

滤饼体积/滤液体积＝0.07m³/m³,求此体系在规定条件下的过滤方程。

（2）过滤终了滤渣需要洗涤。问板框压滤机洗涤速度与过滤速度是否相同？如果洗涤液量为0.005m³,过滤一次辅助时间占过滤和洗涤时间的10%,问一个循环所需时间为多少？这台板框压滤机至少要配多少个框才能完成生产任务？

（3）为使生产能力提高25%,可采取哪些措施？

（4）若为了使过滤连续化,改用回转真空过滤机,使生产能力与板框压滤机一样。测得该回转真空过滤机每一操作周期得滤液0.05m³,问该机转速为多少才能维持生产能力？若要提高生产能力,有何措施？

思考题

1. 曳力系数与哪些因素有关？

2. 说明颗粒沉降时斯托克斯公式的使用范围,并说明在该条件下对沉降速度起主要影响的因素。

3. 评价旋风分离器性能的主要指标是什么？

4. 根据滤饼的压缩性,可将其分为哪几类？助滤剂应具备什么特性？

5. 过滤常数 K、q_e 和哪些因素有关？什么条件下才是常数？

6. 过滤速率与哪些物性因素、操作条件有关？提高过滤速率的措施有哪些？

7. 为什么工业上气体的除尘常放在冷却之后进行？而在悬浮液的过滤分离中,滤浆却不宜在冷却后才进行过滤？

8. 若滤饼不可压缩,试绘图定性表示恒压、恒速过滤操作时的 Δp-θ、K-θ、q-θ 关系。

9. 什么是离心分离系数？分离系数的大小说明什么问题？为提高分离系数,可采取什么措施？

10. 流化床的不正常现象有哪些？流化床的压降具有什么特点？这一特点可带来什么好处？

本章主要符号说明

a——颗粒的比表面积,m²/m³
a_b——床层比表面积,m²/m³
ϕ_s——球形度
ε——颗粒床层的空隙率
d_e——当量直径,m
d_m——颗粒群的平均直径,m
d_p——颗粒直径,m
h_f——流体通过固定床的能量损失,J/kg
K——过滤常数,m²/s
K'——康采尼常数
K_C——离心分离因数
Re_b——床层雷诺数
Re_t——等速沉降时的雷诺数
u_T——切向速度,m/s

ζ——阻力系数或曳力系数
L——颗粒床层高度；滤饼厚度,m
L_e——模型床层高度,m
n——转鼓速度,rad/s
Δp——床层压降；过滤操作总压降,Pa
Δp_W——洗涤压降,Pa
q——单位过滤面积的累计滤液量,m³/m²
q_e——形成与过滤介质等阻力的滤饼层时单位面积的滤液量,m³/m²
q_W——单位面积的洗涤液量,m³/m²
r——滤饼比阻
s——滤饼的压缩性指数
u——流体通过床层的表观流速,m/s
u_1——流体在床层内的实际流速,m/s

V——累计滤液量,m^3

V_e——当量滤液体积,m^3

υ——滤饼体积与滤液体积之比

V_W——洗涤液用量,m^3

ω——质量分数,kg/kg

φ——体积分数,m^3/m^3

λ'——模型参数,固定床的流动摩擦系数

μ——流体黏度,$Pa \cdot s$

μ_w——洗涤液黏度,$Pa \cdot s$

ρ——流体密度,kg/m^3

ρ_p——颗粒密度,kg/m^3

τ——过滤时间,s

τ_D——辅助时间,s

τ_W——洗涤时间,s

ψ——回转转鼓的浸没度

b——降尘室的宽度;旋风分离器气体入口宽度,m

l——降尘室的长度,m

q_V——过滤机生产能力,体积流量,m^3/s

D——旋风分离器桶体内径,m

d_c——旋风分离器的临界粒径,m

u_t——颗粒自由沉降的速度(在静止的流体内为沉降速度,在运动的流体中则是相对于流体的速度差),m/s

Δp——气体通过旋风分离器的压降,Pa

R——旋转半径,m

u——颗粒对于流体的降落速度

η——分离效率

习   题

一、填空题

1. 非球形颗粒的形状用形状因数来反映。最常用的形状因数为球形度。正方体的球形度为_____。

2. 正圆柱体颗粒,高 $h = 2mm$,底圆直径 $d = 2mm$,其等体积当量直径为 $d_{eV} = $_____ mm,形状系数 $\phi_s = $_____。

3. 球形粒子在介质中自由沉降时,匀速沉降的条件是_____。滞流沉降时,其阻力系数 = _____。

4. 降尘室的生产能力只与降尘室的_____和_____有关,而与_____无关。

5. 在降尘室内,粒径为 $60\mu m$ 的颗粒理论上恰好能全部除去,则粒径为 $42\mu m$ 的颗粒能被除去的分率为_____。(沉降为滞流区自由沉降)

6. 含尘气体在某降尘室停留时间为 6s 时,可使直径为 $80\mu m$ 尘粒的 80% 得以沉降下来。现将生产能力提高 1 倍(气速仍然在正常操作的允许范围内),则该直径颗粒可分离的百分率为_____。

7. 在斯托克斯区,颗粒的沉降速度与颗粒直径的_____次方成正比。

8. 颗粒在静止流体中沉降时,在相同 Re_t 下,颗粒的球形度越大,曳力系数越_____。

9. 含细小颗粒的气流在降尘室内除去小颗粒(斯托克斯区),100% 可除去的最小颗粒直径为 $50\mu m$,现在气流量增大一倍,则此时能 100% 除去的最小颗粒直径为_____。

10. 颗粒在离心力场内做圆周运动,其旋转半径为 $0.2m$ 时,切线速度为 $10m/s$,其分离因子为_____。

11. 某管式固定床反应器的管径为 $20mm$,管内填充直径和高度皆为 $5mm$ 的催化剂颗粒,填充高度为 $1m$,催化剂密度为 $2\,100kg/m^3$,填充量为 $0.36kg$,则反应管内的空隙率

为_____。

12. 某固定床反应器填充直径为 8mm、高度为 6mm 的圆柱体催化剂颗粒,填充高度为 1m,则催化剂颗粒的比表面积 a 为_____ m^2/m^3。

13. 直径为 0.1mm 的球形颗粒状物质悬浮于水中,过滤形成的不可压缩滤饼的空隙率为 0.6,则滤饼的比阻 r 为_____ m^{-2}。

14. 恒压过滤时,滤浆温度降低,则滤液黏度_____,过滤速率_____。

15. 对板框过滤机,框的面积为 A,则一个框的过滤面积为_____;对回转真空过滤机,转鼓面积为 A,浸没度为 ϕ,则转一圈所提供的过滤面积为_____。

16. 在转筒真空过滤机上过滤某种悬浮液,将转筒转速 n 提高 1 倍,其他条件保持不变,则生产能力将变为原来的_____倍。

17. 恒压过滤悬浮液,操作压差 46kPa 下测得 K 为 $4\times10^{-5} m^2/s$,当压差为 100kPa 时,过滤常数为_____ m^2/s。(滤饼不可压缩)

18. 用板框压滤机进行恒压过滤,若介质阻力可忽略不计,过滤 20min 可得滤液 $8m^3$,若再过滤 20min,可再得滤液_____ m^3。

19. 恒压过滤且介质阻力忽略不计时,若黏度降低 20%,则在同一时刻滤液增加_____(百分比)。

20. 一密度为 $7800kg/m^3$ 的小钢球在相对密度为 1.2 的某液体中的自由沉降速度是在 20℃水中沉降速度的 1/4000,20℃水的黏度为 1mPa·s,则此溶液的黏度为_____ mPa·s。

21. 真空回转过滤机转速 n 越大,则每转一周所得滤液量_____,滤饼厚度_____,该过滤机的生产能力_____。(增大,减小,不变,不确定)

22. 用叶滤机过滤某种悬浮液,测得操作压差为 0.2MPa 时过滤方程为 $q^2+0.6q=0.003\tau$(τ 的单位为 s)。若滤饼不可压缩,则操作压差为 0.6MPa 时,过滤方程为_____。

23. 对某悬浮液用转筒真空过滤机进行过滤,介质阻力可忽略不计。若因故滤浆的浓度下降,致使滤饼与所获滤液的体积之比变为原来的 75%(设滤饼比阻不变),现保持其余操作条件不变,则过滤机的生产能力(以每小时的滤液计)为原来的_____倍,滤饼厚度为原来的_____倍。

24. 流化床操作中,随气体流量的增大,床层空隙率 ε _____,压降_____。(填写变化趋势)

二、分析及计算题

1. 降尘室总高 4m,宽 1.7m,长 4.55m,中间等高水平安装 39 块隔板,每小时通过降尘室的含尘气体为 $2000m^3$,气体密度 1.6kg/m^3(均为标况),气体温度 400℃,压力 101.3kPa。此时黏度为 $3\times10^{-5}Pa\cdot s$,粉尘密度为 $3700kg/m^3$。试求:(1)此降尘室能分离的最小尘粒的直径;(2)除去 $6\mu m$ 颗粒的百分率。

2. 采用降尘室净化温度为 20℃、流量为 $2500m^3/h$ 的差压空气,空气中所含灰尘的密度为 $1800kg/m^3$,要求净化后的空气不含有直径大于 $10\mu m$ 的尘粒,试求:(1)所需沉降面积;(2)若降尘室底面积为 $15m^2$,则需要设多少块隔板?

3. 有一截面为矩形的降尘室,宽 1m,高 0.5m,长 2m,已知尘粒的直径 $d_p=20\mu m$,密

度 $\rho_p = 1\,400\text{kg/m}^3$，气体密度 $\rho = 1.2\text{kg/m}^3$，黏度 $\mu = 1.86 \times 10^{-5}\text{N} \cdot \text{s/m}^2$，$Re_t < 1$，为了使气流能可靠地呈层流流动，要求 $Re \leqslant 1\,600$（d_e 为气体流通截面的当量直径，u 为气流速度），求降尘室最大生产能力 (m^3/h)。

4. 已知含尘气体中尘粒的密度为 $2\,300\text{kg/m}^3$，气体流量为 $1\,000\text{m}^3/\text{h}$，黏度为 $3.6 \times 10^{-5}\text{Pa} \cdot \text{s}$，密度为 0.674kg/m^3，采用标准型旋风分离器进行除尘。若分离器圆筒直径为 0.4m，试估算其临界粒径、分割粒径及压降。

5. 某含尘气体依次经过一个降尘室和一个旋风分离器进行除尘，试分析在下述新工况下降尘室除尘效率和总除尘效率如何变化？(1)气体流量增加(其余条件不变)；(2)气体进口温度升高(其余条件不变)。

6. 现将颗粒填充在内径为 1m 的圆筒形容器内，填充高度为 1.5m，床层空隙率为 0.43。若在 20°C、101.3kPa 下使 $360\text{m}^3/\text{h}$ 的空气通过床层，试估算床层压降为多少？

7. 某板框压滤机共有板框 20 只，框的尺寸为 $450\text{mm} \times 450\text{mm} \times 25\text{mm}$，用以过滤某种水悬浮液。每 1m^3 悬浮液中带有固体 0.016m^3，滤饼中含水的质量分数为 50%。已知固体颗粒的密度 $\rho_p = 1\,500\text{kg/m}^3$，$\rho_{水} = 1\,000\text{kg/m}^3$。试求滤框被滤饼完全充满时，过滤所得的滤液量 (m^3)。

8. 叶滤机在恒压下操作，过滤时间为 τ，卸渣等辅助时间为 τ_D。滤饼不洗涤。试证：当过滤时间满足时，叶滤机的生产能力达到最大值。

9. 某生产过程每年欲获得滤液 $3\,800\text{m}^3$，年工作时间 $5\,000\text{h}$，采用间歇式过滤机，在恒压下每一操作周期为 2.5h，其中过滤时间为 1.5h。将悬浮液在同样条件下测得过滤常数 $K = 4 \times 10^{-6}\text{m}^2/\text{s}$，$q_e = 2.5 \times 10^{-2}\text{m}^3/\text{m}^2$。滤饼不洗涤，试求：(1)所需过滤面积 (m^2)；(2)今有过滤面积为 8m^2 的过滤机，需要几台？

10. 有一叶滤机，在过滤某种水悬浮液时，得过滤方程 $q^2 + 20q = 250\tau$（q 的单位为 L/m^2；τ 的单位为 min）。在实际操作中，先在 5min 时间内作恒速过滤，此时过滤压强自零升至上述实验压强，此后即维持此压强不变作恒压过滤，全部过滤时间为 20min。试求：(1)每一循环中每 1m^2 过滤面积可得的滤液量 (L)；(2)过滤后再用相当于滤液总量 $1/5$ 的水洗涤滤饼，洗涤时间为多少？

11. 某板框过滤机有 10 个板框，框的尺寸为 $635\text{mm} \times 635\text{mm} \times 25\text{mm}$。料浆为含 $CaCO_3$ 质量分数 13.9% 的悬浮液，滤饼含水质量分数为 50%，纯 $CaCO_3$ 固体的密度为 $2\,710\text{kg/m}^3$。操作在 20°C、恒压条件下进行，此时过滤常数 $K = 1.57 \times 10^{-5}\text{m}^2/\text{s}$，$q_e = 3.78 \times 10^{-3}\text{m}^3/\text{m}^2$。试求：(1)该板框过滤机每次过滤(滤饼充满滤框)所需时间；(2)在同样操作条件下用清水洗涤滤饼，洗涤水用量为滤液量的 $1/10$，求洗涤时间。

12. 用一板框压滤机在 300kPa 的压强差下过滤某悬浮液。已知过滤常数 $K = 7.5 \times 10^{-5}\text{m}^2/\text{s}$，$q_e = 0.012\text{m}^3/\text{m}^2$。要求每个操作周期得 8m^3 的滤液，过滤时间为 0.5h。设滤饼不可压缩，且滤饼与滤液的体积之比为 0.025。试求：(1)过滤面积；(2)现进行工艺改造，将操作压强差提高到 600kPa，现有一板框压滤机，框的尺寸为 $635\text{mm} \times 635\text{mm} \times 25\text{mm}$，若要求每个周期仍得到 8m^3 的滤液，过滤时间不超过 0.5h，则至少需要多少个框才能满足要求？

13. 用一压滤机在 1.5atm(表压)下恒压过滤某种悬浮液，1.6h 后得滤液 25m^3，忽略介

质阻力。(1)若果压力提高一倍,滤饼的压缩指数为 0.3,则过滤 1.6h 后可得多少滤液?(2)设其他情况不变,将操作时间缩短一半,所得滤液为多少?

14. 若分别变更下列操作条件,试分析转筒真空过滤机的生产能力、滤饼厚度将如何变化。(1)转筒浸没度增大;(2)转速增大;(3)操作真空度增大(设滤饼不可压缩)。

15. 某板框压滤机滤框尺寸为 650mm×650mm×20mm,总框数为 30 个。用此压滤机过滤一种含固体颗粒 28kg/m³ 的悬浮液,在操作压差下,湿滤饼的密度为 2 050kg/m³。已知滤液为水,固体颗粒密度为 3 100kg/m³,过滤常数 K 为 $2×10^{-4}$ m²/s,q_e 为 0.03m³/m²。每次过滤到滤饼充满滤框为止,然后用清水洗涤滤饼,洗涤液与滤液的黏度相同,洗涤压差为过滤压差的 1.2 倍,洗涤水体积为滤液体积的 15%,滤饼不可压缩。试求:若要使该压滤机的生产能力达到 10m³/h,则卸渣、清理、组装等辅助时间不应超过多少分钟?

16. 某板框压滤机在 150kN/m²(表压)下恒压过滤某悬浮液,按照生产要求,2h 内需获得 5.65m³ 的滤液。已知实验室事前在上述相同条件下进行实验,测得过滤常数 $K=1.72×10^{-5}$ m²/s,若忽略过滤介质阻力,且滤饼不可压缩,试求:(1)所需过滤面积;(2)若选用的滤框尺寸为 635mm×635mm×25mm,问过滤机应由多少个滤框组成?(3)过滤完毕后,用清水洗涤 1.2h,设洗涤压差与过滤压差相同,洗涤液黏度与滤液黏度相同,则洗涤液的消耗量为多少?(4)在操作初压(表压)加倍、其他条件不变的情况下,获得 8.93m³ 滤液所需的过滤时间为多少?

17. 某板框过滤机有 5 个滤框,框的尺寸为 635mm×635mm×25mm。过滤操作在 20℃、恒定压差下进行,过滤常数 $K=4.24×10^{-5}$ m²/s,$q_e=0.020$ 1m³/m²,滤饼体积与滤液体积之比 $v=0.08$m³/m³,滤饼不洗涤,卸渣、重整等辅助时间为 10min。假设滤饼不可压缩。(1)试求框全充满所需时间;(2)现改用一台转筒真空过滤机过滤滤浆,所用滤布与前相同,过滤压差也相同。转筒直径为 1m,长度为 1m,浸入角度为 120°。问转鼓每分钟多少转才能维持与板框过滤机同样的生产能力?

18. 某厂拟用长 650mm、宽 650mm 的板框过滤机在 0.1MPa、20℃下分离某水悬浮液。要求最大生产能力达到 10m³/h。已知该悬浮液中含固相 3%(质量分数),固相密度为 2 930kg/m³,1m³ 滤饼中含固相 1 503kg。小型实验测得过滤常数 $K=0.6$m²/h,过滤介质阻力可忽略不计。过滤终了用 20℃清水进行横穿洗涤,洗涤水量为滤液量的 10%。卸渣、整理、重装等辅助时间为 30min。试求:(1)达到最大生产能力时的滤液体积 V(m³);(2)完成生产任务至少要配置滤框的数目;(3)饼液比 v(建议取 1m³ 滤液体积为基准进行计算);(4)滤框的厚度(mm)。

19. 已知某板框过滤机有 20 个滤框,框的尺寸为 450mm×450mm×25mm。滤饼体积与滤液体积之比为 0.044m³/m³。滤饼可看成是不可压缩的。经实验测得,该板框过滤机在恒定压差 60.5kPa 下过滤时的过滤方程为 $q^2+0.04q=5.16×10^{-5}\tau$,式中,$q$ 和 τ 的单位分别为 m³/m² 和 s。试求:(1)在压差 60.5kPa 下过滤时,框全充满所需时间;(2)若将过滤过程改为恒速过滤,且知初始时刻压差为 60.5kPa,求框全充满所需时间及过滤终了时的压差;(3)若操作压差由 60.5kPa 开始,先恒速操作至压差 181.5kPa,然后再恒压操作,求框全充满所需时间;(4)若在 181.5kPa 下恒压过滤,但由于初始压差过大,造成比阻 r 增大 20%,求框全充满所需时间。

20. 有一叶滤机,自始至终在某过滤压强下过滤某种水悬浮液,经过实验得到的过滤方

程为 $q^2 + 20q = 250\tau$。式中，q 的单位为 L/min；τ 的单位为 min。在实际操作中，先恒速过滤 5min，此时过滤压强自零升至上述试验压强，此后即维持此压强不变进行恒压过滤，全部过滤时间为 15min。试求：(1)每一循环中每平方米过滤面积可得的滤液体积；(2)过滤后再用相当于滤液总量 1/5 的水洗涤滤饼，洗涤压差与过滤压差、洗涤液黏度与滤液黏度相同，则洗涤时间为多少？(3)若该叶滤机的过滤面积为 $4m^2$，一个操作周期所需的辅助时间为 20min，则该叶滤机的最大生产能力与最佳操作周期分别为多少(min)？

第 3 章习题答案

第4章

传　　热

本章重点

1. 掌握热传导速率方程及其应用；
2. 掌握对流传热系数关联式；
3. 掌握辐射传热的基本概念和相关定律,固体间的辐射传热；
4. 掌握热衡算方程和总传热速率方程,以及有关换热器的传热计算。

4.1　概　　述

传热,即热量传递,是指由温度差引起的能量转移。根据热力学第二定律,只要存在温度差就必然发生热能从高温向低温的自动转移。因此,热量传递是自然界中极为普遍的一种现象。在工程技术领域,为控制热的转移向着目标方向进行,不可避免地需要补充热量或者移走热量,因此,几乎所有的工业部门,如化工、能源、冶金、机械、建筑等都会涉及传热过程。本章主要研究化学工业领域的传热问题。

在化学工业中传热的作用主要体现在以下几个方面。

（1）维持化工单元操作过程中要求的温度条件。例如:反应器中的反应温度一般都有一定的范围,溶解、结晶等操作过程都有一定的温度要求,因此需要在操作过程中运用传热的基本原理加以控制。另外,化工过程大都存在着一定的热效应,例如化学反应的反应热、溶解过程的溶解热、相变过程的相变热等,为维系一定的操作温度,就需要将热量移走或者补充。

（2）生产过程中的热能综合利用以及热量或冷量的有效利用。

（3）绝热与节能。工程上为减少热量(或冷量)散失,需要对设备或管道进行保温。

应该指出,研究传热过程需遵循热力学的基本定律。当然,热力学主要研究平衡的状态点之间的能量联系,而研究传热,则主要是研究状态点之间变化的过程,以及影响该过程快慢的机理问题,即速率问题。以下介绍几个概念。

传热速率:单位时间内通过总传热面的热量,以符号 Q 表示,单位 W。

热通量:单位时间内通过单位传热面积传递的热量,以符号 q 表示,单位 W/m^2。显然在相同的传热速率下,热通量越大则设备的传热强度越大,设备尺寸相应减小。

稳态传热:在传热过程中若系统中各点的温度仅随空间位置变化而变化但与时间无关即为稳态传热,在稳态传热条件下传热速率在任一时刻都为常数;反之则为非稳态传热。本章以稳态传热过程为基础进行讨论。

4.1.1 传热的基本方式

根据传热机理的不同,热量传递有三种基本方式:热传导、热对流和热辐射。在实际传热过程中,热量传递可以一种方式进行,也可以两种或三种方式同时进行。

1. 热传导

若物体各部分之间不发生宏观混合运动,仅由于分子、原子、自由电子等微观粒子的热运动而引起的热量传递称为热传导,简称导热。高温区的高能微观粒子与低温区的相对低能微观粒子相互碰撞,使得热量由高温区传递到低温区。热传导发生的条件是相互接触的系统两部分之间存在着温度差,此时热量将从物体的高温部分向低温部分传递,或者从高温物体向与之接触的低温物体传递,直至系统内温度均一。导热可发生在固体中,也可发生在液体和气体中,但它们导热的微观机理各不相同。固体以两种方式传导热能:自由电子的迁移和晶格振动。对于良好的导电体,热传导起因于自由电子的运动,由于有较高浓度的自由电子在其晶格结构间运动,所以良好的导电体往往是良好的导热体;而在非导电的固体以及液体中,热传导一般是通过晶格结构的振动来实现的,速率较小;气体热传导则是作不规则热运动的气体分子相互碰撞的结果。对于纯的热传导过程,仅存在微观粒子热运动对传热的贡献,没有质点在传热方向上的宏观相对位移。

2. 热对流

热对流是由流体内部各部分质点发生宏观运动和混合而引起的热量传递过程,通常简称对流,热对流只能发生在流体内部。热对流可以由强制对流引起,亦可以由自然对流引起。强制对流是外力(泵或搅拌器)作用于流体,促使流体微团发生相对运动;自然对流则是由于流体内部存在温度差,形成流体的密度差,从而使流体微团在固体壁面与其附近流体之间产生上下方向的循环流动。

通常,将流体流过固体壁面时发生的流体与固体壁之间的传热称为对流传热(又称对流给热)。在化工生产中,对流传热是常见的一种传热形式,它并不是单纯的热对流,也包含了流体内部以及流体与固体壁之间的热传导,因而是热对流和热传导联合作用的结果,区别于一般意义上的热对流。

3. 热辐射

因热的原因而产生的电磁波在空间的传递,称为热辐射。所有物体(包括固体、液体、气体)都能将热能以电磁波的形式发射出去,而不需要任何介质,即它可以在真空中传播。

热辐射的另一特征是不仅有能量的传递,还存在着能量的转换,即在高温物体处,热能转换为辐射能,以电磁波的形式向空间传送,遇到另一个能够吸收辐射能的物体时,被低温物体全部地或者部分地吸收而转变成热能。自然界中一切物体都在不停地向外发射辐射能,同时又不断地吸收来自其他物体的辐射能,并将其转变为热能。由于高温物体发射的能量比吸收的多,而低温物体则相反,因此,净热量是从高温物体传向低温物体。应当指出,任何高于绝对零度的物体都能发生热辐射,只是在温度较高时,热辐射才会成为传热的主要方式。

4.1.2　载热体及其选择

　　工业生产当中,工艺物料被加热或冷却时,需要另一种流体提供热量或移走热量,此种流体被称为载热体。载热体又分为加热介质(也称加热剂)和冷却介质(也称冷却剂)。加热或冷却介质主要由公用工程提供,当然从节能的角度出发首先应该考虑利用生产过程当中系统内部的热量。比如生产过程中有高温物料需要冷却又有低温物料需要加热,则可优先考虑用它们分别作为加热剂和冷却剂互相换热。

　　水蒸气是最常见的加热剂。通常使用饱和水蒸气,其优点是蒸汽冷凝时的对流传热系数很大[$\alpha = 5\,000 \sim 15\,000\,W/(m^2 \cdot ℃)$];主要缺点是饱和温度与压强一一对应,且对应的压强较高,甚至中等饱和温度(200℃)就对应相当高的压强(绝压)(1.56MPa),在温度较高时对设备的机械强度要求高,投资成本大。此外还有热水、矿物油、烟道气等加热介质。表 4.1 为常用的加热介质。若所需的加热温度很高,则须用电加热。

表 4.1　常用的加热介质

加 热 介 质	使用温度范围/℃	说　　明
热水	40～100	利用蒸汽冷凝水或废热水的余热
饱和水蒸气	100～180	温度易调节,冷凝相变大,传热系数高
矿物油	180～250	价廉易得,黏度大,过高温度下易分解
联苯混合物	255～380	使用温度范围宽,黏度小于矿物油
熔盐	142～530	使用温度高,比热容小
烟道气	500～1 000	温度高,比热容小,对流传热系数小

　　最常使用的冷却剂是水或空气。冷却用水又分为一次水和循环水,一次水一般指地表水或深井水,使用有限制;冷却回水送至凉水塔内,与空气逆流接触,使之部分汽化带走热量而降温,然后循环作为冷却剂,称为循环水。空气也可以作为冷却剂,但由于空气的对流传热系数较冷却水偏低,且热容较小,应用并不广泛。

　　若要冷却到环境温度以下,则冷却剂须先经过压缩冷冻系统降温,使冷却剂温度达到使用要求;当温度低于 0℃时,若用水为冷却剂,为防止结冰,常在冷却水中加入无机盐,称为冷冻盐水。通常的冷冻系统是靠低沸点液体的蒸发吸热来达到目的的,例如常压下液氨蒸发可达 −33.4℃的低温,若需要更低的温度则可使用甲烷、乙烯等沸点更低的制冷剂。表 4.2 给出了常用的冷却介质。

表 4.2　常用的冷却介质

冷 却 介 质	温度范围/℃	说　　明
一次水	15～20	地表水、深井水
循环水	15～35	使用范围广,常用冷却剂
空气	<35	对流传热系数小,缺水地区宜用
冷冻盐水	−15～0	成本高,用于低温冷却
液氨	约 −33	压缩制冷,成本高,用于深冷过程
液态烃	约 −103	

4.1.3　典型传热设备

换热器是实现传热过程的基本设备,为便于讨论传热的基本原理,此处先介绍两种典型的换热设备,详细的内容会在后续内容中介绍。图 4.1 是简单的套管换热器。它是由直径不同的两根管子同心套在一起构成的,冷、热流体分别流过内管和套管环隙,如图 4.2 所示,热量的传递由三个步骤组成:

(1) 热流体以对流传热的方式把热量传递到间壁一侧;

(2) 热量从间壁一侧通过热传导的方式传递至另一侧;

(3) 壁面以对流传热的方式将热量传递给冷流体。

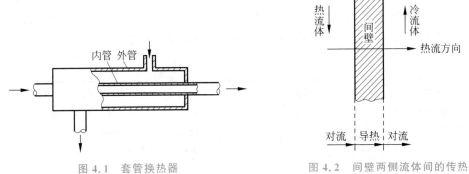

图 4.1　套管换热器　　　　　　　　　图 4.2　间壁两侧流体间的传热

可以看出,传热的方向与流体流动方向相垂直;随着流体的流动和传热的进行,在管长方向上,冷、热流体的温度在不断变化。传热速率的大小与传热面的尺寸有很大的关联,垂直于传热路径上的传热面的截面积,即为传热面积。传热面积是换热器的特征尺寸,在传热学中,我们的重点任务是依据传热速率确定设备尺寸。

上述各不同传热步骤对应着不同的传热面积。对于套管换热器,若讨论环隙流体对壁面的对流传热,则传热面积为内管外表面积:

$$A_o = \pi d_o L \qquad\qquad (4.1)$$

式中　A_o——传热面积,m^2;

　　　L——管长,m;

　　　d_o——内管外径,m。

讨论内管流体对壁面的对流传热情况时,传热面为内管的内表面积,上式中 d_o 应换成内径 d_i,相应地传热面积为 A_i;讨论壁面两侧的热传导时,则因为传热路径上面积在不断发生变化,一般取管内外表面积的平均值 A_m。因此不同的传热过程步骤对应的传热面积各不相同,分别有管外侧面积 A_o、管内侧面积 A_i、平均面积 A_m。对一定的传热任务,确定换热器的换热面积是换热器设计的主要任务,在计算换热面积时应标明换热设计的基准面积。

图 4.3 所示为列管式换热器,在列管式换热器中,一种流体在管内流动(管程流体),另一种流体在壳体与管束之间从管外表面流过(壳程流体),为了保证壳程流体能够横向流过管束,以形成较高的传热速率,在外壳上装有许多挡板。视换热器端部结构的不同,可采用

一个或多个管程。若管程流体在管束内只流过一次,则称为单程列管式换热器;若管程流体在管束内流过两次,则称为双程列管式换热器。在双程列管式换热器中,隔板将封头与管板的空间(分配室)等分为二,管程流体先流经一半管束,流到另一分配室后折回再流经另一半管束,最后从接管流出换热器。同样,若流体在管束内来回流过多次,则称为多程(如四程、六程等)换热器。

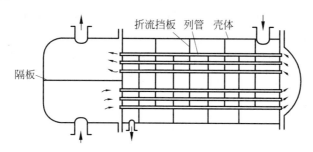

图 4.3　双管程列管式换热器

显然对于列管式换热器,传热面积可按下式计算:

$$A = n\pi dL \tag{4.2}$$

式中　A——传热面积,m^2;

　　　n——管数。

应该指出,式(4.2)中的管径 d 亦可分别用管内径 d_i、管外径 d_o 或平均直径 d_m 表示,则对应的传热面积分别为管内侧面积 A_i、外侧面积 A_o 或平均面积 A_m。工程上常用管外侧面积 A_o 表示换热器的传热面积。

4.2　热　传　导

热传导是介质内无宏观运动时的传热现象,其在固体、液体和气体中均可发生。严格讲,只有在固体中才能发生纯粹的热传导;而对于流体,即使处于静止状态,也会由于温度梯度所造成的密度差而产生自然对流,因此在流体中对流与热传导同时发生。本节将主要针对无内热源的固体中的热传导问题进行讨论。

4.2.1　傅里叶定律

1. 温度场和温度梯度

系统内各点间温度的不同,是热传导的必要条件,由热传导引起的传热速率取决于物系内部的温度差别。这种存在一定温度分布的空间称为温度场。温度场内任意一点的温度是空间位置和时间的函数。以函数形式可表达为

$$t = f(x, y, z, \tau) \tag{4.3}$$

式中　t——温度,℃;

　　　x, y, z——系统内任一点的空间坐标;

　　　τ——时间,s。

对于稳态传热,系统内温度不随时间而变,即为稳态温度场

$$t = f(x,y,z) \tag{4.4}$$

在特殊情况下,系统内的温度仅在一个坐标方向上发生变化,此时温度场为一维稳态温度场

$$t = f(x) \tag{4.5}$$

温度场中同一时刻下相同温度各点所组成的面称为等温面,由于某一瞬间空间任一点只能有一个温度,所以等温面不会彼此相交。等温面上温度处处相等,因此沿等温面无热量传递,而沿和等温面相交的任何方向,因温度变化则会有热量的传递。温度随距离的变化程度以沿等温面的法线方向为最大,通常,将两相邻等温面的温度差 Δt 与两等温面间的垂直距离 Δn 之比的极限称为温度梯度,用$\partial t/\partial n$ 表示,即

$$\frac{\partial t}{\partial n} = \lim_{\Delta n \to 0} \frac{\Delta t}{\Delta n} \tag{4.6}$$

温度梯度是向量,它的正方向指向温度增加的方向,通常将温度梯度的标量$\dfrac{\partial t}{\partial n}$也称为温度梯度。

2. 傅里叶(Fourier)定律

热传导是微观粒子热运动的宏观表现,微观机理很难简单表达,宏观上,常以傅里叶定律来描述,即通过等温面的导热速率与温度梯度及传热面积成正比:

$$\mathrm{d}Q = -\lambda \,\mathrm{d}A \,\frac{\partial t}{\partial n} \tag{4.7}$$

式中　Q——热传导速率,W;

　　　　A——与热传导方向垂直的传热面(等温面)面积,m^2;

　　　　λ——比例系数,物质的导热系数,W/(m·℃)。

式(4.7)中的负号表示传热方向与温度梯度$\dfrac{\partial t}{\partial n}$的方向相反,即热量朝着温度降低的方向传递。

显然,傅里叶定律与牛顿黏性定律之间存在着明显的类似性,显示了动量传递与热量传递之间的某种关联。将式(4.7)改写为

$$\lambda = -\frac{\mathrm{d}Q/\mathrm{d}A}{\partial t/\partial n} \tag{4.8}$$

式(4.8)即为导热系数(又称热导率)的定义式,该式表明,导热系数在数值上等于单位温度梯度下的热通量。导热系数 λ 表征了物质导热能力的大小,是物质的基本物理性质之一。导热系数的大小和物质的形态、组成、密度、温度及压强等有关。一般而言,金属的导热系数最大,液体的较小,气体的最小。各类物质导热系数的大致范围见表4.3。

表 4.3　各类物质导热系数的范围

物质种类	气　体	液　体	非金属固体	金　属	绝热材料
$\lambda/[W/(m·℃)]$	0.006～0.06	0.1～0.7	0.2～3.0	15～420	0.003～0.06

4.2.2　导热系数

1. 气体的导热系数

与液体和固体相比,气体的导热系数最小,对热传导不利,但却有利于保温、绝热。工业上所使用的保温材料,如玻璃棉等,就是因为其空隙中有气体,所以其导热系数较小,适用于保温隔热。

气体的导热系数随温度的升高而增大,在相当大的压强范围内,气体的导热系数随压强的变化很小,可以忽略不计,仅当气体压强很高(大于 200MPa)或很低(低于 2.7kPa)时,才考虑压强的影响,此时导热系数随压强升高而增大。

常压下气体混合物的导热系数可以用下式估算:

$$\lambda_{m} = \frac{\sum \lambda_i y_i M_i^{1/3}}{\sum y_i M_i^{1/3}} \tag{4.9}$$

式中　y_i——气体混合物中第 i 组分的摩尔分数;

　　　M_i——气体混合物中第 i 组分的摩尔质量,kg/kmol。

2. 液体的导热系数

液体可分为金属液体(液态金属)和非金属液体。液态金属的导热系数较一般液体要高,大多数金属液体的导热系数均随温度的升高而降低。

在非金属液体中,水的导热系数最大。除水和甘油外,大多数非金属液体的导热系数亦随温度的升高而略有降低。液体的导热系数基本上与压强无关。缺乏实验数据时,液体混合物的导热系数可由下式估算:

有机化合物的水溶液:

$$\lambda_{m} = 0.9 \sum w_i \lambda_i \tag{4.10}$$

有机化合物的互溶混合液:

$$\lambda_{m} = \sum w_i \lambda_i \tag{4.11}$$

式中　w——质量分数;下标 i 表示组分序号,m 表示混合液。

3. 固体的导热系数

如前所述,由于自由电子的热运动,所有固体中,良好的导电体都是良好的导热体,金属是最好的导热体,也有学者对导热系数和电导率进行了关联,可参阅有关专著。大多数纯金属的导热系数随温度升高而降低。金属的纯度对导热系数影响很大,合金的导热系数比纯金属要低。

非金属的建筑材料或绝热材料的导热系数与温度、组成及结构的紧密程度有关,一般 λ 值随密度增加而增大,亦随温度升高而增大。

对大多数均质固体,其 λ 值与温度近似呈线性关系,即

$$\lambda = \lambda_0 (1 + \beta t) \tag{4.12}$$

式中　λ——固体在温度 t(℃)时的导热系数,W/(m·℃);

λ_0——固体在 0℃时的导热系数，W/(m・℃)；

β——温度系数，大多数金属材料，β 为负值；大多数非金属材料，β 为正值。

工程计算中常见物质的导热系数可从有关手册中查取。本书附录也收录了部分数据。表 4.4 列举了部分材料的导热系数。

表 4.4　常用固体材料在 0～100℃时的平均导热系数

金属材料			建筑和绝缘材料		
材料	密度 $\rho/(\mathrm{kg \cdot m^{-3}})$	导热系数 $\lambda/[\mathrm{W/(m \cdot ℃)}]$	材料	密度 $\rho/(\mathrm{kg \cdot m^{-3}})$	导热系数 $\lambda/[\mathrm{W/(m \cdot ℃)}]$
铝	2 700	204	石棉	600	0.15
紫铜	8 000	65	混凝土	2 300	1.28
黄铜	8 500	93	绒毛毡	300	0.046
铜	8 800	383	松木	600	0.14～0.38
铅	11 400	35	建筑砖砌	1 700	0.7～0.8
钢	7 850	45	耐火砖砌 (800～1 100℃)	1 840	1.05
不锈钢	7 900	17			
铸铁	7 500	45～90	绝热砖砌	600	0.12～0.21
银	10 500	411	锯木屑	200	0.07
镍	8 900	88	软木	160	0.043

4.2.3　平面壁的一维稳态热传导

1. 单层平壁一维稳态热传导

设一高度和宽度都很大的平壁，厚度为 b，如图 4.4 所示。平壁材料均匀，导热系数 λ

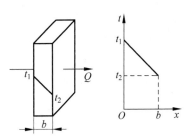

图 4.4　单层平壁热传导

不随温度而变（或者可以用平均导热系数代替）。则在一维稳态热传导的条件下，平壁内的温度仅在垂直于平壁的方向上变化且不随时间而变；平壁面积与平壁厚度相比很大，故可以忽略热损失。因其只在一个方向（x）上存在温度梯度，则在 x 方向应用傅里叶定律得

$$Q = -\lambda A \frac{\mathrm{d}t}{\mathrm{d}x} \qquad (4.13)$$

边界条件为：$x=0$ 时，$t=t_1$；$x=b$ 时，$t=t_2$，积分得

$$Q = \frac{\lambda}{b} A(t_1 - t_2) \qquad (4.14)$$

或

$$Q = \frac{t_1 - t_2}{\dfrac{b}{\lambda A}} = \frac{\Delta t}{R} \qquad (4.15)$$

也可以写成

$$q = \frac{Q}{A} = \frac{\Delta t}{R'} \qquad (4.16)$$

式中　Δt——平壁两侧的温度差，$\Delta t = (t_1 - t_2)$，℃；

$\quad\quad R$——单位面积的导热热阻，$R = \dfrac{b}{\lambda A}$，℃/W；

$\quad\quad R'$——热阻，$R' = \dfrac{b}{\lambda}$，$(m^2 \cdot ℃)/W$。

式(4.15)即为单层平壁热传导速率方程，实际上由于物体内不同位置处的温度不同，因此导热系数也会发生变化，但可以证明，当导热系数随温度呈线性变化时，用壁面两侧的平均温度下的 λ 值进行热传导计算，将不会引入误差(详见例 4.1)。

式(4.15)还表明，导热速率与推动力(温差)成正比，与热阻成反比；并且当传热速率确定时(稳态传热)，阻力越大温差越大。即符合自然界中传递过程的普遍关系：

$$传递过程的速率 = \frac{过程推动力}{过程的阻力}$$

2. 多层平壁的一维稳态热传导

工业上常遇到由多层不同材料组成的平壁的传热问题，以三层平壁为例，如图 4.5 所示，各层的壁厚分别为 b_1、b_2 和 b_3，导热系数分别为 λ_1、λ_2 和 λ_3。假设层与层之间接触良好，即互相接触的两表面温度相同。各表面温度分别为 t_1、t_2、t_3 和 t_4，不妨假设 $t_1 > t_4$，则在一维稳态热传导时，通过各层平壁截面的传热速率必相等，即

$$Q = Q_1 = Q_2 = Q_3 \tag{4.17}$$

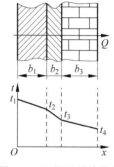

对每层平壁分别应用式(4.15)，则

$$Q = \frac{\Delta t_1}{R_1} = \frac{\Delta t_2}{R_2} = \frac{\Delta t_3}{R_3}$$

即

$$Q = \frac{t_1 - t_2}{\dfrac{b_1}{\lambda_1 A}} = \frac{t_2 - t_3}{\dfrac{b_2}{\lambda_2 A}} = \frac{t_3 - t_4}{\dfrac{b_3}{\lambda_3 A}} \tag{4.18}$$

图 4.5　三层平壁热传导

式(4.18)表明，稳态热传导时，某层的热阻越大，则该层两侧的温度差也越大。换言之，稳态热传导过程中的温度差与相应的热阻是成正比的，温差越大说明热阻越大。

由式(4.18)运用等比定理，整理得

$$Q = \frac{t_1 - t_4}{R_1 + R_2 + R_3} = \frac{t_1 - t_4}{\dfrac{b_1}{\lambda_1 A} + \dfrac{b_2}{\lambda_2 A} + \dfrac{b_3}{\lambda_3 A}} \tag{4.19}$$

也可以写成

$$Q = \frac{\sum \Delta t}{\sum R} \tag{4.20}$$

或

$$q = \frac{Q}{A} = \frac{\sum \Delta t}{\sum R'} \tag{4.21}$$

式(4.19)即为三层平壁的热传导速率方程式。

同理,对 n 层平壁,其热传导速率方程式可表示为

$$Q = \frac{\sum \Delta t}{\sum R} = \frac{t_1 - t_{n+1}}{\sum\limits_{i=1}^{n} R_i} \tag{4.22}$$

或

$$q = \frac{Q}{A} = \frac{\sum \Delta t}{\sum R'} = \frac{t_1 - t_{n+1}}{\sum\limits_{i=1}^{n} R'_i} \tag{4.23}$$

式(4.22)表明,多层平壁热传导的总推动力(总温度差)为各层推动力(各层温度差)之和;总热阻为各层热阻之和。

应该说明,在多层平壁热传导的计算中,假设了层与层之间接触良好,两个接触的表面具有相同的温度,亦即此处无热阻。实际上,不同材料(甚至相同材料)构成的界面之间可能会出现明显的温度降低。这是由于表面粗糙不平,接触面间有空穴,空穴为空气所充满,而气体的导热系数又非常小,造成界面间额外的热阻,这部分热阻称为接触热阻。接触热阻与接触材料、表面粗糙程度以及接触面上的压强等因素有关,目前还没有可靠的理论或经验公式计算,主要靠实验测定。

对如图 4.4 所示的单层平壁,设单层平壁中间任意截面 x 处温度为 t,则可视为两层平壁,即

$$\frac{t_1 - t}{\dfrac{x}{\lambda A}} = \frac{t_1 - t_2}{\dfrac{b}{\lambda A}} \tag{4.24}$$

整理得

$$t = t_1 - \frac{t_1 - t_2}{b} x \tag{4.25}$$

上式说明,在单层平壁内部温度分布为一条直线。

4.2.4 圆筒壁的一维稳态热传导

1. 单层圆筒壁热传导

化工生产装置中,绝大多数设备、管道的外壁都是圆筒形的,因此研究圆筒壁的热传导问题更具有工程实践意义。与平壁热传导的不同之处在于,圆筒壁在传热方向上传热面积随半径变化而变化,同时热通量也不再是常量,而是随半径而变,但传热速率在稳态时依然是常量,对于一维稳态热传导,温度梯度只存在于半径方向上,相同半径处温度相同。

考虑如图 4.6 所示的单层圆筒壁,长度为 L,内半径为 r_1,外半径为 r_2,内、外表面温度分别为 t_1 和 t_2,则任一半径 r 处传热面积为 $A = 2\pi r L$,根据傅里叶定律:

$$Q = -\lambda A \frac{\mathrm{d}t}{\mathrm{d}r} \tag{4.26}$$

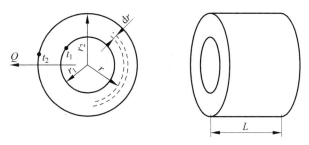

图 4.6 单层圆筒壁热传导

即

$$Q = -\lambda 2\pi rL \frac{\mathrm{d}t}{\mathrm{d}r} \tag{4.27}$$

边界条件：$r=r_1$ 时，$t=t_1$；$r=r_2$ 时，$t=t_2$。据此积分可得

$$Q = 2\pi\lambda L \frac{(t_1-t_2)}{\ln(r_2/r_1)} \tag{4.28}$$

式(4.28)即为单层圆筒壁一维稳态热传导速率方程。

因厚度 $b=r_2-r_1$，则上式可写成

$$Q = \frac{2\pi\lambda L(t_1-t_2)}{r_2-r_1} \cdot \frac{r_2-r_1}{\ln(r_2/r_1)} \tag{4.29}$$

令 $r_\mathrm{m}=\dfrac{r_2-r_1}{\ln(r_2/r_1)}$，则

$$Q = \frac{2\pi r_\mathrm{m}L\lambda(t_1-t_2)}{b} \tag{4.30}$$

即

$$Q = \frac{t_1-t_2}{\dfrac{b}{\lambda A_\mathrm{m}}} \tag{4.31}$$

式中 r_m——圆筒壁的对数平均半径，m，$r_\mathrm{m}=\dfrac{r_2-r_1}{\ln(r_2/r_1)}$；

A_m——圆筒壁的对数平均面积，m^2，$A_\mathrm{m}=2\pi r_\mathrm{m}L$。

对数平均面积也可用下式计算，结果相同。

$$A_\mathrm{m} = 2\pi L r_\mathrm{m} = \frac{2\pi L(r_2-r_1)}{\ln\dfrac{2\pi L r_2}{2\pi L r_1}} = \frac{A_2-A_1}{\ln\dfrac{A_2}{A_1}} \tag{4.32}$$

化工计算中，经常取两个量的对数平均值作为平均结果，一般情况下，当两个变量的比值小于或者等于 2 时，可以用算数平均值来代替，使计算简化。

经过上述处理后圆筒壁的传热速率计算公式在形式上与平壁是统一的，区别仅仅是圆筒壁中传热面积要用对数平均面积代替，即

$$Q = \frac{\Delta t}{R}, \quad R = \frac{b}{\lambda A_\mathrm{m}} \tag{4.33}$$

2. 多层圆筒壁的稳态热传导

对于层与层之间紧密接触的多层圆筒壁，仍以三层为例，如图 4.7 所示，像多层平壁一样，对于稳态热传导，各层的传热速率相等，即

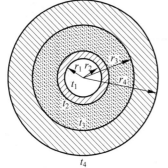

$$Q = \frac{t_1 - t_2}{R_1} = \frac{t_2 - t_3}{R_2} = \frac{t_3 - t_4}{R_3} \tag{4.34}$$

运用等比定理，整理得

$$Q = \frac{t_1 - t_4}{R_1 + R_2 + R_3} = \frac{t_1 - t_4}{\dfrac{b_1}{\lambda_1 A_{m1}} + \dfrac{b_2}{\lambda_2 A_{m2}} + \dfrac{b_3}{\lambda_3 A_{m3}}} \tag{4.35}$$

或由式（4.28）出发作相同的处理，可得

$$Q = \frac{t_1 - t_4}{\dfrac{1}{2\pi L\lambda_1}\ln\dfrac{r_2}{r_1} + \dfrac{1}{2\pi L\lambda_2}\ln\dfrac{r_3}{r_2} + \dfrac{1}{2\pi L\lambda_3}\ln\dfrac{r_4}{r_3}} \tag{4.36}$$

图 4.7　三层圆筒壁热传导

式（4.35）和式（4.36）都可用于三层平壁热传导的计算。

对于 n 层圆筒壁热传导：

$$Q = \frac{t_1 - t_{n+1}}{\sum\limits_{i=1}^{n} R_i} = \frac{t_1 - t_{n+1}}{\sum\limits_{i=1}^{n} \dfrac{b_i}{\lambda_i A_{mi}}} \tag{4.37}$$

或

$$Q = \frac{t_1 - t_{n+1}}{\sum\limits_{i=1}^{n} \dfrac{b_i}{\lambda_i A_{mi}}} = \frac{t_1 - t_{n+1}}{\sum\limits_{i=1}^{n} \dfrac{1}{2\pi L\lambda_i}\ln\dfrac{r_{i+1}}{r_i}} \tag{4.38}$$

由式（4.37）可知，多层圆筒壁热传导的总推动力亦为总温度差，总热阻亦为各层热阻之和，只是计算各层热阻所用的传热面积不再相等，而应采用各自的对数平均面积。

另外应注意，圆筒壁与平壁导热的主要区别在于：平壁的传热面积沿传热方向不变，而圆筒壁的传热面积沿传热方向连续变化，所以圆筒壁在稳态热传导时，虽然通过各层的传热速率相等，但温度分布不再是直线（详见例 4.3），沿径向热通量也不断变化，其相互关系为

$$Q = 2\pi r_1 L q_1 = 2\pi r_2 L q_2 = 2\pi r L q \tag{4.39}$$

$$r_1 q_1 = r_2 q_2 = r q \tag{4.40}$$

【例 4.1】　对大多数均质固体，导热系数 λ 与温度基本呈线性关系，即 $\lambda = \lambda_0(1+\beta t)$，试求平壁一维稳态热传导时的热通量表达式，并证明此表达式中的导热系数为 t_1 和 t_2 算术平均温度下的值 λ_m，即

$$\lambda_m = \lambda_0\left(1 + \beta\frac{t_1 + t_2}{2}\right)$$

已知平壁两侧壁面处的温度为：$x=0$ 时，$t=t_1$；$x=b$ 时，$t=t_2$。

解：当 $\lambda = \lambda_0(1+\beta t)$ 时，平壁一维稳态热传导时的傅里叶定律可写为

$$q = \frac{Q}{A} = -\lambda_0(1+\beta t)\frac{dt}{dx}$$

分离变量并积分,可得热通量的表达式为

$$q = \frac{Q}{A} = \lambda_0 \left(1 + \beta \frac{t_1 + t_2}{2}\right) \frac{t_1 - t_2}{b}$$

上式中的 $\lambda_0 \left(1 + \beta \frac{t_1 + t_2}{2}\right)$ 恰为 t_1 与 t_2 算术平均温度下的导热系数,即当导热系数随温度呈线性变化时,λ 值可用平壁两侧算术平均温度下的值来代替。

【例 4.2】　某炉壁由下列三种材料组成,依次为:耐火砖,$\lambda_1 = 1.4\,\mathrm{W/(m \cdot ℃)}$,$b_1 = 225\mathrm{mm}$;保温砖,$\lambda_2 = 0.15\,\mathrm{W/(m \cdot ℃)}$,$b_2 = 115\mathrm{mm}$;建筑砖,$\lambda_3 = 0.8\,\mathrm{W/(m \cdot ℃)}$,$b_3 = 225\mathrm{mm}$。已测得内、外表面的温度分别为 930℃ 和 55℃,求单位面积的热损失和各层间接触面的温度。

解:由式(4.21)可求得单位面积的热损失为

$$q = \frac{Q}{A} = \frac{\sum \Delta t}{\sum R'} = \frac{930 - 55}{\dfrac{0.225}{1.4} + \dfrac{0.115}{0.15} + \dfrac{0.225}{0.8}}\,\mathrm{W/m^2} = 724\,\mathrm{W/m^2}$$

由式(4.18)可求得各层的温差及各层接触面的温度

$$t_1 - t_2 = q\frac{b_1}{\lambda_1} = 724 \times \frac{0.225}{1.4}\,℃ = 116℃$$

$$t_2 = t_1 - 116℃ = 814℃$$

$$t_2 - t_3 = q\frac{b_2}{\lambda_2} = 724 \times \frac{0.115}{0.15}\,℃ = 555℃$$

$$t_3 = t_2 - 555℃ = 259℃$$

【例 4.3】　内径为 15mm、外径为 19mm 的钢管,$\lambda_1 = 20\,\mathrm{W/(m \cdot ℃)}$,其外包扎一层厚为 30mm,$\lambda_2 = 0.20\,\mathrm{W/(m \cdot ℃)}$ 的保温材料。若钢管内表面温度为 580℃,保温层外表面温度为 80℃,试求每米管长的热损失以及保温层中的温度分布。

解:由式(4.38)得

$$\frac{Q}{L} = \frac{2\pi(t_1 - t_3)}{\dfrac{1}{\lambda_1}\ln\dfrac{d_2}{d_1} + \dfrac{1}{\lambda_2}\ln\dfrac{d_3}{d_2}} = \frac{2 \times 3.14 \times (580 - 80)}{\dfrac{1}{20}\ln\dfrac{0.019}{0.015} + \dfrac{1}{0.2}\ln\dfrac{0.079}{0.019}}\,\mathrm{W/m}$$

$$= 440\,\mathrm{W/m}$$

对于保温层,有

$$\frac{Q}{L} = \frac{2\pi\lambda_2(t_2 - t_3)}{\ln\dfrac{r_3}{r_2}}$$

则

$$t_2 = t_3 + \frac{Q}{2\pi\lambda_2 L}\ln\frac{r_3}{r_2} = 80℃ + \frac{440}{2 \times 3.14 \times 0.2}\ln\frac{0.039\,5}{0.095}\,℃$$

$$= 579.2℃$$

对于保温层内的温度分布,可在保温层内任取半径为 r 的一点,其温度为 t,即有

$$Q = \frac{2\pi L\lambda_2(t_2 - t)}{\ln\dfrac{r_2}{r}} = \frac{2\pi L\lambda_2(t_2 - t_3)}{\ln\dfrac{r_3}{r_2}}$$

整理得

$$\frac{t_2 - t}{\ln\dfrac{r_2}{r}} = \frac{t_2 - t_3}{\ln\dfrac{r_3}{r_2}}$$

$$t_2 - t = \frac{t_2 - t_3}{\ln\dfrac{r_3}{r_2}}\ln\frac{r_2}{r}$$

温度分布为：$t = 579.2℃ - 350.3\ln\dfrac{r}{0.009\,51}$

计算结果表明,即使导热系数为常数,圆筒壁内的温度分布也不是直线而是曲线。

【例 4.4】 为减少热损失,在外径为 150mm 的饱和蒸汽管外覆盖厚度为 100mm 的保温层,保温材料的导热系数 $\lambda = (0.103 + 0.000\,198t)\,\mathrm{W/(m \cdot ℃)}$($t$ 单位为℃)。已知饱和蒸汽的温度为 180℃,并测得保温层中央厚度为 50mm 处的温度为 100℃,试求：

(1) 由于热损失,每米管长的蒸汽冷凝量；

(2) 保温层外侧温度。

解：(1) 对于稳态传热过程,单位管长的热损失沿半径方向不变,因此可根据靠近管壁 50mm 保温层内温度变化进行计算。

忽略管壁热阻,此保温层内的定性温度和平均导热系数为

$$t_\mathrm{m} = \frac{180 + 100}{2}℃ = 140℃$$

$$\begin{aligned}\lambda_\mathrm{m} &= (0.103 + 0.000\,198t_\mathrm{m})\,\mathrm{W/(m \cdot ℃)}\\ &= (0.103 + 0.000\,198 \times 140)\,\mathrm{W/(m \cdot ℃)}\\ &= 0.13\,\mathrm{W/(m \cdot ℃)}\end{aligned}$$

由式(4.28)得

$$\frac{Q}{L} = \frac{2\pi\lambda_\mathrm{m}(t_1 - t_2)}{\ln\dfrac{r_2}{r_1}} = \frac{2 \times 3.14 \times 0.13 \times (180 - 100)}{\ln\dfrac{0.25}{0.15}}\,\mathrm{W/m} = 128.6\,\mathrm{W/m}$$

查得 180℃饱和蒸汽的汽化热 $r = 2.019 \times 10^6\,\mathrm{J/kg}$,每米管长的冷凝量为

$$\frac{Q/L}{r} = \frac{128.6}{2.019 \times 10^6}\,\mathrm{kg/(m \cdot s)} = 6.34 \times 10^{-5}\,\mathrm{kg/(m \cdot s)}$$

(2) 设保温层外壁温度为 t_3,则

$$t_3 = t_1 - \frac{\dfrac{Q}{L}\ln\dfrac{r_2}{r_1}}{2\pi\lambda_\mathrm{m}}$$

此处 λ_m 为保温层内外平均温度下的导热系数,因保温层外壁温度未知,需试差求解。

设 $t_3 = 41℃$,则

$$t_m = \frac{180+41}{2}\ ℃ = 110.5℃$$

$$\lambda_m = 0.103\,W/(m \cdot ℃) + 0.000\,198 \times 110.5\,W/(m \cdot ℃) = 0.125\,W/(m \cdot ℃)$$

$$t_3 = 180℃ - \frac{128.6\ln\dfrac{0.35}{0.15}}{2\pi \times 0.125}℃ = 41.1℃$$

与假设结果接近,故计算结果有效。

4.3　对流传热

前已述及,对流传热主要是指固体壁与流体之间的传热,是集热传导和热对流为一体的综合过程。无论是热流体将热量传递给固体壁,还是固体壁面将热量传递给冷流体,在传热过程中,都存在着流体内部的热对流和热传导的综合影响。故对流传热与流体的流动状况以及流体的导热系数等物理性质密切相关。对流传热包括强制对流(强制层流和强制湍流)、自然对流、蒸汽冷凝和液体沸腾等情形。

蒸汽冷凝和液体沸腾由于存在相变,因此传热机理较为复杂,本节针对无相变的情况进行机理分析,以导出合适的传热速率计算公式。

4.3.1　对流传热机理

1. 对流传热分析

在实际生产中,最常见的是流体处于流动状态下与换热器壁面进行热量交换,因此,流体与换热器壁面的传热为对流传热。流体在壁面上流动可能是层流或湍流。流体作层流时,流体内不存在流体质点的湍动、碰撞与混合,所以在壁面法线方向上热量传递以分子导热方式进行,由于流体的导热系数很小,故导热热阻很大。流体作湍流时,壁面附近仍然存在一层层流底层,该层内热量传递以导热的方式进行。在湍流主体中,由于存在激烈的质点脉动、碰撞与混合,热量随质点的移动和混合而被快速传递。在湍流主体与层流底层之间存在过渡层,在该区域内存在较弱的质点脉动,因此,分子导热和质点的移动混合对热量的传递都发挥着相当的作用。可见在湍流主体中,传热速率最大,热阻最小,温度分布均匀。过渡区由于存在一定的质点脉动、混合,传热速率较快,因此,存在较小的温度分布。层流体层仅有分子导热,而热阻大,传热速率小,温度分布最显著。图 4.8 描述了与流体流动方向相

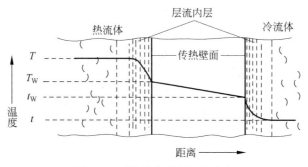

图 4.8　对流传热过程温度分布

垂直的某一截面处的温度变化情况。

就热阻而言,由于流体的导热系数普遍较小,层流内层的热阻占总对流传热热阻的绝大部分,故该层流体虽然很薄,但热阻却很大,因而温度梯度也很大;湍流主体的温度则较为均匀,热阻很小。因此减薄层流内层的厚度,是强化传热的主要途径。

2. 热边界层

由对流传热分析可知,当流体流过固体壁面时,若流体和壁面温度不同,则壁面附近的流体受壁面温度的影响将建立一个温度梯度,实验也表明在大多数情况下(导热系数很大的流体除外),流体的温度也和速度一样,仅在靠近壁面的薄流体层中有显著的变化,即在此薄

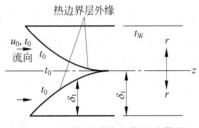

图 4.9　流体流过管内的热边界层

层中存在温度梯度,将此薄层定义为温度边界层,亦称热边界层。热边界层以外的区域,流体的温度基本相同,温度梯度可视为零。

当流体流过圆管进行传热时,管内热边界层的形成和发展与流动边界层相似,如图 4.9 所示,流体最初以均匀速度 u_0 和均匀温度 t_0 进入管内,因受壁面温度的影响,热边界层的厚度 δ_t 由进口的零值逐渐增厚,经过一段距离以后,在管中心汇合。流体由管

进口至汇合点的轴向距离称为传热进口段。超过汇合点后,温度分布将逐渐趋于平坦,若管子足够长,则截面上的温度最后变为均匀一致并等于壁面温度 t_W。

4.3.2　对流传热速率方程

由于温度边界层的存在,对于对流传热可只考虑壁面附近的传导热阻,在此情形下,对流传热速率可用傅里叶定律描述。由于层流内层靠近壁面且很薄,因此传热平面积 A_m 可用壁面处传热面积 A 代替。如图 4.10 所示,考虑到在流体流动方向上由于流体被加热(冷却),沿管长温度在不断变化,因此在管长为 dL(此时传热面积为 $dA = 2\pi r dL$)的垂直截面上应用傅里叶定律,则

$$dQ = -\lambda dA \left(\frac{dT}{dr}\right)_W \tag{4.41}$$

式中　λ——流体的导热系数,W/(m·℃);

$\left(\frac{dT}{dr}\right)_W$——壁面附近层流内层的温度梯度,℃/m。

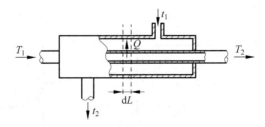

图 4.10　对流传热速率方程推导

对于壁面附近的温度梯度 $\left(\dfrac{\mathrm{d}T}{\mathrm{d}r}\right)_{\mathrm{w}}$，此处作近似的模型化处理，即厚度为 δ_{t} 的虚拟膜层一侧温度为壁面温度，另一侧为流动主体温度，膜层内为热传导的方式传热；且膜层很薄，温度变化看作线性分布。则

$$\left(\frac{\mathrm{d}T}{\mathrm{d}r}\right)_{\mathrm{w}} = \frac{T - T_{\mathrm{w}}}{\delta_{\mathrm{t}}} \tag{4.42}$$

代入式(4.41)得

$$\mathrm{d}Q = \frac{\lambda}{\delta_{\mathrm{t}}}(T - T_{\mathrm{w}})\mathrm{d}A \tag{4.43}$$

考虑到虚拟膜厚度很难确定，以及边界层内温度分布的复杂性，工程上常用牛顿冷却定律来描述对流传热速率。具体形式为：

流体被壁面冷却时：

$$\mathrm{d}Q = \alpha(T - T_{\mathrm{w}})\mathrm{d}A \tag{4.44}$$

流体被壁面加热时：

$$\mathrm{d}Q = \alpha(t_{\mathrm{w}} - t)\mathrm{d}A \tag{4.45}$$

式(4.43)和式(4.44)对比，可得由牛顿冷却定律所定义的 α 与壁面附近流体的关系为

$$\alpha = \frac{\lambda}{\delta_{\mathrm{t}}} \tag{4.46}$$

可以看出即便进行了简化处理，由于膜层厚度的难以确定，基于理论的方法对 α 值的计算依然是非常困难的，并且，在热边界层内的温度分布大多数情况下非常复杂，并不呈线性分布。

由牛顿冷却定律所定义的 α 在数值上等于壁面和流体间具有单位温差时，单位时间内通过单位传热面积的传热量，其大小反映了对流传热的强弱程度。但是和导热系数不同，它不是流体的物理性质，而是流体的物性、流动状态、流动空间的物理形状和大小等诸多因素的综合反映。

值得一提的是，牛顿冷却定律并非理论推导的结果，而是假定了对流传热速率与冷、热面温差成正比所得的推论。应用牛顿冷却定律对对流传热过程进行处理，从形式上简化了问题，而把更多复杂的影响传热的因素归结于对流传热系数之中。

4.3.3　对流传热过程的量纲分析

采用式(4.44)和式(4.45)求算对流传热速率 Q 的关键在于确定对流传热系数 α，但 α 的求算是一项复杂的工作，由对流传热机理可知，对流传热系数取决于热边界层的厚度以及热边界层的温度梯度，它与流体的物理性质、壁面的几何形状和粗糙度、流体的速度、流体与壁面间的温度差等诸多因素有关。

(1) 流体的种类和相变情况。流体的状态不同(如液体、气体和蒸汽)，它们的对流传热系数各不相同。通常，流体有相变时的对流传热系数比无相变时大得多。

(2) 流体流动的原因。有强制对流和自然对流两种情况。

(3) 流体的性质。主要包括导热系数 λ、比热容 c_p、黏度 μ 和密度 ρ 等。对同一种流体，这些物性又是温度的函数，有时还与压力有关(气体)。

（4）传热面特征尺寸 l。传热面的形状（如圆管、平板等）、布置（如水平或垂直放置、管束的排列方式等）及传热面的尺寸（如管径、管长、板高等）都对对流传热系数有直接影响。

（5）强制对流时的流速 u。当流体呈湍流流动时，随着 Re 值的增大，层流内层的厚度减薄，对流传热系数增大。当流体呈层流时，对流传热系数较小。

（6）自然对流时的特征流速。自然对流时，由于密度差形成的压差越大，自然流动速度越大，进而影响 α。

以上影响因素中，不可量化的因素须单独讨论，如流体有无相变的情况。对于蒸汽冷凝和液体沸腾，将在后续章节中单独讨论。

无相变时引起流体流动的原因分为强制对流和自然对流两种情况。

强制对流是流体在外力作用下产生的宏观流动，流体的流速通过影响流体的流动状态进而影响对流传热系数的大小，如上述因素（5）中所述，因此强制对流的特征数为流速 u。

自然对流是由于不同温度形成的密度差而引起的自然流动。

当流体传热发生时，靠近加热面的温度必然会高于距传热面较远处的温度，假设高温处温度为 t_1、密度为 ρ_1，低温处温度为 t_2、密度为 ρ_2，体积膨胀系数为 β，记温差为 Δt，以 $1\mathrm{m}^3$ 流体为基准，依据体积膨胀系数的定义有

$$\rho_1 = \rho_2(1 + \beta\Delta t) \tag{4.47}$$

则

$$\rho_1 - \rho_2 = \rho_2\beta\Delta t \tag{4.48}$$

根据流体力学的知识，此密度差在液位深度为 h 的位置处引起的压差为

$$\Delta p = \rho_1 gh - \rho_2 gh = \rho_2 gh\beta\Delta t \tag{4.49}$$

流体正是在此压差下产生自然流动，因此，只要有温差存在，流体内部的自然对流总是存在的，压差越大流速越大，进而影响到对流传热系数。此压差可理解为单位体积流体的浮升力，特征数为 $\rho g\beta\Delta t$。由于密度差引起的压差与液位深度有关，因此，自然对流的强弱与加热面所处的位置密切相关。当加热面水平放置时，加热面上部会有较强的自然对流速度；当固体表面为冷却面时，则有利于在下部形成较强的自然对流。

1. 对流传热准数

通过以上分析可以发现，由于影响对流传热系数 α 的因素太多，要想建立一个通式来求各种条件下的 α 是非常困难的。目前主要采用量纲分析法，将众多的影响因素（物理量）组合成若干无量纲数群（准数），然后再用实验确定这些准数之间的关系，即可得到不同情况下计算 α 的关联式。

经过前述分析，流体无相变时，对流传热系数 α 可表示为：

$$\alpha = f(l, \rho, \mu, c_p, \lambda, u, \rho g\beta\Delta t) \tag{4.50}$$

采用量纲分析的方法对变量进行分析，该过程所涉及的物理量有 8 个，其中包含的基本量纲有 4 个，即长度 L、质量 M、时间 Θ 和温度 T，故无量纲数群的数目为 4。据此，将式（4.50）按量纲分析的方法转化为无量纲形式，得：

$$\frac{\alpha l}{\lambda} = f\left(\frac{lu\rho}{\mu}, \frac{c_p\mu}{\lambda}, \frac{l^3\rho^2 g\beta\Delta t}{\mu^2}\right) \tag{4.51}$$

其中：

$$\frac{\alpha l}{\lambda} = Nu \qquad 努塞尔(\text{Nusselt})数 \tag{4.52}$$

$$\frac{lu\rho}{\mu} = Re \qquad 雷诺(\text{Reynolds})数 \tag{4.53}$$

$$\frac{c_p\mu}{\lambda} = Pr \qquad 普朗特(\text{Prandtl})数 \tag{4.54}$$

$$\frac{l^3\rho^2 g\beta\Delta t}{\mu^2} = Gr \qquad 格拉晓夫(\text{Grashof})数 \tag{4.55}$$

于是,描述无相变对流传热过程的特征数关系式为

$$Nu = f(Re, Gr, Pr) \tag{4.56}$$

由于具体的函数关系式无法从理论上确定,采用幂函数逼近的方法进行处理,即

$$Nu = ARe^a Pr^b Gr^c \tag{4.57}$$

各准数名称、符号和含义列于表 4.5。

表 4.5　准数的名称、符号和含义

准数名称	符号	准数式	含义
努塞尔(Nusselt)数	Nu	$\dfrac{\alpha l}{\lambda}$	表示对流传热系数的准数
雷诺(Reynolds)数	Re	$\dfrac{lu\rho}{\mu}$	表示惯性力与黏性力之比,是表征流动状态的准数
普朗特(Prandtl)数	Pr	$\dfrac{c_p\mu}{\lambda}$	表示速度边界层和热边界层相对厚度的一个参数,反映与传热有关的流体物性
格拉晓夫(Grashof)数	Gr	$\dfrac{l^3\rho^2 g\beta\Delta t}{\mu^2}$	表示由温度差引起的浮力与黏性力之比

2. 传热准数的物理意义

了解表 4.5 中各准数的物理意义,对于深入理解对流传热的本质是十分必要的。

1) 努塞尔数

已知在对流传热中,紧靠壁面的流体处在层流内层中,其传热过程为热传导,其传热速率可按傅里叶定律写为

$$Q = -\lambda A \left(\frac{\mathrm{d}t}{\mathrm{d}y}\right)_w \tag{4.58}$$

式中　$\left(\dfrac{\mathrm{d}t}{\mathrm{d}y}\right)_w$——壁面附近的温度梯度。

又根据牛顿冷却定律

$$Q = \alpha A \Delta t \tag{4.59}$$

联立以上两式,得

$$\alpha = -\frac{\lambda}{\Delta t}\left(\frac{\mathrm{d}t}{\mathrm{d}y}\right)_w \tag{4.60}$$

移项,并在两侧各乘以特征尺寸 l,得

$$Nu = \frac{\alpha l}{\lambda} = \frac{-\left(\dfrac{dt}{dy}\right)_w}{\dfrac{\Delta t}{l}} \qquad (4.61)$$

即 Nu 为壁面处温度梯度和平均温度梯度的比值。在平均温度梯度 $\Delta t/l$ 一定的条件下,壁面处的温度梯度越大,Nu 越大,所以努塞尔数反映了对流传热的强弱程度。因为壁面处的温度梯度恒大于平均温度梯度,故 Nu 恒大于 1,甚至远大于 1。

2)雷诺数

雷诺数表示惯性力与黏性力之比。在对流传热中,Re 反映流体流动状态对传热系数的影响。Re 小,表示黏滞力起控制作用,抑制流体层的扰动;Re 大,惯性力大,扰动程度大,层流内层减薄,壁面处的温度梯度加大,从而使对流传热系数加大,有利于传热。

3)普朗特数

普朗特数由三个物性参数组成,表示物性对传热系数的影响,进一步整理,则 Pr 等于运动黏度与热扩散率之比,即

$$Pr = \frac{c_p \mu}{\lambda} = \frac{\dfrac{\mu}{\rho}}{\dfrac{\lambda}{\rho c_p}} = \frac{\nu}{a} \qquad (4.62)$$

式中　ν——运动黏度或动量扩散系数,其大小反映流体动量传递的能力,m^2/s;

a——热扩散系数,反映流体热量传递的能力,m^2/s。

由此可知,Pr 是流体传递动量和传递热量能力相对大小的量度,反映了流动边界层与热边界层厚度之间或相应速度分布和温度分布之间的对比关系。$Pr=1$,流动边界层厚度与热边界层厚度相等;$Pr>1$,流动边界层厚度大于热边界层厚度;$Pr<1$,流动边界层厚度小于热边界层厚度。

4)格拉晓夫数

格拉晓夫数是反映自然对流特征的准数,又称为升浮力特征数。例如当 $t_w>t$ 时,在垂直壁面附近存在自然对流,由于温度分布的不均匀使流体密度发生变化,其平均密度近似为 $\dfrac{\rho-\rho_w}{2}$,其中 ρ 及 ρ_w 分别为主体温度 t 和壁温 t_w 下的密度。所以壁面附近流体的升浮力近似为 $\dfrac{(\rho-\rho_w)g}{2}$,若忽略流体自然对流的流动阻力损失,并作能量衡算,则浮力所做的功近似等于流体所获得的动能,即

$$\frac{1}{2}(\rho-\rho_w)gl = \frac{1}{2}\rho u_b^2 \qquad (4.63)$$

又根据体积膨胀系数 β 的定义

$$\beta = \frac{\rho-\rho_w}{\rho_w \Delta t} \qquad (4.64)$$

即

$$(\rho-\rho_w)g = \rho_w g\beta\Delta t \qquad (4.65)$$

综合式(4.63)和式(4.65)可得

$$u_b^2 = \frac{l \beta \rho_w g}{\rho} \approx l \beta g \Delta t \tag{4.66}$$

于是

$$Gr = \frac{l^3 \rho^2 g \beta \Delta t}{\mu^2} = \frac{l^2 u_b^2 \rho^2}{\mu^2} = Re_b^2 \tag{4.67}$$

式中　$Re_b = \dfrac{l u_b \rho}{\mu}$ 为表示自然对流的雷诺数,所以 Gr 反映了自然对流强弱程度。

4.4　对流传热系数关联式

在对流传热量纲分析过程中,一般认为 $\dfrac{Gr}{Re^2} \leqslant 0.1$ 时,就可忽略自然对流的影响; $\dfrac{Gr}{Re^2} \geqslant$ 10 时,按单纯的自然对流处理;介于其间的情况称为混合对流,则需同时考虑自然对流和强制对流的影响。由量纲分析所得到的 Nu 与 Re、Pr 或 Gr、Pr 的原则关系式,还必须通过实验及实验数据的数学回归,才能得到具体情况下的具体关联式。由于具体传热情况多种多样,所对应的关联式也很多,本书只对其中应用较为广泛的部分进行介绍,对于其他求算 α 的关联式,可查阅相关手册或专著得到。

由于有无相变对对流传热的影响巨大,以下分流体无相变和有相变两种情况来给出对流传热系数的关联式,其中无相变包括强制对流和自然对流,有相变包括蒸汽冷凝和液体沸腾。流体在管内(管程)或者管外(壳程)流动情况亦可能有所不同,应用时须注意条件。

4.4.1　流体无相变时的强制对流传热

1. 流体在管内作强制对流

1) 流体在光滑圆形管内作强制湍流

当流体的黏度大约低于 2mPa·s 时,可应用迪特斯(Dittus)-贝尔特(Boelter)关联式,即

$$Nu = 0.023 Re^{0.8} Pr^n \tag{4.68}$$

或

$$\alpha = 0.023 \frac{\lambda}{d_i} \left(\frac{d_i u \rho}{\mu} \right)^{0.8} \left(\frac{c_p \mu}{\lambda} \right)^n \tag{4.69}$$

式中的 n 视热流方向而定:当流体被加热时,$n = 0.4$;当流体被冷却时,$n = 0.3$。

应用范围:$Re > 10\,000$,$0.7 < Pr < 120$,$\dfrac{L}{d_i} > 60$ (L 为管长)。若 $\dfrac{L}{d_i} < 60$,需考虑传热进口段对 α 的影响,此时可将由式(4.69)求得的 α 值乘以 $\left[1 + \left(\dfrac{d_i}{L} \right)^{0.7} \right]$ 进行校正。

当管壁与流体的温度差较大且流体黏度也较大时,由于靠近管壁处的流体黏度和主流温度下的黏度相差较大,流体加热和冷却时边界层的情况也不尽相同,故引入黏度比进行校正,即西德尔(Sieder)-泰特(Tate)关联式:

$$Nu = 0.027 Re^{0.8} Pr^{1/3} \varphi_{\mathrm{W}} \tag{4.70}$$

或

$$\alpha = 0.027 \frac{\lambda}{d_{\mathrm{i}}} \left(\frac{d_{\mathrm{i}} u \rho}{\mu} \right)^{0.8} \left(\frac{c_p \mu}{\lambda} \right)^{1/3} \left(\frac{\mu}{\mu_{\mathrm{W}}} \right)^{0.14} \tag{4.71}$$

式中的 $\varphi_{\mathrm{W}} = \left(\dfrac{\mu}{\mu_{\mathrm{W}}} \right)^{0.14}$ 也是考虑热流方向的校正项,μ_{W} 为壁温下的黏度。

应用范围:$Re > 10\,000, 0.7 < Pr < 700, \dfrac{L}{d_{\mathrm{i}}} > 60$($L$ 为管长)。

特征尺寸:管内径 d_{i}。

定性温度:除 μ_{W} 取壁温外,均取流体进出口温度的算术平均值。

对于式(4.70)中的校正项 φ_{W},由于壁温是未知的,计算时往往要用试差法,很不方便,为此可取近似值:液体被加热时,取 $\varphi_{\mathrm{W}} \approx 1.05$;液体被冷却时,取 $\varphi_{\mathrm{W}} \approx 0.95$;对气体,则不论加热或冷却,均取 $\varphi_{\mathrm{W}} \approx 1.0$。

2)流体在光滑圆形直管内作强制层流

流体在管内作强制层流时,一般流速较低,故应考虑自然对流的影响,此时由于在热流方向上同时存在自然对流和强制对流而使问题变得复杂化,也正是上述原因,强制层流时对流传热系数关联式的误差要比湍流时大。由于强制层流时对流传热系数很低,故在换热器设计中,应尽量避免在强制层流条件下进行换热。

当管径较小,流体与壁面间的温度差也较小,且流体的 $\dfrac{\mu}{\rho}$ 值较大时,可忽略自然对流对强制层流传热的影响,此时可应用西德尔-泰特关联式,即

$$Nu = 1.86 Re^{1/3} Pr^{1/3} \left(\frac{d_{\mathrm{i}}}{L} \right)^{1/3} \left(\frac{\mu}{\mu_{\mathrm{W}}} \right)^{0.14} \tag{4.72}$$

应用范围:$Re < 2\,300, 0.6 < Pr < 6\,700, \left(Re Pr \dfrac{d_{\mathrm{i}}}{L} \right) > 100$。

特征尺寸:管内径 d_{i}。

定性温度:除 μ_{W} 外,均取流体进出口温度的算术平均值。

3)流体在光滑圆形直管中呈过渡流

当 $2\,300 < Re < 10\,000$ 时,对流传热系数可先用湍流时的公式计算,然后把算得的结果乘以校正系数 φ,即可得过渡流下的对流传热系数,其中

$$\varphi = 1 - \frac{6 \times 10^5}{Re^{1.8}} \tag{4.73}$$

4)流体在弯管内作强制对流

流体在弯管内流动时,由于受离心力的作用,增大了流体的湍动程度,使对流传热系数较直管内的大,此时可用下式计算对流传热系数,即

$$\alpha' = \alpha \left(1 + 1.77 \frac{d_{\mathrm{i}}}{R} \right) \tag{4.74}$$

式中　α'——弯管中的对流传热系数,$W/(m^2 \cdot ℃)$;

　　　α——直管中的对流传热系数,$W/(m^2 \cdot ℃)$;

d_i——管内径，m；

R——管子的弯曲半径，m。

5）流体在非圆形管内作强制对流

流体在非圆管内流动，原则上只要将管内径改为当量直径 d_e，则仍可采用上述各关联式。但有些资料中的某些关联式规定采用传热当量直径。具体的情况由关联式决定。

2. 流体在管外作强制对流

换热器管外流体流经管束时，有可能发生边界层分离，增加湍动程度的同时，也使得局部对流传热系数在不同位置处各不相同。在设计和使用过程中，只考虑其平均结果。对于常用的列管式换热器，由于壳体是圆筒，管束中各列的管子数目不同，并且大都装有折流挡板，使得流体的流向和流速进一步发生变化，因而在 $Re>100$ 时即可达到湍流。此时对流传热系数的计算，要视具体结构选用相应的计算公式。

列管式换热器折流挡板的形式较多，其中以如图 4.11 所示的以弓形(圆缺形)挡板最为常见，当换热器内装有圆缺形挡板(缺口面积约为 25% 的壳体内截面积)时，壳程流体的对流传热系数可采用凯恩(Kern)法计算，即

$$Nu = 0.36Re^{0.55}Pr^{1/3}\varphi_W \tag{4.75}$$

或

$$\alpha = 0.36\frac{\lambda}{d_e}\left(\frac{d_e u\rho}{\mu}\right)^{0.55}\left(\frac{c_p\mu}{\lambda}\right)^{1/3}\left(\frac{\mu}{\mu_W}\right)^{0.14} \tag{4.76}$$

应用范围：$2\times10^3 < Re < 1\times10^6$。

特性尺寸：传热当量直径 d_e。

定性温度：除 μ_W 取壁温外，均取流体进出口温度的算术平均值。

当量直径 d_e 可根据图 4.12 所示的管子排列情况分别用不同的公式进行计算。

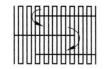
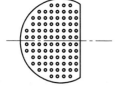
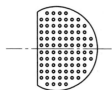

图 4.11　换热器的折流挡板

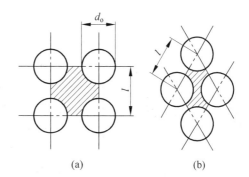

(a)　　　　　　　(b)

图 4.12　管间当量直径推导

(a) 正方形排列；(b) 正三角形排列

若管子采用正方形排列,则

$$d_e = \frac{4\left(t^2 - \frac{\pi}{4}d_o^2\right)}{\pi d_o} \tag{4.77}$$

若管子为正三角形排列

$$d_e = \frac{4\left(\frac{\sqrt{3}}{2}t^2 - \frac{\pi}{4}d_o^2\right)}{\pi d_o} \tag{4.78}$$

式中　t——相邻两管的中心距,m;

　　　d_o——管外径,m。

式(4.77)及式(4.78)中的流速 u 可根据流体流过管间最大截面积 $A_{截}$ 计算,即

$$A_{截} = ZD\left(1 - \frac{d_o}{t}\right) \tag{4.79}$$

式中　Z——两挡板间的距离,m;

　　　D——换热器的外壳内径,m。

式(4.79)中的 φ_W 由于壁温难以获得,可近似取值如下:当液体被加热时,$\varphi_W = 1.05$,当液体被冷却时,$\varphi_W = 0.95$;对气体,则无论是被加热还是被冷却,$\varphi_W = 1.0$。这些假设值与实际情况相当接近,一般可不再校核。

此外,若换热器的管间无挡板,则管外流体将沿管束平行流动,此时可采用管内强制对流的公式计算,但需将式中的管内径改为管间的当量直径。

4.4.2　流体有相变时的对流传热

有相变的对流传热,包括了蒸气冷凝和液体沸腾,由于在流体与壁面间传热的同时又有相变发生,因此要比无相变时的对流传热更为复杂。其对流传热系数的大小除了受壁面与流体间传热速率的影响,更与壁面上液滴的凝结或气泡的生成情况有关。这类传热过程的特点是发生相变的流体需要吸收或释放大量的潜热,但流体温度不发生变化。一般而言有相变的对流传热过程其对流传热系数较无相变的要大得多,其传热机理与无相变相比有很大的不同。

1. 蒸汽冷凝

蒸汽冷凝主要有膜状冷凝和珠状冷凝两种方式,如图 4.13 所示。若冷凝液体能浸润固

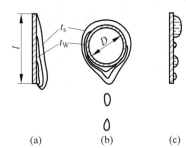

图 4.13　蒸汽冷凝方式
(a)、(b) 膜状冷凝;(c) 珠状冷凝

体壁面,则会形成一层平滑的液膜,此种冷凝称为膜状冷凝;若冷凝液不浸润表面,则会在表面上杂乱无章地形成小液珠并沿壁面落下,此种冷凝称为珠状冷凝。

在膜状冷凝过程中,固体壁面被液膜所覆盖,此时蒸汽的冷凝只能在液膜的表面上进行,即蒸汽冷凝放出的潜热必须通过液膜后才能传给冷壁面。由于蒸汽冷凝时有相的变化,一般热阻很小,因此这层冷凝液膜往往成为膜状冷凝的主要热阻。冷凝液膜在重力作用下沿壁面向

下流动时,其厚度不断增加,故壁面越高或水平放置的管径越大,则整个壁面的平均对流传热系数也就越小。

在珠状冷凝过程中,壁面的大部分面积直接暴露在蒸汽中,在这些部位没有液膜阻碍热流,故珠状冷凝的传热系数可比膜状冷凝高 10 倍左右。

尽管如此,要保持珠状冷凝却是非常困难的,即使开始阶段为珠状冷凝,但经过一段时间后,大部分都要变为膜状冷凝。为了保持珠状冷凝,有研究者曾采用各种不同的表面涂层和蒸汽添加剂,但这些方法至今尚未能在工程上实现,因此进行冷凝计算时,通常总是将冷凝视为膜状冷凝。即便同是膜状冷凝,其在管内或者管外以及垂直和水平速率都大不相同。

1) 垂直壁面上的膜状冷凝

对于垂直壁面上的膜状冷凝,麦克亚当斯(McAdams)、柯克柏瑞德(Kirkbride)等在努塞尔工作的基础上提出了以下关联式:

$Re_f < 1\,800$ 时

$$\alpha = 1.13\left[\frac{\rho_L^2 g\lambda^3 r}{\mu L(t_s - t_W)}\right]^{1/4} \tag{4.80}$$

$Re_f > 1\,800$ 时

$$\alpha = 0.007\,7\lambda\left(\frac{\rho_L^2 g}{\mu^2}\right)^{1/3} Re_f^{0.4} \tag{4.81}$$

式中　ρ_L——凝液密度,kg/m^3;

　　　λ——冷凝液导热系数,$W/(m \cdot ℃)$;

　　　r——蒸汽冷凝潜热,kJ/kg;

　　　μ——冷凝液黏度,$Pa \cdot s$;

　　　t_s——液膜表面温度(相变温度),$℃$;

　　　t_W——壁面温度,$℃$;

　　　Re_f——液膜雷诺数,$Re_f = \dfrac{d_e u_b \rho}{\mu}$。

若以 $A_{截}$ 表示流道截面积,P 表示润湿周边长,W 表示凝液质量流量,则

$$Re_f = \frac{4\dfrac{A_{截}}{P} \cdot \dfrac{W}{\rho A_{截}}}{\mu} = \frac{4W}{\mu P} \tag{4.82}$$

对于垂直表面上的冷凝(即换热器立式安装),不管是管内还是管外,只要管径 $D \gg \delta$,即可按照垂直表面上的冷凝公式计算。

2) 水平管外的膜状冷凝

对于单根水平管外的层流膜状冷凝可用努塞尔关联式

$$\alpha = 0.725\left[\frac{\rho_L^2 g\lambda^3 r}{\mu d_o(t_s - t_W)}\right]^{1/4} \tag{4.83}$$

比较水平和垂直两种情形,可以看出,在相同条件下,水平管外膜状冷凝时的对流传热系数与垂直管外膜状冷凝时的对流传热系数之比为

$$\frac{\alpha_{水平}}{\alpha_{垂直}} = 0.64\left(\frac{L}{d_o}\right)^{1/4}$$

对于 $L=2.0m$、$d_o=25mm$ 的圆管,水平放置时的对流传热系数约为垂直放置时的 2 倍,故此冷凝器一般都采用水平放置。

对于水平管束,若垂直列上的管数为 n,由于冷凝液从上排管落到下排管,使冷凝液膜逐渐加厚,使传热系数有所下降,可采用下式计算:

$$\alpha = 0.725 \left[\frac{\rho_L^2 g \lambda^3 r}{\mu n d_o (t_s - t_W)} \right]^{1/4} \tag{4.84}$$

在列管冷凝器中,若管束由互相平行的 z 列管子所组成,一般各列管子在垂直方向上的排数并不相等,设分别为 $n_1, n_2, n_3, \cdots, n_z$,则平均的管排数可按下式计算:

$$n_m = \left(\frac{n_1 + n_2 + \cdots + n_z}{n_1^{0.75} + n_2^{0.75} + \cdots + n_z^{0.75}} \right)^4 \tag{4.85}$$

3) 水平管内的膜状冷凝

在化学工程中,也常遇到蒸汽在管内冷凝的情况,和管外冷凝的区别在于需要考虑蒸汽流速的影响。在蒸汽流速不大且冷凝液能够顺畅排出时,无论垂直管还是水平管,其对流传热系数均可按管外冷凝关联式进行估算。当蒸汽流速相当高时,气速的影响很大,将会出现复杂的气-液两相流动。此时情况比较复杂,不同研究者所得结果差别很大,应用有关资料时应慎重。

若蒸汽中含有空气或者其他不凝气体,壁面可能被导热系数很小的不凝气体所占据而增加附加热阻,导致对流传热系数急剧下降,因此在冷凝器的设计和操作中,必须考虑排除不凝气体。

2. 液体沸腾

沸腾传热最主要的特征是液体内部有气泡产生。液体在加热面上的沸腾可分为大容积沸腾(或称池内沸腾)和管内沸腾(或称强制对流沸腾)两类。将加热器或加热表面浸没在液层中,在加热壁面形成的气泡长大到一定程度后,脱离壁面自由上浮,至液面逸出,为池内沸腾;当流体在管内或加热表面强制流动的同时被加热沸腾,为管内沸腾。管内沸腾时加热表面上产生的气泡不能自由上升并被迫与液体一起流动,从而出现复杂的气-液两相流动状态,其传热机理要较池内沸腾复杂得多。

根据管内液流的主体温度是否低于相应压强下的饱和温度,沸腾传热还分为过冷沸腾和饱和沸腾。若液体温度低于其饱和温度,由于加热壁面的温度很高,在加热表面上产生的气泡,在其进入液体中后又迅速冷凝,此种沸腾称为过冷沸腾;若液体主体温度达到或超过其饱和温度,则气泡经过液体主体时不再冷凝,此类沸腾称为饱和沸腾或整体沸腾。

同无相变的对流传热一样,沸腾传热的热阻也主要集中在紧贴加热表面的液体薄层内。但由于沸腾传热时,气泡的生成和脱离对该薄层液体产生强烈的扰动,使得热阻大为降低。其传热系数可达 $2 \times 10^5 \, W/(m^2 \cdot \text{℃})$ 左右。

1) 液体沸腾机理

沸腾传热的主要特征是液体内部有气泡产生,气泡产生的必要条件是附近液体有一定的过热度。但是纯净的液体在绝对光滑的加热面上很难产生气泡,实验发现液体沸腾时气泡只能在粗糙加热面的若干点上产生,这种点称为汽化核心。汽化核心是个复杂的问题,它与表面的粗糙程度、氧化状况、材料的性质及其不均匀性等多种因素有关。目前比较一致的看法认为,粗糙表面细小的凹缝易于成为汽化核心,空穴的底部往往吸附着微量的空气或蒸汽,当液体被加热时,空穴中的蒸气增多,形成气泡,随着气泡的长大并脱离壁面,在空穴中残存的蒸汽又成为下一个气泡的核心。如果加热面比较光滑,则汽化核心少,必须有更大的过热度才能使气泡生成。

大容器内饱和液体的沸腾情况随温差 Δt(即 $t_w - t_s$)而变,在不同温差和过热度条件下,呈现不同的沸腾状态。以常压下水在大容器中的沸腾传热为例,当加热面温度逐步升高时,如图 4.14 所示,随着温差的增大,存在明显不同的几个区域。

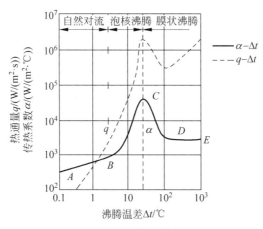

图 4.14 水的沸腾曲线

(1) AB 段 温差较小($\Delta t \leqslant 5℃$)时,加热表面上的液体轻微过热,使液体内产生自然对流,但没有气泡溢出液面,仅在液体表面汽化,传热系数 α 和热通量 q 都很小。

(2) BC 段 当 Δt 逐步升高($\Delta t = 5 \sim 25℃$)时,在加热表面局部形成气泡,气泡积聚上升过程中,由于气泡的剧烈扰动,α 和 q 都急剧增加,称为泡核沸腾或核状沸腾。

(3) CD 段 当 Δt 再增大时,加热表面上的气泡大大增多,且气泡产生的速度大于表面脱离速度,气泡在脱离表面之前相互连接形成一层不稳定的气膜,增加热阻,α 和 q 都急剧下降,称为不稳定的膜状沸腾或部分泡状沸腾,由泡核沸腾向膜状沸腾过渡的转折点 C 称为临界点。当到达 D 点时,传热面几乎全部为气膜所覆盖,开始形成稳定的气膜。以后随 Δt 的增加 α 几乎不变但 q 增大。这是由于壁温升高,辐射传热的影响显著增加。

其他液体在一定压强下的沸腾曲线与水有类似的形状,仅临界点的数值不同。

在上述液体饱和沸腾的不同阶段,泡核沸腾由于传热系数大、壁温低的优点,被工业设备广泛采纳。为保证沸腾处于泡核状态,必须控制好温差不能大于临界点,否则反而会使传热效率低下。

2) 液体沸腾传热系数

由于沸腾传热机理复杂,虽然不同研究者提出了各种沸腾传热理论,从而导出计算沸腾传热系数相应的公式,但计算结果往往差别较大。这里推荐两个工业计算中常用的计算式。

(1) 罗森奥(Rohsenow)公式

$$\frac{c_{pL}\Delta t}{rPr^n} = C_{sf}\left[\frac{Q/A}{r\mu_L}\sqrt{\frac{\sigma}{g(\rho_L - \rho_V)}}\right]^{\frac{1}{3}} \tag{4.86}$$

式中　Q——沸腾传热速率,W;

　　　A——沸腾传热面积,m^2;

　　　c_{pL}——饱和液体的比热容,J/(kg·℃);

　　　Δt——过热度 $\Delta t = t_W - t_{sat}$,℃;

　　　r——汽化热,J/kg;

　　　Pr——饱和液体的普朗特数;

　　　μ_L——饱和液体的黏度,Pa·s;

　　　σ——气-液界面的表面张力,N/m。

　　　ρ_L、ρ_V——液相密度和气相密度,kg/m^3;

　　　n——常数,对于水,$n = 1.0$;对于其他液体,$n = 1.7$;

　　　C_{sf}——由实验数据确定的组合常数,其值可由表4.6查得。

表 4.6　不同液体-加热壁面的组合常数 C_{sf}

液体-加热壁面	C_{sf}	液体-加热壁面	C_{sf}
水-铜	0.013	水-研磨和抛光的不锈钢	0.008 0
水-黄铜	0.006	水-化学处理的不锈钢	0.013 3
水-金刚砂抛光的铜	0.012 8	水-机械磨制的不锈钢	0.013 2
$35\% K_2CO_3$-铜	0.005 4	苯-铬	0.010
$50\% K_2CO_3$-铜	0.003 0	正戊烷-铬	0.015
异丙醇-铜	0.002 25	乙醇-铬	0.027
正丁醇-铜	0.003 05	水-镍	0.006
四氯化碳-铜	0.013	水-铂	0.013

　　气-液界面的表面张力数值可查阅有关手册。

　　由式(4.86)求得 Q/A 后,即可根据牛顿冷却定律求得 α。

　　(2) 莫斯听斯基(Mostinski)公式

$$\alpha = 0.105 \left[0.10 \left(\frac{p_c}{9.81 \times 10^4} \right)^{0.69} (1.8R^{0.17} + 4R^{1.2} + 10R^{10}) \right]^{3.33} (\Delta t)^{2.33} \quad (4.87)$$

将 $\Delta t = \dfrac{Q/A}{\alpha}$ 代入上式并整理可得

$$\alpha = 0.105 \left[0.10 \left(\frac{p_c}{9.81 \times 10^4} \right)^{0.69} (1.8R^{0.17} + 4R^{1.2} + 10R^{10}) \right]^{3.33} \left(\frac{Q}{A} \right)^{0.7} \quad (4.88)$$

式中　p_c——临界压强,Pa;

　　　R——对比压强,$R = \dfrac{p}{p_c}$;

　　　p——操作压力,Pa。

　　式(4.88)的应用条件为:$p_c > 3000kPa$;$R = 0.01 \sim 0.9$,$Q/A < (Q/A)_c$(临界热通量)。临界热通量$(Q/A)_c$可按下式估算,即

$$(Q/A)_c = 0.38 p_c R^{0.35} (1-R)^{0.9} \pi D_i L / A_o \quad (4.89)$$

式中　D_i——管束直径,m;

　　L——管长，m；

　　A_o——管外壁总传热面积，m^2。

【例 4.5】　一列管式换热器由 38 根 $\phi25mm\times2.5mm$ 的无缝钢管组成。苯在管内流动，由 20℃ 被加热至 80℃，苯的流量为 8.32kg/s。外壳中通入水蒸气进行加热。试求管壁对苯的对流传热系数。又当苯的流量提高一倍，对流传热系数有何变化？

　　解：查得苯在平均温度 $t_m=(20+80)/2=50℃$ 下的物性参数：

　　$\rho=860kg/m^3$，　$c_p=1.80kJ/(kg\cdot℃)$，　$\mu=0.45mPa\cdot s$，　$\lambda=0.14W/(m\cdot℃)$

　　加热管内苯的流速为

$$u=\frac{V_c}{n\frac{\pi}{4}d^2}=\frac{\frac{8.32}{860}}{38\times0.785\times0.02^2}m/s=0.81m/s$$

$$Re=\frac{du\rho}{\mu}=\frac{0.02\times0.81\times860}{0.45\times10^{-3}}=30\ 960$$

$$Pr=\frac{c_p\mu}{\lambda}=\frac{(1.8\times10^3)\times0.45\times10^{-3}}{0.14}=5.79$$

　　计算表明流动情况符合式(4.69)的条件，故

$$\alpha=0.023\frac{\lambda}{d}Re^{0.8}Pr^{0.4}=0.023\times\frac{0.14}{0.02}\times30\ 960^{0.8}\times5.79^{0.4}W/(m^2\cdot℃)$$

$$=1\ 272W/(m^2\cdot℃)$$

　　若忽略定性温度的变化，当苯的流量增加一倍时，其传热系数

$$\alpha'=\alpha\left(\frac{u'}{u}\right)^{0.8}=1\ 272\times2^{0.8}W/(m^2\cdot℃)=2\ 215W/(m^2\cdot℃)$$

【例 4.6】　列管换热器的列管内径为 15mm，长度为 2.0m。管内有冷冻盐水(25% $CaCl_2$)流过，其流速为 0.4m/s，温度自 -5℃ 升至 15℃。假定管壁的平均温度为 20℃，试计算管壁与流体间的对流传热系数。

　　解：定性温度 $=[-15-(-5)]/2℃=10℃$，由有关手册查得 10℃ 时 25% $CaCl_2$ 的物性为

　　$\rho=1\ 230kg/m^3$，$c_p=2.85kJ/(kg\cdot℃)$，$\lambda=0.57W/(m\cdot℃)$，$\mu=4\times10^{-3}Pa\cdot s$。

　　20℃ 时，$\mu_W=2.5\times10^{-3}Pa\cdot s$，则

$$Re=\frac{d_iu\rho}{\mu}=\frac{0.015\times0.4\times1\ 230}{4\times10^{-3}}=1\ 845<2\ 300(层流)$$

$$Pr=\frac{c_p\mu}{\lambda}=\frac{2.85\times10^3\times4\times10^{-3}}{0.57}=20$$

$$Re\ Pr\frac{d_i}{L}=1\ 845\times20\times\frac{0.015}{2}=276.8>10$$

　　在本题条件下，管径较小，管壁和流体间的温度差也较小，黏度较大，因此自然对流的影响可以忽略，故 α 可用式(4.72)计算，即

$$\alpha=1.86\frac{\lambda}{d_i}\left(Re\ Pr\frac{d_i}{L}\right)^{\frac{1}{3}}\left(\frac{\mu}{\mu_W}\right)^{0.14}$$

$$=1.86\times\frac{0.57}{0.015}\times(276.8)^{1/3}\times\left(\frac{4\times10^{-3}}{2.5\times10^{-3}}\right)^{0.14}\text{W/(m}^2\cdot\text{℃})$$

$$=492\text{W/(m}^2\cdot\text{℃})$$

【例 4.7】 饱和温度为 100℃ 的水蒸气在长为 3m、外径为 0.05m 的单根直立圆管表面上冷凝,管外壁平均温度为 90℃,试求蒸汽冷凝时的对流传热系数。

解:定性温度 $=(t_s+t_W)/2=95℃$,由有关手册查得 95℃ 时水的物性为

$$\rho=961.9\text{kg/m}^3,\quad\mu=0.3\times10^{-3}\text{Pa}\cdot\text{s},\quad\lambda=0.68\text{W/(m}\cdot\text{℃})$$

100℃ 时饱和蒸汽的物性为

$$r=2\,258\text{kJ/kg},\quad\rho=0.597\text{kg/m}^3$$

对于此类问题,由于流型未知,故需试差求解。

首先假定冷凝液膜为层流,由式(4.80)得

$$\alpha=1.13\left[\frac{\rho_L^2g\lambda^3r}{\mu L(t_s-t_W)}\right]^{\frac14}$$

所以

$$\alpha=1.13\times\left[\frac{961.9^2\times9.81\times0.68^3\times2\,258\times10^3}{0.3\times10^{-3}\times3\times(100-90)}\right]^{\frac14}\text{W/(m}^2\cdot\text{℃})=5\,844\text{W/(m}^2\cdot\text{℃})$$

核算冷凝液流型:由对流传热速率方程计算传热速率,即

$$Q=\alpha A(t_s-t_W)=5\,844\times3\times3.14\times0.05\times(100-90)\text{W}=2.754\times10^4\text{W}$$

冷凝液的质量流量为

$$W=\frac{Q}{r}=\frac{27\,540}{2\,258\times10^3}\text{kg/s}=0.012\,2\text{kg/s}$$

则

$$Re_f=\frac{4W}{\mu P}=\frac{4W}{\mu\pi d_o}=\frac{4\times0.012\,2}{0.3\times10^{-3}\times3.14\times0.05}=1\,035<1\,800$$

故假定冷凝液膜为层流是正确的,$\alpha=5\,844\text{W/(m}^2\cdot\text{℃})$ 即为所求。

【例 4.8】 常压甲醇蒸气在一卧式冷凝器中于饱和温度下全部冷凝成液体。冷凝器从上到下平均有四排 $\phi19\text{mm}\times2.0\text{mm}$ 的钢管,管内通冷却水,甲醇蒸气在管外冷凝。蒸气饱和温度为 65℃,汽化热为 1 120kJ/kg,管壁的平均温度为 45℃。试求:

(1) 第一排水平管上的蒸气冷凝传热系数;

(2) 水平管束的平均对流传热系数。

解:定性温度 $=(t_s+t_W)/2=(65+45)/2=55℃$,在此温度下液体甲醇的物性参数:

$$\rho=760\text{kg/m}^3,\quad\mu=0.376\times10^{-3}\text{Pa}\cdot\text{s},\quad\lambda=0.2\text{W/(m}\cdot\text{℃})$$

甲醇饱和蒸气的密度为

$$\rho_V=\frac{pV}{RT}=\frac{101.3\times32}{8.314\times(273+65)}\text{kg/m}^3=1.15\text{kg/m}^3$$

(1) 由式(4.83)可知

$$\alpha=0.725\left[\frac{\rho_L^2g\lambda^3r}{\mu d_o(t_s-t_W)}\right]^{\frac14}$$

所以

$$\alpha = 0.725 \times \left[\frac{760^2 \times 9.81 \times 0.2^3 \times 1\ 120 \times 10^3}{0.376 \times 10^{-3} \times 0.019 \times (65 - 45)} \right]^{\frac{1}{4}} W/(m^2 \cdot ℃) = 3\ 147 W/(m^2 \cdot ℃)$$

（2）垂直列上的管排数 $n = 4$，其他条件不变，则

$$\alpha = 3\ 147 \times \left(\frac{1}{4} \right)^{\frac{1}{4}} W/(m^2 \cdot ℃) = 2\ 225 W/(m^2 \cdot ℃)$$

各排管的平均对流传热系数较小，这是因为冷凝液从上排管落到下排管上，使冷凝液膜逐渐加厚，故管的排数越多，平均传热系数越小。

【例 4.9】　101.3kPa 的水在机械磨制的不锈钢表面上作饱和沸腾，不锈钢表面维持 114℃，试求对流传热系数 α。已知操作温度下气-液界面的表面张力 $\sigma = 0.06 N/m$。

解：液体的最大过热度（在加热壁面上）为 $\Delta = (114 - 100)℃ = 14℃$，由图 4.14 可知，沸腾在饱和沸腾区。

对于水-机械磨制的不锈钢表面，由表 4.6 查得 $C_{sf} = 0.013\ 2$，由手册查得 101.3kPa 下饱和水及水蒸气的有关物性为

$$c_{pL} = 4.22 kJ/(kg \cdot ℃), \quad \rho_L = 958.4 kg/m^3, \quad r = 2\ 258.4 kJ/kg, \quad \rho_V = 0.588 kg/m^3,$$

$$Pr = 1.76, \quad \mu_L = 28.38 \times 10^{-5} Pa \cdot s, \quad n = 1.0, \quad \lambda = 0.680\ 4 W/(m \cdot ℃)$$

将以上数值代入式（4.86），得

$$\frac{c_{pL} \Delta t}{\lambda Pr^n} = C_{sf} \left[\frac{Q/A}{r \mu_L} \sqrt{\frac{\sigma}{g(\rho_L - \rho_V)}} \right]^{\frac{1}{3}}$$

$$\frac{4.22 \times 10^3 \times 14}{2\ 258.4 \times 10^3 \times 1.76} = 0.013\ 2 \left[\frac{Q/A}{28.38 \times 10^{-5} \times 2\ 258.4 \times 10^3} \sqrt{\frac{0.06}{9.81 \times (958.4 - 0.588)}} \right]^{\frac{1}{3}}$$

解得

$$\frac{Q}{A} = 3.621 \times 10^5 W/m^2$$

所以

$$\alpha = \frac{Q/A}{\Delta t} = \frac{3.621 \times 10^5}{14} W/(m^2 \cdot ℃) = 2.587 \times 10^4 \ W/(m^2 \cdot ℃)$$

4.5　辐射传热

4.5.1　辐射传热的基本概念

辐射传热（热辐射）是以电磁波的形式传递热量的过程，是热量传递的三种基本方式之一，特别是高温时，热辐射会成为主要的传热方式。电磁波的波长范围很广，但能被物体吸收并且变为热能的波长范围为 $0.4 \sim 20 \mu m$，这包括波长范围为 $0.4 \sim 0.8 \mu m$ 的可见光线和波长范围为 $0.8 \sim 20 \mu m$ 的红外光线，二者统称为热射线。不过红外线对热辐射起决定作用，而可见光只有在很高的温度下作用才比较明显。

热射线和可见光线一样，都服从反射和折射定律，在均匀介质中作直线传播，在真空和

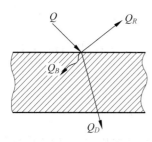

图 4.15 辐射能的吸收、
反射和透过

大多数气体中可以完全透过,但不能透过工业上常见的大多数固体或液体。

如图 4.15 所示,假设投射在某一物体上的总辐射能为 Q,其中被物体吸收的能量为 Q_B;被反射的能量为 Q_R;透过物体的能量为 Q_D。则根据能量守恒可得

$$Q = Q_B + Q_R + Q_D \tag{4.90}$$

即

$$\frac{Q_B}{Q} + \frac{Q_R}{Q} + \frac{Q_D}{Q} = 1 \tag{4.91}$$

或

$$B + R + D = 1 \tag{4.92}$$

式中 B——物体的吸收率,$B = \dfrac{Q_B}{Q}$;

R——物体的反射率,$R = \dfrac{Q_R}{Q}$;

D——物体的透过率,$D = \dfrac{Q_D}{Q}$。

物体的吸收率 B、反射率 R 和透过率 D 的大小取决于物体的性质、表面状况及辐射线的波长等。一般来说,固体和液体都是不透热体,$D = 0$;气体则不同,其反射率 $R = 0$,某些气体只能部分地吸收一定波长范围的辐射能。

能全部吸收辐射能的物体,即 $B = 1$ 的物体,称为黑体或绝对黑体;

能全部反射辐射能的物体,即 $R = 1$ 的物体,称为镜体或绝对白体;

能透过全部辐射能的物体,即 $D = 1$ 的物体,称为透热体。一般单原子气体和对称的双原子气体(如 He、O_2、N_2 和 H_2 等)均可视为透热体。

黑体和镜体都是理想物体,实际上并不存在。但是某些物体,如无光泽的黑漆表面,其吸收率约为 0.97,接近于黑体;磨光的金属表面的反射率约等于 0.97,接近于镜体。引入黑体等的概念,只是作为实际物体的比较标准,以简化辐射传热的计算。

能够以相等的吸收率吸收所有波长辐射能的物体,称为灰体。灰体也是理想物体,但是大多数工业上常见的固体材料均可视为灰体。灰体有如下特点:

(1) 灰体的吸收率 B 与辐射线的波长无关;

(2) 灰体是不透热体,即 $B + R = 1$。

4.5.2 物体的辐射能力

物体在一定温度下,单位表面积、单位时间内所发射的全部波长的总能量,称为该物体在该温度下的辐射能力,以 E 表示,单位为 W/m^2。

物体在一定温度下,单位表面积、单位时间发射特定波长的能力,称为物体的单色辐射能力,用 E_Λ 表示,单位 $W/(m^2 \cdot \mu m)$。物体的单色辐射能量和辐射能力之间的关系为

$$E = \int_0^\infty E_\Lambda \, d\Lambda \tag{4.93}$$

式中 Λ——波长,μm;

   E_Λ——单色辐射能力,$W/(m^2 \cdot \mu m)$。

1. 普朗克(Planck)定律

普朗克定律揭示了黑体的单色辐射能力 $E_{b,\Lambda}$ 随波长的变化规律,其表达式为

$$E_{b,\Lambda} = \frac{C_1 \Lambda^{-5}}{\exp[C_2/(\Lambda T)] - 1} \tag{4.94}$$

式中 Λ——辐射线波长,μm;

   T——黑体的热力学温度,K;

   C_1——常数,其值为 $3.743 \times 10^{-16} W \cdot m^2$;

   C_2——常数,其值为 $1.438\,7 \times 10^{-2} m \cdot K$。

2. 斯蒂芬(Stefan)-玻尔兹曼(Boltzmann)定律

斯蒂芬-玻尔兹曼定律揭示了黑体的辐射能力与其表面温度的关系:

$$E_b = \delta_0 T^4 = C_0 \left(\frac{T}{100}\right)^4 \tag{4.95}$$

式中 E_b——黑体的辐射能力,W/m^2;

   δ_0——黑体的辐射常数,其数值为 $5.669 \times 10^{-8} W/(m^2 \cdot K^4)$;

   T——黑体表面的热力学温度,K;

   C_0——黑体的辐射系数,其数值为 $5.669 W/(m^2 \cdot K^4)$。

斯蒂芬-玻尔兹曼定律也可以推广到灰体:

$$E = C \left(\frac{T}{100}\right)^4 \tag{4.96}$$

式中,C 为灰体的辐射系数,$W/(m^2 \cdot K^4)$。

不同物体的 C 值不同,它取决于物体的性质、表面情况和温度,且均小于 C_0;通常将灰体的辐射能力与同温度下黑体的辐射能力之比,定义为物体的黑度,用 ε 表示:

$$\varepsilon = \frac{E}{E_b} \tag{4.97}$$

斯蒂芬-玻尔兹曼定律表明,物体的辐射能力与热力学温度的四次方成正比,说明辐射传热的速率对温度很敏感,低温时热辐射往往可以忽略,而高温时则成为传热的主要方式。

3. 克希霍夫(Klchhoff)定律

克希霍夫定律表达的是物体的辐射能力 E 与吸收率 B 之间的关系。

如图 4.16 所示,假设有两块相距很近的平行壁面,壁面 1 为灰体,壁面 2 为黑体,两板中间介质为透热体,系统与外界绝热。假设壁面1(灰体)的发射能力和吸收率分别为 E_1 和 B_1;壁面 2(黑体)的发射能力和吸收率分别为 E_b 和 B_0。壁面 1 发射出去的辐射能 E_1 能被壁面 2 全部吸收,由壁面 2 发出的辐射能 E_b 被壁面板 1 吸收了 $B_1 E_b$,余下的 $(1-B_1) E_b$ 被反射至壁面 2,并被全部吸收,当达到热平衡时,温度不再变化,因此壁面 1 发射和吸收的能量必

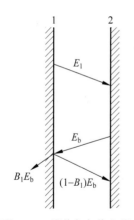

图 4.16　黑体与灰体之间的辐射传热

然相等：

$$E_1 = B_1 E_b \qquad (4.98)$$

即

$$\frac{E}{B} = E_b \qquad (4.99)$$

式(4.99)称为克希霍夫定律，它表明任何物体(灰体)的辐射能力与吸收率的比值恒等于同温度下黑体的辐射能力。对于实际物体(灰体)，因 $B < 1$，故 $C < C_0$。由此可见，在任一温度下，黑体的辐射能力最大，对于其他物体，吸收率越大其辐射能力也越大。

比较式(4.97)和式(4.99)可知，在同一温度下，灰体的吸收率和黑度在数值上是相等的，显然，只要知道灰体的黑度 ε，便可由式(4.96)求得该灰体的辐射能力。

黑度 ε 和物体的性质、温度及表面情况(如表面粗糙度及氧化程度)有关，常用工业材料的黑度列于表 4.7 中。

表 4.7　常用工业材料的黑度

材　　料	温度/℃	黑度 ε
红砖	20	0.93
耐火砖	—	0.8～0.9
钢板(氧化后)	200～600	0.8
钢板(磨光后)	940～1 100	0.55～0.61
铝(氧化后)	200～600	0.11～0.19
铝(磨光后)	225～575	0.039～0.057
铜(氧化后)	200～600	0.57～0.87
铜(磨光后)	—	0.03
铸铁(氧化后)	200～600	0.64～0.78
铸铁(磨光后)	330～910	0.6～0.7

4.5.3　两固体间的辐射传热

以上讨论了物体向外界辐射能量和吸收外界辐射能量的能力，在此基础上可进一步讨论两物体间的辐射能量交换。两固体间由于热辐射而进行热交换时，从一个物体发射出来的辐射能只有一部分达到另一物体，而到达的这部分因反射也不能全部被吸收；同理，从另一物体发射和反射出来的辐射能，也只有一部分回到原物体，而这一部分辐射能又会被反射和吸收。这种过程反复进行，总的结果是能量从高温物体传向低温物体。高温物体 1 与低温物体 2 之间的辐射传热过程，其传热速率一般用下式计算：

$$Q_{1-2} = C_{1-2} \varphi A \left[\left(\frac{T_1}{100} \right)^4 - \left(\frac{T_2}{100} \right)^4 \right] \qquad (4.100)$$

式中　C_{1-2}——总辐射系数，$W/(m^2 \cdot K^4)$；

　　　φ——角系数，表示两辐射表面的方位和距离对辐射传热的影响；

T_1,T_2——两物体的热力学温度,K;

A——辐射面积,m^2。

其中总辐射系数和角系数的数值与物体的黑度、大小、距离及相对位置有关。表 4.8 列出了工业上固体间辐射传热常见的几种类型下相应的角系数和总辐射系数的确定方法。

表 4.8 角系数和总辐射系数的确定

序号	辐射传热类型	面积 A	角系数 φ	总辐射系数 $C_{1\text{-}2}$
1	两极大平行面	A_1 或 A_2	1	$\dfrac{C_0}{1/\varepsilon_1+1/\varepsilon_2-1}$
2	面积有限的两相等平行面	A_1	<1	$\varepsilon_1\varepsilon_2 C_0$
3	很大的物体 2 包围物体 1	A_1	1	$\varepsilon_1 C_0$
4	物体 2 恰好包住物体 1 即 $A_2\approx A_1$	A_1	1	$\dfrac{C_0}{1/\varepsilon_1+1/\varepsilon_2-1}$
5	以上 3、4 两种情况之间	A_1	1	$\dfrac{C_0}{1/\varepsilon_1+(1/\varepsilon_2-1)A_1/A_2}$

4.5.4 对流和辐射联合传热

在化工生产中,经常遇到设备通过外壁以辐射和对流传热的方式向环境散失热量的情况。为减少热损失或冷损失,许多温度较高或较低的设备,如换热器、塔器、反应器及蒸气管道等都必须进行保温。

设备的热损失可根据对流传热速率方程和辐射传热速率方程来计算。

因对流传热而引起的散热速率为

$$Q_C=\alpha_C A(t_W-t_b) \tag{4.101}$$

因辐射传热而引起的散热速率为

$$Q_R=CA\left[\left(\frac{T_W}{100}\right)^4-\left(\frac{T_b}{100}\right)^4\right] \tag{4.102}$$

为方便计算,将上式也写成速率=系数×温差的形式

$$Q_R=\alpha_R A(t_W-t_b) \tag{4.103}$$

式中 α_C——对流传热系数,$W/(m^2\cdot\text{℃})$;

α_R——辐射传热系数,$\alpha_R=\dfrac{C\left[\left(\frac{T_W}{100}\right)^4-\left(\frac{T_b}{100}\right)^4\right]}{t_W-t_b}$,$W/(m^2\cdot\text{℃})$;

t_W——壁面温度,℃;

T_W——壁面温度,K。

t_b——环境温度,℃;

T_b——环境温度,K。

总的散热速率为两者之和:

$$Q=Q_C+Q_R=(\alpha_C+\alpha_R)A(t_W-t_b) \tag{4.104}$$

或

$$Q = \alpha_T A(t_W - t_b) \tag{4.105}$$

式中,$\alpha_T = \alpha_C + \alpha_R$ 称为对流辐射传热系数,$W/(m^2 \cdot ℃)$。

对于有保温层的管道或圆筒壁,壁面温度小于 150℃时,其外壁与周围环境的联合传热系数 α_T 可用如下公式估算:

$$\alpha_T = 9.4 + 0.052(t_W - t_b) \tag{4.106}$$

【例 4.10】 有一黑体,表面温度为 27℃,该黑体的辐射能力为多少? 如将黑体加热到 527℃,其辐射能力增加到原来的多少倍?

解: 0℃时的辐射能力

$$E_{b1} = C_0\left(\frac{T_1}{100}\right)^4 = 5.67 \times \left(\frac{273+27}{100}\right)^4 W/m^2 = 459.2 W/m^2$$

527℃时的辐射能力

$$E_{b2} = C_0\left(\frac{T_2}{100}\right)^4 = 5.67 \times \left(\frac{273+527}{100}\right)^4 W/m^2 = 2.32 \times 10^4 W/m^2$$

$$\frac{E_{b2}}{E_{b1}} = 50.6$$

即辐射能力是原来的 50.6 倍。

【例 4.11】 在 $\phi 219mm \times 8mm$ 的蒸汽管道外包扎一层厚为 75mm、导热系数为 $0.1W/(m \cdot ℃)$ 的保温材料,管内饱和蒸汽温度为 160℃,周围环境温度为 20℃,试估算管道外表面的温度及单位长度管道的热损失。假设管内冷凝传热和管壁热传导热阻均可忽略。

解: 由式(4.106)可知管道保温层外对流-辐射联合传热系数为

$$\alpha_T = 9.4 + 0.052(t_W - t_b) = 9.4 + 0.052(t_W - 20)$$

单位管长热损失为

$$Q/L = \alpha_T \pi d_o(t_W - t_b) = [9.4 + 0.052(t_W - 20)]\pi d_o(t_W - 20)$$
$$= 0.0625(t_W - 20)^2 + 10.8914(t_W - 20)$$

由于管内冷凝传热和管壁热传导热阻均可忽略,故

$$\frac{Q}{L} = \frac{2\pi\lambda(t - t_W)}{\ln\frac{d_o}{d}} = \frac{2\pi \times 0.1 \times (160 - t_W)}{\ln\frac{0.219 + 0.075 \times 2}{0.219}} = 1.2037(160 - t_W)$$

即

$$0.0625(t_W - 20)^2 + 10.8914(t_W - 20) = 1.2037(160 - t_W)$$

解得

$$t_W = 33℃$$

则

$$Q/L = 1.2037 \times (160 - 33) W/m = 152.9 W/m$$

4.6 换热器的传热计算

换热器的传热计算包括两类:一类是设计型计算,即根据工艺提出的条件,确定换热器传热面积;另一类是校核型计算,即对已知换热面积的换热器,核算其传热量、流体的流量

或温度。但是,无论哪种类型的计算,都是以热量衡算和总传热速率方程为基础的。下面以列管换热器和套管换热器为例讨论传热量和总速率方程及其计算方法。

4.6.1　热量衡算

换热器的传热量又称换热器的热负荷,可通过热量衡算获得。根据热量守恒原理,在换热器保温良好、热损失可以忽略时,单位时间内热流体放出的热量等于冷流体吸收的热量,即

$$Q = q_{mh}(I_{h1} - I_{h2}) = q_{mc}(I_{c2} - I_{c1}) \tag{4.107}$$

式中　Q——换热器的热负荷,kJ/h 或 W;

q_{mc},q_{mh}——冷、热流体的质量流量,kg/h;

I_{h1},I_{h2}——热流体进、出口处单位质量流体的焓,kJ/kg;

I_{c1},I_{c2}——冷流体进、出口处单位质量流体的焓,kJ/kg。

流体无相变时,冷、热流体的焓差分别为

$$I_{h1} - I_{h2} = c_{ph}(T_1 - T_2) \tag{4.108}$$

$$I_{c2} - I_{c1} = c_{pc}(t_2 - t_1) \tag{4.109}$$

式中　c_{pc},c_{ph}——冷、热流体的平均比热容,kJ/(kg·℃);

T_1,T_2——热流体的进、出口温度,℃;

t_1,t_2——冷流体的进、出口温度,℃。

流体有相变时:

$$I_{h1} - I_{h2} = r_h \tag{4.110}$$

$$I_{c2} - I_{c1} = r_c \tag{4.111}$$

式中　r_c,r_h——冷、热流体操作条件下的相变热,kJ/kg。

流体既有相变又有温差变化时:

$$I_{h1} - I_{h2} = c_{ph}(T_1 - T_2) + r_h \tag{4.112}$$

$$I_{c2} - I_{c1} = c_{pc}(t_2 - t_1) + r_c \tag{4.113}$$

不管冷热流体,若相变前后都有显热变化,则需分段计算并相加。

4.6.2　总传热速率方程

前面章节已分别阐述了热传导速率方程和对流传热速率方程。原则上,据此可进行换热器的传热计算。但是,采用上述方程计算冷、热流体间的传热速率时,必须知道壁温,而实际上壁温往往是难以获得的。为便于计算,需要建立以冷、热流体温度差为传热推动力的传热速率方程,该方程即为总传热速率方程。

1. 总传热速率方程的微分形式和总传热系数

总传热系数计算公式可利用串联热阻叠加的原理导出。前已述及,当冷、热流体通过间壁换热时,其传热过程如下:

(1) 热流体以对流方式将热量传给高温壁面;

(2) 热量由高温壁面以导热方式通过间壁传给低温壁面;

（3）热量由低温壁面以对流方式传给冷流体。

由此可见,冷、热流体通过间壁换热是一个"对流—传导—对流"的串联过程。对稳态传热过程,各串联环节传热速率必然相等。以套管换热器为例,由于冷、热流体沿管长方向上的温度都在变化,因此在换热器上任取长度为 dL 的微元段(见图 4.10),则此微元面积为 $dA = 2\pi r dL$,假设通过该微元面积 dA 的传热速率为 dQ(为方便理解,此处先假设传热过程无相变,且不妨假设管内为热流体,管外为冷流体)。则对上述三个传热过程,速率方程分别为

$$dQ = \alpha_i(T - T_W)dA_i \tag{4.114}$$

$$dQ = \frac{\lambda(T_W - t_W)}{b}dA_m \tag{4.115}$$

$$dQ = \alpha_o(t_W - t)dA_o \tag{4.116}$$

式中　α_i、α_o——管内、外对流传热系数,$W/(m^2 \cdot ℃)$;

　　　T——热流体温度,$℃$;

　　　t——冷流体温度,$℃$;

　　　T_W——热流体一侧壁温,$℃$;

　　　t_W——冷流体一侧壁温,$℃$;

　　　b——固体壁厚度,m。

稳态条件下各环节速率相等,即

$$dQ = \alpha_i(T - T_W)dA_i = \frac{T_W - t_W}{b/\lambda}dA_m = \alpha_o(t_W - t)dA_o \tag{4.117}$$

或

$$dQ = \frac{T - T_W}{\dfrac{1}{\alpha_i dA_i}} = \frac{T_W - t_W}{\dfrac{b}{\lambda dA_m}} = \frac{t_W - t}{\dfrac{1}{\alpha_o dA_o}} \tag{4.118}$$

应用等比定理,并整理得

$$dQ = \frac{T - t}{\dfrac{1}{\alpha_i dA_i} + \dfrac{b}{\lambda dA_m} + \dfrac{1}{\alpha_o dA_o}} \tag{4.119}$$

分子分母同乘以 dA_o,得

$$dQ = \frac{T - t}{\dfrac{dA_o}{\alpha_i dA_i} + \dfrac{b dA_o}{\lambda dA_m} + \dfrac{dA_o}{\alpha_o dA_o}}dA_o \tag{4.120}$$

由于 $\dfrac{dA_o}{dA_i} = \dfrac{d_o}{d_i}$、$\dfrac{dA_o}{dA_m} = \dfrac{d_o}{d_m}$,所以

$$dQ = \frac{T - t}{\dfrac{d_o}{\alpha_i d_i} + \dfrac{b d_o}{\lambda d_m} + \dfrac{1}{\alpha_o}}dA_o \tag{4.121}$$

式中,d_i、d_m、d_o 分别为管内径、对数平均直径、管外径,m。

令

$$K_o = \frac{1}{\dfrac{d_o}{\alpha_i d_i} + \dfrac{b d_o}{\lambda d_m} + \dfrac{1}{\alpha_o}} \tag{4.122}$$

则基于 A_o 的总传热速率方程为

$$dQ = K_o (T - t) dA_o \tag{4.123}$$

同理可以写出基于 A_i 和 A_m 的总传热速率方程：

$$dQ = K_i (T - t) dA_i \tag{4.124}$$

$$dQ = K_m (T - t) dA_m \tag{4.125}$$

其中，$K_i = \dfrac{1}{\dfrac{1}{\alpha_i} + \dfrac{bd_i}{\lambda d_m} + \dfrac{d_i}{\alpha_o d_o}}$，$K_m = \dfrac{1}{\dfrac{d_m}{\alpha_i d_i} + \dfrac{b}{\lambda} + \dfrac{d_m}{\alpha_0 d_0}}$。

在传热计算中，选择上述方程的哪一个形式并不影响计算结果。工程计算当中主要应用基于 A_o 的总传热速率方程，除非特别说明，本章所述都是基于 A_o 的速率方程。

系数 K_o 称为总传热系数，是评价换热器性能的一个重要参数，也是对换热器进行传热计算的依据。由公式可以看出 K_o 的大小取决于管内、外对流传热系数以及壁面热传导情况。也可以写成热阻的形式：

$$\frac{1}{K_o} = \frac{d_o}{d_i \alpha_i} + \frac{bd_o}{\lambda d_m} + \frac{1}{\alpha_o} \tag{4.126}$$

即总热阻＝管内热阻＋固体壁传导热阻＋管外热阻。

根据圆筒壁的热传导速率公式，固体壁的热阻也可用以下形式表示：

$$\frac{bd_o}{\lambda d_m} = \frac{bd_o}{\lambda \dfrac{d_o - d_i}{\ln(d_o/d_i)}} = \frac{d_o}{2\lambda} \ln \frac{d_o}{d_i} \tag{4.127}$$

在进行换热器的传热计算时，需要预估总传热系数 K_o 值，然后进行校核计算。通常可从有关手册获得不同情况下的推荐值，总传热系数的推荐值一般范围很大，设计时可根据实际情况选取中间的某一数值。

若需降低设备费可选取较大的 K 值；若需降低操作费可选取较小的 K 值。本书附录选列了列管式换热器的总传热系数推荐值，供设计时参考。

2. 污垢热阻的影响

在实际操作中，换热器传热表面经过一段时间的运行后，常有污垢积存，对传热产生附加热阻，称为污垢热阻。通常污垢热阻比传热壁的热阻大得多，因而设计中应考虑污垢热阻的影响。

影响污垢热阻的因素很多，如物料的性质、传热壁面的材料、操作条件、设备结构、清洗周期等。由于污垢层的厚度及其导热系数难以准确地估计，因此通常选用一些经验值，某些常见流体的污垢热阻的经验值列于附录中。

设管壁内、外侧表面上的污垢热阻分别为 R_{si} 及 R_{so}，根据串联热阻叠加原理，总热阻表达式为

$$\frac{1}{K_o} = \frac{d_o}{d_i \alpha_i} + R_{si} \frac{d_o}{d_i} + \frac{bd_o}{\lambda d_m} + \frac{1}{\alpha_o} + R_{so} \tag{4.128}$$

若传热面为很薄的平壁或管壁时，d_o、d_i、d_m 相等或近于相等，则式(4.131)可简化为

$$\frac{1}{K_o} = \frac{1}{\alpha_i} + R_{si} + \frac{b}{\lambda} + \frac{1}{\alpha_o} + R_{so} \tag{4.129}$$

当管壁热阻和污垢热阻均可忽略时,上式可简化为

$$\frac{1}{K_o} = \frac{1}{\alpha_o} + \frac{1}{\alpha_i}$$ (4.130)

若 $\alpha_i \gg \alpha_o$,则 $\frac{1}{K_o} \approx \frac{1}{\alpha_o}$;反之,则 $\frac{1}{K_o} \approx \frac{1}{\alpha_i}$。即总热阻是由热阻大的那一侧的对流传热所控制,当两个流体的对流传热系数相差较大时,想要提高 K_o 值,关键在于提高对流传热系数较小的一侧的 α。若污垢热阻成为控制因素,则必须设法减慢污垢的形成速率以及及时清除污垢。

4.6.3 传热平均温度差

式(4.123)是总传热速率方程的微分形式,积分后才有实际意义。在积分过程中,冷、热流体的温度沿管长方向在变化,因而其差值 Δt 亦在变化,为此,必须考虑两侧流体在换热器中的温度变化情况以及流体的流动方向。为使积分过程简单,一般作以下简化假设:

(1) 传热为稳态传热过程;

(2) 两流体的比热容均为常数(或随温度的变化不大,可以用换热器进、出口的平均值代替);

(3) 总传热系数为常量,即 K 值不沿换热器管长方向变化;

(4) 换热器的热损失可忽略。

基于以上假设,在积分过程中主要考虑的是 $\Delta t = T - t$ 在管长方向上的变化。

1. 恒温传热时的温度差

换热器中,间壁两侧的流体均存在相变时,两流体温度可以分别保持不变,这种传热称为恒温传热。例如高温饱和蒸汽和低温沸腾液体间的传热就属此类。此时,冷、热流体的温度均不随位置变化,两者间温度差处处相等,即 $\Delta t = T - t$ 为定值,显然流体的流动方向对 Δt 也无影响,故有

$$Q = KA(T - t) = KA\Delta t$$ (4.131)

2. 变温传热时的温度差

换热器中,当间壁两侧流体的温度发生变化,这种情况下的传热称为变温传热。变温传热时,若两流体的相互流向不同,则对温度差的影响也不相同,故应分别予以讨论。

1) 逆流和并流时的平均温度差

在换热器中,两流体若以相反的方向流动,称为逆流;若以相同的方向流动,称为并流。如图 4.17 所示为两流体的温度沿管长方向的变化示意。下面以逆流为例,推导计算温度差的通式。

在换热器长度方向上取长度为 dL 的微元段(图 4.10),则其传热面积为 $dA = 2\pi r dL$,微元段内的热量衡算式为

$$dQ = q_{mc}c_{pc}dt = -q_{mh}c_{ph}dT$$ (4.132)

式中　q_{mc}, q_{mh}——冷、热流体的质量流量,kg/h;

　　　c_{pc}, c_{ph}——冷、热流体的比热容,kJ/(kg·℃)。

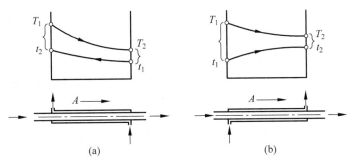

图 4.17　变温传热时的温度差

(a) 逆流；(b) 并流

由于 $q_{mh}c_{ph}$、$q_{mc}c_{pc}$ 均为定值，则 $\mathrm{d}Q/\mathrm{d}T=-q_{mh}c_{ph}=$ 常数；$\mathrm{d}Q/\mathrm{d}t=q_{mc}c_{pc}=$ 常数，说明 Q-T 和 Q-t 都是直线关系。因忽略热损失，则由数学知识容易证明 $\Delta t=T-t$ 与 Q 也成直线关系。将以上三条直线定性地绘于图 4.18 中，由图可以得出 Q-Δt 直线的斜率为

$$\frac{\mathrm{d}(\Delta t)}{\mathrm{d}Q}=\frac{\Delta t_2-\Delta t_1}{Q} \tag{4.133}$$

将式（4.123）的传热速率方程的微分形式 $\mathrm{d}Q=K_o(T-t)\mathrm{d}A_o=K_o\Delta t\,\mathrm{d}A_o$ 代入式（4.133），得

$$\frac{\mathrm{d}(\Delta t)}{K_o\Delta t\,\mathrm{d}A_o}=\frac{\Delta t_2-\Delta t_1}{Q} \tag{4.134}$$

如图 4.18 所示，边界处 $\Delta t_1=T_2-t_1$，$\Delta t_2=T_1-t_2$，对上式积分得

$$Q=K_oA_o\frac{\Delta t_2-\Delta t_1}{\ln\dfrac{\Delta t_2}{\Delta t_1}} \tag{4.135}$$

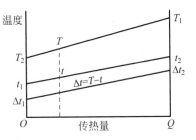

图 4.18　逆流时平均温度差的推导

令 Δt_m 为换热器两端温差的对数平均值，即

$$\Delta t_m=\frac{\Delta t_2-\Delta t_1}{\ln\dfrac{\Delta t_2}{\Delta t_1}}$$

则

$$Q=K_oA_o\Delta t_m \tag{4.136}$$

式（4.135）和式（4.136）即为基于外表面积的传热速率方程。

Δt_m 等于换热器两端温度差的对数平均值，称为对数平均温度差。在工程计算中，当 $\Delta t_2/\Delta t_1\leqslant 2$ 时，用算术平均温度差代替对数平均温度差，其误差不超过 4%。

同理，若换热器中两流体作并流流动，以及当一侧流体有相变时（此时，有相变的流体可以保持温度不变），也可导出与式（4.136）完全相同的结果。因此，该式是计算逆流和并流时传热速率的通式。在应用时，通常将换热器两端温度差 Δt 中数值大者写成 Δt_2，小者写成 Δt_1，这样计算 Δt_m 较为简便。

当两侧都无相变时，即便采用相同的冷、热流体的进出口温度，并流和逆流的温度差也是不相同的，逆流时的平均温差是大于并流的（详见例 4.15），所以在换热器热流量 Q 及总

传热系数 K_o 值相同的条件下,逆流操作可以节省传热面积。在相同的传热面积情况下,可以节省公用工程用量。

几种特殊情况下的传热温差如图 4.19 所示,当一侧流体有相变时,逆流和并流的平均温差是相等的;当两侧流体的热容流量(流量和比热容的乘积)相等,即 $q_{mh}c_{ph}=q_{mc}c_{pc}$ 时,温差沿换热器管长方向处处相等,是常数,即 $\Delta t_1=\Delta t_2=\Delta t_m$。

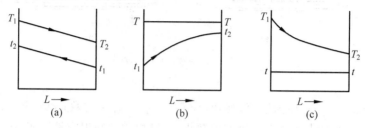

图 4.19　特殊情况下的传热温度差
(a) 热容流量相等;(b) 热流体相变;(c) 冷流体相变

2) 错流和折流时的平均温度差

在大多数列管换热器中,冷、热流体并非总是作简单的逆流或并流,而是作比较复杂的互相垂直和交叉流动,如图 4.20 所示,两流体的流向互相垂直,称为错流;一流体沿一个方向流动,另一流体反复折返流动,称为简单折流。两流体呈错流和折流流动时,为便于计算,通常是先按逆流计算对数平均温差,然后再乘以考虑流动方向的校正因数,即

$$\Delta t_m=\Delta t'_m\varphi_{\Delta t} \tag{4.137}$$

式中　$\Delta t'_m$——按逆流计算的对数平均温度差,℃;

$\varphi_{\Delta t}$——温度差校正系数。

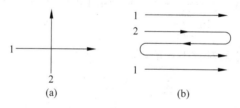

图 4.20　错流和折流示意图
(a) 错流;(b) 折流

Δt_m 的具体计算步骤如下:

(1) 根据冷、热流体的进、出口温度,算出纯逆流条件下的对数平均温度差 $\Delta t'_m$;

(2) 按下式计算因数 R 和 P:

$$R=\frac{T_1-T_2}{t_2-t_1}=\frac{热流体的温降}{冷流体的温升}, \quad P=\frac{t_2-t_1}{T_1-t_1}=\frac{冷流体的温升}{两流体的初温差}$$

(3) 根据 R 和 P 的值,从算图中查出温度差校正系数 $\varphi_{\Delta t}$;

(4) 将纯逆流条件下的对数平均温度差乘以温度差校正系数 $\varphi_{\Delta t}$,即得所求的 Δt_m。

如图 4.21 所示为校正系数 $\varphi_{\Delta t}$ 计算图,分别适用于单壳程、二壳程、三壳程及四壳程,每个单壳程内的管程可以是 2、4、6 或 8 程。对于其他复杂流动的 $\varphi_{\Delta t}$,可从有关传热的手册或书籍中查取。

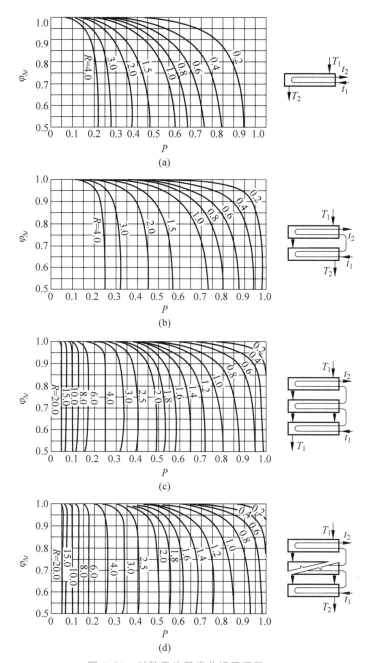

图 4.21 对数平均温度差矫正系数 $\varphi_{\Delta t}$

(a) 单壳程；(b) 二壳程；(c) 三壳程；(d) 四壳程

由图 4.21 可见，$\varphi_{\Delta t}$ 值恒小于 1，这是由于各种复杂流动中同时存在逆流和并流的缘故，因此它们的 $\varphi_{\Delta t}$ 比纯逆流时小。通常在换热器的设计中规定，$\varphi_{\Delta t}$ 的值不应小于 0.8，否则经济上不合理。若低于此值，则应考虑增加壳程数，或将多台换热器串联使用。

对于 1-2 型（单壳程、双管程）换热器，$\varphi_{\Delta t}$ 还可用下式计算，即

$$\varphi_{\Delta t} = \frac{\sqrt{R^2+1}}{R-1}\ln\left(\frac{1-P}{1-PR}\right)\Bigg/\ln\left[\frac{(2/P)-1-R+\sqrt{R^2+1}}{(2/P)-1-R-\sqrt{R^2+1}}\right] \tag{4.138}$$

对于 1-2n 型(如 1-4、1-6 等)换热器,也可近似使用式(4.138)计算。

4.6.4 传热速率方程的应用

在传热计算中,有两组非常重要的方程,是我们解决传热问题的基础,一是速率方程 $Q=KA\Delta t_m$,二是热量衡算方程 $Q=q_{mh}(I_{h1}-I_{h2})=q_{mc}(I_{c2}-I_{c1})$。两方程中的 Q 虽然在数值上相等,但是意义上存在着很大的差异:热量衡算方程中的 Q 表示的是热流体能够提供的热量和冷流体能够得到的热量;而速率方程中的 Q 则表示的是换热器能够传输的热量。显然,能够提供和能够传输是完全不同的概念。因此所有的设计校核等一系列问题,都应以满足速率方程为基准。

传热速率方程的应用主要解决两类计算问题,即设计型问题和操作型问题。

1. 设计型问题

通常的传热问题是,根据一定的传热任务,确定加热剂或冷却剂用量,并确定换热器的面积。下面以热流体被冷却为例,说明设计型问题的命题方式、计算方法及参数选择。

设计任务:将一定流量 q_{mh} 的热流体自给定温度 T_1 冷却至指定温度 T_2。

设计条件:可供使用的冷却介质温度,即冷流体的进口温度 t_1。

设计目的:确定合适的传热面积以及冷却介质用量。

解决这些问题,步骤大致如下。

(1) 根据传热任务计算换热器的热负荷 $Q=q_{mh}(I_{h1}-I_{h2})$。

(2) 确定冷却剂出口温度 t_2。

对于一般的计算问题,冷却剂进口温度 t_1 通常会作为已知条件给出,t_2 的确定也并不依赖于经济衡算,往往也会作为已知条件给出。

(3) 应用热量衡算方程计算冷却剂用量:$Q=q_{mh}(I_{h1}-I_{h2})=q_{mc}(I_{c2}-I_{c1})$。

(4) 根据冷、热流体的进出口温度,计算出对数平均温度差。

(5) 计算总传热系数 K,$\dfrac{1}{K_o}=\dfrac{d_o}{d_i\alpha_i}+R_{si}\dfrac{d_o}{d_i}+\dfrac{bd_o}{\lambda d_m}+\dfrac{1}{\alpha_o}+R_{so}$。

(6) 计算传热面积 $Q=KA\Delta t_m$。

作为综合设计问题,首先要根据经济衡算权衡冷流体的出口温度 t_2;其次,由于计算总传热系数需要首先根据换热器的结构尺寸确定流速等参数,才能计算管内、外对流传热系数,因此大多数情况下需要试差,这类问题将在换热器设计一节中详细阐述。此处主要解决的是一些简化后的设计型计算问题,比如换热器的校核问题,即校核某种型号的换热器是否能用于特定的生产任务。此类问题由于设备结构已知,可以方便地计算管内、外对流传热热阻以及管壁传导热阻,进而计算出总传热系数。

2. 操作型问题

所谓操作型问题,主要是已知设备结构尺寸,预测某些参数的变化对换热器传热能力的影响,主要有两类计算问题。

第一类:求冷热流体的出口温度 T_2 及 t_2。

已知条件:换热器的传热面积以及有关尺寸,冷、热流体的流量、物理性质、进口温度以及流体的流动方式。

第二类：求所需冷流体的流量及出口温度。

条件：换热器的传热面积以及有关尺寸，冷、热流体的物理性质，热流体的流量和进口温度，冷流体的进口温度以及流动方式。

操作型问题的解决方法通常都是联立速率方程和热衡算方程进行求解。例如对于逆流操作过程，由于热负荷等于传热速率，可得

$$q_{mh}c_{ph}(T_1 - T_2) = KA \frac{(T_1 - t_2) - (T_2 - t_1)}{\ln \dfrac{T_1 - t_2}{T_2 - t_1}} \tag{4.139}$$

无相变时热衡算方程为

$$q_{mh}c_{ph}(T_1 - T_2) = q_{mc}c_{pc}(t_2 - t_1) \tag{4.140}$$

对于第一类问题，由于冷、热流体的流量都已知，因此可以直接计算确定 K 值，然后联解以上两方程得到 t_2 和 T_2。因为未知数 T_2 和 t_2 在 Δt_m 中的对数里面，有些时候解此类方程可能需要用试差的方法。作为估算，平均温差可以用算术平均温差代替，则方程为线性方程，可以非常简单地解出。

对于第二类问题，由于流量未定，K 值无法直接确定，因此只能采用试差的方法，先假设 t_2，由式(4.140)计算 $q_{mc}c_{pc}$；获得流量数据，再根据换热器的结构计算 α 及 K 值；最后，根据式(4.139)计算出 t_2^*，对比设定值，进行校核，相符则结果正确，否则，应修正 t_2，重新计算。

在工业生产当中经常会遇到的传热过程调节，本质上属于上述两类问题中的一类，仍以热流体的冷却为例加以说明。

在换热器中，若热流体流量 q_{mh} 改变或者进口温度 T_1 发生变化，而不改变冷却介质流量，求解冷、热流体的出口温度，则为第一类操作型问题；若热流体流量 q_{mh} 改变或者进口温度 T_1 发生变化，其出口温度 T_2 保持不变，求解冷却介质流量如何调节才能达到目的，则为第二类操作型问题，需求解冷流体的流量和出口温度。这种调节过程，不能单纯地从热衡算的观点理解和解决问题。必须考虑冷、热流体流量的改变对 K 值的影响，以及温度的改变对 Δt_m 的影响，传热速率的改变是由两个因素共同影响的结果。

在此类问题的解决过程中，往往容易忽视流量对 K 值的影响。因此这里需要强调，热流体流量的改变会改变热流体一侧的对流传热系数，进而影响 K 值，冷流体流量的改变会改变冷流体一侧的对流传热系数，进而影响 K 值。如果热流体的热阻是控制热阻，则冷流体的流量改变对 K 值没有影响。解决问题的思路都是联解速率方程和热衡算方程。对于工艺物料是冷流体加热的调节过程，原理大体类似。

4.6.5　传热单元数法

在解决传热问题过程中，如果从解方程的思路出发，式(4.139)和式(4.140)两个方程中总共有 8 个变量：K、A、$q_{mc}c_{pc}$、$q_{mh}c_{ph}$、T_1、T_2、t_1、t_2。原则上只要给定 6 个变量即可解出剩余 2 个变量，但是温度未知时，因其存在于对数之中，很多时候方程非线性，常常需要试差。对此采用传热单元数法则能避免试差，方便求解。

1. 传热效率

换热器的传热效率定义为

$$\varepsilon = \frac{\text{实际的传热量 } Q}{\text{最大可能传热量 } Q_{\max}}$$

当换热器的热损失可以忽略,实际传热量等于冷流体吸收的热量或热流体放出的热量,即两流体均无相变时,

$$Q = q_{mc} c_{pc} (t_2 - t_1) = q_{mh} c_{ph} (T_1 - T_2) \tag{4.141}$$

最大可能传热量为流体在换热器中可能发生的最大温差变化时的传热量。不论在哪种型式的换热器中,理论上,热流体能被冷却到的最低温度为冷流体的进口温度 t_1,而冷流体则至多能被加热到热流体的进口温度 T_1,因而冷、热流体的进口温度之差 $T_1 - t_1$ 便是换热器中可能达到的最大温度差。由热量衡算知,若忽略热损失时,热流体放出的热量等于冷流体吸收的热量,所以两流体中 $q_m c_p$ 值较小的流体将具有较大的温度变化。因此,最大可能传热量可用下式表示,即

$$Q_{\max} = (q_m c_p)_{\min} (T_1 - t_1) \tag{4.142}$$

式中,$q_m c_p$ 称为流体的热容量流率,下标 min 表示两流体中热容量流率较小者,并称此流体为最小值流体。

若热流体为最小值流体,则传热效率为

$$\varepsilon = \frac{q_{mh} c_{ph} (T_1 - T_2)}{q_{mh} c_{ph} (T_1 - t_1)} = \frac{T_1 - T_2}{T_1 - t_1} \tag{4.143}$$

当已知传热效率时,则可确定换热器的传热量和热流体出口温度 T_2,进而用热衡算方程计算得到冷流体出口温度 t_2。

$$Q = \varepsilon Q_{\max} = \varepsilon (q_m c_p)_{\min} (T_1 - t_1) \tag{4.144}$$

$$T_2 = T_1 - \varepsilon (T_1 - t_1) \tag{4.145}$$

若冷流体为最小值流体,则传热效率为

$$\varepsilon = \frac{q_{mc} c_{pc} (t_2 - t_1)}{q_{mc} c_{pc} (T_1 - t_1)} = \frac{t_2 - t_1}{T_1 - t_1} \tag{4.146}$$

同理

$$t_2 = t_1 + \varepsilon (T_1 - t_1) \tag{4.147}$$

需要指出,换热器的传热效率只是传热计算的一种手段,并不说明某一换热器在经济上的优劣。

2. 传热单元数

由换热器的热量衡算及总传热方程的微分形式知:

$$dQ = -q_{mh} c_{ph} dT = q_{mc} c_{pc} dt = K(T - t) dA \tag{4.148}$$

对于热流体,式(4.148)可改写为

$$\frac{dT}{T - t} = \frac{K dA}{q_{mh} c_{ph}} \tag{4.149}$$

对式(4.149)积分,可得基于热流体的传热单元数,用 $\mathrm{NTU_h}$ 表示,即

$$\text{NTU}_h = \int_{T_2}^{T_1} \frac{dT}{T-t} = \int_0^A \frac{K \, dA}{q_{mh}c_{ph}} \tag{4.150}$$

若 K、c_{pc} 为常数,则式(4.150)可简化为

$$\text{NTU}_h = \int_{T_2}^{T_1} \frac{dT}{T-t} = \frac{KA}{q_{mh}c_{ph}} \tag{4.151}$$

对于冷流体,同样可以写出

$$\text{NTU}_c = \int_{t_1}^{t_2} \frac{dT}{T-t} = \frac{KA}{W_c c_{pc}} \tag{4.152}$$

传热单元数是温度的无因次函数,它反映传热推动力和传热所要求的温度变化。传热推动力越大,所要求的温度变化越小,则所需要的传热单元数越少。

3. 传热效率与传热单元数的关系

现以单程逆流换热器为例,推导传热效率与传热单元数的关系。不妨假设热流体为最小值流体,令:$C_{min} = q_{mh}c_{ph}$,$C_{max} = q_{mc}c_{pc}$,$C_R = \dfrac{C_{min}}{C_{max}}$,将式(4.139)联合式(4.140)消去 t_2 并整理得

$$\ln \frac{1 - \dfrac{q_{mh}c_{ph}}{q_{mc}c_{pc}} \times \dfrac{T_1-T_2}{T_1-t_1}}{1 - \dfrac{T_1-T_2}{T_1-t_1}} = \frac{KA}{q_{mh}c_{ph}}\left(1 - \frac{q_{mh}c_{ph}}{q_{mc}c_{pc}}\right) \tag{4.153}$$

或

$$\varepsilon = \frac{1 - \exp[\text{NTU}_{min}(1-C_R)]}{C_R - \exp[\text{NTU}_{min}(1-C_R)]} \tag{4.154}$$

当最小值流体为冷流体时,消去 T_2 可得到相同表达的结果。

同理,对于单程并流换热器,传热效率与传热单元数的关系为

$$\varepsilon = \frac{1 - \exp[-\text{NTU}_{min}(1+C_R)]}{1+C_R}$$

当两流体中任一流体发生相变时,$(q_m c_p)_{max}$ 趋于无穷大,式(4.153)和式(4.154)均可简化为

$$\varepsilon = 1 - \exp[-\text{NTU}_{min}] \tag{4.155}$$

对于其他比较复杂的流动型式,也可推导出 ε 与 NTU 和 C_R 之间的函数关系式。为便于计算,有学者将这些函数关系式绘成算图,以供查用。可参阅有关手册或专著。

4. 传热单元数法计算步骤

采用 ε-NTU 法进行换热器校核计算的具体步骤如下:
(1) 根据换热器的工艺及操作条件,计算(或选取)总传热系数 K_o;
(2) 计算 $q_{mh}c_{ph}$ 及 $q_{mc}c_{pc}$,选择最小值流体;
(3) 计算 $\text{NTU} = \dfrac{K_o A_o}{(q_m c_p)_{min}}$ 及 $C_R = \dfrac{(q_m c_p)_{min}}{(q_m c_p)_{max}}$;

(4) 根据换热器中流体流动的型式,由 NTU 和 C_R 计算或查算图得到相应的 ε;

(5) 根据冷、热流体进口温度及 ε 可求出传热量 Q 及冷、热流体的出口温度。

一般在设计换热器时宜采用平均温度差法,在校核换热器时宜采用 ε-NTU 法。

【例 4.12】 温度为 150℃ 的饱和蒸气流经外径为 80mm、壁厚为 3mm 的管道,管道外面的环境温度为 20℃。已知管内蒸气的对流传热系数为 5 000W/(m^2·℃),保温层外表面对环境的对流传热系数为 7.6W/(m^2·℃),管壁的导热系数为 53.7W/(m·℃),保温材料的平均导热系数是 0.075W/(m·℃),问若使管长热损失不超过 75W/m,保温层的厚度至少应是多少?

解:根据题意有:管道外径 d_o=0.08m;管道内径 d_i=0.08m－2×0.003m=0.074m

设保温层外径为 d_2,相对于保温层外表面的传热系数为 K,则

$$Q = K(\pi d_2 L)(T - t)$$

$$Kd_2 = \frac{Q/L}{\pi(T - t)} = \frac{75}{3.14 \times (150 - 20)} = 0.184 \tag{1}$$

由式(4.127)将所有热阻叠加,并都以 d_2 为基准:

$$\frac{1}{K} = \frac{1}{\alpha_i}\frac{d_2}{d_i} + \frac{b_1}{\lambda_1}\frac{d_2}{d_{m1}} + \frac{b_2}{\lambda_2}\frac{d_2}{d_{m2}} + \frac{1}{\alpha_2} = \frac{1}{K} = \frac{1}{\alpha_i}\frac{d_2}{d_i} + \frac{d_o}{2\lambda_1}\ln\frac{d_o}{d_i} + \frac{d_2}{2\lambda_2}\ln\frac{d_2}{d_o} + \frac{1}{\alpha_2}$$

代入数据得

$$\frac{1}{K} = \frac{1}{5\,000} \times \frac{d_2}{0.074} + \frac{d_2}{2 \times 53.7}\ln\frac{0.08}{0.074} + \frac{d_2}{2 \times 0.075}\ln\frac{d_2}{0.08} + \frac{1}{7.6} \tag{2}$$

联解式(1)、式(2),试差可得 d_2=0.06m,故保温层的最小厚度为

$$b = \frac{d_2 - d_o}{2} = \frac{0.16 - 0.08}{2}\text{m} = 0.04\text{m}$$

【例 4.13】 在某管壳式换热器中用冷水冷却油。换热管为 φ25mm×2.5mm 的钢管,水在管内流动,管内水侧对流传热系数为 3 490W/(m^2·℃);油在管外流动,管外油侧对流传热系数为 258W/(m^2·℃)。水侧污垢热阻为 0.000 25m^2·℃/W,油侧污垢热阻为 0.000 172m^2·℃/W,管壁导热系数为 45W/(m·℃)。试求:

(1) 基于管外表面积的总传热系数;

(2) 清洗去污后,热阻减少的百分数。

解:(1) 由式(4.123)得

$$\frac{1}{K_o} = \frac{d_o}{d_i\alpha_i} + R_{si}\frac{d_o}{d_i} + \frac{bd_o}{\lambda d_m} + \frac{1}{\alpha_o} + R_{so}$$

$$\frac{1}{K_o} = \frac{0.025}{0.02 \times 3\,490} + 0.000\,25 \times \frac{0.025}{0.02} + \frac{0.002\,5 \times 0.025}{45 \times 0.022\,5} + 0.000\,172 + \frac{1}{258} = 0.004\,78$$

$$K_o = 209.2\text{W}/(m^2 \cdot ℃)$$

(2) 清洗污垢后,热阻减少的百分数为

$$\frac{0.000\,25 \times \dfrac{0.025}{0.02} + 0.000\,172}{\dfrac{1}{209.2}} \times 100\% = 10.14\%$$

可以看出污垢热阻占总热阻的相当一部分,所以换热器使用一段时间后,需要进行清洗除垢,以保证良好的传热效果。是否便于除垢也是判断换热器好坏的一个指标。

【例 4.14】　某换热器,空气在管外横向流过,管外侧的对流传热系数为 85W/(m² · ℃),冷却水在管内流过,管内侧的对流传热系数为 4 200W/(m² · ℃)。冷却管为 $\phi25mm\times2.5mm$ 的钢管,其导热系数为 45W/(m · ℃)。试求:

(1) 总传热系数;

(2) 若将管外对流传热系数 α_o 提高 1 倍,其他条件不变,总传热系数增加的百分率;

(3) 若将管内对流传热系数 α_i 提高 1 倍,其他条件不变,总传热系数增加的百分率。

设管内、外侧污垢热阻可忽略。

解:(1) 忽略污垢热阻后

$$\frac{1}{K_o} = \frac{1}{\alpha_i}\frac{d_o}{d_i} + \frac{b}{\lambda}\frac{d_o}{d_m} + \frac{1}{\alpha_o}$$

$$\frac{1}{K_o} = \frac{1}{4\,200} \times \frac{0.002\,5}{0.02} + \frac{0.002\,5}{45} \times \frac{0.025}{0.022\,5} + \frac{1}{85} = 0.012$$

$$K_o = 82.5\,\text{W/(m}^2 \cdot ℃)$$

(2) α_o 提高 1 倍,总传热系数为

$$K_o = \frac{1}{\dfrac{0.025}{4\,200 \times 0.02} + \dfrac{0.002\,5 \times 0.025}{45 \times 0.022\,5} + \dfrac{1}{2 \times 85}}\,\text{W/(m}^2 \cdot ℃) = 160.2\,\text{W/(m}^2 \cdot ℃)$$

$$\text{传热系数增加的百分率} = \frac{160.2 - 82.5}{82.5} \times 100\% = 94.2\%$$

(3) α_i 提高 1 倍,传热系数为

$$K_o = \frac{1}{\dfrac{0.025}{2 \times 4\,200 \times 0.02} + \dfrac{0.002\,5 \times 0.025}{45 \times 0.022\,5} + \dfrac{1}{85}}\,\text{W/(m}^2 \cdot ℃) = 83.5\,\text{W/(m}^2 \cdot ℃)$$

$$\text{传热系数增加的百分率} = \frac{83.5 - 82.5}{82.5} \times 100\% = 1.2\%$$

通过计算可以看出,管外热阻远大于管内热阻,故该换热过程为管外热阻控制,此时将管外对流传热系数提高 1 倍,总传热系数显著提高,而提高管内对流传热系数,总传热系数变化不大。

【例 4.15】　在一套管换热器中,用冷却水将热流体由 100℃冷却至 65℃,冷却水进口温度为 25℃,出口温度为 50℃,试分别计算两流体作逆流和并流时的平均温度差;若将换热器换作单壳程双管程换热器,则平均温度差又是多少?

解:逆流时:

热流体温度 T(℃)	100 → 65
冷流体温度 t(℃)	50 ← 25
Δt　　(℃)	50　　40

$$\Delta t_m = \frac{\Delta t_2 - \Delta t_1}{\ln\dfrac{\Delta t_2}{\Delta t_1}} = \frac{50 - 40}{\ln\dfrac{50}{40}}\,℃ = 44.82\,℃$$

并流时:

热流体温度 $T(℃)$　　　　$100 \rightarrow 65$

冷流体温度 $t(℃)$　　　　$25 \rightarrow 50$

Δt　　　$(℃)$　　　　$75 \rightarrow 15$

$$\Delta t_m = \frac{75-15}{\ln\dfrac{75}{15}} ℃ = 37.27℃$$

换成单壳程双管程换热器后,按逆流时对数平均温度差为 $\Delta t'_m = 44.82℃$

$$R = \frac{T_1 - T_2}{t_2 - t_1} = \frac{100-65}{50-25} = 1.4, \quad P = \frac{t_2 - t_1}{T_1 - t_1} = \frac{50-25}{100-25} = 0.333$$

由图 4.21 中查得,$\varphi_{\Delta t} = 0.94$

所以 $\Delta t_m = \varphi_{\Delta t} \Delta t'_m = 0.94 \times 44.82℃ = 42.13℃$

比较可知,在冷、热流体的初、终温度相同的条件下,逆流的平均温差较并流的大;折流时的 Δt_m 介于逆流时的 Δt_m 和并流时的 Δt_m 之间,$\varphi_{\Delta t}$ 越大,越接近逆流时的 Δt_m。

【例 4.16】　在一单壳程、双管程的管壳式换热器中,用水冷却热油。冷水在管程流动,进口温度为 15℃,出口温度为 40℃,热油在壳程流动,进口温度为 100℃,出口温度为 50℃。热油的流量为 2.0kg/s,平均比热容为 2.0kJ/(kg·℃)。若总传热系数为 450W/(m²·℃),试求换热器的传热面积。设换热器的热损失可忽略。

解:换热器的传热量为

$$Q = q_{mh}c_{ph}(T_1 - T_2) = 2.0 \times 2.0 \times 10^3 \times (100-50) \text{W} = 2.0 \times 10^5 \text{W}$$

$$\Delta t'_m = \frac{\Delta t_2 - \Delta t_1}{\ln\dfrac{\Delta t_2}{\Delta t_1}} = \frac{(100-40)-(50-15)}{\ln\dfrac{100-40}{50-15}} ℃ = 46.4℃$$

$$R = \frac{T_1 - T_2}{t_2 - t_1} = \frac{100-50}{40-15} = 2.04, \quad P = \frac{t_2 - t_1}{T_1 - t_1} = \frac{40-15}{100-15} = 0.294$$

由图 4.21 中查得,$\varphi_{\Delta t} = 0.88$

所以 $\Delta t_m = \varphi_{\Delta t} \Delta t'_m = 0.88 \times 46.4℃ = 40.83℃$

$$A = \frac{Q}{K\Delta t_m} = \frac{2.0 \times 10^5}{450 \times 40.83} \text{m}^2 = 10.89\text{m}^2$$

本题为典型的设计型计算,由热衡算方程算出热通量,利用总速率方程计算所需的传热面积。因为是折流,需要对平均推动力进行校正。

【例 4.17】　一逆流操作的换热器,热流体为空气,$\alpha_o = 100\text{W}/(\text{m}^2·℃)$,冷却水走管内,$\alpha_i = 2\,000\text{W}/(\text{m}^2·℃)$。已测得冷、热流体进出口温度为 $t_1 = 20℃$,$t_2 = 85℃$,$T_1 = 100℃$,$T_2 = 70℃$,管壁热阻可忽略。当水流量增加 1 倍时,试求:

(1)水和空气的出口温度 t'_2 和 T'_2;

(2)热负荷 Q' 比原来增加多少?

解:(1)对原工况由热量衡算式得

$$\frac{q_{mh}c_{ph}}{q_{mc}c_{pc}} = \frac{t_2 - t_1}{T_1 - T_2}$$

又

$$q_{mh}c_{ph}(T_1-T_2)=KA\frac{(T_1-t_2)-(T_2-t_1)}{\ln\dfrac{T_1-t_2}{T_2-t_1}}$$

两边除以 (T_1-T_2) 并整理得

$$\ln\frac{T_1-t_2}{T_2-t_1}=\frac{KA}{q_{mh}c_{ph}}\frac{(T_1-T_2)-(t_2-t_1)}{T_1-T_2}=\frac{KA}{q_{mh}c_{ph}}\left(1-\frac{t_2-t_1}{T_1-T_2}\right)$$

即

$$\ln\frac{T_1-t_2}{T_2-t_1}=\frac{KA}{q_{mh}c_{ph}}\left(1-\frac{q_{mh}c_{ph}}{q_{mc}c_{pc}}\right) \tag{a}$$

$$\frac{q_{mh}c_{ph}}{q_{mc}c_{pc}}=\frac{t_2-t_1}{T_1-T_2}=\frac{85-20}{100-70}=2.17$$

$$\frac{1}{K}=\frac{1}{\alpha_o}+\frac{1}{\alpha_i}=\frac{1}{100}+\frac{1}{2\,000}=0.011$$

对新工况

$$\ln\frac{T_1-t_2'}{T_2'-t_1}=\frac{K'A}{q_{mh}c_{ph}}\left(1-\frac{q_{mh}c_{ph}}{q_{mc}'c_{pc}}\right) \tag{b}$$

因管内流体流量增加 1 倍,由式(4.69)知, $\alpha_i\propto u^{0.8}$

$$\frac{1}{K'}=\frac{1}{\alpha_o}+\frac{1}{2^{0.8}\alpha_i}=\frac{1}{100}+\frac{1}{2^{0.8}\times2\,000}=0.010\,3$$

式(a)、式(b)相除可得

$$\ln\frac{T_1-t_2'}{T_2'-t_1}=\ln\frac{T_1-t_2}{T-t_1}\frac{K'}{K}\frac{1-\dfrac{q_{mh}c_{ph}}{q_{mc}'c_{pc}}}{1-\dfrac{q_{mh}c_{ph}}{q_{mc}c_{pc}}}$$

$$=\ln\frac{100-85}{70-20}\times\frac{0.011}{0.010\,3}\times\frac{1-2.17/2}{1-2.17}=-0.094\,6$$

所以

$$\frac{T_1-t_2'}{T_2'-t_1}=0.91 \quad 或 \quad T_2'=130-1.1t_2' \tag{c}$$

由热量衡算式得

$$t_2'=t_1+\frac{q_{mh}c_{ph}}{q_{mc}'c_{pc}}(T_1-T_2')=20+1.09\times(100-T_2')$$

即

$$t_2'=129-1.09T_2' \tag{d}$$

联解式(c)、式(d)得

$$T_2'=59.8℃,\quad t_2'=63.8℃$$

(2) 新旧两种工况的热负荷之比为

$$\frac{Q'}{Q}=\frac{q_{mh}c_{ph}(T_1-T_2')}{q_{mh}c_{ph}(T_1-T_2)}=\frac{100-59.8}{100-70}=1.34$$

流量增加 1 倍,传热量并未增为 2 倍。传热过程同时要满足热衡算方程和总传热速率方程,要考虑到流量增加引起传热系数的增加,从而引起出口温度的改变。在出口温度未知的情况下,用平均温度差法计算,由于分子、分母均在对数相含未知数,求解比较困难。本例所采用的计算方法也是换热器操作型问题计算中常用的方法。

【例 4.18】 某气体冷却器总传热面积为 $20m^2$,用以将流量为 $1.4kg/s$ 的某种气体从 $50℃$ 冷却到 $35℃$。使用的冷却水初温为 $25℃$,与气体作逆流流动。换热器的传热系数为 $230W/(m^2 \cdot ℃)$,气体的平均比热容为 $1.06kJ/(kg \cdot ℃)$。试求冷却水用量及出口水温。

解:
$$q_{mh}c_{ph}(T_1 - T_2) = q_{mc}c_{pc}(t_2 - t_1)$$

$$q_{mh}c_{ph}(T_1 - T_2) = KA \frac{(T_1 - t_2) - (T_2 - t_1)}{\ln \dfrac{T_1 - t_2}{T_2 - t_1}}$$

将已知数据代入以上两式得

$$q_{mc} = \frac{21}{4.18 \times (t_2 - 25)} \tag{a}$$

$$4.57\ln \frac{50 - t_2}{10} = 40 - t_2 \tag{b}$$

试差求解式(b),可得出口水温 $t_2 = 48.4℃$,代入式(a)求得 $q_{mc} = 0.215kg/s$。

【例 4.19】 在一传热面积为 $10m^2$ 的逆流套管换热器中,用冷水冷却热油。已知冷水的流量为 $2\,400kg/h$,进口温度为 $20℃$;热油的流量为 $4\,000kg/h$,进口温度为 $110℃$。水和热油的平均比热容分别为 $4.18kJ/(kg \cdot ℃)$ 及 $2.0kJ/(kg \cdot ℃)$。试计算水的出口温度及传热量。

设总传热系数为 $300W/(m^2 \cdot ℃)$,热损失忽略不计。

解:本题采用 ε-NTU 法计算。

$$q_{mh}c_{ph} = \frac{4\,000}{3\,600} \times 2.0 \times 10^3 W/℃ = 2\,222.2W/℃$$

$$q_{mc}c_{pc} = \frac{2\,400}{3\,600} \times 4.18 \times 10^3 W/℃ = 2\,787W/℃$$

比较得,热油为最小值流体。

$$C_R = \frac{C_{min}}{C_{max}} = \frac{2\,222.2}{2\,787} = 0.797$$

$$NTU = \frac{KA}{C_{min}} = \frac{300 \times 10}{2\,222.2} = 1.35$$

由式(4.154)计算得
$$\varepsilon = 0.60$$

即
$$\varepsilon = \frac{T_1 - T_2}{T_1 - t_1} = 0.60$$

所以
$$T_2 = 110℃ - 0.6(110 - 20)℃ = 56℃$$

换热器的传热量为
$$Q = \varepsilon C_{min}(T_1 - t_1) = 0.6 \times 2\,222.2(110 - 20)W = 1.2 \times 10^5 W$$

可以看出,操作型问题采用传热单元数法计算较为简便。

4.7　换 热 设 备

工业换热器种类繁多,结构型式多种多样。工程上所用的换热器按用途可分为加热器、预热器、过热器、冷却器、冷凝器、蒸发器、再沸器等;按换热器作用原理常分为三类,即直接接触式(混合式)、蓄热式和间壁式。

直接接触式换热器也称混合式换热器。在此类换热器中,冷、热流体直接接触,相互混合传递热量,是效率最高的一种换热方法,适用于冷、热流体允许混合的场合。常见的有凉水塔、洗涤塔、喷射冷凝器等。由于冷、热流体直接接触,这种传热方式必然伴随着传质过程,与单纯的传热过程有所不同。

蓄热式换热器也叫蓄热器。此类换热器的操作,首先使热流体流过蓄热材料,使蓄热材料温度升高,然后切换冷流体,用蓄热材料所积蓄的热量将冷流体加热,如此交替进行,实现两流体间的传热。蓄热器常用于高温气体热量的回收或冷却,其缺点是设备体积庞大且不能完全避免两种流体的混合。

间壁式换热器是工业生产中最普遍采用的一种传热方式,大多数情况下参与换热的两种流体是不允许混合的,在换热器内,两种流体被固体壁隔开,通过固体壁面完成热量的交换过程。间壁式换热器的种类很多,常见的有管式、板式和热管式等。由于间壁式换热器应用最为广泛,以下主要讨论此类换热器。

4.7.1　管式换热器

管式换热器通过管子壁面进行传热,按传热管的结构形式可分为列管式换热器、蛇管式换热器、套管式换热器、翅片管式换热器等几种。

1. 列管式换热器

列管式换热器又称管壳式换热器,它具有结构简单、坚固耐用、造价低廉、用材广泛、清洗方便、适应性强等优点,是目前化工生产中应用最为广泛的传热设备。由于其使用的广泛性,现已标准化。在使用过程中,由于两侧流体的温度不同,使管束与壳体的温度也不相同,因此热膨胀程度也有差异。若两侧流体的温差较大(50℃以上),就可能由于热应力而引起设备的变形,甚至弯曲断裂。因此必须考虑热膨胀的影响,采用各种补偿方法以消除热应力。根据热补偿方式的不同,管壳式换热器可分为固定管板式、浮头式、U形管式、填料函式等几种。

1) 固定管板式换热器

当冷、热流体的温差不大时,可采用固定管板的结构型式。如图 4.22 所示,它由壳体、管束、封头、管板、折流挡板、接管等部件组成。其结构特点是,两块管板分别焊于壳体的两端,管束两端固定在管板上。当流体温差较大而壳体承受压强不太高时,可以考虑在外壳适当的位置焊接补偿圈以减少热应力。但不宜用于两侧流体温差较大的情况(一般应不大于70℃)和壳方流体压强过高(一般不应高于 600kPa)的场合。

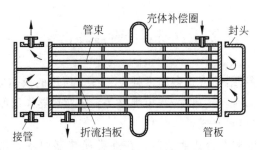

图 4.22   固定管板式换热器

2) 浮头式换热器

这种换热器中两端的管板,有一端不与壳体相连,可以沿管长方向自由伸缩,该端称为浮头。如图 4.23 所示,当管束与壳体因温差较大而产生热应力时,管束连同浮头可在壳体内浮动,从而解决热补偿问题。管束可从壳体内抽出,便于管间的清洗和维修。它也是应用较多的一类换热设备,但结构较复杂、用材量大、造价高的缺点也限制了其应用。

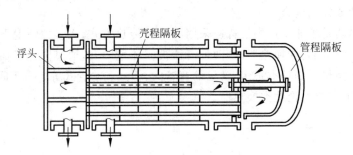

图 4.23   浮头式换热器

3) U 形管式换热器

图 4.24 所示为 U 形管式换热器,其结构特点是只有一个管板,每根换热管都弯成 U 形,管子两端固定在同一管板上。管束可以自由伸缩,当壳体与 U 形换热管有温差时,不会产生温差应力。从结构上看 U 形管式换热器较浮头式结构简单,管间清洗方便,但管内清洗比较困难;由于管子需要有一定的弯曲半径,故管板的利用率较低,当管数较多时,U 形部位拥挤较难布置。

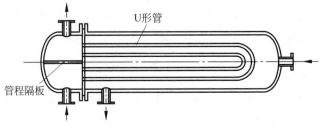

图 4.24   U 形管式换热器

2. 沉浸式蛇管换热器

图 4.25 所示为沉浸式蛇管换热器,此种换热器多以金属管弯绕而成,制成适应容器的

形状,沉浸在容器内的液体中。两种流体分别在管内、管外进
行换热。这种换热器的优点是结构简单、价格低廉、便于防腐
蚀、能承受高压;其缺点是由于容器的体积较蛇管的体积大得
多,管外流体的传热膜系数较小,因此经常需加搅拌装置,以
提高其传热效率。

3. 套管式换热器

套管换热器是将两种不同直径的直管套在一起组成同心
套管,并用 U 形肘管顺次连接而成,如图 4.26 所示。每一段
套管称为一程,程数可根据传热面积要求而增减。换热时一
种流体在管内流动,另一种流体在环隙流动,内管的壁面为传
热面。

套管式换热器的优点是结构简单;能耐高压;传热面积
可根据需要增减;两种流体呈逆流流动,有利于传热。其缺点

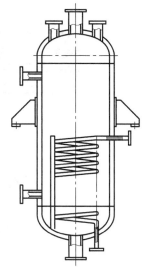

图 4.25　沉浸式蛇管换热器

是单位传热面积的金属耗量大;管子接头多,检修清洗不方便。此类换热器适用于高温、高
压及小流量流体间的换热。

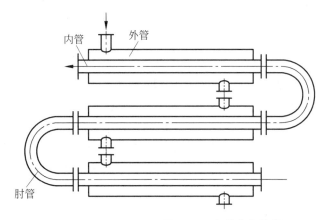

图 4.26　套管式换热器

4. 强化管式换热器

强化管式换热器在管式换热器的基础上,采取某些强化措施,提高传热效果。强化措施
主要是管外加翅片,管内安装各种型式的内插物,此外还可以改变管子的形状。这些措施不
仅增大了传热面积,而且增加了流体的湍动程度,使传热过程得到了强化。

1) 翅片管

翅片管是在普通金属管的外表面安装各种翅片制成,常用的翅片有纵向和横向两类,如
图 4.27(a)、(b)所示。由于加工制造上的难度,传热管内表面加装翅化管并不常见。

翅片管在空气冷却器上得到了很好的应用,最初用于炼油厂,以空气为冷却剂来冷却热
流体,这对于缺水地区是适用的。为了解决较为普遍的工业用水问题,目前以空冷器代替水
冷器的趋势日益发展。

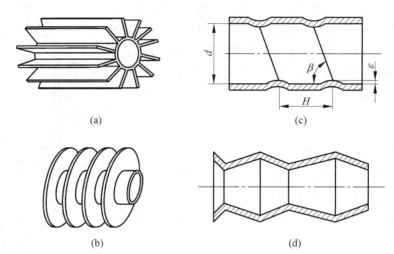

图 4.27 强化传热管

(a) 纵向翅片；(b) 横向翅片；(c) 波纹管；(d) 缩放管

2) 其他强化管

除翅片管外，近来发展起来多种其他的强化措施，如采用螺旋槽纹管、缩放管、静态混合器等(见图 4.27(c)、(d))，主要都围绕增加流体的湍动性能、破坏边界层展开设计。

5. 热管换热器

以热管为传热单元的热管换热器是一种新型高效换热器，其结构如图 4.28 所示，它是由壳体、热管和隔板组成的。热管作为主要的传热元件，是一种真空容器，具有很高的导热性能，如图 4.29 所示，其基本组成部件为壳体、吸液芯和工作液。将壳体抽真空后充入适量的工作液，密闭壳体便构成一只热管。当热源对其一端供热时，工作液自热源吸收热量而蒸发汽化，携带潜热的蒸汽在压差作用下，高速传输至壳体的另一端，向冷源放出潜热而凝结，冷凝液回至热端，再次沸腾汽化。如此反复循环，热量不断从热端传至冷端。

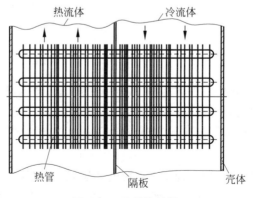

图 4.28 热管换热器

在传统的管式换热器中，热量是通过管壁在管内外紧凑传递的。前已述及，管外可以采用翅片化的方法加以强化，而管内虽可安装内插物，但强化效果远不如管外。使用热管后，

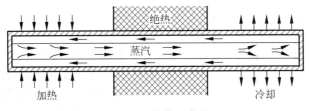

图 4.29　热管示意图

冷热两侧皆可采用安装翅片的办法加以强化。因此,用热管制成的换热器对于两侧传热系数都很小的气-气传热过程非常有效。热管内部,热量的传递通过沸腾和冷凝过程进行,由于沸腾和冷凝的对流传热系数都很大,蒸汽的流动阻力非常小,因此管壁温度均匀。此外热管还具有传热能力大、应用范围广、结构简单等优点。

4.7.2　板式换热器

传统的间壁式换热器中,除夹套式外,几乎都是管式换热器。但是在流动面积相等的条件下,圆形通道的表面积最小,而且管子之间不能紧密排列,故管式换热器的共同特点是结构不够紧凑,金属耗量大。随着工业的发展,陆续出现了不少高效紧凑的换热器。这些换热器基本可分为两类,一类是如前述在管式换热器上的改进,还有一类则从根本上摒弃了圆管而采用各种板式换热表面。

板式换热表面可以紧密排列,因此各种板式换热器都具有结构紧凑、材料消耗低、传热系数大的特点。这类换热器一般不能承受高温和高压,但对于压强较低、温度不高或腐蚀性强而须用贵重材料的场合,各种板式换热器都显示了很大的优越性。

1. 夹套式换热器

夹套式换热器的结构如图 4.30 所示。它由一个装在容器外部的夹套构成,容器内的物料和夹套内的加热剂或冷却剂隔着器壁进行换热,器壁就是换热器的传热面。其优点是结构简单,容易制造。其缺点是传热面积小;器内流体处于自然对流状态,传热效率低;夹套内部清洗困难。夹套内的加热剂和冷却剂一般只能使用不易结垢的介质。夹套内通蒸汽时,应从上部进入,冷凝水从底部排出;夹套内通液体,应从底部进入,从上部流出。

2. 平板式换热器

平板式换热器简称板式换热器,其结构如图 4.31 所示。它由一组平行排列的长方形薄金属板以及装于支架上面的夹紧组构成。两相邻板片的边缘衬有垫片,压紧后板间形成密封的流体通道,且可用垫片的厚度调节通道的大小。每块板的四个角上,各开一个圆孔,其中有两个圆孔和板面上的流道相通,另两个圆孔则不相通。它们的位置在相邻板上是错开的,以分别形成两流体的通道。冷、热流体交替地在板片两侧流动,通过金属板片进行换热。

板片是板式换热器的核心部件。为使流体均匀流过板面,增加传热面积,并促使流体的湍动,常将板面冲压成凹凸的波纹状。波纹形状有几十种,常用的波纹形状有水平波纹、人字形波纹和圆弧形波纹等,如图 4.32 所示。

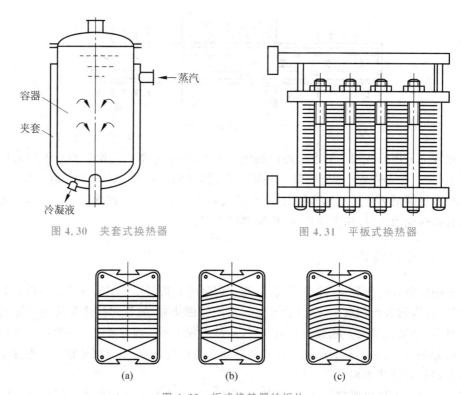

图 4.30   夹套式换热器   图 4.31   平板式换热器

图 4.32   板式换热器的板片
(a) 水平波纹板；(b) 人字形波纹板；(c) 圆弧形波纹板

板式换热器的优点是结构紧凑,单位体积设备所提供的换热面积大；组装灵活,可根据需要增减板数以调节传热面积；板面波纹使截面变化复杂,流体的扰动作用增强,具有较高的传热效率；拆装方便,有利于维修和清洗。其缺点是处理量小；操作压强和温度受密封垫片材料性能限制而不宜过高。板式换热器适用于经常需要清洗、工作环境要求十分紧凑、工作压强在 2.5MPa 以下、温度在 $-35 \sim 200$℃的场合。

3. 螺旋板式换热器

螺旋板式换热器是由两张间隔一定的平行薄金属板卷制而成,两张薄金属板形成两个同心的螺旋形通道,两板之间焊有定距柱以维持通道间距,在螺旋板两侧焊有盖板。冷、热流体分别通过两条通道,通过薄板进行换热。

常用的螺旋板式换热器,根据流动方式不同,分为以下几种。

(1) Ⅰ型螺旋板式换热器：两个螺旋通道的两侧完全焊接密封,为不可拆结构,如图 4.33(a)所示。换热器中,两流体均作螺旋流动,通常冷流体由外周流向中心,热流体由中心流向外周,呈完全逆流流动。此类换热器主要用于液体与液体间的传热。

(2) Ⅱ型螺旋板式换热器：一个螺旋通道的两侧为焊接密封,另一通道的两侧是敞开的,如图 4.33(b)所示。换热器中,一流体沿螺旋通道流动,而另一流体沿换热器的轴向流动。此类换热器适用于两流体流量差别很大的场合,常用作冷凝器、气体冷却器等。

(3) Ⅲ型螺旋板式换热器：如图 4.33(c)所示。换热器中,一种流体作螺旋流动,另一

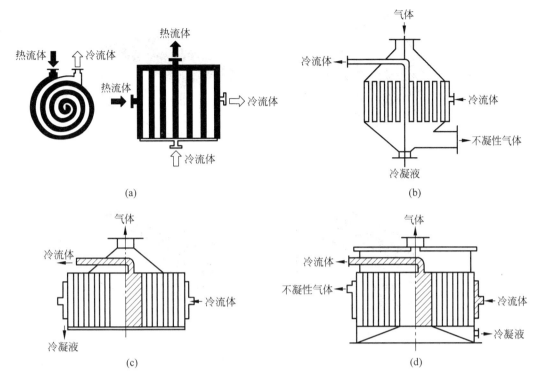

图 4.33 螺旋板式换热器

(a) Ⅰ型结构;(b) Ⅱ型结构;(c) Ⅲ型结构;(d) G 型结构

流体作兼有轴向和螺旋向两者组合的流动。该结构适用于气体冷凝。

(4) G 型螺旋板式换热器:如图 4.33(d)所示。该结构又称塔上型,常被安装在塔顶作为冷凝器,采用立式安装,下部有法兰与塔顶法兰相连接。气体由下部进入中心管上升至顶盖折回,然后沿轴向从上至下流过螺旋通道被冷凝。

螺旋板式换热器的优点是螺旋通道中的流体由于惯性离心力的作用和定距柱的干扰,在较低雷诺数下即达到湍流,并且允许选用较高的流速,故传热系数大;由于流速较高,又有惯性离心力的作用,流体中悬浮物不易沉积下来,故螺旋板式换热器不易结垢和堵塞;由于流体的流程长和两流体可进行完全逆流,故可在较小的温差下操作,能充分利用低温热源;结构紧凑,单位体积的传热面积约为管壳式换热器的 3 倍。其缺点是:操作温度和压强不宜太高,目前最高操作压强为 2MPa,温度在 400℃以下;因整个换热器为卷制而成,一旦发现泄漏,维修很困难。

4. 板翅式换热器

板翅式换热器是一种更为高效紧凑的换热器,一般用铝合金制造。如图 4.34 所示,在两块平行薄板之间,夹入波纹状或其他形式的翅片,将两侧面封闭,即成为一个换热基本元件。将多个基本元件适当排列,制成逆流式或错流式的板束,焊接固定,放入适当的外壳就成为板翅式换热器。其中,翅片是板翅式换热器的核心部件,称为二次表面,其常用形式有平直形翅片、波形翅片、锯齿形翅片、多孔翅片等,如图 4.35 所示。

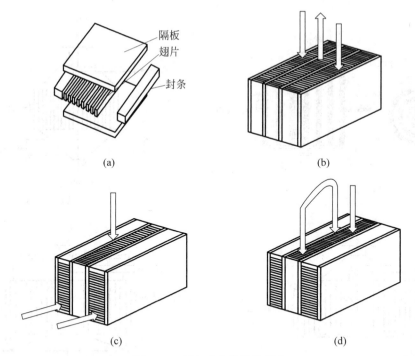

图 4.34　板翅式换热器的板束

（a）板束结构；（b）逆流式；（c）错流式；（d）错逆流

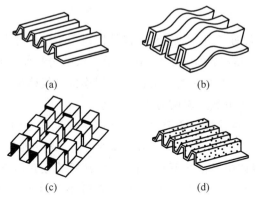

图 4.35　翅片的主要形式

（a）平直形；（b）波形；（c）锯齿形；（d）多孔形

板翅式换热器的结构高度紧凑，单位体积设备所提供的传热面积可达 2 500～4 370m²；因翅片对隔板有支撑作用，翅片式换热器允许操作压强也较高，可达 5MPa；由于翅片促进了流体的湍动并被破坏了热边界层的发展，故其传热系数很高。缺点是由于设备流道很小，易堵塞，而形成较大压降；清洗和检修困难。

5. 板壳式换热器

板壳式换热器与管壳式换热器的主要区别是以板束代替管束。板束的基本元件是将条状钢板滚压成一定形状然后焊接而成，如图 4.36 和图 4.37 所示，板束元件可以紧密排列，结构紧凑,单位体积提供的换热面是列管式的 3.5 倍以上。为保证板束充满圆形壳体,板束元件的宽度与元件所在壳体位置弦长相当。与圆管相比,板束元件的当量直径小,传热系数大。

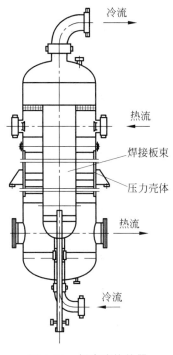

图 4.36　板壳式换热器

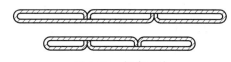

图 4.37　板束元件

板束采用氩弧焊焊接,构成全焊接式板束装在压强壳体内。冷流体由底部进入板束的板程,由顶部流出;热流体由壳体上侧开口进入板束壳程,由下侧开口流出,两程流体在板束中呈严格逆流换热。为解决热膨胀问题,在板束下端设置膨胀节。由于采用了波纹板,增加了湍动性能,能在较低雷诺数下形成湍流,一方面提高了传热效率,另一方面减少了污垢的形成。

与管壳式换热器相比,板壳式换热器具有传热效率高、结构紧凑、重量轻、压降低、耐高压、密封性能好等优点,特别适合大型化工装置的换热过程,目前已在世界各地的炼油装置中广泛使用。

4.7.3　列管式换热器的设计和选型

列管式换热器是一种传统的标准换热设备,它具有制造方便、选材面广、适应性强、处理量大、清洗方便、运行可靠、能承受高温高压等优点,在许多工业部门中大量使用,尤其是在石油、化工、热能、动力等工业部门所使用的换热器中,列管式换热器居绝对主导地位。为此,本节将对管壳式换热器的设计和选型予以讨论。

1. 列管式换热器的型号与系列标准

由于列管式换热器使用的广泛性,有关部门已制定了系列标准,在设计换热器时,根据工艺计算结果,对照标准型号中的参数进行选取。列管换热器的基本参数包括:公称换热面积 SN;公称直径 DN;公称压强 PN;换热器管长度 L;换热管规格;管程数 N_p 等。

列管式换热器的型号由五部分组成:

$$\underset{1}{\times} \quad \underset{2}{\times\times\times\times} \quad \underset{3}{\times} - \underset{4}{\times\times} \quad - \underset{5}{\times\times\times}$$

1——换热器代号;

2——公称直径 DN,mm;

3——管程数:Ⅰ Ⅱ Ⅳ Ⅵ;

4——公称压强 PN,MPa;

5——公称换热面积 SN,m^2。

例如 $DN800$、$PN0.6$ 的单管程、换热面积为 110m^2 的固定管板式换热器的型号为:

$$\text{G800 Ⅰ}-0.6-110$$

G——固定管板式换热器的代号。

固定管板式换热器及浮头式换热器的系列标准列于附录中,其他形式的列管式换热器的系列标准可参考有关手册。

2. 列管式换热器设计与选型时应考虑的问题

1) 流体流径的选择

流体流径的选择是指在管程和壳程各走哪一种流体,此问题受多方面因素的制约,须综合考虑。以固定管板式换热器为例,介绍一些原则供设计时参考。

(1) 不洁净和易结垢的流体宜走管程,因为管程清洗比较方便;

(2) 腐蚀性的流体宜走管程,以免管子和壳体同时被腐蚀,管程便于检修与更换;

(3) 压强高的流体宜走管程,以免壳体受压;

(4) 被冷却的流体走壳程,便于散热,增强冷却效果;

(5) 饱和蒸汽在壳程,便于及时排除冷凝水,且蒸汽较为清洁,一般不需清洗;

(6) 有毒流体走管程,以减少泄流量;

(7) 如两流体温差较大,对流传热系数较大的流体走壳程,使壁温接近于 α 较大的流体并接近壳体温度,从而减少热应力。

满足以上所有原则是做不到的,应视具体问题分清主次。通常优先满足操作压强、设备腐蚀与防护及维修维护方便等方面的要求。

2) 流速的选择

流体在管程或壳程中的流速,不仅直接影响传热系数,而且还需考虑阻力、颗粒沉积、结构等因素。表4.9~表4.11列出了一些工业上常用的流速范围,供设计时参考。

表 4.9　列管式换热器常见的流速范围

流体的种类		一般流体	易结垢液体	气体
流速/(m/s)	管程	0.5~3	>1	5~30
	壳程	0.2~1.5	>0.5	3~15

表 4.10　列管式换热器中不同黏度液体的常用流速

液体黏度 $\mu \times 10^3 / (Pa \cdot s)$	最大流速 $u_{max} / (m \cdot s^{-1})$
$>1\,500$	0.6
$1\,500 \sim 500$	0.75
$500 \sim 100$	1.1
$100 \sim 35$	1.5
$35 \sim 1$	1.8
<1	2.4

表 4.11　换热器中易燃、易爆液体的安全允许流速

液 体 名 称	乙醚、二硫化碳、苯	甲醇、乙醇、汽油	丙酮
安全允许流速/(m/s)	<1	$<2 \sim 3$	<10

3）加热介质（或冷却介质）终温的选择

在换热器的设计中，进、出换热器的物料温度一般由工艺条件决定，加热介质（或冷却介质）的进口温度一般已知，其出口温度则由设计者确定。例如，用冷却水冷却某热流体，冷却水的进口温度可根据当地的气候条件作出估计，而其出口温度要通过经济核算来确定。一般情况下，冷却水的进出口温差选取 $5 \sim 10℃$ 为宜，对于工业用水，过高的温度可能会导致盐类（$CaCO_3$、$MgCO_3$、$CaSO_4$、$MgSO_4$ 等）析出结垢，可在冷却水中添加阻垢剂和其他水质稳定剂，即便这样也不宜超过 $45℃$，否则，冷却水需作适当处理，除去水中所含盐类。对于加热介质，若用蒸汽，因用其相变热，可按要求选择相应的压强等级。

4）列管的规格和排列

（1）管子规格

管子规格的选择包括管径和管长。换热管直径越小，换热器单位体积的传热面积越大。因此，对于不易结垢的流体管径可适当小些。目前，管壳式换热器系列主要采用 $\phi 25mm \times 2.5mm$ 及 $\phi 19mm \times 2mm$ 两种管径规格的换热管；管长的选择以清理方便和合理使用管材为原则。我国生产的标准钢管长度为 6m，故系列标准中管长有 1.5m、2m、3m 和 6m 四种，其中，以 3m 和 6m 应用更为普遍。此外管长 L 和壳径 D 的比例应适当，一般取 $L/D = 4 \sim 6$ 为宜。

（2）管间距

管子的中心距 t 称为管间距，管间距小，有利于提高传热系数，且设备紧凑。但由于制造上的限制，一般 $t = (1.25 \sim 1.5) d_0$。常用的 t 与 d_0 的对应关系见表 4.12。

表 4.12　管心距与管径的关系

换热管外径 d_0/mm	10	14	19	25	32	38	45	57
换热管中心距 t/mm	14	19	25	32	40	48	57	72

（3）管子的排列

管子的排列方式有正三角形和正方形两种，如图 4.12 所示。与正方形排列相比，正三角形排列比较紧凑，管外流体湍动程度高。正方形排列虽然排列松散，传热效果差，但管外

清洗方便,对易结垢流体更为适用。将正方形排列的管束斜转 45°安装,称为正方形错列,可在一定程度上提高传热系数。

5) 管程和壳程数的确定

(1) 管程数的确定

当换热器的换热面积较大而管子又不能很长时,就得排列较多的管子,为了提高流体在管内的流速,需将管束分程。但是程数过多,导致管程流动阻力加大,动力能耗增大,同时多程会使平均温差下降,设计时应权衡考虑。管壳式换热器系列标准中管程数有 1、2、4、6 四种。采用多程时,通常应使每程的管子数相等。

管程数 N_p 可按下式计算,即

$$N_p = \frac{u'}{u} \tag{4.156}$$

式中 u——管程流体的适宜速度,m/s;

　　　 u'——管程流体的实际速度,m/s。

(2) 壳程数的确定

当温度差校正系数 $\varphi_{\Delta t} < 0.8$ 时,应采用壳方多程。壳方多程可通过安装与管束平行的隔板来实现。流体在壳内流经的次数称壳程数。但由于壳程隔板在制造、安装和检修方面都很困难,故一般不宜采用。常用的方法是将几个换热器串联使用,以代替壳方多程,如图 4.38 所示。

6) 折流挡板的选用

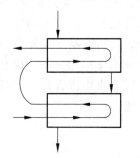

图 4.38　串联管壳式换热器示意图

安装折流挡板的目的是为了加大壳程流体的速度,使湍动程度加剧,提高壳程流体的对流传热系数。折流挡板有弓形、圆盘形、分流形等形式,其中以弓形挡板应用最多。挡板的形状和间距对壳程流体的流动和传热有重要的影响。弓形挡板的弓形缺口过大或过小都不利于传热,还往往会增加流动阻力。通常切去的弓形高度为外壳内径的 10%~40%,常用的为 20% 和 25% 两种。挡板应按等间距布置,挡板最小间距应不小于壳体内径的 1/5,且不小于 50mm;最大间距不应大于壳体内径。系列标准中采用的板间距为:固定管板式有 150mm、300mm 和 600mm 三种;浮头式有 150mm、200mm、300mm、480mm 和 600mm 五种。挡板间距过小,不便于制造和检修,阻力也较大;板间距过大,流体难以垂直流过管束,使对流传热系数下降。

7) 外壳直径的确定

换热器壳体的直径可采用作图法确定,即根据计算出的实际管数、管长、管中心距及管子的排列方式等,通过作图得出管板直径,换热器壳体的内径应等于或稍大于管板的直径。但当管数较多又需要反复计算时,用作图法就太麻烦。一般在初步设计中,可参考壳体系列标准或通过估算初选外壳直径,待全部设计完成后,再用作图法画出管子的排列图。为使管子排列均匀,防止流体走"短路",可以适当地增加一些管子或安排一些拉杆。

初步设计可用下式估算外壳直径:

$$D = t(n_c - 1) + 2b' \tag{4.157}$$

式中 D——壳体直径,m;

t——管中心距,m;

　n_c——位于管束中心线上的管数;

　b'——管束中心线上最外层管的中心至壳体内壁的距离,一般取 $b'=1\sim1.5d_o$,m。

n_c 值可由下面公式估算:

管子按正三角形排列

$$n_c=1.1\sqrt{n}$$

管子按正方形排列

$$n_c=1.19\sqrt{n}$$

式中　n——换热器每一壳程的总管数。

　　按上述方法计算出壳内径后应圆整,壳体标准常用的有 159mm、273mm、400mm、500mm、600mm、800mm、1 000mm、1 100mm、1 200mm 等。

　　应予以指出的是,列管式换热器已实现标准化,对于以上大部分参数无须设计计算,可以直接根据工艺条件在标准系列里选定后校核即可。

3. 流体通过换热器的流动阻力(压降)计算

　　换热器的管程及壳程的流动阻力,常常控制在一定允许的范围以内,若计算超过允许值,则应修改设计参数或重新选择换热器规格。按一般经验,对于液体常控制在 $10^4\sim10^5$ Pa 之间,对于气体则以 $10^3\sim10^4$ Pa 为宜。

　　1) 管程阻力

　　对于多管程换热器,其总阻力 $\sum\Delta p_i$ 为各程直管阻力、回弯阻力及进、出口阻力之和。相比之下,进、出口阻力较小,一般可忽略不计。因此,管程总阻力的计算公式为

$$\sum(\Delta p_1+\Delta p_2)F_tN_sN_p \tag{4.158}$$

式中　Δp_1——因直管摩擦阻力引起的压降,$\Delta p_1=\lambda\dfrac{l}{d}\dfrac{\rho u^2}{2}$,Pa;

　　　Δp_2——因回弯阻力引起的压降,$\Delta p_2=3\left(\dfrac{\rho u_i^2}{2}\right)$,Pa;

　　　F_t——管程结垢校正系数,无因次,对 $\phi25\text{mm}\times2.5\text{mm}$ 的管子,$F_t=1.4$;对 $\phi19\text{mm}\times2\text{mm}$ 的管子,$F_t=1.5$;

　　　N_s——串联的壳程数;

　　　N_p——管程数。

　　因为在流体流量一定的情况下,管内流速与 N_p 成正比,所以管程阻力正比于管程数的三次方,即对同一换热器,若由单管程改成两管程,阻力剧增为原来的 8 倍,而对流传热系数仅增加为原来的 1.74 倍,管程数增得越大,阻力增加越明显。因此在选择换热器管程数时,应该兼顾强化传热与流体阻力两方面的因素。

　　2) 壳程阻力

　　用于计算壳程流动阻力的公式很多,由于壳程流体的流动状况较为复杂,用不同的公式计算结果差别很大。下面介绍比较通用的埃索公式:

$$\sum\Delta p_o=(\Delta p_1'+\Delta p_2')F_sN_s \tag{4.159}$$

其中

$$\Delta p'_1 = F f_o n_c (N_B + 1) \frac{\rho u_o^2}{2} \tag{4.160}$$

$$\Delta p'_2 = N_B \left(3.5 - \frac{2z}{D}\right) \frac{\rho u_o^2}{2} \tag{4.161}$$

式中　$\Delta p'_1$——流体通过管束的压降，Pa；

　　　$\Delta p'_2$——流体通过折流挡板缺口的压降，Pa；

　　　F_s——壳程结垢校正系数，无因次，对液体，$F_s = 1.15$；对气体或蒸气，$F_s = 1.0$；

　　　F——管子排列方式对压降的校正系数，对正三角形排列，$F = 0.5$；对转角正方形排列，$F = 0.4$；对正方形排列，$F = 0.3$；

　　　f_o——壳程流体的摩擦系数，当 $Re_o > 500$ 时，$f_o = 5.0 Re_o^{-0.228}$；

　　　N_B——折流挡板数；

　　　z——折流挡板间距，m；

　　　u_o——按壳程流通截面积 $A_o = z(D - n_c d_o)$ 计算的流速，m/s。

4. 列管式换热器设计与选型的具体步骤

设有流量为 W_c 的冷流体，需从温度 t_1 升高至 t_2，选用加热蒸汽进行加热，选定加热蒸汽压强等级后即可计算得出换热器的热负荷 Q 和逆流平均温度差 $\Delta t'_m$，根据传热速率方程

$$Q = KA\Delta t_m = KA\varphi_{\Delta t} \Delta t'_m \tag{4.162}$$

要计算传热面积还必须知道 K 和 $\varphi_{\Delta t}$，而这两个参数则由一定的传热结构所决定。可见，设计或选用换热器必须通过试差计算。此试差计算可按以下步骤进行。

1）估算传热面积，初选换热器型号

（1）根据换热任务，计算传热量。

（2）确定两流体在换热器中的流动途径。

（3）确定流体在换热器中两端的温度，计算定性温度，确定在定性温度下的流体物性。

（4）计算平均温度差，并根据温度差校正系数不应小于 0.8 的原则，确定壳程数或调整加热介质或冷却介质的终温。

（5）根据两流体的温差和设计要求，确定换热器的型式。

（6）依据换热流体的性质及设计经验，选取总传热系数值 $K_{选}$。

（7）依据总传热速率方程，初步算出传热面积 S，并确定换热器的基本尺寸或按系列标准选择设备规格。

2）计算管、壳程压降

根据初选的设备规格，计算管、壳程的流速和压降，检查计算结果是否合理或满足工艺要求。若压降不符合要求，则要调整流速，重新确定管程和折流挡板间距，或选择其他型号的换热器，重新计算压降直至满足要求为止。

3）核算总传热系数

分别计算管、壳程对流传热系数，确定污垢热阻 R_{si} 和 R_{so}，再计算总传热系数 $K_{计}$，然后与 $K_{选}$ 值比较，若 $K_{计}/K_{选} = 1.15 \sim 1.25$，则初选的换热器合适，否则需另选 $K_{选}$ 值，重复上述计算步骤。该过程也可以根据初选的换热面积和计算得到的传热面积进行校核。

应予指出,上述计算步骤为一般原则,设计时需视具体情况而定。

【设计实例】

某化工厂在生产过程中,需将纯甲苯液体从 110℃冷却到 50℃,其流量为 20 000kg/h。冷却介质采用 30℃的循环水。要求换热器的管程和壳程压降不大于 10kPa,试选用合适型号的换热器。

解:(1)估算传热面积,初选换热器型号

① 基本物性数据

甲苯的定性温度 $\dfrac{110+50}{2}$℃=80℃

因热流体温度较高,选择冷却水的温升为 15℃,则水的出口温度为 45℃。

水的定性温度 $\dfrac{30+45}{2}$℃=37.5℃

查得甲苯在定性温度下的物性数据:

$$\rho=811.56\text{kg/m}^3, \quad c_p=1.889\,5\text{kJ/(kg}\cdot℃),$$
$$\lambda=0.114\,9\text{W/(m}\cdot℃), \quad \mu=0.311\times10^{-3}\text{Pa}\cdot\text{s}$$

查得水在定性温度下的物性数据:

$$\rho=994.5\text{kg/m}^3, \quad c_p=4.174\text{kJ/(kg}\cdot℃),$$
$$\lambda=0.623\text{W/(m}\cdot℃), \quad \mu=0.75\times10^{-3}\text{Pa}\cdot\text{s}$$

② 热负荷计算

$$Q=q_{mh}c_{ph}(T_1-T_2)=\frac{20\,000}{3\,600}\times1.889\,5\times10^3\times(110-50)\text{W}=6.30\times10^5\text{W}$$

冷却水耗量

$$q_{mc}=\frac{Q}{c_{pc}(t_2-t_1)}=\frac{6.30\times10^5}{4.174\times10^3\times15}\text{kg/s}=10.06\text{kg/s}$$

③ 确定流体的流径

设计任务的热流体为甲苯,冷流体为水,为使苯通过壳壁面向空气中散热,提高冷却效果,令苯走壳程,水走管程。

④ 计算平均温度差

暂按单壳程、双管程考虑,先求逆流时的平均温度差:

甲苯 110 → 50

冷却水 45 ← 30

$$\Delta t_1=50℃-30℃=20℃, \quad \Delta t_2=110℃-45℃=65℃$$

$$\Delta t'_m=\frac{\Delta t_1-\Delta t_2}{\ln\dfrac{\Delta t_1}{\Delta t_2}}=38.2℃$$

$$R=\frac{T_1-T_2}{t_2-t_1}=\frac{110-50}{15}=4, \quad P=\frac{t_2-t_1}{T_1-t_1}=\frac{15}{110-30}=0.188$$

查图 4.21,$\varphi_{\Delta t}=0.88$,因 $\varphi_{\Delta t}>0.8$,可选用单壳程。

$$\Delta t_m=\varphi_{\Delta t}\Delta t'_m=33.62℃$$

⑤ 初选 K 值,估算传热面积

参照附录,初选 $K_{选}=450\mathrm{W/(m^2 \cdot ℃)}$

则换热面积 $A=\dfrac{Q}{K\Delta t_m}=\dfrac{6.30\times10^5}{450\times33.62}\mathrm{m^2}=41.64\mathrm{m^2}$

⑥ 初选换热器型号

由于两流体温差<70℃,可选用固定管板式换热器,但需焊接膨胀节。由固定管板式换热器的系列标准,初选换热器型号:G500 Ⅱ—1.6—44。

主要参数如下:

外壳直径 500mm,公称压强 1.6MPa,公称面积 44m²,换热管尺寸 $\phi19\mathrm{mm}\times2\mathrm{mm}$,管根数 256,管长 3 000mm,管中心距 25mm,管程数 $N_p=2$,管子排列方式为正三角形,管程流通面积 0.022 6m²,实际换热面积 44.3m²。

采用此换热面积的换热器,则要求过程的总传热系数为

$$K=\frac{Q}{A\Delta t}=\frac{6.30\times10^5}{44.3\times33.62}\mathrm{W/(m^2\cdot℃)}=423\mathrm{W/(m^2\cdot℃)}$$

(2)核算压降

① 管程压降

$$\Delta p_i=\sum(\Delta p_1+\Delta p_2)F_tN_sN_p$$
$$F_t=1.5,\quad N_s=1,\quad N_p=2$$

管程流速

$$u_i=\frac{q_{mc}}{A_截}=\frac{10.06}{994.5\times0.022\ 6}\mathrm{m/s}=0.448\mathrm{m/s}$$

$$Re_i=\frac{d_iu_i\rho}{\mu}=\frac{0.015\times0.448\times994.5}{0.75\times10^{-3}}=8.9\times10^3(湍流)$$

对于碳钢管,取管壁粗糙度 $e=0.1\mathrm{mm}$,则 $\dfrac{e}{d_i}=\dfrac{0.1}{15}=0.006\ 7$

由流体力学 λ-Re 关系图查得:$\lambda=0.04$

$$\Delta p_1=\lambda\frac{L}{d_i}\frac{\rho u_i^2}{2}=0.04\times\frac{3}{0.015}\times\frac{994.5\times0.448^2}{2}\mathrm{Pa}=798.4\mathrm{Pa}$$

$$\Delta p_2=3\frac{\rho u_i^2}{2}=3\times\frac{994.5\times0.448^2}{2}\mathrm{Pa}=299.4\mathrm{Pa}$$

$$\Delta p_i=(798.4+299.4)\times1.5\times2\mathrm{Pa}=3\ 293.4\ \mathrm{Pa}<10\mathrm{kPa}$$

② 壳程压降

$$\sum\Delta P_o=(\Delta p_1'+\Delta p_2')F_sN_s$$
$$F_s=1.15,\quad N_s=1$$
$$\Delta p_1'=Ff_on_c(N_B+1)\frac{\rho u_o^2}{2}$$

管子为正三角形排列

$$F=0.5,\quad n_c=1.1\sqrt{n}=1.1\sqrt{256}=17.6$$

取折流挡板间距 $z=0.15\mathrm{m}$，则 $N_{\mathrm{B}}=\dfrac{L}{z}-1=\dfrac{3}{0.15}-1=19$

壳程流通面积

$$A_{截}=z(D-n_{\mathrm{c}}d_{\mathrm{o}})=0.15\times(0.5-17.6\times0.019)\ \mathrm{m}^2=0.024\,84\mathrm{m}^2$$

壳程流速

$$u_{\mathrm{o}}=\frac{q_{m\mathrm{h}}}{A_{截}}=\frac{20\,000}{3\,600\times811.56\times0.024\,84}\ \mathrm{m/s}=0.276\mathrm{m/s}$$

$$Re_{\mathrm{o}}=\frac{d_{\mathrm{o}}u_{\mathrm{o}}\rho}{\mu}=\frac{0.019\times0.276\times811.56}{0.311\times10^{-3}}=1.37\times10^4$$

$$f_{\mathrm{o}}=5.0Re_{\mathrm{o}}^{-0.228}=5.0\times(1.37\times10^4)^{-0.228}=0.57$$

所以

$$\Delta p'_1=0.5\times0.57\times17.6\times(19+1)\frac{811.56\times0.276^2}{2}\ \mathrm{Pa}=3\,166\mathrm{Pa}$$

$$\Delta p'_2=N_{\mathrm{B}}\left(3.5-\frac{2z}{D}\right)\frac{\rho u_{\mathrm{o}}^2}{2}=19\left(3.5-\frac{2\times0.15}{0.5}\right)\frac{811.56\times0.276^2}{2}\ \mathrm{Pa}=1\,703\mathrm{Pa}$$

$$\sum\Delta p_{\mathrm{o}}=(3\,166+1\,703)\times1.15\times1\ \mathrm{Pa}=5\,600\mathrm{Pa}<10\mathrm{kPa}$$

计算结果表明，管程和壳程的压降均能满足设计条件。

(3) 核算总传热系数

① 管程对流传热系数 α_{i}

$$Re_{\mathrm{i}}=8.9\times10^3（接近\ 1\times10^4）$$

$$Pr_{\mathrm{i}}=\frac{c_p\mu}{\lambda}=\frac{4.174\times10^3\times0.75\times10^{-3}}{0.623}=5.02$$

$$\alpha_{\mathrm{i}}=0.023\frac{\lambda}{d_{\mathrm{i}}}Re^{0.8}Pr^{0.4}$$

$$=0.023\times\frac{0.623}{0.015}\times(8.9\times10^3)^{0.8}5.02^{0.4}\ \mathrm{W/(m^2\cdot\text{℃})}$$

$$=2\,499\mathrm{W/(m^2\cdot\text{℃})}$$

② 壳程对流传热系数 α_{o}

采用凯恩法：

$$\alpha_{\mathrm{o}}=0.36\frac{\lambda}{d_{\mathrm{e}}}\left(\frac{d_{\mathrm{e}}u_{\mathrm{o}}\rho}{\mu}\right)^{0.55}\left(\frac{c_p\mu}{\lambda}\right)^{1/3}\left(\frac{\mu}{\mu_{\mathrm{W}}}\right)^{0.14}$$

管子为正三角形排列，则

$$d_{\mathrm{e}}=\frac{4\left(\frac{\sqrt{3}}{2}t^2-\frac{\pi}{4}d_{\mathrm{o}}^2\right)}{\pi d_{\mathrm{o}}}=\frac{4\left(\frac{\sqrt{3}}{2}\times0.025^2-\frac{\pi}{4}\times0.019^2\right)}{\pi\times0.019}\ \mathrm{m}=0.013\mathrm{m}$$

壳程流道截面积

$$A_{截}=zD\left(1-\frac{d_{\mathrm{o}}}{t}\right)=0.15\times0.5\left(1-\frac{0.019}{0.025}\right)\ \mathrm{m}^2=0.018\mathrm{m}^2$$

壳程流速（管间最大截面积处流速）

$$u_o = \frac{q_{mh}}{A_{\text{截}}} = \frac{20\,000}{3\,600 \times 811.56 \times 0.018}\,\text{m/s} = 0.38\text{m/s}$$

壳程中苯被冷却,取 $\left(\dfrac{\mu}{\mu_W}\right)^{0.14} = 0.95$

$$\alpha_o = 0.36\,\frac{0.114\,9}{0.013}\left(\frac{0.013 \times 0.38 \times 811.56}{0.311 \times 10^{-3}}\right)^{0.55}\left(\frac{1.889\,5 \times 10^3 \times 0.311 \times 10^{-3}}{0.114\,9}\right)^{1/3} \times$$

$$0.95\,\text{W/(m}^2 \cdot \text{℃)}$$

$$= 910\text{W/(m}^2 \cdot \text{℃)}$$

③ 污垢热阻

参考附录,管内、外侧污垢热阻分别取为

$$R_{si} = 2.00 \times 10^{-4}\,(\text{m}^2 \cdot \text{℃})/\text{W}, \quad R_{so} = 1.72 \times 10^{-4}\,(\text{m}^2 \cdot \text{℃})/\text{W}$$

④ 总传热系数 K

忽略管壁热阻,总传热系数 K 为

$$\frac{1}{K} = \frac{1}{\alpha_o} + R_{so} + R_{si}\frac{d_o}{d_i} + \frac{1}{\alpha_i}\frac{d_o}{d_i}$$

代入数据得 $K = 534\text{W/(m}^2 \cdot \text{℃)}$

$$\frac{K_{\text{计}}}{K_{\text{选}}} = \frac{534}{450} = 1.18$$

故所选换热器是合适的,安全系数为

$$\frac{534 - 450}{450} \times 100\% = 18.7\%$$

设计结果为:选用固定管板式换热器,型号为 G500Ⅱ—1.6—44。

整个设计包括换热器初选和压降与总传热系数的校核,校核过程非常繁杂,如果假设的总传热系数合理,会节省计算量。

4.7.4 传热过程的强化与削弱

1. 强化传热

所谓换热器传热过程的强化就是力求使换热器在单位时间、单位传热面积传递的热量尽可能增多。其意义在于:在设备投资及输送功耗一定的条件下,获得较大的传热量,从而增大设备利用率,使其结构更加紧凑,减少空间占用,节约材料,降低成本。强化途径包括强化现有设备,开发新型高效的传热设备。

根据总速率方程式,要使 Q 增大,无论是增加 K、Δt_m 还是 A 都能收到一定的效果,工程设计和生产实践中大多是从这些方面进行传热过程的强化的。

1) 增大总传热系数

增大总传热系数,降低总热阻,可以提高换热器的传热效率。总热阻的计算公式为

$$\frac{1}{K} = \frac{1}{\alpha_i}\frac{d_o}{d_i} + R_{si}\frac{d_o}{d_i} + \frac{b}{\lambda}\frac{d_o}{d_i} + R_{so} + \frac{1}{\alpha_o} \tag{4.163}$$

由此可见,要提高 K 值,就必须降低各项热阻。但因各项热阻所占比例不同,故应设法

降低对 K 值影响较大的热阻。一般来说,在金属材料换热器中,金属材料壁面较薄且导热系数高,不会成为主要热阻;污垢热阻是一个可变因素,在换热器刚投入使用时,污垢热阻很小,不会成为主要矛盾,但随着使用时间的加长,污垢逐渐增加,便可成为阻碍传热的主要因素;对流传热热阻经常是传热过程的主要矛盾,也应是着重研究的内容。

通过前文对流传热过程的分析,可知影响对流传热系数的因素有流体性质、流动状况及传热面的形状和大小等。减少热阻的方法主要有以下几种。

(1) 提高流体的速度。加大流速,使流体的湍动程度加剧,可减少传热边界层中层流内层的厚度,提高对流传热系数,也即减少了对流传热的热阻。例如在管壳式换热器中增加管程数和壳程的挡板数,可分别提高管程和壳程的流速。

(2) 制造人工粗糙表面。人为增加表面的粗糙程度可以增强流体的扰动,使层流内层减薄,使对流传热热阻减少。例如在管式换热器中,采用翅片管、各种异形管或在管内加装麻花铁、螺旋圈或金属卷片等添加物,均可增强流体的扰动。

(3) 采用短管换热器。用短管换热器能强化对流传热,其原理在于流动入口段对传热的影响。在流动入口处,由于层流内层很薄,对流传热系数较高。据报道,短管换热器的总传热系数较普通的管壳式换热器可提高 5～6 倍。

对于有相变的对流传热过程,一般情况下相变时传热系数都很大,但有不少有机蒸气的冷凝及其液体的沸腾传热系数都远低于水的 α 值,这时,强化对流传热还是十分有必要的。有相变的传热过程与无相变的传热强化原理上是一样的,只是在具体措施上有所不同。

(1) 蒸汽冷凝。冷凝传热过程的阻力主要集中于液膜,设法减小液膜厚度是强化冷凝传热的关键。对于垂直壁面,在换热面上开若干纵向沟槽使凝液沿沟槽流下,可减薄其余壁面上的液膜厚度;沿垂直壁面安装若干金属丝条也可以起到强化传热的目的,这是因为冷凝液在表面张力的作用下,有向金属丝集中并流下的趋势,从而使金属丝之间的壁面上的液膜厚度大为减薄,传热系数明显增加。此外,选择适当的材料,减少凝液对冷凝面的浸润能力,使之形成珠状冷凝的措施也在大力研究之中。

(2) 液体沸腾。在沸腾传热中,气泡的产生和运动情况对传热过程影响极大。首先液体沸腾应保持在核状沸腾阶段,避免加热面的过热或温度过低才能保证有较高的传热系数。采用机械加工或者腐蚀的方法使表面粗糙化,粗糙的加热表面可提供更多汽化核心,使气泡运动加剧,传热过程得以强化。强化沸腾传热的另一种方法是在沸腾液体中加入某种气体或液体作为添加剂,用以增加汽化核心,或改变沸腾液体的物性,例如表面张力,使气泡容易脱离壁面,可将传热系数提高 20% 以上。

2) 增大传热面积

增大传热面积,可以提高换热器的传热速率。但增大传热面积不能单靠增大换热器的尺寸来实现,而是要从设备的结构入手,提高单位体积的传热面积。工业上往往通过改进传热面的结构来实现。目前已研制出并成功使用了多种高效能传热面,它不仅使传热面得到充分的扩展,而且还使流体的流动和换热器的性能得到相应的改善。例如前述的翅化面、管内加装内插物等强化传热管的措施在增大传热系数的同时增加了传热面积;采用多孔物质结构,将细小的金属颗粒烧结或涂覆于传热表面间,也可以实现扩大传热面积的目的;在换热器设计中,减小列管直径,也可以在相同体积内获得更大的传热面积。

3)增大平均温度差

增大平均温度差,可以提高换热器的传热效率。平均温度差的大小主要取决于两流体的温度条件和两流体在换热器中的流动形式。一般来说,物料的温度由生产工艺来决定,不能随意变动,但如果加热剂或冷却剂是由公用工程所提供,则在条件许可的情况下可作适度的调整。例如适当提高加热蒸汽的压强或降低冷却水进口温度或加大冷却水用量,从而提高 Δt_m,达到强化传热的目的。另外,采用逆流操作或增加管壳式换热器的壳程数使 $\varphi_{\Delta t}$ 增大,均可得到较大的平均温度差。

2. 削弱传热

1)保温材料

一般情况下表面温度高于 50℃的设备或管道以及制冷系统的设备和管道,都要进行保温或保冷。设备温度高于环境温度,要防止热量散失,这是保温;设备温度低于环境温度,要防止从环境吸热,也就是保冷。具体方法是加隔热层。表 4.13 列出了常见的保温隔热材料。

表 4.13　常见保温隔热材料

材料名称	主要成分	密度/(kg/m³)	导热系数/[W/(m·K)]	特　性
碳酸镁石棉	85%石棉纤维、15%碳酸镁	180	50℃,0.09~0.12	保温用涂抹材料,耐温 300℃
碳酸镁砖	碳酸镁、氧化镁	280~360	50℃,0.07~0.12	泡花碱黏结剂,耐温 300℃
碳酸镁管	85%石棉纤维、15%碳酸镁石棉	280~360	50℃,0.07~0.12	泡花碱黏结剂,耐温 300℃
硅藻土材料	SiO_2、Al_2O_3、Fe_2O_3	280~450	<0.23	耐温 800℃
泡沫混凝土	SiO_2 和 Al_2O_3	300~570	<0.23	耐温 250~300℃,大规模保温
矿渣棉	高炉渣制成棉	200~300	<0.08	耐温 700℃,大面积保温填料
膨胀蛭石	镁铝铁含水硅酸盐	60~250	<0.07	耐温<1 000℃
蛭石水泥管	复杂的铁、镁含水硅铝酸盐类矿物	430~500	0.09~0.14	耐温<800℃
蛭石水泥板	复杂的铁、镁含水硅铝酸盐类矿物	430~500	0.09~0.14	耐温<800℃
沥青蛭石管	镁铝铁含水硅酸盐	350~400	0.08~0.1	保冷材料
超细玻璃棉	石英砂、长石、硅酸钠、硼酸等	18~30	0.032	-120~400℃
软木	常绿树木栓层制成	120~200	0.035~0.058	保冷材料

2)保温层的临界直径

化工管路经常需要保温,以减少热量或冷量的损失。由于金属管壁所引起的热阻与保温层的相比一般比较小,可以忽略不计,因此管内、外壁温可以视为相同。通常热损失随保温层的厚度的增加而减小。但是在小直径圆管外包扎性能不良的保温材料,随保温层厚度的增加,可能反而使其热损失增大,原因分析如下。

如图 4.39 所示,假设保温层内表面为 t_1,环境温度为 t_t,保温层内、外半径分别为 r_i 和 r_o。此时传热过程包括保温层的热传导以及保温层外壁与环境空气的对流传热。对流传热

热阻为 $\dfrac{1}{A\alpha}$，此处 $A = 2\pi r_o L$ 为传热面积，α 为空气侧对流传热系数，因此热损失可表示为

$$Q = \frac{t_1 - t_t}{R_1 + R_2} = \frac{t_1 - t_t}{\dfrac{1}{2\pi L}\ln\dfrac{r_o}{r_i} + \dfrac{1}{2\pi r_o L\alpha}} \qquad (4.164)$$

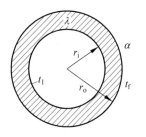

图 4.39 保温层的临界直径

上式中 R_1 为保温层的热传导热阻，R_2 为保温层外壁与空气的对流传热热阻。从上式可以看出，当保温层厚度增加（即 r_i 不变，r_o 增大）时，热阻 R_1 虽然增大，但是热阻 R_2 反而是下降的，因此有可能使总热阻 $(R_1 + R_2)$ 下降，从而导致热损失增大。为此，可通过上式求解得出一个 Q 为最大值时的临界半径，即

$$\frac{\mathrm{d}Q}{\mathrm{d}r_o} = \frac{-2\pi L(t_1 - t_t)\left(\dfrac{1}{\lambda r_o} - \dfrac{1}{\alpha r_o^2}\right)}{\dfrac{\ln(r_o/r_i)}{\lambda} + \dfrac{1}{r_o\alpha}} = 0 \qquad (4.165)$$

整理得

$$r_o = \lambda/\alpha$$

习惯上以 r_c 表示临界半径，故

$$r_c = \lambda/\alpha$$

或

$$d_e = 2\lambda/\alpha \qquad (4.166)$$

上式中 d_e 为保温层的临界直径。若保温层的外径小于 d_e，则增加保温层的厚度反而使热损失增大。只有在 $d_e > 2\lambda/\alpha$ 下，增加保温层厚度才有意义。例如，在管外径为 15mm 的管道外保温，若保温材料的 λ 为 $0.14\mathrm{W/(m \cdot ℃)}$，外表面对环境空气的对流传热系数 α 为 $10\mathrm{W/(m^2 \cdot ℃)}$，则相应的临界直径为 28mm。这样若保温层厚度不够，则有可能使热损失增加。一般电线外包扎胶皮后，其直径小于 d_e，因此有利于电线的散热。

▶▶▶ 本章主要符号说明 ▶▶▶

A——换热面积，$\mathrm{m^2}$

c_p——比热容，$\mathrm{kJ/(kg \cdot ℃)}$

C_R——热容量流量比

d——换热管直径，m

D——换热器壳径，m

l——长度，m

L——换热管长度，m

I——焓，$\mathrm{kJ/kg}$

K——总传热系数，$\mathrm{W/(m^2 \cdot ℃)}$

n——管数

N——程数

p——压强，Pa

Q——传热速率，W

r——汽化热，$\mathrm{kJ/kg}$

T——热流体温度，℃

t——冷流体温度，℃

Δt——温度差

u——流速，m/s

q_m——质量流量，kg/s

z——折流挡板间距，m

α——对流传热系数，$\mathrm{W/(m^2 \cdot ℃)}$

ε——传热效率

λ——导热系数，$\mathrm{W/(m \cdot ℃)}$

μ——黏度，$\mathrm{Pa \cdot s}$

ρ——密度，$\mathrm{kg/m^3}$

φ——校正系数

本章能力目标

通过本章学习,应掌握传热过程的基本原理、影响传热速率的因素及传热速率控制的一般规律。掌握应用热传递的基本原理处理复杂工程问题的能力,即注意学习在处理传热的工程问题时,如何将过程模型化,明确将工程问题转化为数学问题的思路和方法。同时应具备以下能力:①根据生产要求,选择合适的换热器类型应用于传热过程;②根据给定的生产任务,完成换热设备的选型或设计,确定操作参数;③结合经济因素提出过程强化的初步思路;④根据计算结果,制定换热过程的调节方案。

学习提示

1. 不管是固体间的热传导,还是流体与固体壁对流传热,乃至换热器的传热过程,本质上都可以用速率等于推动力除以阻力来描述,对于串联过程,总推动力等于单个过程推动力的加和,总阻力也等于各个过程阻力的加和。

2. 在学习热传导部分的内容时,要注意其中的数学处理方法。对于单层过程,只有一个方程即导热速率方程,可以解决 A、Q、t_1、t_2、b 中的一个未知参量;对于 n 层过程,则可以列出 n 个导热速率方程,即可以解决 n 个未知参量。而对于圆筒壁的热传导,则需要注意传热路径上面积的变化,掌握用平均面积代替的方法。

3. 换热器的传热计算的有关问题中,无论是设计型还是操作型问题,本质上都是联解速率方程和热衡算方程以解决两个未知参量。在解决传热问题的过程当中,需要明确一点,虽然热负荷和传热速率在数值上相等,但是最终起决定作用的是过程速率,只有速率达到才能满足要求,因此所有的调节和校核过程一定要以满足速率方程为准。

4. 传热计算过程中有许多设计参数,需要设计者根据条件选取和计算,这就需要深入理解传热的基本原理,同时还要考虑经济上的合理性。比如总传热系数 K,重点需要计算管内、外流体的对流传热系数,这就需要选取合适的经验公式;又比如冷却剂出口温度的确定,设计中需要从经济角度进行权衡,合理选取,而对于调节过程,则该温度受速率方程的制约,联解速率方程和热衡算方程时,往往需要其他已知条件的辅助。

讨论题

1. 什么叫热阻?试说明多层平壁热传导中,温差与热阻的关系。

2. 流体与固体壁的传热过程为什么可以看成是"对流—传导—对流"的串联过程?

3. 试说明流体有相变时的对流传热系数大于无相变时的对流传热系数的理由。

4. 为什么滴状冷凝比膜状冷凝的对流传热系数高?

5. Pr 数大的流体一般黏度比较大,而经验告诉我们,黏度大的流体对流传热一般较弱,但在量纲分析结果 $Nu = f(Re, Pr)$ 中,Pr 数高的流体对流传热系数反而比 Pr 数低的流体高,这与经验是否矛盾?解释其原因。

6. 层流底层的厚度主要受哪些因素的影响?并相应举出可能强化传热的方法。

7. 管壳式换热器的热应力是如何产生的?热应力对换热器有何影响?为克服热应力的影响,可采取哪些措施?

8. 管壳式换热器为什么常采用多管程,分程的作用是什么?

9. 在管壳式换热器中,用热水加热某物料,热水进出口温差为 $10℃$,冷物料进出口温差为 $10℃$,现冷物料流量增大 50%,则根据热衡算方程,热水流量也增大 50% 就能保证两流体出口温差不变,这种说法是否正确? 给出分析过程。

10. 如何强化换热器中的传热过程? 如何评价传热过程的强化效果?

11. 流速的选择在换热器设计中有何重要意义? 在选择流速时应考虑哪些因素?

12. 在管壳式换热器的设计中,为什么要限制温差矫正系数 $\varphi_{\Delta t}$ 大于 0.8?

13. 有一列管式换热器,列管总外表面积为 40m^3,列管为 $\phi 25\text{mm}\times 2.5\text{mm}$ 的钢管。用饱和水蒸气将处理量为 $2.5\times 10^4 \text{kg/h}$ 的油从 $40℃$ 加热到 $80℃$。油走管程,流动状态为湍流。蒸汽走壳程,水蒸气压强为 0.2MPa(绝压),冷凝传热膜系数 $\alpha = 1.2\times 10^4 \text{W}/(\text{m}^2 \cdot \text{K})$,油的平均比热容 $c_p = 2.1\times 10^3 \text{J}/(\text{kg} \cdot \text{K})$。

(1) 当油的处理量增加一倍时,油的出口温度为多少? 若要保持油的出口温度仍为 $80℃$,换热器是否满足要求? 若不满足要求,可采取哪些措施?

(2) 若采取并联或串联换热器的方式,需多大传热面积的换热器才够用? 要考虑哪些问题?

(3) 处理量加大一倍,若将加热蒸汽提高到 3 个大气压,能否保持油的出口温度?

(4) 油的处理量不变,如果油的黏度增大一倍,仍为湍流流动,其他物性不变,油的出口温度为多少?

(5) 由于换热器运行时间较长,使得管壁长了一层油垢,其厚度为 1mm,导热系数 $\lambda = 0.2\text{W}/(\text{m} \cdot \text{K})$,此时油的出口温度为多少?

(6) 大气温度为 $10℃$,管壁对空气的对流传热系数按 $\alpha_\text{T} = 9.4 + 0.052(t_\text{W} - t)$(单位 $\text{W}/(\text{m}^2 \cdot \text{K})$)计算,换热器的壳直径为 $\phi 426\text{mm}\times 5\text{mm}$,保温后壁温为 $30℃$,保温层导热系数 $\lambda = 0.058\text{W}/(\text{m} \cdot \text{K})$。保温层厚度为多少? 保温后每日可节约多少蒸汽(kg)?

14. 在单程列管式换热器内,用 $130℃$ 饱和水蒸气将某溶液由 $20℃$ 加热至 $60℃$,单管程列管换热器由 100 根 $\phi 25\text{mm}\times 2.5\text{mm}$、长 3.0m 的钢管构成,溶液以 $100\text{m}^3/\text{h}$ 的流量在管内流过,蒸汽在管外冷凝。试求:

(1) 传热系数 K;

(2) 溶液对流传热系数 α_1 和蒸汽冷凝对流传热系数 α_2;

(3) 若溶液的质量流量增加到 q'_m,$q'_m/q_m = x$,$1 < x < 2$(q_m 为溶液原来的质量流量),在其他条件不变的情况下,请通过推导说明此换热器能否满足要求[α_2 可视为与(2)的计算结果相同];

(4) 若溶液的质量流量增加为原来的 x 倍($1 < x < 2$),在其他条件不变的情况下,将单管程改为双管程,请通过推导说明此换热器能否满足要求[α_2 可视为与(2)的计算结果相同]。

已知在操作条件下,溶液的密度为 $1\ 200\text{kg/m}^3$,黏度为 $0.955\text{mPa} \cdot \text{s}$,比热容为 $3.3\text{kJ}/(\text{kg} \cdot \text{K})$,热导率为 $0.465\text{W}/(\text{m} \cdot \text{K})$。忽略管壁热阻、污垢热阻和热损失。

>>>> 思考题 >>>>

1. 简述热传导、热对流、热辐射的基本原理。

2. 什么是传热过程中推动力和阻力的加和性?

3. 气体、液体、固体(包括金属和非金属)的导热系数在数值上有什么差异? 认识这些差异在工程上有什么意义?

4. 在对流传热系数的关联式中有哪些无量纲数? 它们的物理意义各是什么?

5. 用饱和水蒸气作为加热介质时,其中混有的不凝气是如何影响传热效果的?

6. 自然对流中的加热面和冷却面应如何放置才能充分传热? 烧开水时为什么不从上部加热?

7. 传热过程的设计型和操作型问题的内容分别是什么? 解决这些问题需要哪两个方程联立求解?

8. 物体的吸收率和辐射能力之间存在什么关系? 灰体的黑度和吸收率之间有什么关系?

9. 什么是传热速率? 什么是热负荷? 二者有什么联系?

10. 试对本章所述的各类换热器从紧凑性(单位体积的设备能够提供的传热面积)方面进行大致比较。

习 题

一、填空题

1. 传热的基本方式为: _____ 、_____ 、_____。

2. 液体沸腾的两种基本形式为: _____、_____。

3. 当外界有辐射能投射到物体表面时,将会发生_____、_____、_____现象。

4. 燃烧炉由平面耐火砖和绝热砖两种材料砌成,各层的导热系数分别是 1.0W/m·K 和 0.1W/m·K,壁厚都是 0.2m,则耐火砖和绝热砖的单位面积热阻分别是: _____、_____。

5. $\phi 50\text{mm} \times 5\text{mm}$ 的不锈钢管,其材料热导率为 21W/(m·℃);管外包厚 40mm 的石棉,其材料热导率为 0.25W/(m·℃),若管内壁温度为 330℃,保温层外壁温度为 105℃,则每米管长的热损失为_____ W/m。

6. 一红砖平面墙厚度为 500mm,一面温度为 200℃,另一面温度为 30℃,红砖的导热系数为 0.57W/(m·℃),则距离高温面墙内 350m 处的温度为_____℃。

7. 某炉壁由下列三种材料组成:耐火砖 $\lambda_1 = 1.4\text{W/(m·℃)}$,$b_1 = 230\text{mm}$;保温砖 $\lambda_2 = 15\text{W/(m·℃)}$,$b_2 = 115\text{mm}$;建筑砖 $\lambda_3 = 0.8\text{W/(m·℃)}$,$b_3 = 230\text{mm}$。若其内壁温度 t_1 为 900℃,外壁温度 t_4 为 80℃,则单位面积的热损失为_____ W/m^2。

8. 蒸汽管外包裹有两层厚度相等的保温材料,外层的平均直径为内层的 2 倍,外层的导热系数为内层的 1/2,若保持保温层内外表面温度不变,将两层材料互换位置,则互换前后蒸汽管散热损失之比为_____。

9. 某保温材料 $\lambda = 0.02\text{W/(m·℃)}$,厚度为 300mm,测得低温处 $t_0 = 80℃$,单位面积导热速率为 $30\text{J/(m}^2 \cdot \text{s)}$,则高温处 $t_1 = $_____℃。

10. 根据引起流体流动的原因,无相变的对流传热可分为_____和_____。

11. 套管换热器中,热流体温度由 90℃ 降低到 70℃,冷流体温度由 20℃ 上升到 40℃,则两流体作并流时的平均温度差为_____;逆流时的平均温度差为_____。

12. 大容器沸腾的情况随温差和过热条件呈现不同的沸腾状态,分别是:_____、_____和_____。工业生产中,沸腾传热应设法保持在_____区。

13. 为给某固定空间造成充分的自然对流而降温,冷却器应放置于空间的_____(上部/下部)。

14. 一定质量流量的流体在 $\phi25\text{mm}\times2.5\text{mm}$ 的直管内作强制湍流流动,其对流传热系数 $\alpha=1\,000\text{W}/(\text{m}^2\cdot\text{℃})$,如果流量和物性不变,改在 $\phi19\text{mm}\times2\text{mm}$ 的直管流动,α 为_____ $\text{W}/(\text{m}^2\cdot\text{℃})$。

15. 一套管换热器,由 $\phi76\text{mm}\times3\text{mm}$ 和 $\phi45\text{mm}\times2.5\text{mm}$ 钢管制成,两种低黏度的流体,分别在该换热器内管和环隙中流过,测得对流传热系数分别为 α_1 和 α_2。若两流体的流量保持不变,并忽略出口温度变化对物性参数所产生的影响,将内管改用 $\phi38\text{mm}\times2.5\text{mm}$ 后,环隙中的对流传热系数变为原来的_____倍。(设流动状态皆为湍流)

16. 某气体在内径为 20mm 的圆形直管内作湍流流动,管外用饱和蒸汽加热,测得对流传热系数为 α。若气体流量与加热条件不变,并假定气体进、出口平均温度相同,则气体在横截面积与圆管相等的长与宽之比为 1∶8 的长方形通道内流动的对流传热系数与圆管内的对流传热系数之比为_____。

17. 在套管换热器中用蒸汽加热空气,为提高传热系数,应设法提高_____侧的对流传热系数。

18. 克希霍夫定律的物理含义可以从两方面来理解:一是灰体的_____与_____之比等于_____;二是灰体的_____与_____相等。

19. 灰体在 20℃ 时,其黑度为 $\varepsilon=0.8$,则其辐射能力的大小为_____,其吸收率为_____。

20. 比较不同情况下列管式换热器平均传热推动力的大小。

(1) 逆流与并流:两流体均发生温度变化,两种流型下两流体进口温度相同,出口温度也相同,则 $\Delta t_{\text{m并流}}$_____$\Delta t_{\text{m逆流}}$;

(2) 逆流与并流:一侧流体恒温,另一侧流体温度发生变化,两种流型下两流体进口温度相同,出口温度也相同,则 $\Delta t_{\text{m并流}}$_____$\Delta t_{\text{m逆流}}$;

(3) 逆流与 1-2 折流:两流体均发生温度变化,两种流型下两流体进口温度相同,出口温度也相同,则 $\Delta t_{\text{m并流}}$_____$\Delta t_{\text{m逆流}}$;

(4) 逆流与 1-2 折流:一侧流体恒温,另一侧流体温度发生变化,两种流型下两流体进口温度相同,出口温度也相同,则 $\Delta t_{\text{m并流}}$_____$\Delta t_{\text{m逆流}}$。

21. 冷、热水通过间壁换热器逆流换热,热水进口温度为 90℃,出口温度为 50℃,冷水进口温度为 15℃,出口温度为 53℃,冷、热水的流量相同,则热损失占传热量的_____%。(冷、热水物性数据视为相同)

二、分析与计算题

1. 某工业炉由耐火砖 $\lambda_1=1.3\text{W}/(\text{m}\cdot\text{K})$、绝热砖 $\lambda_2=0.18\text{W}/(\text{m}\cdot\text{K})$ 及建筑砖 $\lambda_3=$

0.93W/(m·K)三层组成。炉膛内壁温度 1 100℃,普通砖厚 12cm,其外表面温度为 50℃。通过炉壁的热损失为 1 200W/m^2,绝热材料的耐热温度为 900℃。求耐火砖的最小厚度及此时的绝热层厚度。假设各层接触良好,忽略接触热阻。

2. 一炉壁面由 225mm 厚的耐火砖,120mm 厚的绝热砖及 225mm 厚的建筑砖所组成。其内壁温度为 1 200K,外侧壁面温度 330K,导热系数如题 1 所示,试求单位壁面上的热损失及接触面上的温度。

3. 为减少热损失,在外径 ϕ150mm 的饱和蒸汽管道外覆盖保温层。已知保温材料的导热系数 $\lambda=0.103+0.000\ 198t$(式中 t 单位℃),蒸汽管外壁温度 180℃,要求保温层外壁温度不超过 50℃,每米管道由于热损失而造成蒸汽冷凝的量控制在 1×10^{-4}kg/(m·s)以下,问保温层厚度应为多少?

4. 直径为 ϕ57mm×3.5mm 的钢管用 40mm 厚的软木包扎,其外又包扎 100mm 的保温灰作为绝热层,现测得钢管外壁温度为 −120℃,绝热层外表面温度为 10℃。软木和保温灰的导热系数分别为 0.043W/(m·K)和 0.07W/(m·K),试求每米管长的冷量损失。

5. 水以 1.5m/s 的流速在长为 3m、直径为 ϕ25mm×2.5mm 的管内由 20℃ 加热至 40℃,试求水与管壁之间的对流传热系数。

6. 已知影响壁面与流体间自然对流传热系数 α 的因素有:壁面高度 L,壁面温度与流体的温度差 Δt,流体的物性即流体的密度 ρ,比热容 c_p,黏度 μ,导热系数 λ,流体的体积膨胀系数和自由落体加速度的乘积 βg。试应用量纲分析的方法求证其与量纲为 1 的特征数的关系为

$$Nu=f(Gr,Pr)$$

7. 在常压下用列管换热器将空气由 200℃ 冷却至 120℃,空气以 3kg/s 的流量在管外壳体中平行于管束流动。换热器外壳内径为 260mm,内有 ϕ25mm×2.5mm 钢管 38 根,求空气对管壁的对流传热系数。

8. 饱和温度为 100℃ 的水蒸气在长为 3m、外径为 0.03m 的单根黄铜管表面上冷凝。钢管竖直放置,管外壁温度维持 96℃,试求每小时冷凝的蒸汽量。若将管子水平放置,冷凝的蒸汽量又为多少?

9. 功率为 1kW 的封闭式电炉,表面积为 0.05m^2,表面黑度 0.90。电炉置于温度为 20℃ 的室内,炉壁与空气的自然对流传热系数为 10W/(m^2·℃),求炉外壁温度。

10. 盛水 2.3kg 的热水瓶,瓶内由两层玻璃壁组成,其间抽空以免空气对流和传导散失热量。玻璃壁镀银,黑度 0.02。壁面面积为 0.12m^2,外壁温度 20℃,内壁温度 93℃。问水温下降 1℃ 需要多长时间? 设瓶塞处热损失可忽略。

11. 某厂精馏塔顶冷凝器有 ϕ25mm×2.5mm 的列管 60 根,长 2m,蒸汽在管外冷凝,管内是冷却水,流速为 1m/s,冷却水进、出口温度分别为 20℃ 和 40℃,试求:(1)管壁对冷水的对流传热系数;(2)管内壁温;(3)该厂还有一台管数为 50 的换热器,其他参数相同,问能否作为备用,进行更换。(水的物性可视为不变,用量相同)

12. 用一单程列管换热器冷凝 1.5kg/s 的有机蒸气,蒸气在管外冷凝的热阻忽略,冷凝温度 60℃,汽化热为 395kJ/kg。列管规格为 ϕ25mm×2.5mm,管内通入 25℃ 的河水作为冷却剂,不计垢层及管壁热阻,试计算:(1)冷却水用量(选择冷却水出口温度);(2)管数与

管长(水在管内的流速可取为 1m/s);(3)若保持上述计算所得的总管数不变,将其制成双管程投入使用,冷却水流量及进口温度维持不变,求有机蒸气的冷凝量。

13. 套管换热器,内管为 $\phi 19mm \times 3mm$,管长 2m,套管环隙内的油与管内的水逆流流动,油流量为 270kg/h,进口温度 100℃,水流量 360kg/h,入口温度为 10℃。忽略热损失,且已知总传热系数 $K_o = 374W/(m^2 \cdot ℃)$,油的比热容为 1.88kJ/(kg·℃),试分别求油和水的出口温度。

14. 某列管换热器用 110℃ 的饱和蒸汽加热甲苯,可使甲苯由 30℃ 加热至 100℃。今甲苯流量增加 50%,试求:(1)甲苯出口温度;(2)在不变动设备的情况下,采取何种措施可使甲苯出口温度仍维持 100℃? 定量计算并作说明。

15. 某套管式换热器,管间用饱和水蒸气将作湍流流动的空气加热至指定温度,若需进一步提高空气出口温度,拟将加热管管径增加一倍(管长、流动状态及其他条件均不变),你认为此措施可行否? 请定性分析。

16. 有一立式单程列管换热器,装有钢管 19 根,管长 2.5m,欲将流量为 1 260kg/h、80℃ 的苯蒸气在壳程冷凝并冷却至 60℃;冷却水由下而上通过管程,其进、出口温度分别为 20℃ 和 28℃。已知苯蒸气的冷凝给热系数为 1 400W/($m^2 \cdot K$),液体苯的给热系数为 1 200W/($m^2 \cdot K$),苯的冷凝潜热为 400kJ/kg,液体苯的比热容为 1.8kJ/(kg·K)。若不计换热器的热损失及污垢热阻,试求:(1)冷却水的用量;(2)该换热器能否满足苯冷凝、冷却的要求;(3)若要求液体苯的出口温度为 80℃,有人认为水量减为原流量的 70% 即可,试计算说明其正确与否(设水的入口温度不变,水的物性也不变)。定性温度下水的物性:$\rho = 997kg/m^3$,$c_p = 4.18$ kJ/(kg·℃),$\mu = 0.903cP$,$\lambda = 0.606W/(m \cdot K)$。

17. 有一台单管程列管式换热器,由 25 根 $\phi 25mm \times 2.5mm$、长 1.5m 的管子组成。现用其冷凝冷却乙醇饱和蒸气,处理量为 420kg/h,温度从 78℃ 冷凝并冷却至 35℃,乙醇走管外,乙醇蒸气冷凝的对流传热系数为 1 200W/($m^2 \cdot K$),冷凝潜热为 850kJ/kg,乙醇液体的对流传热系数为 860W/($m^2 \cdot K$),比热容为 2.41kJ/(kg·K)。冷却水走管内,与乙醇逆流流动,其进、出口温度分别为 15℃ 和 30℃,对流传热系数为 3 200W/($m^2 \cdot K$),水的比热容为 4.18kJ/(kg·K)。若不计污垢热阻、管壁热阻及换热器的热损失,试求:(1)冷却水用量,kg/h;(2)计算说明该换热器的适用性;(3)若实际操作中仅要求乙醇蒸气冷凝为饱和液体而冷凝量不变,拟将水流量减为原来的 60%(水的进、出口温度不变,且在管内湍流流动),计算说明是否可行。

18. 质量流量为 7 200kg/h 的某一常压气体在 250 根 $\phi 25mm \times 2.5mm$ 的钢管内流动,由 25℃ 加热到 85℃,气体走管程,采用 198kPa 的饱和蒸汽于壳程加热气体。若蒸汽冷凝给热系数 $\alpha_1 = 1 \times 10^4 W/(m^2 \cdot K)$,管内壁的污垢热阻为 0.000 4($m^2 \cdot K$)/W,忽略管壁、管外热阻及热损失。已知气体在平均温度下的物性数据为:$c_p = 1kJ/(kg \cdot K)$,$\lambda = 2.85 \times 10^{-2} W/(m \cdot K)$,$\mu = 1.98 \times 10^{-2} mPa \cdot s$。试求:(1)饱和水蒸气的消耗量(kg/h);(2)换热器的总传热系数 K(以管束外表面为基准)和管长;(3)若有 15 根管子堵塞,又由于某种原因,蒸汽压力减至 143kPa,假定气体的物性和蒸汽的冷凝给热系数不变,求总传热系数 K' 和气体出口温度 t'_2。已知 198kPa 时饱和蒸汽温度为 120℃,汽化潜热为 2 204kJ/kg;143kPa 时饱和蒸汽温度为 110℃。

19. 某双管程单壳程的列管式换热器,内有 $\phi25mm\times2.5mm$ 的钢管 164 根。现用该换热器以 130℃的饱和水蒸气为加热剂,加热管程中的某溶液。已知溶液的处理量为 $7.32\times10^4kg/h$,水蒸气冷凝的对流传热系数为 10 000W/($m^2\cdot$K),蒸汽侧污垢热阻、管壁热阻及热损失均可忽略。(1)换热器刚投入运行时,可将溶液从 20℃加热到 80℃,该溶液在定性温度下的物性参数 $c_p=4.18kJ/(kg\cdot K),\lambda=0.647W/(m\cdot K),\mu=0.549mPa\cdot s$,求此时换热器的总传热系数(以外表面积为基准);(2)该换热器使用一年后,由于溶液结垢,在原处理量下其出口温度只能达到 75℃,试计算污垢热阻(设物性参数不变);(3)换热器使用一年后,由于生产工艺的要求,溶液的处理量增加 20%,若使溶液出口温度仍维持 80℃,需将加热蒸汽的温度提高到多少?

20. 某厂的丙烯冷凝器由 98 根 $\phi25mm\times2.5mm$、长 6m 的换热管组成(单管程),冷却水从管内流过以使壳程中的丙烯蒸气冷凝。已知丙烯的冷凝温度为 55℃,冷凝潜热为 470kJ/kg,对流传热系数为 2 100W/($m^2\cdot$K);冷却水的流量为 $6\times10^4kg/h$,进、出口温度分别为 10℃和 25℃,平均温度下的物性为比热容 4.18kJ/(kg·K),黏度 1.07mPa·s,水垢热阻 $5.2\times10^{-4}(m^2\cdot K)/W$。假设管壁热阻、壳程污垢热阻及热损失均可忽略。试求:(1)丙烯蒸气的冷凝量,kg/h;(2)水的对流传热系数;(3)该换热器使用一段时间后发现部分钢管由于腐蚀而泄漏,经检修堵管 12 根,计算此换热器再投入使用后丙烯冷凝量减少的百分数。(设水流量及初始温度不变,且忽略水的物性变化)

21. 在一新套管式换热器中用冷却剂冷却某溶液。已知溶液的流量为 1 000kg/h,从 150℃被冷却到 80℃,其比热容为 3.34kJ/(kg·K),对流传热系数为 1 163W/($m^2\cdot$K)。水在内管中与环隙的溶液呈逆流流动,从 15℃升温到 65℃;平均温度下水的比热容为 4.18kJ/(kg·K),热导率为 0.634W/(m·K),黏度为 0.653mPa·s。换热器内管规格为 $\phi25mm\times2.5mm$,忽略热损失及管壁热阻。(1)求以外表面计的总传热系数 K;(2)换热器使用一年后,因水结垢而使水的出口温度降至 60℃,则水垢热阻为多少?(3)若仍希望溶液被冷却到 80℃,计算说明将水量提高一倍能否达到要求?(忽略水及物性参数的变化)

22. 某有机化工厂拟采用列管式换热器将混合二甲苯从 156℃冷却至 50℃,冷却介质采用 35℃循环水,试确定方案,并选择合适型号的换热器。

第 4 章习题答案

第5章

蒸　　发

本章重点

1. 蒸发过程在化工生产中的应用、特点及分类；
2. 单效蒸发过程的物料衡算与热量衡算；
3. 蒸发过程中的传热温差；
4. 多效蒸发过程的流程与过程分析。

5.1　概　　述

5.1.1　蒸发操作及其分类

工程上将含有不挥发溶质的溶液加热沸腾,使其中的挥发性溶剂部分汽化从而获得浓缩溶液或回收溶剂的操作称为蒸发。工业蒸发操作的目的通常是：①直接获得浓缩的溶液作为产品或半成品,例如与结晶单元联合操作可以获得固体产品；②纯净溶剂的制取,例如海水蒸发脱盐制取淡水；③同时制备浓缩液和回收溶剂,例如中药生产中酒精浸出液的蒸发。

完成蒸发操作的主体设备是蒸发器。如图 5.1 所示,典型的蒸发器由加热室和分离室两部分组成。加热室在蒸发器的下部,由一系列垂直排列的加热管束组成,在管外用加热介质(通常为饱和水蒸气)加热管内的溶液,使之沸腾汽化。浓缩了的溶液(称为完成液)由蒸发器的底部排出,溶液汽化产生的蒸汽经上部的分离室分离夹带的液体后引至冷凝器。为减少气体夹带的液体量,在分离室还安装适当型式的除沫器。为便于区别,将汽化的溶剂称为二次蒸汽,而将加热蒸汽称为生蒸汽或新鲜蒸汽。

工业上被蒸发的溶液多为水溶液,故本章的讨论仅限于水溶液的蒸发。原则上,水溶液蒸发的基本原理和设备对其他液体的蒸发也是适用的。

蒸发过程有多种分类方法。

(1) 按操作压强可分为常压蒸发、加压蒸发和减压(真空)蒸发。对于大多数无特殊要求的溶液,采用常压、加压或减压操作均可。但对于热敏性料液,例如抗生素溶液、果汁等的蒸发,为了保证产品质量,需要在减压条件下进行。而对于某些高黏度的物料则应采用加压操作。

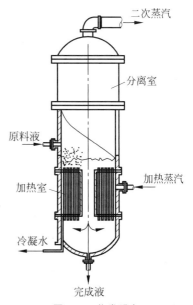

图 5.1　蒸发设备

（2）根据二次蒸汽是否用作另一蒸发器的加热蒸汽,可将蒸发过程分为单效蒸发和多效蒸发。若蒸发器的二次蒸汽直接冷凝而不再利用,称为单效蒸发;若将二次蒸汽引至下一蒸发器作为加热蒸汽,将多个蒸发器串联,使加热蒸汽多次利用,称为多效蒸发。

（3）根据蒸发过程的操作模式,可分为间歇蒸发和连续蒸发。间歇蒸发是指分批进料或出料的蒸发操作,在整个过程中,蒸发器内溶液的浓度和沸点随时间改变,故间歇蒸发为非稳态操作。蒸发过程中原料液连续进入蒸发器,浓缩液连续离开蒸发器,则称为连续蒸发。通常间歇蒸发适合于小规模多品种的场合,而连续蒸发适合于大规模的生产过程。

5.1.2　蒸发过程的特点

蒸发过程是通过向溶剂提供热量使溶剂汽化变成蒸汽而实现溶剂和溶质分离的过程,溶剂汽化的速率取决于提供热量的速率,因此蒸发操作本质上属于传热过程,而蒸发器也就是一种换热器。但蒸发操作是含有不挥发溶质的溶液的沸腾传热,具有某些不同于一般换热过程的特殊性。

（1）溶液沸点升高

由于溶液含有不挥发性溶质,根据拉乌尔定律,相同温度下溶液的平衡分压要比纯溶剂的饱和蒸气压小,因此在相同的压强条件下,溶液的沸点高于纯溶剂的沸点。溶液浓度越高,溶质对溶剂蒸发的影响越显著,在设计和操作蒸发器时是必须考虑的。

（2）溶液的自身特性

溶液在浓缩过程中,溶质或杂质常在加热室内表面沉积、析出结晶而形成垢层,影响传热;有些溶质是热敏性的,在高温下停留时间过长易变质;有些溶液具有较大的腐蚀性或较高的黏度等。因此在设计和选用蒸发器时,需要结合考虑溶液或物料自身的特性和工艺要求。

（3）能量的综合利用

蒸发过程是溶剂汽化的过程,由于溶剂尤其是水的汽化潜热很大,所以蒸发也是一个能耗很大的过程,蒸发节能尤其是二次蒸汽的利用是应予考虑的重要问题。由于蒸发过程需要一定的传热温差以及溶液沸点升高等原因,二次蒸汽的温度较生蒸汽要低,在一定程度上增加了其能量回用的难度。

5.2　单　效　蒸　发

5.2.1　单效蒸发流程

单效蒸发流程一般包括蒸发和冷凝,如图 5.2 所示。加热室的加热管内通入料液,管外通入加热蒸汽,加热蒸汽冷凝放出热量加热管内料液,并使其沸腾汽化;浓缩后的完成液从蒸发器底部排出,而料液汽化产生的溶剂蒸汽(二次蒸汽)通过上部的分离室(或称蒸发室)及顶部的除沫器,与其所夹带的雾沫和液滴分离,经冷凝器冷凝后排出。

对于单效蒸发操作,在给定的生产任务和操作条件下,一般已知进料量、进料温度、进料浓度、完成液的浓度以及加热蒸汽的压强和冷凝器操作压强,则设计计算的内容主要有:

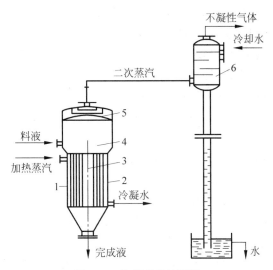

图 5.2 单效蒸发流程图

1—加热管；2—加热室；3—中央循环管；4—分离室或蒸发室；5—除沫器；6—冷凝器

①确定水的蒸发量；②加热蒸汽消耗量；③蒸发器所需传热面积。解决上述问题,可由物料衡算方程、热量衡算方程和传热速率方程联解求出。

5.2.2 单效蒸发计算

1. 物料衡算

对如图 5.3 所示的单效蒸发器进行溶质的质量衡算,可得

$$Fw_0 = (F-W)w_1 = Lw_1 \tag{5.1}$$

$$W = F\left(1 - \frac{w_0}{w_1}\right) \tag{5.2}$$

$$w_1 = \frac{Fw_0}{F-W} \tag{5.3}$$

式中 F——原料液量,kg/h;

      W——水分蒸发量,kg/h;

      L——完成液流量,kg/h;

      w_0、w_1——原料液和完成液中溶质的质量分数。

通过物料衡算式,可以计算完成液浓度,或者计算水分蒸发量。

2. 热量衡算

对图 5.3 所示的单效蒸发流程,对蒸发器作热量衡算得

$$DI + FI_0 = WI' + (F-W)I_1 + DI_c + Q_L \tag{5.4}$$

则蒸发器的热负荷:

$$Q = D(I - I_c) - WI' + (F-W)I_1 - FI_0 + Q_L \tag{5.5}$$

式中 D——加热蒸汽耗量,kg/h;

I、I_c——加热蒸汽和蒸汽冷凝水的焓,kJ/kg;

I_0、I_1——原料液和完成液的焓,kJ/kg;

I'——二次蒸汽的焓,kJ/kg;

Q_L——蒸发器的热损失,kJ/h;

Q——蒸发器的热负荷或传热速率,kJ/h。

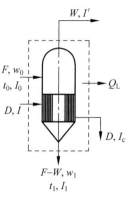

图 5.3 单效蒸发衡算

由式(5.5)计算加热蒸汽用量 D 以及蒸发器的热负荷 Q,须先确定各物料流股的焓值。

I 和 I_c 可由饱和蒸汽的性质得到,当冷凝水在饱和温度 T 下排出时,$I-I_c=r$ 为加热蒸汽的相变热。

I' 为二次蒸汽的焓,对于纯溶剂,二次蒸汽的温度 T' 等于溶液的沸点 t_B,而对于溶液来讲,由于沸点升高等因素,二次蒸汽实际是过热蒸汽(即 T' 高于蒸发室压强条件下水的饱和温度),但对于大多数物系过热度并不大,加之热损失,其温度很快降低至饱和温度。所以通常在进行热量衡算时,T' 取为冷凝器操作压强条件下的饱和温度,I' 也取为该温度下饱和蒸汽的焓。

I_0 和 I_1 是溶液的焓值,有些情况下溶液的焓值不只是温度的函数,还与浓度有关系。如 $CaCl_2$、$NaOH$ 等水溶液,稀释时会释放热量,则浓缩作为其逆过程会吸收等量的热量,计算焓值时应加以考虑。以下分稀释热可以忽略和稀释热较大两种情形加以讨论。

1) 溶液稀释热可忽略

大多数水溶液属于此种情况。例如许多无机盐的水溶液在中等浓度时,其稀释的热效应均较小。对于这种溶液,因忽略浓缩热,物料的焓值变化可设置如下路径(其中液面上方温度 t_1 与冷凝器温度 T' 相差不大,且热量 Q_4 相对于相变热 Q_2 非常小,忽略这部分热量不会引入很大的误差):

$$F,t_0(液) \xrightarrow{Q_1} F,t_1(液) \begin{array}{l} \xrightarrow{Q_2} W,t_1 \text{ 二次蒸汽(气)} \xrightarrow{Q_4} W,T'(气) \\ \xrightarrow{Q_3} (F-W),t_1 \text{ 完成液(液)} \end{array}$$

则

$$Q_1 = Fc_0(t_1 - t_0)$$

$$Q_2 = Wr'$$

$$Q_3 = 0$$

式中 c_0——原料液比热容,kJ/(kg·℃);

r'——二次蒸汽的冷凝潜热,kJ/kg。

若考虑热损失为 Q_L,则根据热量衡算可得

$$Dr = Fc_0(t_1 - t_0) + Wr' + Q_L \tag{5.6}$$

或

$$D = \frac{Wr' + Fc_0(t_1 - t_0) + Q_L}{r} \tag{5.7}$$

若原料液在沸点下进入蒸发器并同时忽略热损失,则由式(5.7)可得

$$e = \frac{D}{W} = \frac{r'}{r} \tag{5.8}$$

其中 e 为单位蒸汽消耗量,即蒸发 1kg 二次蒸汽所消耗生蒸汽的量。一般水的汽化潜热随压强变化不大,即 $r \approx r'$,则 $D \approx W$ 或 $e \approx 1$。换言之,采用单效蒸发,理论上每蒸发 1kg 水约需 1kg 加热蒸汽。但实际上,由于溶液的沸点升高和热损失等因素,e 值约为 1.1 或更大。通常将其倒数定义为加热蒸汽的经济性,即

$$E = \frac{1}{e} = \frac{W}{D} \tag{5.9}$$

2)溶液稀释热不可忽略

有些溶液,如 $CaCl_2$、NaOH 的水溶液,在稀释时有明显的放热。因而在蒸发时,作为溶液稀释的逆过程,除了提供水分蒸发所需的汽化潜热之外,还需要提供和稀释热效应相等的浓缩热。溶液浓度越大,这种影响越加显著。对于此类溶液,应用式(5.4)和式(5.5)进行计算时,其焓值需由专门的焓浓图查得。

通常溶液的焓浓图需由实验测定。图 5.4 为以 0℃ 为基准温度的 NaOH 水溶液的焓浓图。由图可见,当有明显的稀释热时,溶液的焓是浓度的高度非线性函数。

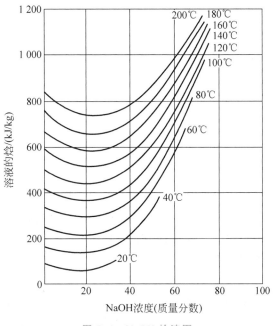

图 5.4　NaOH 焓浓图

3. 传热速率方程

前已述及,蒸发器本质上是传热过程,其传热速率方程符合第 4 章所述的形式,即

$$Q = KA \Delta t_m \tag{5.10}$$

由式(5.10),若已知传热温差和传热系数,即可计算蒸发器的传热面积。

1)传热温差

在蒸发器中,管外为加热蒸汽冷凝,温度恒定为 T,管内溶液沸腾,温度 t_1 也多为定值,可视为恒温差传热,故

$$\Delta t_m = T - t_1 = \Delta t \tag{5.11}$$

式中 t_1——溶液的平均沸点,℃。

2) 总传热系数

蒸发过程的总传热系数表达式与第 4 章相同,即

$$K_o = \cfrac{1}{\cfrac{1}{\alpha_o} + R_{so} + \cfrac{d_o}{\alpha_i d_i} + R_{si}\cfrac{d_o}{d_i} + \cfrac{b}{\lambda}\cfrac{d_o}{d_m}} \tag{5.12}$$

在蒸发操作中,由于溶液在管内沸腾汽化,易于在壁面结晶或结垢,污垢热阻增加很快,变化很大,难以估算。溶液在管内沸腾,传热情况比大容积下的沸腾更为复杂,现有的关联式的准确性都不能令人满意。目前设计总传热系数 K_o 值大多靠实测值或经验值选定。几种常用蒸发器的大致范围列于表 5.1。

表 5.1 蒸发器总传热系数 K 的范围

蒸发器型式	总传热系数 $K/[\mathrm{W}/(\mathrm{m}^2 \cdot ℃)]$
水平浸没加热式	600~2 300
标准式(自然循环)	600~3 000
标准式(强制循环)	1 200~6 000
悬筐式	600~3 000
外加热式(自然循环)	1 200~6 000
外加热式(强制循环)	1 200~6 000
升膜式	1 200~6 000
降膜式	1 200~3 500

4. 溶液的沸点和传热温度差损失

在利用式(5.11)计算传热温差时需要知道溶液的平均沸点 t_1,而实际上由于溶液沸点沿管分布不均以及沸点升高等因素,t_1 往往不易确定。在蒸发过程的计算中,一般比较容易确定的条件是冷凝器中二次蒸汽的压强,据此可获得二次蒸汽的饱和温度 T'。一般地,将蒸发器的理论总温度差定义为

$$\Delta t_T = T - T' \tag{5.13}$$

设计计算过程中一般需要从已知的 Δt_T(或 T')求得传热的有效温差 Δt_m(或 t_1)。蒸发计算中,通常将理论总温度差与有效温度差的差值称为温度差损失,即

$$\Delta = \Delta t_T - \Delta t_m \tag{5.14}$$

引起蒸发过程中温度差损失的因素主要包括三个方面:①溶液的沸点升高,由于溶液中溶质的存在,溶液饱和蒸气压下降,所以溶液的沸点高于纯水的沸点;②液体静压头的影响,大多数蒸发器中,管内沸腾液层保持一定的高度,由于静压头的影响,下部溶液的沸点高于液面处溶液的沸点;③二次蒸汽流动阻力的影响,由于二次蒸汽从蒸发器流入冷凝器时存在流动阻力,蒸发器实际压强略高于冷凝器压强,由此也造成一部分温差损失。

以上三项温差损失分别记为 Δ'、Δ'' 和 Δ''',则总温差损失为

$$\Delta = \Delta' + \Delta'' + \Delta''' \tag{5.15}$$

1) 由于溶液中溶质存在引起的沸点升高 Δ'

一般地,在相同压强条件下由于溶液中溶质存在引起的沸点升高可定义为

$$\Delta' = t_B - T' \tag{5.16}$$

式中　t_B——溶液的沸点，℃；

　　　T'——与溶液压强相等时纯水的沸点，即二次蒸汽的饱和温度，℃。

溶液的沸点 t_B 主要与溶液的种类、浓度及压强有关，一般需由实验测定。常压下某些常见溶液的沸点可查附录或有关手册。但是蒸发操作压强多不为常压，非常压溶液的沸点往往难以获得，一般有以下两种经验方法。

（1）杜林规则（Duhring's rule）

杜林规则认为，一定浓度的某种溶液的沸点与相同压强下的标准液体（一般以纯水为标准）的沸点呈线性关系，即

$$t_B = k t_w + m \tag{5.17}$$

由式（5.17）可知，只要已知溶液在两个压强下的沸点，即可求出杜林直线的斜率 k 和截距 m。再由操作压强查得纯水的沸点，进而用公式求出该压强条件下的沸点 t_B。

式（5.17）也常以图线的形式给出，图 5.5 为 NaOH 水溶液的杜林曲线，已知操作压强和溶液浓度，即可根据操作压强查得水的沸点，再由图查出相应的溶液沸点。

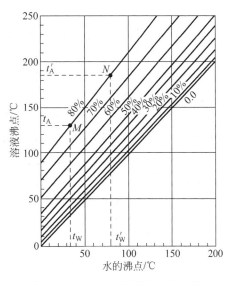

图 5.5　NaOH 水溶液的杜林曲线

（2）公式估算

当缺乏在不同压强下的沸点数据时，可近似按下式估算

$$\Delta' = f \Delta'_a \tag{5.18}$$

其中

$$f = \frac{0.016\,2(T' + 273)^2}{r'} \tag{5.19}$$

式中　Δ'_a——常压下由于溶质存在引起的沸点升高，℃；

　　　Δ'——操作压强下由于溶质存在引起的沸点升高，℃；

　　　f——校正系数，无因次；

　　　T'——操作压强下二次蒸汽的温度，℃；

　　　r'——操作压强下二次蒸汽的汽化热，kJ/kg。

2）由于液柱静压头引起的沸点升高 Δ''

由于液层内部的压强大于液面上的压强，故相应的溶液内部的沸点高于液面上的沸点，二者之差即为液柱静压头引起的沸点升高。为简便计算，溶液内部的沸点近似按液面和底层的平均压强计算。根据流体静力学方程，液层的平均压强为

$$p_m = p' + \frac{\rho_m g L}{2} \tag{5.20}$$

式中　p_m——液层的平均压强，Pa；

　　　p'——液面处的压强，即二次蒸汽的压强，Pa；

ρ_m——溶液的平均密度,kg/m^3;

L——液层高度,m。

设压强 p' 和 p_m 对应的溶液沸点分别为 t_B 和 t_m,则溶液的沸点升高为

$$\Delta'' = t_m - t_B \tag{5.21}$$

作为近似计算,式(5.21)中的 t_m 和 t_B 可分别用相应压强下水的沸点代替。应当指出,由于溶液沸腾时形成气液混合物,其密度大为减小,因此按上述公式求得的 Δ'' 值比实际值略大。

3) 由于流动阻力引起的沸点升高 Δ'''

二次蒸汽从蒸发室流入冷凝器的过程中,由于管路阻力,其压强下降,导致蒸发器内的二次蒸汽的饱和温度高于冷凝器内的温度,由此造成的沸点升高以 Δ''' 表示。其值难以精确计算,一般取经验值,约为 $1\sim1.5\,℃$。对于多效蒸发,效间的沸点升高一般取 $1\,℃$。

【例 5.1】 在连续操作的单效蒸发器中,将 $2\,000\,kg/h$ 的某无机盐水溶液由 10%(质量分数)浓缩至 30%(质量分数)。蒸发器的操作压强为 $40\,kPa$(绝压),相应的溶液沸点为 $80\,℃$。加热蒸汽的压强为 $200\,kPa$(绝压)。已知原料液的比热容为 $3.77\,kJ/(kg\cdot℃)$,蒸发器的热损失为 $12\,000\,W$。设溶液的稀释热可以忽略,试求:(1)水的蒸发量;(2)原料液分别为 $30\,℃$、$80\,℃$ 和 $120\,℃$ 时的加热蒸汽耗量,并比较它们的经济性。

解:(1)由物料衡算方程得水的蒸发量为

$$W = F\left(1 - \frac{w_0}{w_1}\right) = \left[2\,000\left(1 - \frac{0.1}{0.3}\right)\right] kg/h = 1\,333\,kg/h$$

(2)由于溶液的稀释热可以忽略,故用式(5.7)计算:

$$D = \frac{Wr' + Fc_0(t_1 - t_0) + Q_L}{r}$$

查得压强为 $40\,kPa$ 和 $200\,kPa$ 的饱和水蒸气的冷凝潜热分别为 $2\,312\,kJ/kg$ 和 $2\,205\,kJ/kg$。

① 原料液温度为 $30\,℃$ 时,蒸汽消耗量为

$$D = \frac{1\,333 \times 2\,312 + 2\,000 \times 3.77(80 - 30) + 12\,000 \times 3\,600/1\,000}{2\,205} kg/h = 1\,588\,kg/h$$

加热蒸汽的经济性

$$E = \frac{W}{D} = \frac{1\,333}{1\,588} = 0.839$$

② 原料液温度为 $80\,℃$ 时,蒸汽消耗量为

$$D = \frac{1\,333 \times 2\,312 + 12\,000 \times 3\,600/1\,000}{2\,205} kg/h = 1\,417\,kg/h$$

$$E = \frac{W}{D} = \frac{1\,333}{1\,417} = 0.94$$

③ 原料液温度为 $120\,℃$,蒸汽消耗量为

$$D = \frac{1\,333 \times 2\,312 + 2\,000 \times 3.77(80 - 120) + 12\,000 \times 3\,600/1\,000}{2\,205} kg/h = 1\,280\,kg/h$$

$$E = \frac{W}{D} = \frac{1\,333}{1\,280} = 1.041$$

分析与讨论:由以上计算结果可知,原料液的温度越高,蒸发 $1\,kg$ 溶剂所需要的蒸汽越

少,经济性越好,但预热原料液需要设备同时消耗蒸汽,因此需综合权衡。

【例 5.2】 在一连续操作的单效蒸发器中,将质量分数为 20% 的 NaOH 水溶液浓缩至 50%。原料液处理量为 2 000kg/h,原料温度为 60℃,蒸发在减压下操作,蒸发器内操作的真空度为 53kPa。已知在此真空度下 50% 的 NaOH 溶液的平均沸点为 120℃。加热蒸汽的压强为 0.4MPa(绝压),冷凝水在饱和温度下排出。设蒸发器的热损失为 12 000W,试求:(1)水蒸发量;(2)加热蒸汽消耗量。

解:(1) 由物料衡算得水蒸发量为

$$W = F\left(1 - \frac{w_0}{w_1}\right) = \left[2\,000\left(1 - \frac{0.2}{0.5}\right)\right] \text{kg/h} = 1\,200\text{kg/h}$$

(2) 由于 NaOH 水溶液的稀释热不能忽略,故需采用式(5.4)求 D。

由图 5.4 查得,60℃、20% 的 NaOH 溶液的焓 $I_0 = 220$kJ/kg,120℃、50% 的 NaOH 溶液的焓 $I_1 = 610$kJ/kg,并查饱和水蒸气表得 0.4MPa 水蒸气的冷凝热 $r = 2\,140$kJ/kg,120℃蒸汽的焓 $I' = 2\,708.9$kJ/kg。

因

$$Q = D(I - I_c) = WI' + (F - W)I_1 - FI_0 + Q_L$$

所以

$$D = \frac{1\,200 \times 2\,708.9 + (2\,000 - 1\,200) \times 610 - 2\,000 \times 220 + 12\,000 \times 3\,600/1\,000}{2\,140}\text{kg/h}$$

$$= 1\,562\text{kg/h}$$

$$e = \frac{D}{W} = \frac{1\,562}{1\,200} = 1.30$$

分析与讨论:本例中,单位蒸汽消耗量大的原因是 NaOH 溶液的浓缩热较大,一部分加热蒸汽被用于浓缩时溶液的吸热。而对稀释热可以忽略的溶液,其单位蒸汽消耗量相对较小,如例 5.1。

【例 5.3】 某垂直长管蒸发器用以增浓 NaOH 水溶液,蒸发器内的液面高度约为 3m。已知完成液的质量分数为 50%,密度为 1 500kg/m³,加热用饱和蒸汽的压强为 0.3MPa,冷凝器的真空度为 53kPa,求传热温度差。

解:查得水蒸气的饱和温度为:表压为 0.3MPa 时,$T = 143.5$℃;

真空度为 53kPa(绝压 48.3kPa)时,$T' = 80.1$℃。

蒸发器内液体充分混合,器内溶液质量分数即为完成液质量分数。查杜林曲线知,水的沸点为 80.1℃时,50%NaOH 溶液的溶液沸点为 120℃。溶液的沸点升高为

$$\Delta' = 120℃ - 80.1℃ = 39.9℃$$

液面高度为 3m,则

$$p_m = p' + \frac{\rho_m gL}{2} = 48.3 \times 10^3\text{ Pa} + 1\,500 \times 9.8 \times 3/2\text{ Pa} = 70.35 \times 10^3\text{ Pa}$$

此压强下水的沸点为 90℃,故因溶液静压强而引起的温度差损失

$$\Delta'' = 90℃ - 80.1℃ = 9.9℃$$

取 $\Delta''' = 1$℃,则总温差损失

$$\Delta = \Delta' + \Delta'' + \Delta''' = 39.9℃ + 9.9℃ + 1℃ = 50.8℃$$

有效传热温差
$$\Delta t = (T - T') - \Delta = (143.5 - 80.1)℃ - 50.8℃ = 12.6℃$$

5.3 多效蒸发

蒸发过程需要消耗大量的加热蒸汽,而二次蒸汽的潜热也十分巨大,还要耗费冷却水来冷却,非常不经济。为利用此热量,可采用多效蒸发操作。多效蒸发是将多个蒸发器连成一组,引入前效的二次蒸汽作为后效的加热介质,因此后效的加热器就成为前效的冷凝器,仅第 1 效需要消耗生蒸汽,最后 1 效消耗冷却水。多效蒸发操作要求后效的操作压强和溶液沸点比前效低,因此第 1 效可采用常压操作,后续各效依次减压;或者末效采取常压操作,向前各效依次加压,以保证各效间维持一定的传热温度差。

5.3.1 多效蒸发流程

按加料方式的不同,多效蒸发有 3 种常见的操作流程,下面以 3 效蒸发为例说明。

1. 并流模式

这是工业上最常见的加料模式,图 5.6 所示为并流的典型流程。生蒸汽通过第 1 效加热室,蒸发出的二次蒸汽进入第 2 效加热室作为加热蒸汽,以此类推。溶液与蒸汽的流动方向相同,均由第 1 效顺序流至末效,故称为并流加料法。

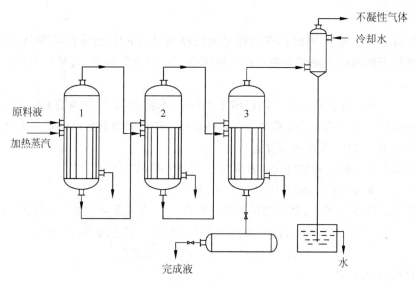

图 5.6 并流加料蒸发操作流程

并流模式中,溶液从压强和温度较高的蒸发器流向压强和温度较低的蒸发器,故溶液在效间的输送可以利用效间的压差,而不需要泵送;同时,当前 1 效溶液流入温度和压强较低的后 1 效时,会产生自蒸发(闪蒸),因而可以多产生一部分二次蒸汽;此外,此法的操作简便,工艺条件稳定。但是,并流法中随着溶液从前 1 效逐效流向后面各效,其浓度增高,温度反而降低,致使溶液的黏度增加,蒸发器的传热系数下降。因此,并流模式不适用于随浓度增加其黏度变化很大的料液。

2. 逆流模式

逆流加料模式的流程如图 5.7 所示。溶液的流向与蒸汽的流向相反,即加热蒸汽由第 1 效进入,而原料液由末效进入,由第 1 效排出。

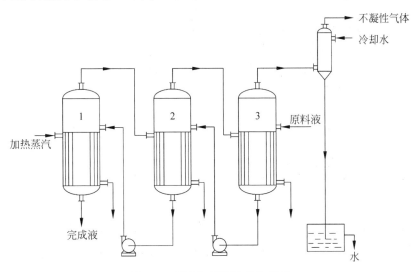

图 5.7　逆流加料蒸发操作流程

显然,逆流加料时,随着溶液浓度沿流动方向的增高,其温度也随之升高。浓度增高使溶液的黏度增大,而温度升高则会使黏度降低,二者造成的影响大致相当,故各效溶液的黏度较为接近,各效的传热系数也大致相同。但是,溶液在效间的流动是由低压流向高压、由低温流向高温的,必须用泵输送,故能量消耗大。此外,各效(末效除外)均在低于沸点下进料,没有自蒸发,与并流法相比,所产生的二次蒸汽量较少。

逆流加料法一般适用于黏度随温度和浓度变化较大的溶液,但不适于处理热敏性物料。

3. 平流模式

平流法是指原料液平行加入各效,完成液亦分别自各效排出。蒸汽的流向仍由第 1 效流向末效。如图 5.8 所示为平流加料的 3 效蒸发流程。此种流程适合于处理蒸发过程中有结晶析出的溶液。例如某些无机盐溶液的蒸发,由于过程中析出结晶而不便于在效间输送,则宜采用此法。

以上介绍的是几种基本的加料方法及流程,在实际生产中,还常根据具体情况采用基本方法的变形。例如,NaOH 水溶液的蒸发,亦有采用并流、逆流加料相结合或交替操作的方法,操作较为复杂。

5.3.2　多效蒸发计算

多效蒸发需要计算的主要内容是:加热蒸汽的消耗量、各效溶剂的蒸发量以及各效的传热面积。而给定的已知条件通常是:原料液的流量、温度和组成,最终完成液的组成,加

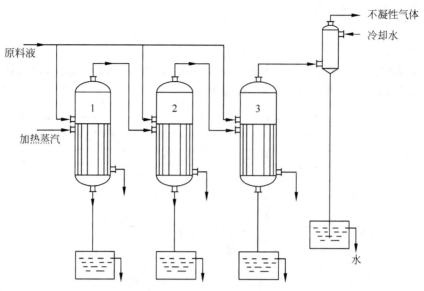

图 5.8　平流加料蒸发操作流程

热蒸汽的压强以及冷凝器的压强。多效蒸发计算依据的仍然是物料衡算方程、热量衡算方程以及传热速率方程。下面以并流加料流程为例来讨论多效蒸发过程的计算。

1. 物料衡算方程

对如图 5.9 所示的整个系统作溶质的物料衡算，可得

$$Fw_0 = (F - W)w_n \tag{5.22}$$

则

$$W = F\left(1 - \frac{w_0}{w_n}\right) \tag{5.23}$$

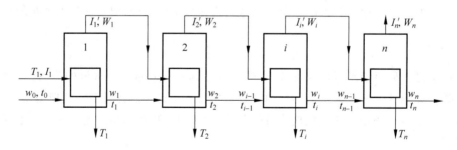

图 5.9　多效蒸发衡算图

水分的总蒸发量等于各效蒸发量之和，即

$$W = \sum_{i=1}^{n} W_i = W_1 + W_2 + \cdots + W_n \tag{5.24}$$

同理，对任一效 i 作溶质的物料衡算，可得

$$Fw_0 = (F - W_1 - W_2 - \cdots - W_i)w_i \tag{5.25}$$

或

$$w_i = \frac{Fw_0}{F - W_1 - W_2 - \cdots - W_i} \tag{5.26}$$

由于除进料和末效的溶液浓度已知外,其余中间各效的溶液浓度均未知,因此仅通过式(5.26)并不能求解出某一效的溶液浓度,若要求解,还需结合热量衡算方程进行求解。

2. 热量衡算方程

参考图 5.9 对每一效作热量衡算。假定加热蒸汽的冷凝液在饱和温度下排出,各效无额外蒸汽引出,且热损失可忽略,则:

第 1 效热量衡算式为

$$FI_0 + D_1 r_1 = (F - W_1)I_1 + W_1 I_1' \tag{5.27}$$

对于溶液的稀释热可以忽略的情况,采用与单效蒸发相同的处理,则

$$D_1 = \frac{Fc_0(t_1 - t_0) + W_1 r_1'}{r_1} \tag{5.28}$$

及

$$Q_1 = D_1 r_1 \tag{5.29}$$

第 2 效的加热蒸汽即第 1 效的二次蒸汽,则热衡算式为

$$W_1 = \frac{W_2 r_2' + (Fc_0 - W_1 c_W)(t_2 - t_1)}{r_2} \tag{5.30}$$

或

$$W_2 = W_1 \frac{r_2}{r_2'} + (Fc_0 - W_1 c_W)\frac{t_1 - t_2}{r_2'} \tag{5.31}$$

及

$$Q_2 = W_1 r_1' \tag{5.32}$$

显然,$r_2 = r_1'$。以此类推,第 i 效的加热蒸汽及传热量分别为

$$W_{i-1} = W_i \frac{r_i'}{r_i} + (Fc_0 - W_1 c_W - W_2 c_W - \cdots - W_{i-1} c_W)\frac{t_i - t_{i-1}}{r_i} \tag{5.33}$$

或

$$W_i = W_{i-1} \frac{r_i}{r_i'} + (Fc_0 - W_1 c_W - W_2 c_W - \cdots - W_{i-1} c_W)\frac{t_{i-1} - t_i}{r_i'} \tag{5.34}$$

$$Q_i = W_{i-1} r_{i-1}' \tag{5.35}$$

同样,$r_i = r_{i-1}'$。

如果考虑溶液的稀释热和蒸发装置的热损失等,可在上式中引入热利用系数 η_i,即

$$W_i = \eta_i \left[W_{i-1} \frac{r_i}{r_i'} + (Fc_0 - W_1 c_W - W_2 c_W - \cdots - W_{i-1} c_W)\frac{t_{i-1} - t_i}{r_i'} \right] \tag{5.36}$$

η_i 根据经验选取,一般为 0.96~0.98,稀释热越大,η_i 越小。

3. 传热速率方程

对于多效蒸发,任一效 i 的传热速率方程为

$$Q_i = K_i A_i \Delta t_i \tag{5.37}$$

多效蒸发的每一效都存在着温差损失,总温度差损失为各效温度差损失之和。则多效蒸发系统的总有效温差为

$$\sum_{i=1}^{n} \Delta t_i = \Delta t_T - \sum_{i=1}^{n} \Delta_i \qquad (5.38)$$

在多效蒸发的总蒸发量、加热蒸汽和冷凝器中的压强均给定的情况下,各效有效温差之间的关系受传热方程所制约,不能任意规定。以 3 效蒸发为例,由式(5.37)可得

$$\Delta t_1 = \frac{Q_1}{K_1 A_1}, \quad \Delta t_2 = \frac{Q_2}{K_2 A_2}, \quad \Delta t_3 = \frac{Q_3}{K_3 A_3} \qquad (5.39)$$

即

$$\Delta t_1 : \Delta t_2 : \Delta t_3 = \frac{Q_1}{K_1 A_1} : \frac{Q_2}{K_2 A_2} : \frac{Q_3}{K_3 A_3} \qquad (5.40)$$

由上式知,如果各效的总传热系数已知,则各效有效温差之间的关系,取决于各效的传热面积。工程设计计算当中,为了便于制造安装,一般取各效面积相等。

4. 多效蒸发的计算方法

多效蒸发的计算需要联立以上物料衡算方程、热量衡算方程和传热速率方程进行求解。但由于方程组的非线性和物性参数常以数据表或图线的形式表达,给计算带来很大的麻烦,工程上一般选择适宜的试差方法,以减少迭代次数,提高收敛速度。各效传热面积相等时,一般的试差步骤如下。

(1)计算水分总蒸发量。

(2)设定各效蒸发量 W_i 的初值,一般可设各效蒸发量相等,并据此计算完成液的组成。

(3)设定各效操作压强的初值,在给定了加热蒸汽的压强 p_1 及冷凝器压强 p_c 的条件下,其他各效可按等压降来设定。则可以此计算得到各效压强。

$$\Delta p = \frac{p_1 - p_c}{n} \qquad (5.41)$$

(4)确定各效溶液的沸点和有效温度差。

(5)求各效传热量及蒸发量。

(6)求各效传热面积。

(7)校核,校验计算的 W_i 值与初设值是否相等,各效的传热面积 A_i 是否相等,如不相等,则以当前计算得到的 W_i 为初值,重新分配有效温差。方法如下。

若以 $\Delta t'_i$ 表示调整后各效传热面积相等均为 A 时的温度差,以 3 效为例,则有

$$\Delta t'_1 = \frac{Q_1}{A K_1}, \quad \Delta t'_2 = \frac{Q_2}{A K_2}, \quad \Delta t'_3 = \frac{Q_3}{A K_3} \qquad (5.42)$$

代入原计算值得

$$\Delta t'_1 = \frac{K_1 A_1 \Delta t_1}{A K_1}, \quad \Delta t'_2 = \frac{K_2 A_2 \Delta t_2}{A K_2}, \quad \Delta t'_3 = \frac{K_3 A_3 \Delta t_3}{A K_3} \qquad (5.43)$$

三式相加得

$$\sum \Delta t_m = \Delta t'_1 + \Delta t'_2 + \Delta t'_3 = \frac{A_1 \Delta t_1 + A_2 \Delta t_2 + A_3 \Delta t_3}{A} \qquad (5.44)$$

或

$$A = \frac{A_1 \Delta t_1 + A_2 \Delta t_2 + A_3 \Delta t_3}{\sum \Delta t_m}$$ (5.45)

对 n 效

$$A = \frac{\sum A_i \Delta t_i}{\sum \Delta t_m}$$ (5.46)

按上式计算调整后的平均传热面积 A，根据式(5.43)求得重新计算后的有效温差，重复步骤(2)~步骤(6)直至各效蒸发量的计算值与上一次所设值相等，各效传热面积相等。

【例5.4】 设计一连续操作的两效并流蒸发装置，将质量分数为 0.10 的 NaOH 水溶液浓缩至 50%。已知原料液流量为 10 000kg/h，沸点加料，加热介质采用 500kPa(绝压)的饱和蒸汽，冷凝器操作压强为 15kPa(绝压)，各效的传热系数分别为 1 170W/(m²·℃)和 700W/(m²·℃)，原料液的比热容为 3.77kJ/(kg·℃)，两效中溶液的平均密度为 1 120kg/m³ 和 1 460kg/m³，估计蒸发器中液面的高度为 1.2m，试求：总蒸发量和各效蒸发量；加热蒸汽用量；各效蒸发所需的换热面积(要求各效换热面积相等)。

解：(1) 总蒸发量为

$$W = F\left(1 - \frac{w_0}{w_2}\right) = 10\ 000 \times \left(1 - \frac{0.1}{0.5}\right) \text{kg/h} = 8\ 000 \text{kg/h}$$

(2) 假设各效蒸发量的初值并求各效溶液的组成，此处，设 $W_1 : W_2 = 1 : 1.1$，则

$$W_1 = 3\ 810 \text{kg/h}, \quad W_2 = 4\ 190 \text{kg/h}$$

各效完成液浓度分别为

$$w_1 = \frac{Fw_0}{F - W_1} = \frac{10\ 000 \times 0.1}{10\ 000 - 3\ 810} = 0.162$$

$$w_2 = 0.50$$

(3) 初设各效压强值，求各效溶液的沸点，此处假设两效压差相等，则

$$\Delta p = (500 - 15)/2 \text{kPa} = 242.5 \text{kPa}$$

则两效的操作压强分别为

$$p_1 = 257.5 \text{kPa}, \quad p_2 = 15 \text{kPa}$$

第 1 效：

查得，二次蒸汽在 257.5kPa 时的饱和温度为 $T_1' = 127.2℃$，由此温度和完成液浓度查杜林曲线知，液面上溶液的沸点为 $t_{B1} = 136℃$，故

$$\Delta_1' = 136℃ - 127.2℃ = 8.8℃$$

液层平均压强

$$p_{m1} = 250 \text{kPa} + \frac{1\ 120 \times 9.8 \times 1.2}{2 \times 10^3} \text{kPa} = 257 \text{kPa}$$

在此压强下水的沸点为 128.1℃，故得

$$\Delta_1'' = 128.1℃ - 127.2℃ = 0.9℃$$

取 $\Delta_1''' = 1℃$。

因此，第 1 效中溶液的沸点

$$t_1 = T'_1 + \Delta_1 = 127.2℃ + 8.8℃ + 0.9℃ + 1℃ = 137.9℃$$

传热有效温差

$$\Delta t_1 = T - t_1 = 151.7℃ - 137.9℃ = 13.8℃$$

第 2 效:

在 $p_2 = 15kPa$ 时,二次蒸汽的饱和温度为 $T'_2 = 53.5℃$。查得液面上溶液的沸点 $t_{B2} = 92℃$,故

$$\Delta'_2 = 92℃ - 53.5℃ = 38.5℃$$

液层平均压强

$$p_{m2} = 15kPa + \frac{1\,460 \times 9.8 \times 1.2}{2 \times 10^3}kPa = 23.6kPa$$

在此压强下水的沸点为 62.4℃,则

$$\Delta''_2 = 62.4℃ - 53.5℃ = 8.9℃$$

仍取 $\Delta'''_2 = 1℃$

因此第 2 效中溶液的沸点为

$$t_2 = T'_2 + \Delta_2 = 53.5℃ + 38.5℃ + 8.9℃ + 1℃ = 101.9℃$$

传热有效温差

$$\Delta t_2 = 127.2℃ - 101.9℃ = 25.3℃$$

(4) 求加热蒸汽用量及各效蒸发量

第 1 效:

因沸点进料,故 $t_0 = t_1$

热利用系数

$$\eta_1 = 0.98 - 0.7\Delta w = 0.98 - 0.7(0.162 - 0.1) = 0.937$$

查饱和水蒸气表,压强为 500kPa 的加热蒸汽汽化热为 $r_1 = 2\,113kJ/kg$,$t_1 = 137.9℃$ 的二次蒸汽相变热 $r'_1 = 2\,145kJ/kg$。

所以

$$W_1 = \eta_1 D \frac{r_1}{r'_1} = 0.937 \times \frac{2\,113}{2\,145}D = 0.923D \qquad (a)$$

第 2 效:

热利用系数

$$\eta_1 = 0.98 - 0.7\Delta w = 0.98 - 0.7(0.5 - 0.162) = 0.743$$

$$r_2 = r'_1 = 2\,145kJ/kg$$

第 2 效中溶液的沸点为 101.9℃,查饱和水蒸气表,二次蒸汽的汽化热 $r'_2 = 2\,260kJ/kg$。

所以

$$W_2 = \eta_2\left[W_1\frac{r_2}{r'_2} + (Fc_0 - W_1 c_W)\frac{t_1 - t_2}{r'_2}\right]$$
$$= 0.743\left[W_1\frac{2\,145}{2\,260} + (1\,000 \times 3.77 - 4.187W_1)\frac{137.9 - 101.9}{2\,260}\right] \qquad (b)$$
$$= 0.705W_1 + 446.2 - 0.049\,5W_1$$

$$W_1 + W_2 = 8\,000kg/h \qquad (c)$$

联解式(a)、式(b)、式(c)得

$$W_1 = 4\,561\text{kg/h}, \quad W_2 = 3\,439\text{kg/h}, \quad D = 4\,941\text{kg/h}$$

(5) 求各效的传热面积

$$A_1 = \frac{Q_1}{K_1 \Delta t_1} = \frac{D_1 r_1}{K_1 \Delta t_1} = \frac{4\,941 \times 2\,113 \times 10^3}{1\,170 \times 13.8 \times 3\,600}\text{m}^2 = 179.6\text{m}^2$$

$$A_2 = \frac{Q_2}{K_2 \Delta t_2} = \frac{D_2 r_1'}{K_2 \Delta t_2} = \frac{4\,561 \times 2\,145 \times 10^3}{700 \times 25.3 \times 3\,600}\text{m}^2 = 153.5\text{m}^2$$

(6) 校核

由于 $A_1 \neq A_2$,且 W_1 与 W_2 与初设值相差较大,故应调整各效有效温度差和蒸发量。

有效温差重新分配,由式(5.46)得

$$A = \frac{A_1 \Delta t_1 + A_2 \Delta t_2}{\sum \Delta t_m} = \frac{179.6 \times 13.8 + 153.5 \times 25.3}{13.8 + 25.3}\text{m}^2 = 162.7\text{m}^2$$

再由式(5.43)得调整后的温差分别为

$$\Delta t_1' = \frac{A_1}{A} \Delta t_1 = \frac{179.6}{162.7} \times 13.8\text{℃} = 15.2\text{℃}$$

$$\Delta t_2' = \frac{A_2}{A} \Delta t_2 = \frac{153.5}{162.7} \times 25.3\text{℃} = 23.9\text{℃}$$

各效蒸发量取上次计算值,即 $W_1 = 4\,561\text{kg/h}$,$W_2 = 3\,439\text{kg/h}$,重新进行计算。

(7) 各效溶液组成

$$w_1 = \frac{F w_0}{F - W_1} = \frac{10\,000 \times 0.1}{10\,000 - 4\,625} = 0.186$$

$$w_2 = 0.50$$

(8) 各效溶液的沸点

第 2 效:

因冷凝器压强和完成液浓度未改变,故第 2 效中温差及溶液沸点与前次计算结果相同,即

$$\Delta_2 = \Delta_2' + \Delta_2'' + \Delta_2''' = 38.5\text{℃} + 8.9\text{℃} + 1\text{℃} = 48.4\text{℃}$$

$$t_2 = 53.5\text{℃} + 48.4\text{℃} = 101.9\text{℃}$$

重新分配的有效温差为 $\Delta t_2' = 23.9\text{℃}$,可得第 2 效加热蒸汽的冷凝温度为

$$T_2' = t_2 + \Delta t_2' = 101.9\text{℃} + 23.9\text{℃} = 125.8\text{℃}$$

第 1 效:

由于第 1 效二次蒸汽的冷凝温度 $T_1' = 125.7\text{℃}$,相应压强为 240kPa,与第 1 次初设值变化不大。由 $T_1' = 125.8\text{℃}$ 和 $w_1 = 0.186$ 查杜林曲线得第 1 效液面上溶液的沸点为 $t_{B1} = 134.5\text{℃}$,所以

$$\Delta_1' = 134.5\text{℃} - 125.8\text{℃} = 8.7\text{℃}$$

$$\Delta_1'' = 0.9\text{℃}, \quad \Delta_1''' = 1\text{℃}$$

故

$$\Delta_1 = \Delta_1' + \Delta_1'' + \Delta_1''' = 8.7\text{℃} + 0.9\text{℃} + 1\text{℃} = 10.6\text{℃}$$

由此可知,第 1 效溶液的沸点为

$$t_1 = 125.7\text{℃} + 10.6\text{℃} = 136.3\text{℃}$$

(9) 加热蒸汽用量及各效蒸发量

查得温度为 136.3℃的饱和蒸汽的冷凝热为 2 163kJ/kg。

第 1 效:

$$\eta_1 = 0.98 - 0.7(0.186 - 0.1) = 0.92$$

$$W_1 = 0.92 \times \frac{2\,113}{2\,163}D = 0.899D \tag{a}$$

第 2 效:

$$\eta_2 = 0.98 - 0.7(0.5 - 0.186) = 0.76$$

$$W_2 = 0.76\left[W_1\frac{2\,163}{2\,260} + (10\,000 \times 3.77 - 4.187W_1)\frac{136.3 - 101.9}{2\,260}\right] \tag{b}$$

$$= 0.727W_1 + 436.1 - 0.048\,4W_1$$

及

$$W_1 + W_2 = 8\,000\text{kg/h} \tag{c}$$

联解式(a)、式(b)、式(c)得 $W_1 = 4\,505\text{kg/h}, W_2 = 3\,494\text{kg/h}, D = 5\,011\text{kg/h}$。

(10) 各效传热面积

$$A_1 = \frac{Q_1}{K_1\Delta t_1'} = \frac{D_1 r}{K_1\Delta t_1'} = \frac{5\,011 \times 2\,113 \times 10^3}{1\,170 \times 15.2 \times 3\,600}\text{m}^2 = 165\text{m}^2$$

$$A_2 = \frac{Q_2}{K_2\Delta t_2'} = \frac{W_1 r_1'}{K_2\Delta t_2'} = \frac{4\,505 \times 2\,163 \times 10^3}{700 \times 23.9 \times 3\,600}\text{m}^2 = 163\text{m}^2$$

计算结果与初设值基本一致,取 $A = 165\text{m}^2$,则最终的计算结果为

$$W_1 = 4\,505\text{kg/h}, \quad W_2 = 3\,494\text{kg/h}, \quad D = 5\,011\text{kg/h}, \quad A = 165\text{m}^2$$

分析与讨论:多效蒸发过程的计算较为烦琐,通常要利用试差法。但由于溶液沸点、温度差损失等因素对溶剂蒸发量的影响不大,故重复计算的次数也不会太多。

5.4　蒸发过程分析

5.4.1　经济性

1. 蒸发过程的经济性

多效蒸发旨在通过二次蒸汽的再利用,提高加热蒸汽的利用程度,从而降低能耗。设单效蒸发与 n 效蒸发所蒸发的水量相同,则在理想情况下,单效蒸发时单位蒸汽用量为 $e=1$,而 n 效蒸发时 $e=1/n$。如果考虑了热损失、各种温度差损失以及不同压强下汽化潜热的差别等因素,则多效蒸发时单位蒸汽用量比稍大。表 5.2 示出了多效蒸发时单位蒸汽消耗量的理论值与实际值。

表 5.2　多效蒸发的经济性

参　　数	效　　数				
	1 效	2 效	3 效	4 效	5 效
理论蒸汽耗量	1	0.5	0.33	0.25	0.20
实际蒸汽耗量 e	1.10	0.57	0.40	0.30	0.27
蒸发经济性 E	0.91	1.75	2.5	3.33	3.70

2. 蒸发过程的适宜效数

1) 溶液的温度差损失

多效蒸发中每一效也都存在着温差损失。假定多效蒸发与单效蒸发的操作条件相同,即二者加热蒸汽压强相同、冷凝器操作压强相同以及料液与完成液浓度相同,则多效蒸发的最后 1 效的温差损失接近于单效蒸发。因此,多效蒸发的温度差损失之和大于单效蒸发。

图 5.10 所示为相同操作条件下,1 效、2 效和 3 效蒸发装置中的温度差损失示意。其中图形总高度代表加热蒸汽温度和二次蒸汽温度间的总温度差 Δt_{T}(即 130℃ − 50℃ = 80℃),阴影部分代表由于各种原因引起的温度差损失,空白部分代表有效温度差,即传热的推动力。由图可见,多效蒸发较单效蒸发的温度差损失大。显然,效数越多,过程的总温度差损失越大。

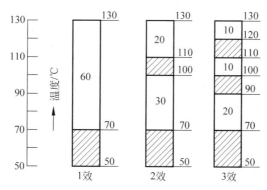

图 5.10　单效与多效蒸发装置中的温差损失

2) 适宜效数的确定

由上述讨论可知,随着多效蒸发效数的增加,温度差损失加大。某些溶液的蒸发还可能出现总温度差损失大于或等于总温度差的极端情况,此时蒸发操作则无法进行。因此多效蒸发的效数是有一定限制的。

一方面,随着效数的增加,单位蒸汽的耗量减小,操作费用降低;而另一方面,效数越多,设备投资费也越大。而且由表 5.2 可以看出,尽管 e 随效数的增加而降低,但降低的幅度越来越小。例如,由单效改为 2 效,可节省的生蒸汽约为 50%;而由 4 效改为 5 效,可节省的生蒸汽量仅约为 10%。因此,适宜效数应根据设备费与操作费权衡确定。

通常,工业多效蒸发操作的效数取决于被蒸发溶液的性质和温度差损失的大小等各种因素。每效蒸发器的有效温度差最小为 5~7℃。溶液的沸点升高大,采用的效数少,例如 NaOH 溶液,一般用 2~3 效;溶液的沸点升高小,采用的效数多,如糖水溶液的蒸发用 4~

6效；而海水淡化的蒸发装置，其效数可达20～30效。

3. 提高加热蒸汽经济性的措施

为了提高加热蒸汽的经济性，除了采用前述的多效蒸发操作之外，工业上还常常采用其他措施，现扼要介绍如下。

1）抽出额外蒸汽

所谓额外蒸汽是指将蒸发器蒸出的二次蒸汽用于其他加热设备的热源。由于用饱和水蒸气作为加热介质时，主要是利用蒸汽的冷凝潜热，蒸发器只是将高品位（高温）加热蒸汽转化为较低品位（低温）的二次蒸汽。因此就整个工厂而言，将二次蒸汽引出作为他用，其冷凝潜热仍可进一步利用。这样不仅大大降低了能耗，而且使进入冷凝器的二次蒸汽量降低，从而减少了冷凝器的负荷。

2）冷凝水显热的利用

蒸发器的加热室排出大量冷凝水，如果这些具有较高温度的冷凝水直接排走，则会造成能源和水源的大量浪费。为了充分利用这些冷凝水，可以将其用作预热料液或加热其他物料，也可以用减压闪蒸的方法使之产生部分蒸汽与二次蒸汽一起作为下一效蒸发器的加热蒸汽，有时，还可根据生产需要，将其作为其他工艺用水。

3）热泵蒸发

将蒸发器蒸发出的二次蒸汽用压缩机压缩，提高其压强，使其饱和温度超过溶液的沸点，然后送回蒸发器的加热室作为加热蒸汽，此种方法称为热泵蒸发。图5.11所示为热泵蒸发的流程之一。由图可见，采用热泵蒸发只需在蒸发器开工阶段供应加热蒸汽，当操作达到稳定后，不再需要加热蒸汽，只需提供使二次蒸汽升压所需要的功，因而节省了大量的生蒸汽。通常，在单效蒸发和多效蒸发的末效中，二次蒸汽的潜热全部由冷凝水带走；而在热泵蒸发中，不但没有此项热损失，而且不需要消耗冷却水，这是热泵蒸发节能的原因所在。

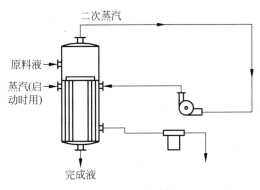

图5.11　热泵蒸发流程

但应指出，热泵蒸发不适合于沸点上升较大的溶液的蒸发。这是由于溶液的沸点升高较大时，蒸发器的传热推动力变小，因而二次蒸汽所需的压缩比将变大，这在经济上将变得不合理。此外，压缩机的投资较大，经常要维修保养，这些缺点在一定程度上也限制了热泵蒸发的应用。

5.4.2　生产能力和生产强度

1. 生产能力

蒸发器的生产能力 W 定义为单位时间蒸发的水分质量,单位 kg/h。蒸发器生产能力的大小取决于蒸发器的传热速率 Q,因此也可以用蒸发器的传热速率来衡量其生产能力。对于单效蒸发,其生产能力可以用式(5.10)表示,即

$$Q = KA \Delta t_m$$

而对于多效蒸发,以 3 效为例,设备效蒸发器的传热面积和传热系数均相等,则多效蒸发的总传热速率为

$$Q = Q_1 + Q_2 + Q_3 = KA \sum \Delta t_m = KA \left(\Delta t_T - \sum \Delta \right) \tag{5.47}$$

2. 生产强度

蒸发器的生产强度 U 简称蒸发强度,定义为单位传热面积的生产能力,即

$$U = \frac{W}{A} \tag{5.48}$$

蒸发强度是评价蒸发器优劣的重要指标。对于给定的蒸发量而言,蒸发强度越大,则所需的传热面积越小,因而蒸发设备的投资越小。由式(5.7),当沸点进料,忽略热损失时,

$$W = \frac{Q}{r'} = \frac{KA \Delta t}{r'} \tag{5.49}$$

即

$$U = \frac{Q}{Ar'} = \frac{K \Delta t}{r'} \tag{5.50}$$

因此,提高蒸发器的生产强度,应设法提高总传热系数 K 和增加传热温度差 Δt_m。

1) 增加传热温度差

传热温度差 Δt_m 的大小除了和温差损失有关外,主要还取决于加热蒸汽的压强和冷凝器操作压强之差。但加热蒸汽压强的提高,常常受工厂公用工程条件的限制,一般为 $0.3 \sim 0.5$MPa,有时可高到 $0.6 \sim 0.8$MPa。而冷凝器温度的降低必须靠真空度的提高,要考虑造成真空的动力消耗。而且随着真空度的提高,溶液的沸点降低,黏度增加,将使总传热系数 K 下降。因此,冷凝器的操作真空度一般不应低于 $10 \sim 20$kPa。也就是说,传热温度差的提高是有限制的。

(2) 提高蒸发强度的另一途径是增大总传热系数。由式(5.10)可知,总传热系数 K 取决于两侧对流传热系数和污垢热阻。

蒸汽冷凝的传热系数 α_o 通常总比溶液沸腾传热系数 α_i 大,即在总传热热阻中,蒸汽冷凝侧的热阻较小,但在蒸发器操作中,需要及时排除蒸汽中的不凝气体,否则其热阻将大大增加,使总传热系数下降。

管内溶液侧的沸腾传热系数 α_i 是影响总传热系数的主要因素。如前所述,影响 α_i 的因素很多,如溶液的性质、蒸发器的类型及操作条件等。可由第 4 章介绍的沸腾传热系数的关联式了解影响 α_i 的因素,以便根据实际的蒸发任务,选择适宜的蒸发器型式及操作条件。

管内溶液侧的污垢热阻往往是影响总传热系数的重要因素。特别是当蒸发易结垢和有结晶析出的溶液时,极易在传热面上形成垢层,使 K 值急剧下降。为了减小垢层热阻,通常的办法是定期清洗。此外,亦可采用其他措施,如选用适宜的蒸发器型式、在溶液中加入晶种或微量阻垢剂等。

对于多效蒸发,若各效的传热面积和传热系数相等,则多效蒸发的生产强度

$$U = \frac{Q}{nr'A} = \frac{K}{nr'}\left(\Delta t_{\mathrm{T}} - \sum \Delta\right) \tag{5.51}$$

前已述及,多效蒸发的温度差损失大于单效蒸发。由此可见,随着效数的增加,其生产强度明显减小,效数越多,生产强度越小。

5.5　蒸　发　器

随着工业蒸发技术的不断发展,蒸发设备的结构与型式亦不断改进与创新,其种类繁多,结构各异。目前工业上实用的蒸发设备类型非常多,本节仅介绍常用的几种。

5.5.1　常用蒸发器的结构与特点

生产的多样性要求选用不同结构的蒸发器,随着生产的发展,蒸发器的结构不断改进。根据溶液在蒸发器中流动的情况,大致可将工业上常用的间接加热蒸发器分为循环型与单程型两类。

1. 循环型蒸发器

这类蒸发器的特点是溶液在蒸发器内作循环流动。根据造成液体循环的原理的不同,又可将其分为自然循环和强制循环两种类型。前者是借助在加热室不同位置上溶液的受热程度不同,使溶液产生密度差而引起的自然循环;后者是依靠外加动力使溶液进行强制循环。目前常用的循环型蒸发器有以下几种类型。

1)中央循环管式蒸发器

中央循环管式蒸发器的结构如图 5.12 所示,其加热室由一垂直的加热管束(沸腾管束)构成,在管束中央有一根直径较大的管子,称为中央循环管,其截面积一般为加热管束总截面积的 $40\% \sim 100\%$。当加热介质通入管间加热时,由于加热管内单位体积液体的受热面积大于中央循环管内液体的受热面积,因此加热管内液体的相对密度小,从而造成加热管与中央循环管内液体之间的密度差,这种密度差使得溶液自中央循环管下降,再由加热管上升形成自然循环流动。溶液的循环速度取决于溶液产生的密度差以及管的长度,其密度差越大,管子越长,溶液的循环速度越大。但这类蒸发器由于受总高度限制,加热

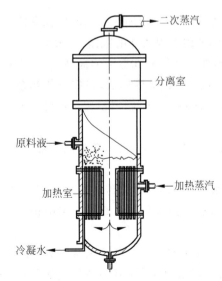

图 5.12　中央循环管式蒸发器

管长度较短,一般为 1~2m,直径为 25~75mm,长径比为 20~40。

中央循环管蒸发器具有结构紧凑、制造方便、操作可靠等优点,故在工业上的应用十分广泛,有所谓"标准蒸发器"之称。但实际上,由于结构上的限制,其循环速度较低(一般在 0.5m/s 以下),设备的清洗和检修也不够方便;而且由于溶液在加热管内不断循环,使其浓度始终接近完成液的浓度,因而溶液的沸点高,有效温度差减小。因此,这种蒸发器还难以完全满足生产需求。

2) 悬筐式蒸发器

悬筐式蒸发器的结构如图 5.13 所示,它是中央循环管蒸发器的改进。其加热室像个悬筐,悬挂在蒸发器壳体的下部,可由顶部取出,便于清洗与更换。加热介质由中央蒸汽管进入加热室,而在加热室外壁与蒸发器壳体的内壁之间有环隙通道,其作用类似于中央循环管。操作时,溶液沿环隙下降而沿加热管上升,形成自然循环。一般环隙截面积约为加热管总面积的 100%~150%,因而溶液循环速度较高(约为 1~1.5m/s)。由于与蒸发器外壳接触的是温度较低的沸腾液体,故其热损失较小。

悬筐式蒸发器适用于蒸发易结垢或有晶体析出的溶液。它的缺点是结构复杂,单位传热面需要的设备材料量较大。

3) 外热式蒸发器

外热式蒸发器的结构如图 5.14 所示。这种蒸发器的特点是加热室与分离室分开,这样不仅便于清洗与更换,而且可以降低蒸发器的总高度。因其加热管较长(管长与管径之比为 50~100),同时由于循环管内的溶液不被加热,故溶液的循环速度大,可达 1.5m/s。

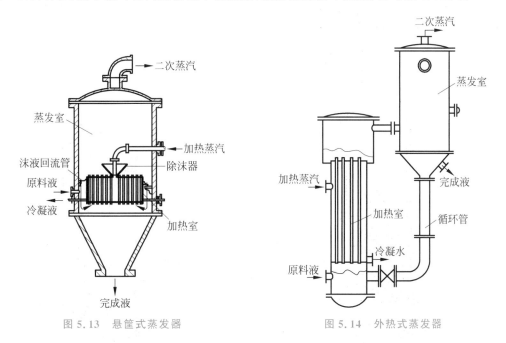

图 5.13　悬筐式蒸发器　　　　　　　　　图 5.14　外热式蒸发器

4) 强制循环蒸发器

上述各种蒸发器均为自然循环型蒸发器,即靠加热管与循环管内溶液的密度差引起溶液的循环,这种循环速度一般都比较低,不宜处理黏度大、易结垢及有大量析出结晶的溶液。

对于这类溶液的蒸发,可采用图 5.15 所示的强制循环蒸发器。这种蒸发器是利用外加动力(循环泵)使溶液沿一定方向作高速循环流动。循环速度的大小可通过调节泵的流量来控制。一般循环速度在 2.5m/s 以上。

强制循环蒸发器的优点是传热系数大,对于黏度较大或易结晶、结垢的物料,适应性较好,但其动力消耗较大。

2. 单程型蒸发器

这类蒸发器的特点是,溶液沿加热管壁成膜状流动,一次通过加热室即达到要求的浓度,而停留时间仅数秒或十几秒。

单程型蒸发器的主要优点是传热效率高、蒸发速度快、溶液在蒸发器内停留时间短,因而特别适用于热敏性物料的蒸发。

按物料在蒸发器内的流动方向及成膜原因的不同,单程型蒸发器可以分为以下几种类型。

1) 升膜蒸发器

升膜蒸发器的结构如图 5.16 所示,其加热室由一根或数根垂直长管组成,通常加热管直径为 25～50mm,管长与管径之比为 100～150。原料液经预热后由蒸发器的底部进入,加热蒸汽在管外冷凝。当溶液受热沸腾后迅速汽化,所生成的二次蒸汽在管内高速上升,带动液体沿管内壁成膜状向上流动,上升的液膜因受热而继续蒸发。故溶液自蒸发器底部上升至顶部的过程中逐渐被蒸浓,浓溶液进入分离室与二次蒸汽分离后由分离器底部排出。常压下加热管出口处的二次蒸汽速度不应小于 10m/s,一般为 20～50m/s;减压操作时,有时可达 100～160m/s 或更高。

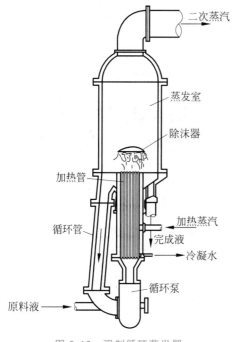

图 5.15　强制循环蒸发器

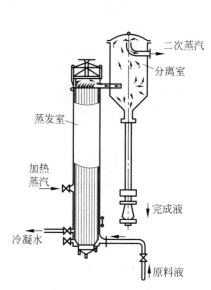

图 5.16　升膜蒸发器

升膜蒸发器适用于蒸发量较大(即稀溶液)、热敏性及易起泡沫的溶液,但不适于高黏度、有晶体析出或易结垢的溶液。

2)降膜蒸发器

降膜蒸发器如图 5.17 所示。它与升膜蒸发器的区别在于原料液由加热管的顶部加入。溶液在自身重力作用下沿管内壁呈膜状下流,并被蒸发浓缩,气液混合物由加热管底部进入分离室,经气液分离后,完成液由分离器的底部排出。为使溶液能在壁上均匀成膜,在每根加热管的顶部均需设置液体布膜器。

降膜蒸发器可以蒸发浓度较高的溶液,对于黏度较大的物料也能适用。但对于易结晶或易结垢的溶液不适用。此外,由于液膜在管内分布不易均匀,与升膜蒸发器相比,其传热系数较小。

3)升-降膜蒸发器

将升膜和降膜蒸发器装在一个外壳中,即构成升-降膜蒸发器,如图 5.18 所示。原料液经预热后先由升膜加热室上升,然后由降膜加热器下降,再在分离室中和二次蒸汽分离后即得完成液。

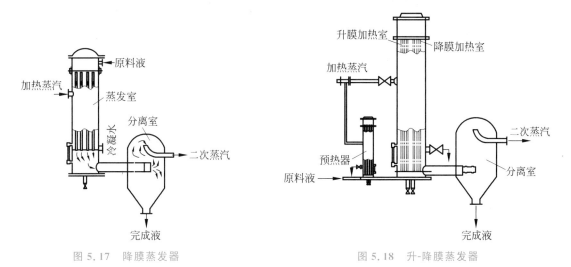

图 5.17　降膜蒸发器　　　　图 5.18　升-降膜蒸发器

这种蒸发器多用于蒸发过程中溶液的黏度变化很大、水分蒸发量不大和厂房高度有一定限制的场合。

4)刮板薄膜蒸发器

刮板薄膜蒸发器利用旋转刮片的刮带作用,使液体分布在加热管壁上。它的突出优点是对物料的适应性很强,例如对于高黏度、热敏性、易结晶和结垢的物料都能适用。刮板薄膜蒸发器的结构如图 5.19 所示。它的壳体外部装有加热蒸汽夹套,其内部装有可旋转的搅拌刮片,旋转刮片有固定的和活动的两种。前者与壳体内壁的缝隙为 0.75~1.5mm,后者与器壁的间隙随搅拌轴的转数而变。料液由蒸发器上部沿切线方向加入后,在重力和旋转刮片带动下,溶液在壳体内壁上形成下旋的薄膜,并在下降过程中不断被蒸发浓缩,在底部得到完成液。

在某些情况下,可将溶液蒸干而由底部直接获得固体产物。

这类蒸发器的缺点是结构复杂,动力消耗大,传热面积小,一般为 $3\sim4m^2$,最大不超过 $20m^2$,故其处理量较小。

3. 直接接触传热的蒸发器

在实际生产中,除上述循环型和单程型两大类间壁式传热的蒸发器外,有时还应用直接接触传热的蒸发器,如图 5.20 所示的浸没燃烧蒸发器就是其中的一类,它是将燃料(通常是煤气或重油)与空气混合后燃烧产生的高温烟气直接喷入被蒸发的溶液中,高温烟气与溶液直接接触,使得溶液迅速沸腾汽化。蒸发出的水分与烟气一起由蒸发器的顶部直接排出。

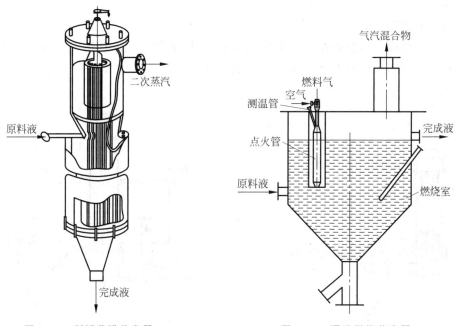

图 5.19　刮板薄膜蒸发器　　　　图 5.20　浸没燃烧蒸发器

通常这种蒸发器的燃烧室在溶液中的深度为 $200\sim600mm$,燃烧室内高温烟气的温度可达 $1000℃$ 以上,但由于气液直接接触时传热速率快,气体离开液面时只比溶液温度高出 $2\sim4℃$。燃烧室的喷嘴因在高温下使用,较易损坏,故应选用耐高温和耐腐蚀的材料制作,结构上应考虑便于更换。

浸没燃烧蒸发器的特点是结构简单、传热效率高,该蒸发器特别适用于处理易结晶、结垢或有腐蚀性的物料的蒸发。目前在废酸处理和硫酸铵盐溶液的蒸发中已广泛采用。缺点是易造成物料的污染,而且二次蒸汽也很难利用。

5.5.2　蒸发器的工艺设计

设计任务中往往只给出溶液的性质和要求,达到的完成液的浓度及可提供的公用工程等。设计者首先应根据溶液性质选定蒸发器的型式、冷凝器压强、加料方式及最佳效数,再根据经验数据选出或者算出总传热系数,按传热的方法算出传热面积,最后再确定蒸发器的主要工艺尺寸,它们是:加热管尺寸及管数、循环管尺寸、加热室外壳直径、分离室尺寸及附属设备的计算或选用。

1. 加热室

由计算得到的传热面积,可按列管式换热器的方法进行设计,一般取管径为 $25\sim75\text{mm}$、管长为 $2\sim4\text{m}$、管心距为 $(1.25\sim1.35)d_o$,加热管的排列方式一般采用正三角形排列。管数可由作图法或计算法求得,但应扣除中央循环管所占据面积的相应管数。

2. 循环管

(1) 中央循环管蒸发器:循环管截面积取为加热管中截面积的 $40\%\sim100\%$,对加热面积较小的蒸发器应取较大的百分数。

(2) 悬筐式蒸发器:取循环流道截面积为加热管总截面积的 $100\%\sim150\%$。

(3) 外热式自然循环蒸发器:循环管的大小可参考中央循环管式蒸发器来确定。

3. 分离室

(1) 分离室高度 H。一般根据经验选取,常采用高径比 $H/D=1\sim2$;对中央循环管和悬筐蒸发器,分离室的高度不应小于 1.8m,才能基本保证液沫不被蒸汽带出。

(2) 分离室直径 D。可按蒸发体积强度法计算。蒸发体积强度是指单位时间从单位体积分离室中排出的二次蒸汽的体积。一般允许的蒸发体积强度 V'_s 为 $1.1\sim1.5\text{m}^3/(\text{s}\cdot\text{m}^3)$。因此由选定的允许蒸发体积强度值和单位时间蒸发的二次蒸汽的体积即可求得分离室的体积。若分离室的高度或高径比已定,则可求得分离室的直径。

【设计实例】

试设计一蒸发 NaOH 水溶液的蒸发器。已知条件如下:(1)原料液流量为 10 000kg/h、温度为 80℃;(2)原料液和完成液质量分数分别为 0.3 和 0.45;(3)蒸发器中溶液的沸点为 102.8℃(按单效计);(4)加热蒸汽的绝对压强为 450kPa,冷凝器的绝对压强为 20kPa;(5)蒸发器的平均总传热系数为 $1\,200\text{W}/(\text{m}^2\cdot\text{℃})$,热损失可忽略。

解:选用单效蒸发流程。因 NaOH 水溶液浓度较大时,黏度也较大,故选用外热式自然循环蒸发器。

蒸发量

$$W = F\left(1 - \frac{w_0}{w_1}\right) = 10\,000\text{kg/h} \times \left(1 - \frac{0.3}{0.45}\right) = 3\,333\text{kg/h}$$

(1) 加热蒸汽消耗量

因 NaOH 水溶液浓度较大时,稀释热不能忽略,应用溶液的焓衡算求解加热蒸汽的消耗量:

$$DI + FI_0 = WI' + (F - W)I_1 + DI_W$$

查得压强为 450kPa 时饱和蒸汽的温度 $T = 147.7\text{℃}$、焓 $I = 2\,747.8\text{kJ/kg}$,饱和液体的焓 $I_W = 622.42\text{kJ/kg}$。蒸汽压强为 20kPa 时,温度 $T_K = 60.1\text{℃}$,蒸汽焓 $I' = 2\,606.4\text{kJ/kg}$。查图 5.4 得:原料液的焓 $I_0 \approx 305\text{kJ/kg}$,完成液的焓 $I_1 \approx 570\text{kJ/kg}$。焓衡算式为

$2\,747.8\text{kJ/kg}D + 10\,000\text{kg/h} \times 305\text{kJ/kg}$

$= 3\,333\text{kg/h} \times 2\,606.4\text{kJ/kg} + (10\,000 - 3\,333)\text{kg/h} \times 570\text{kJ/kg} + 622.42\text{kJ/kg}D$

解得 $D=4\,440\mathrm{kg/h}$。

则

$$Q=D(I-I_\mathrm{W})=[4\,440\times(2\,747.8-622.42)]\mathrm{kJ/h}$$
$$=9.44\times10^6\mathrm{kJ/h}=2.62\times10^6\mathrm{W}$$

(2) 蒸发器的传热面积

$$\Delta t=147.7℃-102.8℃=44.9℃$$

所以

$$A=\frac{Q}{K\Delta t}=\frac{2.62\times10^6}{1\,200\times44.9}\mathrm{m^2}=49\mathrm{m^2}$$

考虑到安全因素,取 $A=49\times1.2\,\mathrm{m^2}=59\mathrm{m^2}$。

(3) 蒸发器的主要工艺尺寸

① 加热室

选用直径为 $\phi38\mathrm{mm}\times3\mathrm{mm}$、长为 $3\mathrm{m}$ 的无缝钢管为加热管。

管数

$$n=\frac{A}{\pi d_\mathrm{o}L}=\frac{59}{3.14\times0.038\times3}=165$$

加热管按正三角形排列,取管心距为 $70\mathrm{mm}$。

管束中心线上的管数可由第 4 章公式求得,即

$$n_\mathrm{c}=1.1\sqrt{n}=1.1\sqrt{165}=14$$

加热室直径(外壳直径) $D=t(n_\mathrm{c}-1)+2b'$,取 $b'=1.5d_\mathrm{o}$,则

$$D=70\times(14-1)\,\mathrm{mm}+2\times1.5\times38\,\mathrm{mm}=1\,024\mathrm{mm}$$

取 $D=1\,100\mathrm{mm}$。

加热室直径也可以作图求得。

② 循环管

根据经验值,取循环管的截面积为加热管总截面积的 80%,则循环管的面积为

$$A_0=0.8n\,\frac{\pi}{4}d_\mathrm{i}^2=0.8\times165\times\frac{\pi}{4}\times0.032^2\,\mathrm{m^2}=0.103\mathrm{m^2}$$

循环管的直径 $d=\sqrt{\dfrac{0.103}{\pi/4}}\,\mathrm{mm}\approx362\mathrm{mm}$

选用 $\phi377\mathrm{mm}\times9\mathrm{mm}$ 的无缝钢管为循环管。

③ 分离室

取分离室的高度为 $H=2.5\mathrm{m}$。

查得压强为 $20\mathrm{kPa}$ 时,二次蒸汽的密度为 $\rho=0.130\,68\mathrm{kg/m^3}$,所以二次蒸汽的体积流量为

$$V_\mathrm{s}=\frac{3\,333}{0.13\,068\times3\,600}\,\mathrm{m^3/s}=7.1\mathrm{m^3/s}$$

取允许的蒸发体积强度 V_s' 为 $1.5\mathrm{m^3/(m^3\cdot s)}$,则由于

$$\frac{V_\mathrm{s}}{V_\mathrm{s}'}=\frac{\pi}{4}D^2H$$

代入数据解得 $D=1.6\mathrm{m}$。

5.5.3　蒸发器的改进与发展

近年来,国内外对于蒸发器的研究十分活跃,归结起来主要有以下几个方面。

1. 开发新型蒸发器

在这方面主要是通过改进加热管的表面形状来提高传热效果,例如最新发展起来的板式蒸发器,不但具有体积小、传热效率高、溶液滞留时间短等优点,而且其加热面积可根据需要而增减,拆卸和清洗方便。又如,在石油化工、天然气液化中使用的表面多孔加热管,可使沸腾溶液侧的传热系数提高 10～20 倍。海水淡化中使用的双面纵槽加热管,也可显著提高传热效果。

2. 改善蒸发器内液体的流动状况

在蒸发器内装入多种形式的湍流构件,可提高沸腾液体侧的传热系数。例如将铜质填料装入自然循环型蒸发器后,可使沸腾液体侧的传热系数提高 50%。这是由于构件或填料能造成液体的湍动,同时其本身亦为热导体,可将热量由加热管传向溶液内部,增加了蒸发器的传热面积。

3. 改进溶液的性质

近年来亦有通过改进溶液性质来改善传热效果的研究报道。例如有研究表明,加入适当的表面活性剂,可使总传热系数提高 1 倍以上。加入适当阻垢剂减少蒸发过程中的结垢亦为提高传热效率的途径之一。

本章主要符号说明

c——比热容,kJ/(kg·℃)

d——管径,m

D——直径,m;加热蒸汽耗量,kg/h

e——单位蒸汽消耗量,kg/kg

E——加热蒸汽经济性,kg/kg

f——校正系数

F——进料量,kg/h

I——蒸汽和液体的焓,kJ/kg

K——总传热系数,W/(m²·℃)

n——效数;管数

p——压强,Pa

Q——传热速率,W

r——汽化热,kJ/kg

t——溶液的沸点,℃

T——蒸汽温度,℃

U——蒸发强度,kg/(m²·h)

u——流速,m/s

W——蒸发量,kg/h

w——溶液的组成(质量分数)

α——对流传热系数,W/(m²·℃)

Δ——温度差损失,℃

μ——黏度,Pa·s

ν——运动黏度,m²/s

ρ——密度,kg/m³

σ——表面张力,N/m

本章能力目标

通过本章学习,应掌握将水溶液蒸发过程的衡算方法用于处理和分析复杂溶液蒸发过程中生产强度和操作压力异常等问题,即注意学习对复杂工程过程进行简化处理的思路和方法,同时应具备以下能力:(1)根据原料性质及生产要求,恰当选择和应用蒸发流程;(2)根据生产任务,初步完成蒸发设备的选型或设计,确定操作参数;(3)根据选定的蒸发流程,初步判定蒸发造作的经济性、节能性及生产能力。

学习提示

1. 蒸发是通过汽化溶液中的溶剂从而获得溶剂产品或不挥发溶质产品的单元操作,因此其必要条件是需要不断供热、不断排除蒸汽且溶剂易挥发;生蒸汽与二次蒸汽来源不同,前者一般为第 1 效蒸发器引入的加热蒸汽,而后者为溶剂蒸发后用于加热后一效的蒸汽;蒸发操作是含有不挥发性溶质的溶液的沸腾传热,尽管本质上属于传热过程,但具有某些不同于一般换热过程的特殊性;蒸发过程只存在溶剂的挥发,而溶质的含量不变,因此可根据总物料衡算和溶质的物料衡算来计算水分的挥发量、完成液的量或组成等;通常不挥发性溶质为固体,固体分子与水分子之间的引力大于水分子间的引力,因此一定压强下溶液沸点比纯水高;沸腾是一种液体表面和内部同时进行的汽化现象,沸腾时饱和蒸气压跟外部压强相等,当液体在管内的压强增大时,沸点升高;蒸发过程中,溶液浓度发生显著变化,溶液的浓缩热不可忽略,通过热量衡算式结合有关溶液的焓浓图就可以求出生蒸汽的消耗量。

2. 当原料液在沸点下进入蒸发器,并忽略热损失、各种温度差损失以及不同压强下汽化热的差别时,理论上单效的经济性约为1,双效的经济性约为2,三效的经济性约为3;如果没有温度差损失,则单效生产能力与三效大致相同,但生产强度约为三效蒸发的 3 倍,也因此三效蒸发每个蒸发器的传热面积一般均相等;单位生产能力的总费用最低时的效数为最佳效数,要根据设备费与操作费权衡确定;在进行单效蒸发和多效蒸发的计算时,所用到的溶液沸点和潜热均需在绝对压强下查取,若给定条件为表压或真空度,须换算为绝压后再进行物性参数的查取。

讨论题

1. 对比分析单效蒸发与多效蒸发的优缺点。

2. 试分析比较单效蒸发器的间歇蒸发和连续蒸发的生产能力大小。假设原料液浓度、温度、完成液浓度、加热蒸汽压强以及冷凝器操作压强等均相等。

3. 试讨论蒸发操作与一般换热过程的异同点。

4. 某蒸发过程,由于上游工艺变化,料液处理量 F 增加,其余条件不变,试分析:水分蒸发量、传热负荷、加热蒸汽量、加热蒸汽压强(或温度)将如何变化。沸点升高可忽略不计。

5. 试讨论分析为什么并流加料的多效蒸发装置中各效的总传热系数逐效减小,而蒸发量却逐效略有增加。

思考题

1. 多效蒸发的效数为什么有一定的限度?受哪些限制?

2. 提高蒸发器内液体循环速度的意义有哪些?

3. 蒸发时,溶液侧的温度比二次蒸汽的饱和温度高的原因是什么?

4. 单效蒸发与多效蒸发溶液的温度差损失有何不同?为什么?

5. 溶液的哪些性质会影响多效蒸发的效数?为什么?

习　题

一、填空题

1. 蒸发操作中,从溶液中汽化出来的蒸汽称为_____。

2. 按二次蒸汽的利用情况,可将蒸发操作分为_____和_____。

3. 蒸发器的生产强度是指_____,欲提高蒸发器的生产强度,必须设法提高_____。

4. 蒸发过程中引起温度差损失的原因有_____,_____,_____。

5. 多效蒸发与单效蒸发相比,其优点是_____。多效蒸发操作流程有_____、_____和_____。

6. 蒸发操作中,加热蒸汽放出的热量主要用于:_____,_____,_____。

7. 多效蒸发中,由于温度差损失的影响,效数越多,温度差损失_____,分配到每效的有效温度差_____。(越大,越小,不变)

8. 在双效并流蒸发系统中,将 10 000kg/h 的 10%稀溶液浓缩到 50%,总蒸发水量为_____ kg/h;若第一效的蒸发水量为 3 800kg/h,则出第一效溶液的浓度为_____。

9. 用 135℃的饱和水蒸气在蒸发室中加热某液体,使之沸腾,操作条件下,液体的沸点温度为 95℃,蒸汽冷凝在饱和温度下排出,则传热的推动力为_____。

10. 循环型蒸发器的传热效果比单程型要_____。

11. 要提高生蒸汽的经济性,可以_____,_____,_____,_____。

12. 蒸发器的生产能力是指_____。

13. 降膜式蒸发器为了使液体在进入加热管后能有效成膜,在每根管的顶部装有_____。

14. 自然循环蒸发器内溶液的循环是由于溶液的_____不同,而引起的_____所致。

15. 在三效并流加料蒸发过程中,从第 1 效到第 3 效,溶液浓度将越来越_____,蒸发室的真空度将越来越_____,溶液的沸点将越来越_____,各效产生的二次蒸汽压力将越来越_____。

二、分析及计算题

1. 用一单效蒸发器将流量为 1 000kg/h 的 NaCl 水溶液从质量分数为 5%浓缩至 30%,蒸发压强 20kPa(绝压),进料温度 30℃,料液的比热容为 4kJ/(kg·℃),蒸发器内溶液的沸点为 75℃,蒸发器的传热系数为 1 500W/(m²·℃),加热蒸汽压强为 120kPa(绝压),若不计热损失,求所得完成液量、加热蒸汽消耗量和加热蒸汽的经济性,以及蒸发器的换热面积。

2. 采用标准型蒸发器将质量分数为 10%的 NaOH 水溶液浓缩至 25%。蒸发室操作压强为 50kPa,试求操作条件下溶液的沸点及沸点升高。

3. 在单效蒸发器中,每小时将 5 000kg 的氢氧化钠水溶液从 10%浓缩至 30%,原料液温度预热至溶液平均沸点,蒸发室的真空度为 67kPa,加热蒸汽的表压为 50kPa,蒸发器的传热系数为 2 000W/(m² · ℃)。热损失为加热蒸汽放热量的 5%,不考虑溶液静压差引起的温度差损失,试求蒸发器的传热面积和加热蒸汽的经济性。

4. 试分别用经验公式和杜林曲线计算质量分数为 50%的 NaOH 水溶液在 20kPa 下蒸发时,由于溶液蒸气压下降引起的沸点升高。

5. 在真空度为 600mmHg 的单效蒸发器中,蒸发密度为 1 200kg/m³ 的某水溶液。设蒸发器内液面高度为 1.5m,试求此时由于液柱静压头引起的沸点升高。

6. 用一传热面积为 10m² 的单效蒸发器,将 NaNO₃ 水溶液由质量分数为 15%浓缩至 40%,沸点进料,要求每小时得到 375kg 完成液。设蒸发压强为 20kPa(绝压),操作条件下的传热温度差为 8℃,蒸发器的传热系数为 800W/(m² · ℃)。若不计热损失和浓缩热,溶液沸点和潜热按纯水计算,试问加热蒸汽压强至少应为多大才能完成上述任务?

7. 一并流操作的 3 效蒸发器用以浓缩某无机盐水溶液,加热蒸汽为 121℃的饱和水蒸气,末效蒸发室的操作压强为 26.1kPa(绝压)。原料预热至沸点加入第 1 效内,料液的浓度很低沸点升高可以忽略不计。各效蒸发器的传热系数分别为 $K_1 = 2\,840\text{W}/(\text{m}^2 · ℃)$,$K_2 = 1\,990\text{W}/(\text{m}^2 · ℃)$,$K_3 = 1\,420\text{W}/(\text{m}^2 · ℃)$,各效传热面积相等,试估算各效溶液的沸点。

8. 在双效并流蒸发装置上浓缩某无机盐的水溶液。已知条件:第 1 效,浓缩液的组成为 16%(质量分数,下同),流量为 500kg/h,溶液的沸点为 105℃,该温度下水的汽化热 2 245.4kJ/kg,物料的平均比热容 3.52kJ/(kg · ℃);第 2 效,完成液的组成为 32%,溶液沸点为 90℃,该温度下水的汽化热 2 283kJ/kg。忽略溶液的沸点升高、稀释热及热损失,试计算原料液的处理量及组成。

第 5 章习题答案

参 考 文 献

[1] 任永胜,王淑杰,田永华,等.化工原理:上册[M].北京:清华大学出版社,2018.
[2] 大连理工大学.化工原理[M].4版.北京:高等教育出版社,2022.
[3] 柴诚敬,张国亮.化工原理:上册[M].3版.北京:化学工业出版社,2020.
[4] 陈敏恒,丛德滋,方图南,等.化工原理[M].5版.北京:化学工业出版社,2020.
[5] 丁忠伟,刘丽英,刘伟.化工原理[M].北京:高等教育出版社,2014.
[6] 管国锋,赵汝溥.化工原理[M].4版.北京:化学工业出版社,2015.
[7] 何潮洪,刘永忠,窦梅,等.化工原理:上册[M].3版.北京:科学出版社,2017.
[8] 张言文.化工原理60讲[M].北京:中国轻工业出版社,1997.
[9] BIRD R B, STEWART W E, LIGHTFOOT E N. Transport phenomena[M]. 2nd ed. New York: John Wiley & Sons, 2002.
[10] 任永胜,李爱蓉,孙永刚.化工传递原理教程[M].北京:化学工业出版社,2022.
[11] 阮齐,叶长燊.化工原理解题指南[M].2版.北京:化学工业出版社,2014.
[12] 姚方.化工原理闯关学习攻略[M].北京:化学工业出版社,2020.
[13] 马江权,冷一欣,邵晖,等.化工原理学习指导[M].2版.上海:华东理工大学出版社,2007.
[14] 王湛.化工原理800例[M].北京:国防工业出版社,2007.
[15] 周荣琪,雷良恒.化工原理学习指引[M].北京:化学工业出版社,1996.

附 录

附录 1 常用物理量的单位与量纲

物理量名称	中 文 单 位	符 号	量 纲
长度	米	m	L
时间	秒	s	T
质量	千克	kg	M
温度	度	℃,K	Θ
力,重量	牛[顿]	N	MLT^{-2}
速度	米/秒	m/s	LT^{-1}
加速度	米/秒^2	m/s^2	LT^{-2}
密度	千克/米^3	kg/m^3	ML^{-3}
压强(压强)	帕[斯卡](牛[顿]/米^2)	Pa(N/m^2)	$ML^{-1}T^{-2}$
功,能	焦[耳]	J	ML^2T^{-2}
功率	瓦[特]	W	ML^2T^{-3}
黏度	帕[斯卡]·秒	Pa·s	$ML^{-1}T^{-1}$
表面张力	牛[顿]/米	N/m	MT^{-2}
导热系数	瓦[特]/(米·度)	W/(m·℃)	$MLT^{-3}\Theta^{-1}$
扩散系数	米^2/秒	m^2/s	L^2T^{-1}

附录 2　某些气体的重要物理性质

名称	分子式	密度/ (kg/m³) (0℃,101.3kPa)	比热容/ [kJ/(kg·℃)]	黏度 $\mu \times 10^5$/ (Pa·s)	沸点/℃ (101.3kPa)	汽化热/ (kJ/kg)	临界点		导热系数/ [W/(m·℃)]
							温度/℃	压强/kPa	
空气	—	1.293	1.009	1.73	—195	197	—140.7	3 768.4	0.024 4
氧	O_2	1.429	0.653	2.03	—132.98	213	—118.82	5 036.6	0.024
氮	N_2	1.251	0.745	1.70	—195.78	199.2	—147.13	3 392.5	0.022 8
氢	H_2	0.089 9	10.13	0.842	—252.75	454.2	—239.9	1 296.6	0.163
氨	NH_3	0.077 1	0.67	0.918	—33.4	1 373	132.4	11 295.0	0.021 5
一氧化碳	CO	1.250	0.754	1.66	—191.48	211	—140.2	3 497.9	0.022 6
二氧化碳	CO_2	1.976	0.653	1.37	—78.2	574	31.1	7 384.8	0.013 7
硫化氢	H_2S	1.539	0.804	1.166	—60.2	548	100.4	19 136.0	0.013 1
甲烷	CH_4	0.717	1.70	1.03	—161.58	511	—82.15	4 619.3	0.030 0
乙烷	C_2H_6	1.357	1.44	0.850	—88.5	486	32.1	4 948.5	0.018 0
丙烷	C_3H_8	2.020	1.65	0.795 (18℃)	—42.1	427	95.6	4 355.9	0.014 8
正丁烷	C_4H_{10}	2.673	1.73	0.810	—0.5	386	152	3 798.8	0.013 5
正戊烷	C_5H_{12}	—	1.57	0.087 4	—36.08	151	197.1	3 342.9	0.012 8
乙烯	C_2H_4	1.261	1.222	0.935	—103.7	481	9.7	5 135.9	0.016 4
丙烯	C_3H_6	1.914	2.436	0.835 (20℃)	—47.7	440	91.4	4 599.0	—
乙炔	C_2H_2	1.171	1.352	0.935	—83.66 (升华)	829	35.7	6 240.0	0.018 4
苯	C_6H_6	—	1.139	0.72	80.2	394	288.5	4 832.0	0.008 8
二氧化硫	SO_2	2.927	0.502	1.17	—10.8	394	157.5	7 879.1	0.007 7

附录 3　某些液体的重要物理性质

名　　称	分　子　式	密度/(kg/m³)(20℃)	沸点/℃(101.3kPa)	汽化热/(kJ/kg)	比热容/[kJ/(kg·℃)](20℃)	黏度/(mPa·s)(20℃)	导热系数/[W/(m·℃)](20℃)	体积膨胀系数/$\beta×10^4$/(1/℃)(20℃)	表面张力/$\sigma×10^3$/(N/m)(20℃)
水	H_2O	998	100	2 258	4.183	1.005	0.599	1.82	72.8
氯化钠盐水 25%	—	1 186(25℃)	107	—	3.39	2.3	0.57(30℃)	(4.4)	—
氯化钙盐水 25%	—	1 228	107	—	2.89	2.5	0.57	(3.4)	—
硫酸	H_2SO_4	1 831	340(分解)	—	1.47(98%)	—	0.38	5.7	—
硝酸	HNO_3	1 513	86	481.1	—	1.17(10℃)	—	—	—
盐酸(30%)	—	1 149	—	—	2.55	2(31.5%)	0.42	—	—
二硫化碳	CS_2	1 262	46.3	352	1.005	0.38	0.16	12.1	32
戊烷	C_5H_{12}	626	36.07	357.4	2.24(15.6℃)	0.229	0.113	15.9	16.2
己烷	C_6H_{14}	659	68.74	335.1	2.31(15.6℃)	0.313	0.119	—	18.2
庚烷	C_7H_{16}	684	98.43	316.5	2.21(15.6℃)	0.411	0.123	—	20.1
辛烷	C_8H_{18}	763	125.67	306.4	2.19(15.6℃)	0.540	0.131	—	21.3
三氯甲烷	$CHCl_3$	1 489	61.2	253.7	0.992	0.58	0.138(30℃)	12.6	28.5(10℃)
四氯化碳	CCl_4	1 594	76.8	195	0.850	1.0	0.12	—	26.8
1,2-二氯乙烷	$C_2H_4Cl_2$	1 253	83.6	324	1.260	0.83	0.14(60℃)	—	30.8
苯	C_6H_6	879	80.10	393.9	1.704	0.737	0.148	12.4	28.6
甲苯	C_7H_8	867	110.63	363	1.70	0.675	0.138	10.9	27.9
邻二甲苯	C_8H_{10}	880	144.42	347	1.74	0.811	0.142	—	30.2
间二甲苯	C_8H_{10}	864	139.10	343	1.70	0.611	0.167	10.1	29
对二甲苯	C_8H_{10}	861	138.35	340	1.704	0.643	0.129	—	28
苯乙烯	C_8H_9	911(15.6℃)	145.2	352	1.733	0.72	—	—	—
氯苯	C_6H_5Cl	1 106	131.8	325	1.298	0.85	1.14(30℃)	—	32

续表

名　　称	分　子　式	密度/(kg/m³)(20℃)	沸点/℃(101.3kPa)	汽化热/(kJ/kg)	比热容/[kJ/(kg·℃)](20℃)	黏度/(mPa·s)(20℃)	导热系数/[W/(m·℃)](20℃)	体积膨胀系数 $\beta\times10^4$/(1/℃)(20℃)	表面张力 $\sigma\times10^3$/(N/m)(20℃)
硝基苯	$C_6H_5NO_2$	1 203	210.9	396	1.47	2.1	0.15	—	41
苯胺	$C_6H_5NH_2$	1 022	184.4	448	2.07	4.3	0.17	8.5	42.9
苯酚	C_6H_5OH	1 050(50℃)	181.8(熔点40.9℃)	511	—	3.4(50℃)	—	—	—
萘	$C_{16}H_8$	1 145(固体)	217.9(熔点80.2℃)	314	1.80(100℃)	0.59(100℃)	—	—	—
甲醇	CH_3OH	791	64.7	1 101	2.48	0.6	0.212	12.2	22.6
乙醇	C_2H_5OH	789	78.3	846	2.39	1.15	0.172	11.6	22.8
乙醇(95%)		804	78.2	—	2.35	1.4	—	—	—
乙二醇	$C_2H_4(OH)_2$	1 113	197.6	780	2.35	23	—	—	47.7
甘油	$C_3H_5(OH)_3$	1 261	290(分解)	—	—	1 499	0.59	53	63
乙醚	$(C_2H_5)_2O$	714	34.6	360	2.34	0.24	0.14	16.3	18
乙醛	CH_3CHO	783(18℃)	20.2	547	1.9	1.3(18℃)	—	—	21.2
糠醛	$C_5H_4O_2$	1 168	161.7	452	1.6	1.15(50℃)	—	—	43.5
丙酮	CH_3COCH_3	792	56.2	523	2.35	0.32	0.17	—	23.7
甲酸	$HCOOH$	1 220	100.7	494	2.17	1.9	0.26	—	27.8
醋酸	CH_3COOH	1 049	118.2	406	1.99	1.3	0.17	10.7	23.9
乙酸乙酯	$CH_3COOC_2H_5$	901	77.1	368	1.92	0.48	0.17	—	—
煤油	—	780~820	—	—	—	3	0.14(10℃)	10.0	—
汽油	—	680~800	—	—	—	0.7~0.8	0.19(30℃)	12.5	—

附录4 干空气的物理性质(101.3kPa)

温度 $t/℃$	密度 $\rho/(kg/m^3)$	比热容 $c_p/$ $[kJ/(kg \cdot ℃)]$	导热系数 $\lambda \times 10^2/$ $[W/(m \cdot ℃)]$	黏度 $\mu \times 10^5/$ $(Pa \cdot s)$	普朗特数 Pr
—50	1.584	1.013	2.035	1.46	0.728
—40	1.515	1.013	2.117	1.52	0.728
—30	1.453	1.013	2.198	1.57	0.723
—20	1.395	1.009	2.279	1.62	0.716
—10	1.342	1.009	2.360	1.67	0.712
0	1.293	1.005	2.442	1.72	0.707
10	1.247	1.005	2.512	1.77	0.705
20	1.205	1.005	2.593	1.81	0.703
30	1.165	1.005	2.675	1.86	0.701
40	1.128	1.005	2.756	1.91	0.699
50	1.093	1.005	2.826	1.96	0.698
60	1.060	1.005	2.896	2.01	0.696
70	1.029	1.009	2.966	2.06	0.694
80	1.000	1.009	3.047	2.11	0.692
90	0.792	1.009	3.128	2.15	0.690
100	0.946	1.009	3.210	2.19	0.688
120	0.898	1.009	3.338	2.29	0.686
140	0.854	1.013	3.489	2.37	0.684
160	0.815	1.017	3.640	2.45	0.682
180	0.779	1.022	3.780	2.53	0.681
200	0.746	1.026	3.931	2.60	0.680
250	0.674	1.038	4.288	2.74	0.677
300	0.615	1.048	4.605	2.97	0.674
350	0.566	1.059	4.908	3.14	0.676
400	0.524	1.068	5.210	3.31	0.678
500	0.456	1.093	5.745	3.62	0.687
600	0.404	1.114	6.222	3.91	0.699
700	0.362	1.135	6.711	4.18	0.706
800	0.329	1.156	7.176	4.43	0.713
900	0.301	1.172	7.630	4.67	0.717
1 000	0.277	1.185	8.041	4.90	0.719
1 100	0.257	1.197	8.502	5.12	0.722
1 200	0.239	1.206	9.153	5.35	0.724

附录 5　水的物理性质

温度/ ℃	饱和蒸 气压/kPa	密度/ (kg/m³)	焓/ (kJ/kg)	比热容/ [kJ/(kg·℃)]	导热系数 $\lambda \times 10^2$/ [W/(m·℃)]	黏度 $\mu \times 10^5$/ (Pa·s)	体积膨 胀系数 $\beta \times 10^4$/ (1/℃)	表面张力 $\sigma \times 10^3$/ (N/m)	普朗特 数 Pr
0	0.608 2	999.9	0	4.212	55.13	179.21	−0.63	75.6	13.66
10	1.226 2	999.7	42.04	4.191	57.45	130.77	0.70	74.1	9.52
20	2.334 9	998.2	83.90	4.183	59.89	100.50	1.82	72.6	7.01
30	4.247 4	995.7	125.69	4.174	61.76	80.07	3.21	71.2	5.42
40	7.376 6	992.2	167.51	4.174	63.38	65.60	3.87	69.6	4.32
50	12.34	988.1	209.30	4.174	64.78	54.94	4.49	67.7	3.54
60	19.923	983.2	251.12	4.178	65.94	46.88	5.11	66.2	2.98
70	31.164	977.8	292.99	4.187	66.76	40.61	5.70	64.3	2.54
80	47.379	971.8	334.94	4.195	67.45	35.65	6.32	62.6	2.22
90	70.136	965.3	376.98	4.208	68.04	31.65	6.95	60.7	1.96
100	101.33	958.4	419.10	4.220	68.27	28.38	7.52	58.8	1.76
110	143.31	951.0	461.34	4.238	68.50	25.89	8.08	56.9	1.61
120	198.64	943.1	503.67	4.260	68.62	23.73	8.64	54.8	1.47
130	270.25	934.8	546.38	4.266	68.62	21.77	9.17	52.8	1.36
140	361.47	926.1	589.08	4.287	68.50	20.10	9.72	50.7	1.26
150	476.24	917.0	632.20	4.132	68.38	18.63	10.3	48.6	1.18
160	618.28	907.4	675.33	4.346	68.27	17.36	10.7	46.6	1.11
170	792.59	897.3	719.29	4.379	67.92	16.28	11.3	45.3	1.05
180	1 003.5	886.9	763.25	4.417	67.45	15.30	11.9	42.3	1.00
190	1 255.6	876.0	807.63	4.460	66.69	14.42	12.6	40.0	0.96
200	1 554.77	863.0	852.43	4.505	65.48	13.63	13.3	37.7	0.93
210	1 917.72	852.8	879.65	4.555	64.55	13.04	14.1	35.4	0.91
220	2 320.88	840.3	943.70	4.614	63.73	12.46	14.8	33.1	0.89
230	2 798.59	827.3	990.18	4.618	62.80	11.97	15.9	31.0	0.88
240	3 347.91	813.6	1 037.49	4.756	62.80	11.47	16.8	28.5	0.87
250	3 977.67	799.0	1 085.64	4.844	61.76	10.98	18.1	26.2	0.86
260	4 693.75	784.0	1 135.04	4.949	64.48	10.59	19.7	23.8	0.87
270	5 503.99	767.9	1 185.28	5.070	59.96	10.20	21.6	21.5	0.88
280	6 417.24	750.7	1 236.28	5.229	57.45	9.81	23.7	19.1	0.89
290	7 443.29	732.3	1 289.95	5.485	55.82	9.42	26.2	16.9	0.93
300	8 592.94	712.5	1 344.80	5.736	53.96	9.12	29.2	14.4	0.97
310	9 877.6	691.1	1 402.16	6.076	52.34	8.83	32.9	12.1	1.02
320	11 300.3	667.1	1 462.03	6.573	50.59	8.3	38.2	9.81	1.11
330	12 879.6	640.2	1 526.19	7.243	48.73	8.14	43.3	7.67	1.22
340	14 615.8	610.1	1 594.75	8.164	45.71	7.75	53.4	5.67	1.38
350	16 538.5	574.4	1 671.37	9.504	43.03	7.26	66.8	3.81	1.60
360	18 667.1	528.0	1 761.39	13.984	39.54	6.67	109.0	2.02	2.36
370	21 040.9	450.5	1 892.43	40.319	33.73	5.69	264.0	0.471	6.80

附录6 水的饱和蒸气压

温度/℃	压 强		温度/℃	压 强	
	mmHg	Pa		mmHg	Pa
−20	0.772	102.93	17	14.53	1 937.27
−19	0.850	113.33	18	15.48	2 063.93
−18	0.935	124.66	19	16.48	2 197.26
−17	1.027	136.93	20	17.54	2 338.59
−16	1.128	150.40	21	18.65	2 468.58
−15	1.238	165.06	22	19.83	2 643.70
−14	1.357	180.93	23	21.07	2 809.24
−13	1.486	198.13	24	22.38	2 983.90
−12	1.627	216.93	25	23.76	3 167.89
−11	1.780	237.33	26	25.21	3 361.22
−10	1.946	259.46	27	26.74	3 565.21
−9	2.125	283.32	28	28.35	3 779.87
−8	2.321	309.46	29	30.04	4 005.20
−7	2.532	337.59	30	31.82	4 242.53
−6	2.761	368.12	31	37.70	4 493.18
−5	3.008	401.05	32	35.66	4 754.51
−4	3.276	436.79	33	33.73	5 030.50
−3	3.556	476.45	34	39.90	5 319.82
−2	3.876	516.78	35	42.18	5 623.81
−1	4.216	562.11	36	44.56	5 941.14
0	4.579	610.51	37	47.07	6 275.79
1	4.93	657.31	38	49.65	6 619.78
2	5.29	705.31	39	52.44	6 991.77
3	5.69	758.64	40	55.32	7 375.75
4	6.10	813.31	41	58.34	7 778.41
5	6.54	871.97	42	61.50	8 199.73
6	7.01	934.64	43	64.80	8 639.71
7	7.51	1 001.30	44	68.26	9 101.03
8	8.05	1 073.30	45	71.88	9 583.68
9	8.61	1 147.96	46	75.65	10 086.33
10	9.21	1 227.96	47	79.60	10 612.98
11	9.84	1 311.96	48	83.71	11 160.96
12	10.52	1 402.62	49	88.02	11 735.61
13	11.23	1 497.28	50	92.51	12 333.43
14	11.99	1 598.61	51	97.20	12 959.57
15	12.79	1 705.27	52	102.12	13 612.88
16	13.63	1 817.27	53	107.20	14 292.86

温度/℃	压　强		温度/℃	压　强	
	mmHg	Pa		mmHg	Pa
54	112.5	14 999.50	78	327.3	43 638.55
55	118.0	15 732.81	79	341.0	45 465.15
56	123.8	16 505.12	80	355.1	47 345.09
57	129.8	17 306.09	81	369.3	49 235.08
58	136.1	18 146.06	82	384.9	51 318.29
59	142.6	19 012.70	83	400.6	53 411.56
60	149.4	19 919.34	84	416.8	55 571.49
61	156.4	20 852.64	85	433.6	57 811.41
62	163.8	21 839.27	86	450.9	60 118.00
63	171.4	22 852.57	87	466.1	62 140.45
64	179.3	23 905.87	88	487.1	64 944.50
65	187.5	24 999.17	89	506.1	67 477.76
66	196.1	26 145.80	90	525.8	70 104.33
67	205.0	27 332.42	91	546.1	72 810.91
68	214.2	28 559.50	92	567.0	75 597.49
69	223.7	29 825.67	93	588.6	78 477.39
70	233.7	31 158.96	94	610.9	81 450.63
71	243.9	32 518.92	95	633.9	84 517.89
72	254.6	33 945.54	96	657.6	87 677.08
73	265.7	35 425.49	97	682.1	90 943.64
74	277.2	36 958.77	98	707.3	64 303.53
75	289.1	38 545.38	99	733.2	97 756.75
76	301.4	40 185.33	100	760.0	101 330.00
77	314.1	41 878.61			

附录 7 饱和水蒸气压表(按压强排列)

绝对压强/kPa	温度/℃	蒸汽密度/ (kg/m³)	焓/(kJ/kg) 液体	焓/(kJ/kg) 蒸汽	汽化热/(kJ/kg)
1.0	6.3	0.007 73	26.48	2 503.1	2 476.8
1.5	12.5	0.011 33	52.26	2 515.3	2 463.0
2.0	17.0	0.014 86	71.21	2 524.2	2 452.9
2.5	20.9	0.018 36	87.45	2 531.8	2 444.3
3.0	23.5	0.021 79	98.38	2 536.8	2 438.4
3.5	26.1	0.025 23	109.30	2 541.8	2 432.5
4.0	28.7	0.028 67	120.23	2 546.8	2 426.6
4.5	30.8	0.032 05	129.00	2 550.9	2 421.9
5.0	32.4	0.035 37	135.69	2 554.0	2 418.3
6.0	35.6	0.042 00	149.06	2 560.1	2 411.0
7.0	38.8	0.048 64	162.44	2 566.3	2 403.8
8.0	41.3	0.055 14	172.73	2 571.0	2 398.2
9.0	43.3	0.061 56	181.16	2 574.8	2 393.6
10.0	45.3	0.067 98	189.59	2 578.5	2 388.9
15.0	53.5	0.099 56	224.03	2 594.0	2 370.0
20.0	60.1	0.130 68	251.51	2 606.4	2 354.9
30.0	66.5	0.190 93	288.77	2 622.4	2 333.7
40.0	75.0	0.249 75	315.93	2 634.1	2 312.2
50.0	81.2	0.307 99	339.80	2 644.3	2 304.5
60.0	85.6	0.365 14	358.21	2 652.1	2 293.9
70.0	89.9	0.422 29	376.61	2 659.8	2 283.2
80.0	93.2	0.478 07	390.08	2 665.3	2 275.3
90.0	96.4	0.533 84	403.49	2 670.8	2 267.4
100.0	99.6	0.589 61	416.90	2 676.3	2 259.5
120.0	104.5	0.698 68	437.51	2 684.3	2 246.8
140.0	109.2	0.807 58	457.67	2 692.1	2 234.4
160.0	113.0	0.829 81	473.88	2 698.1	2 224.2
180.0	116.6	1.020 9	489.32	2 703.7	2 214.3
200.0	120.2	1.127 3	493.71	2 709.2	2 204.6
250.0	127.2	1.390 4	534.39	2 719.7	2 185.4
300.0	133.3	1.650 1	560.38	2 728.5	2 168.1
350.0	138.8	1.907 4	583.76	2 736.1	2 152.3
400.0	143.4	2.161 8	603.61	2 742.1	2 138.5
450.0	147.7	2.415 2	622.42	2 747.8	2 125.4
500.0	151.7	2.667 3	639.59	2 752.8	2 113.2
600.0	158.7	3.168 6	670.22	2 761.4	2 091.1
700.0	164.7	3.665 7	696.27	2 767.8	2 071.5

续表

绝对压强/kPa	温度/℃	蒸汽密度/(kg/m³)	焓/(kJ/kg)		汽化热/(kJ/kg)
			液体	蒸汽	
800.0	170.4	4.161 4	720.96	2 773.7	2 052.7
900.0	175.1	4.652 5	741.82	2 778.1	2 036.2
1×10^3	179.9	5.143 2	762.68	2 782.5	2 019.7
1.1×10^3	180.2	5.633 9	780.34	2 785.5	2 005.1
1.2×10^3	187.8	6.124 1	797.92	2 788.5	1 990.6
1.3×10^3	191.5	6.614 1	814.25	2 790.9	1 976.7
1.4×10^3	194.8	7.103 8	829.06	2 792.4	1 963.7
1.5×10^3	198.2	7.593 5	843.86	2 794.5	1 950.7
1.6×10^3	201.3	8.081 4	857.77	2 796.0	1 938.2
1.7×10^3	204.1	8.567 4	870.58	2 797.1	1 926.5
1.8×10^3	206.9	9.053 3	883.39	2 798.1	1 914.8
1.9×10^3	209.8	9.539 2	896.21	2 799.2	1 903.0
2×10^3	212.2	10.033 8	907.32	2 799.7	1 892.4
3×10^3	233.7	15.007 5	1 005.4	2 798.9	1 793.5
4×10^3	250.3	20.096 9	1 082.9	2 789.8	1 706.8
5×10^3	263.8	25.366 3	1 146.9	2 776.2	1 629.2
6×10^3	275.4	30.849 4	1 203.2	2 759.5	1 556.3
7×10^3	285.7	36.574 4	1 253.2	2 740.8	1 487.6
8×10^3	294.8	42.576 8	1 299.2	2 720.5	1 403.7
9×10^3	303.2	48.894 5	1 343.5	2 699.1	1 356.6
10×10^3	310.9	55.540 7	1 384.0	2 677.1	1 293.1
12×10^3	324.5	70.307 5	1 463.4	2 631.2	1 167.7
14×10^3	336.5	87.302 0	1 567.9	2 583.2	1 043.4
16×10^3	347.2	107.801 0	1 615.8	2 531.1	915.4
18×10^3	356.9	134.481 3	1 699.8	2 466.0	766.1
20×10^3	365.6	176.596 1	1 817.8	2 364.2	544.9

附录 8　某些液体的导热系数

液 体		温度 t/℃	导热系数 λ/[W/(m·℃)]	液 体		温度 t/℃	导热系数 λ/[W/(m·℃)]
醋酸	100%	20	0.171	正庚醇		30	0.163
	50%	20	0.35			75	0.157
丙酮		30	0.177	盐酸	12.5%	32	0.52
		75	0.164		25%	32	0.48
丙烯醇		25~30	0.18		38%	32	0.44
氨		25~30	0.50	正己醇		30	0.164
氨水溶液		20	0.45			75	0.156
		60	0.50	甲醇	100%	20	0.215
正戊醇		30	0.163		80%	20	0.267
		100	0.154		60%	20	0.329
异戊醇		30	0.152		40%	20	0.405
		75	0.151		20%	20	0.492
氯苯		10	0.144		100%	50	0.197
三氯甲烷		30	0.138	苯胺		0~20	0.173
乙酸乙酯		20	0.175	苯		30	0.159
乙醇	100%	20	0.182			60	0.151
	80%	20	0.237	正丁醇		30	0.168
	60%	20	0.305			75	0.164
	40%	20	0.388	异丁醇		10	0.157
	20%	20	0.486	氯化钙盐水	30%	32	0.55
	100%	50	0.151		15%	30	0.59
乙苯		30	0.149	二硫化碳		30	0.161
		60	0.142			75	0.152
乙醚		30	0.133	四氯化碳		0	0.185
		75	0.135			68	0.163
汽油		30	0.135	煤油		20	0.149
三元醇	100%	20	0.284			75	0.14
	80%	20	0.327	氯甲烷		−15	0.192
	60%	20	0.381			30	0.154
	40%	20	0.448	硝基苯		30	0.164
	20%	20	0.481			100	0.152
	100%	100	0.284	硝基甲苯		30	0.216
石油		20	0.18			60	0.208
正庚烷		30	0.14	正辛烷		60	0.14
		60	0.137			0	0.138~0.156
正己烷		30	0.138	蓖麻油		0	0.173
		60	0.135			20	0.168

液　　体		温度 t/℃	导热系数 λ/[W/(m·℃)]	液　　体		温度 t/℃	导热系数 λ/[W/(m·℃)]
橄榄油		100	0.164	硫酸	90%	30	0.36
正戊烷		30	0.135		60%	30	0.43
		75	0.128		30%	30	0.52
氯化钾	21%	32	0.58	二氯化硫		15	0.22
	30%	32	0.56			30	0.192
氢氧化钾	21%	32	0.58	甲苯		30	0.149
	42%	32	0.55			75	0.145
正丙醇		30	0.171	松节油		15	0.128
		75	0.164	二甲苯	邻位	20	0.155
硫酸钾	10%	32	0.60		对位	20	0.155
异丙醇		30	0.157	水银		28	0.36
		60	0.155				
氯化钠盐水	25%	30	0.57				
	12.5%	30	0.59				

附录 9　某些气体和蒸气的导热系数

下表所列的极限温度数值是实验范围的数值。若外推到其他温度时,建议将所列数据按 $\lg\lambda$ 对 $\lg T$[λ——导热系数,W/(m·℃);T——温度,K]作图,或者假定 Pr 与温度(或压强,在适当范围内)无关。

物质	温度/℃	导热系数/[W/(m·℃)]	物质	温度/℃	导热系数/[W/(m·℃)]
丙酮	0	0.009 8	乙烷	−70	0.011 4
	46	0.012 8		−34	0.014 9
	100	0.017 1		0	0.018 3
	184	0.025 4		100	0.030 3
空气	0	0.024 2	乙醇	20	0.015 4
	100	0.031 7		100	0.021 5
	200	0.039 1	乙醚	0	0.013 3
	300	0.045 9		46	0.017 1
氨	−60	0.016 4		100	0.022 7
	0	0.022 2		184	0.032 7
	50	0.027 2		212	0.036 2
	100	0.032 0	乙烯	−71	0.011 1
苯	0	0.009 0		0	0.017 5
	46	0.012 6		50	0.026 7
	100	0.017 8		100	0.027 9
	184	0.026 3	正庚烷	100	0.017 8
	212	0.030 5		200	0.019 4
正丁烷	0	0.013 5	异丁烷	0	0.013 8
	100	0.023 4		100	0.024 1
硫化氢	0	0.013 2	二氧化碳	−50	0.011 8
	200	0.034 1		0	0.014 7
水银	−100	0.017 3		100	0.023 0
甲烷	−50	0.025 1		200	0.031 3
	0	0.030 2		300	0.039 6
	50	0.037 2	二硫化物	−73	0.007 3
甲醇	0	0.014 4		0	0.006 9
	100	0.022 2	一氧化碳	−189	0.007 1
氯甲烷	0	0.006 7		−179	0.008 0
	46	0.008 5		−60	0.023 4
	100	0.010 9	四氯化碳	46	0.007 1
	212	0.016 4		100	0.009 0
				184	0.011 12

物质	温度/℃	导热系数/[W/(m·℃)]	物质	温度/℃	导热系数/[W/(m·℃)]
三氯甲烷	0	0.006 6	氧	−100	0.016 4
	46	0.008 0		−50	0.020 6
	100	0.010 0		0	0.024 6
	184	0.013 3		50	0.028 4
正己烷	0	0.012 5		100	0.032 1
	20	0.013 8	丙烷	0	0.015 1
氢	−100	0.011 3		100	0.026 1
	−50	0.014 4	二氧化硫	0	0.008 7
	0	0.017 3		100	0.011 9
	50	0.019 9	水蒸气	46	0.020 8
	100	0.022 3		100	0.023 7
	300	0.030 8		200	0.032 4
氮	−100	0.016 4		300	0.042 9
	0	0.024 2		400	0.054 5
	50	0.027 7		500	0.076 3
	100	0.031 2	氯	0	0.007 4

附录 10　某些固体材料的导热系数

1. 常用金属的导热系数

导热系数/ [W/(m·℃)]	温度/℃				
	0	100	200	300	400
铝	227.95	227.95	227.95	227.95	227.95
铜	383.79	379.14	372.16	367.51	362.86
铁	73.27	67.45	61.64	54.66	48.85
铅	35.12	33.38	31.40	29.77	—
镁	172.12	167.47	162.82	158.17	—
镍	93.04	82.57	73.27	63.97	59.31
银	414.03	409.38	373.32	361.69	359.37
锌	112.81	109.90	105.83	101.18	93.04
碳钢	52.34	48.85	44.19	41.87	34.89
不锈钢	16.28	17.45	17.45	18.49	—

2. 常用非金属材料的导热系数

材　料	温度/℃	导热系数/[W/(m·℃)]
软木	30	0.043 03
玻璃棉	—	0.034 89～0.069 78
保温灰	—	0.069 78
锯屑	20	0.046 52～0.058 15
棉花	100	0.069 78
厚纸	20	0.136 9～0.348 9
玻璃	30	1.093 2
	−20	0.756 0
搪瓷	—	0.872 3～1.163
云母	50	0.430 3
泥土	20	0.697 8～0.930 4
冰	0	2.326
软橡胶	—	0.129 1～0.159 3
硬橡胶	0	0.150 0
聚四氟乙烯	—	0.241 9
泡沫玻璃	−15	0.004 885
	−80	0.003 489
泡沫塑料	—	0.046 52

续表

材料		温度/℃	导热系数/[W/(m·℃)]
木材	横向	—	0.139 6～0.174 5
	纵向	—	0.383 8
耐火砖		230	0.872 3
		1 200	1.639 8
混凝土		—	1.279 3
绒毛毡		—	0.046 5
85％氧化镁粉		0～100	0.069 78
聚氯乙烯		—	0.116 3～0.174 5
酚醛加玻璃纤维		—	0.025 93
酚醛加石棉纤维		—	0.029 42
聚酯加玻璃纤维		—	0.025 94
聚碳酸酯		—	0.190 7
聚苯乙烯泡沫		25	0.041 87
		−150	0.001 745
聚乙烯		—	0.329 1
石墨		—	139.56

附录 11　常用固体材料的密度和比热容

名　　称	密度/(kg/m³)	比热容/[kJ/(kg·℃)]
钢	7 850	0.460 5
不锈钢	7 900	0.502 4
铸铁	7 220	0.502 4
铜	8 800	0.406 2
青铜	8 000	0.381 0
黄铜	8 600	0.376 8
铝	2 670	0.921 1
镍	9 000	0.460 5
铅	11 400	0.129 8
酚醛	1 250～1 300	1.256 0～1.674 7
脲醛	1 400～1 500	1.256 0～1.674 7
聚氯乙烯	1 380～1 400	1.842 2
聚苯乙烯	1 050～107 0	1.339 8
低压聚乙烯	940	2.553 9
高压聚乙烯	920	2.219 0
干砂	1 500～1 700	0.795 5
黏土	1 600～1 800	0.753 6(−20～20℃)
黏土砖	1 600～1 900	0.921 1
耐火砖	1 840	0.879 2～1.004 8
混凝土	2 000～2 400	0.837 4
松木	500～600	2.721 4(0～100℃)
软木	100～300	0.963 0
石棉板	700	0.816 4
玻璃	2 500	0.669 9
耐酸砖和板	2 100～2 400	0.753 6～0.795 5
耐酸搪瓷	2 300～2 700	0.837 4～1.256 0
有机玻璃	1 180～1 190	—
多孔绝热砖	600～1 400	—

附录12　壁面污垢热阻(污垢系数)

1. 冷却水热阻/(m² · ℃/W)

加热液体温度/℃	115 以下		115～205	
水的温度/℃	25 以下		25 以上	
水的速度/(m · s⁻¹)	1 以下	1 以上	1 以下	1 以上
海水	$0.859\,8\times10^{-4}$	$0.859\,8\times10^{-4}$	$1.719\,7\times10^{-4}$	$1.719\,7\times10^{-4}$
自来水、井水、潮水、软化锅炉水	$1.719\,7\times10^{-4}$	$1.719\,7\times10^{-4}$	$3.439\,4\times10^{-4}$	$3.439\,4\times10^{-4}$
蒸馏水	$0.859\,8\times10^{-4}$	$0.859\,8\times10^{-4}$	$0.859\,8\times10^{-4}$	$0.859\,8\times10^{-4}$
硬水	$5.519\,0\times10^{-4}$	$5.159\,0\times10^{-4}$	$8.598\,0\times10^{-4}$	$8.598\,0\times10^{-4}$
河水	$5.519\,0\times10^{-4}$	$3.439\,4\times10^{-4}$	$6.878\,8\times10^{-4}$	$5.519\,0\times10^{-4}$

2. 工业用气体

气体名称	热阻/(m² · ℃/W)	气体名称	热阻/(m² · ℃/W)
有机化合物	$0.859\,8\times10^{-4}$	溶剂蒸气	$1.719\,7\times10^{-4}$
水蒸气	$0.859\,8\times10^{-4}$	天然气	$1.719\,7\times10^{-4}$
空气	$3.439\,4\times10^{-4}$	焦炉器	$1.719\,7\times10^{-4}$

3. 工业用液体

液体名称	热阻/(m² · ℃/W)	液体名称	热阻/(m² · ℃/W)
有机化合物	$1.719\,7\times10^{-4}$	熔盐	$0.859\,8\times10^{-4}$
盐水	$1.719\,7\times10^{-4}$	植物油	$5.519\,0\times10^{-4}$

4. 石油分馏物

馏出物名称	热阻/(m² · ℃/W)	馏出物名称	热阻/(m² · ℃/W)
原油	$3.439\,4\times10^{-4}\sim12.098\times10^{-4}$	柴油	$3.439\,4\times10^{-4}\sim5.519\,0\times10^{-4}$
汽油	$1.719\,7\times10^{-4}$	重油	$4.859\,0\times10^{-4}$
石脑油	$1.719\,7\times10^{-4}$	沥青油	17.197×10^{-4}
煤油	$1.719\,7\times10^{-4}$		

附录 13　无机盐水溶液的沸点（101.3kPa）

水溶液	沸点/℃																			
	101	102	103	104	105	107	110	115	120	125	140	160	180	200	220	240	260	280	300	340
	盐的质量分数/%																			
CaCl$_2$	5.66	10.31	14.16	17.36	20.00	24.24	29.33	35.68	40.83	45.80	57.89	68.94	75.86							
KOH	4.49	8.51	11.97	14.82	17.01	20.88	25.65	31.97	36.51	40.23	48.05	54.89	60.41	64.91	68.73	72.46	75.76	78.95	81.63	86.18
KCl	8.42	14.31	18.96	23.02	26.57	32.02			近于 108.5℃											
K$_2$CO$_3$	10.31	18.37	24.24	28.57	32.24	37.69	43.97	50.86	56.04	60.40	66.94	近于 133.5℃								
KNO$_3$	13.19	23.66	32.23	39.20	45.10	54.65	65.34	79.53												
MgCl$_2$	4.67	8.42	11.66	14.31	16.59	20.32	24.41	29.48	33.07	36.02	38.61									
MgSO$_4$	14.31	22.78	28.31	32.23	35.32	42.86		近于 108℃												
NaOH	4.12	7.40	10.15	12.51	14.53	18.32	23.08	26.21	33.77	37.58	48.32	60.13	69.97	77.53	84.03	88.89	93.02	95.92	98.47	近于 314℃
NaCl	6.19	11.3	14.67	17.69	20.32	25.09	28.92													
NaNO$_3$	8.26	15.61	21.87	27.53	32.43	40.47	49.87	60.94	68.94											
Na$_2$SO$_4$	15.26	24.81	30.73	31.83		近于 103.2℃														
Na$_2$CO$_3$	9.42	17.22	23.72	29.18	33.86															
CuSO$_4$	26.95	39.98	40.83	44.47	45.12			近于 104.2℃												
ZnSO$_4$	20.00	31.22	37.89	42.92	46.15															
NH$_4$NO$_2$	9.09	16.66	23.08	29.08	34.21	42.53	51.92	63.24	71.26	77.11	87.09	93.20	96.00	97.61	98.84	100				
NH$_4$Cl	6.10	11.35	15.96	19.80	22.89	28.37	35.98	46.95												
(NH$_4$)$_2$SO$_3$	13.34	23.14	30.65	36.71	41.79	49.73	53.55													

附录 14　离心泵的规格(摘录)

1．IS 型单级单吸离心泵性能表

型　号	转速 n/ (r·min^{-1})	流量		扬程 H/m	效率 η/%	功率/kW		必需气蚀余量 (NPSH)$_r$/m	泵(底座) 质量/kg
		m^3/h	L/s			轴功率	电机功率		
IS50—32—125	2 900	7.5	2.08	22	47	0.96	2.2	2.0	32(46)
		12.5	3.47	20	60	1.13		2.0	
		15	4.17	18.5	60	1.26		2.5	
	1 450	3.75	1.04	5.4	43	0.13	0.55	2.0	32(38)
		6.3	1.74	5	54	0.16		2.0	
		7.5	2.08	4.6	55	0.17		2.5	
IS50—32—160	2 900	7.5	2.08	34.3	44	1.59	3	2.0	50(46)
		12.5	3.47	32	54	2.02		2.0	
		15	4.17	29.6	56	2.16		2.5	
	1 450	3.75	1.04	13.1	35	0.25	0.55	2.0	50(38)
		6.3	1.74	12.5	48	0.29		2.0	
		7.5	2.08	12	49	0.31		2.5	
IS50—32—200	2 900	7.5	2.08	82	38	2.82	5.5	2.0	52(66)
		12.5	3.47	80	48	3.54		2.0	
		15	4.17	78.5	51	3.95		2.5	
	1 450	3.75	1.04	20.5	33	0.41	0.75	2.0	52(38)
		6.3	1.74	20	42	0.51		2.0	
		7.5	2.08	19.5	44	0.56		2.5	
IS50—32—250	2 900	7.5	2.08	21.8	23.5	5.87	11	2.0	88(110)
		12.5	3.47	20	38	7.16		2.0	
		15	4.17	18.5	41	7.83		2.5	
	1 450	3.75	1.04	5.35	23	0.91	1.5	2.0	88(64)
		6.3	1.74	5	32	1.07		2.0	
		7.5	2.08	4.7	35	1.14		3.0	
IS65—50—125	2 900	7.5	4.17	35	58	1.54	3	2.0	50(41)
		12.5	6.94	32	69	1.97		2.0	
		15	8.33	30	68	2.22		3.0	
	1 450	3.75	2.08	8.8	53	0.21	0.55	2.0	50(38)
		6.3	3.47	8.0	64	0.27		2.0	
		7.5	4.17	7.2	65	0.30		2.5	
IS65—50—160	2 900	15	4.17	53	54	2.65	5.5	2.0	51(66)
		25	6.94	50	65	3.35		2.0	
		30	8.33	47	66	3.71		2.5	
	1 450	7.5	2.08	13.2	50	0.36	0.75	2.0	51(38)
		12.5	3.47	12.5	60	0.45		2.0	
		15	4.17	11.8	60	0.49		2.5	

型 号	转速 $n/$ (r· min^{-1})	流量		扬程 H/m	效率 $\eta/\%$	功率/kW		必需气蚀余量 (NPSH)$_r$/m	泵(底座) 质量/kg
		m³/h	L/s			轴功率	电机功率		
IS65—40—200	2 900	15	4.17	53	49	4.42	7.5	2.0	62(66)
		25	6.94	50	60	5.67		2.0	
		30	8.33	47	61	6.29		2.5	
	1 450	7.5	2.08	13.2	43	0.63	1.1	2.0	62(46)
		12.5	3.47	12.5	55	0.77		2.0	
		15	4.17	11.8	57	0.85		2.5	
IS65—40—250	2 900	15	4.17	82	37	9.05	15	2.0	82(110)
		25	6.94	80	50	10.89		2.0	
		30	8.33	78	53	12.02		2.5	
	1 450	7.5	2.08	21	35	1.23	2.2	2.0	82(67)
		12.5	3.47	20	46	1.48		2.0	
		15	4.17	19.4	48	1.65		2.5	
IS65—40—315	2 900	15	4.17	127	28	18.5	30	2.5	152(110)
		25	6.94	125	40	21.3		2.5	
		30	8.33	123	44	22.8		3.0	
	1 450	7.5	2.08	32.2	25	6.63	4	2.5	152(67)
		12.5	3.47	32.0	37	2.94		2.5	
		15	4.17	31.7	41	3.16		3.0	
IS80—65—125	2 900	30	8.33	22.5	64	2.87	5.5	3.0	44(46)
		50	13.9	20	75	3.63		3.0	
		60	16.7	18	74	3.98		3.5	
	1 450	15	4.17	5.6	55	0.42	0.75	2.5	44(38)
		25	6.94	5	71	0.48		2.5	
		30	8.33	4.5	72	0.51		3.0	
IS80—65—160	2 900	30	8.33	36	61	4.82	7.5	2.5	48(66)
		50	13.9	32	73	5.97		2.5	
		60	16.7	29	72	6.59		3.0	
	1 450	15	4.17	9	55	0.67	1.5	2.5	48(46)
		25	6.94	8	69	0.79		2.5	
		30	8.33	7.2	68	0.86		3.0	
IS80—50—200	2 900	30	8.33	53	55	7.87	15	2.5	64(124)
		50	13.9	50	69	9.87		2.5	
		60	16.7	47	71	10.8		3.0	
	1 450	15	4.17	13.2	51	1.06	2.2	2.5	64(46)
		25	6.94	12.5	65	1.31		2.5	
		30	8.33	11.8	67	1.44		3.0	
IS80—50—250	2 900	30	8.33	84	52	13.2	22	2.5	90(110)
		50	13.9	80	63	17.3		2.5	
		60	16.7	75	64	19.2		3.0	

型　号	转速 $n/$ (r·min^{-1})	流量		扬程 H/m	效率 $\eta/\%$	功率/kW		必需气蚀余量 $(NPSH)_r/m$	泵(底座) 质量/kg
		m^3/h	L/s			轴功率	电机功率		
IS80—50—250	1 450	15	4.17	21	49	1.75	3	2.5	90(64)
		25	6.94	20	60	2.22		2.5	
		30	8.33	18.8	61	2.52		3.0	
IS80—50—315	2 900	30	8.33	128	41	25.5	37	2.5	125(160)
		50	13.9	125	54	31.5		2.5	
		60	16.7	123	57	35.3		3.0	
	1 450	15	4.17	32.5	39	3.4	5.5	2.5	125(66)
		25	6.94	32	52	4.19		2.5	
		30	8.33	31.5	56	4.6		3.0	
IS100—80—125	2 900	60	16.7	24	67	5.86	11	4.0	49(64)
		100	27.8	20	78	7.00		4.0	
		120	33.3	16.5	74	7.28		5.0	
	1 450	30	8.33	6	64	0.77	1	2.5	49(46)
		50	13.9	5	75	0.91		2.5	
		60	16.7	4	71	0.92		3.0	
IS100—80—160	2 900	60	16.7	36	70	8.42	15	3.5	69(110)
		100	27.8	32	78	11.2		4.0	
		120	33.3	28	75	12.2		5.0	
	1 450	30	8.33	9.2	67	1.12	2.2	2.0	69(64)
		50	13.9	8.0	75	1.45		2.5	
		60	16.7	6.8	71	1.57		3.5	
IS100—65—200	2 900	60	16.7	54	65	13.6	22	3.0	81(110)
		100	27.8	50	76	17.9		3.6	
		120	33.3	47	77	19.9		4.8	
	1 450	30	8.33	13.5	60	1.84	4	2.0	81(64)
		50	13.9	12.5	73	2.23		2.0	
		60	16.7	11.8	74	2.61		2.5	
IS100—65—250	2 900	60	16.7	87	61	23.4	37	3.5	90(160)
		100	27.8	80	72	30.0		3.8	
		120	33.3	74.5	73	33.3		4.8	
	1 450	30	8.33	21.3	55	3.16	5.5	2.0	90(66)
		50	13.9	20	68	4.00		2.0	
		60	16.7	19	70	4.44		2.5	
IS100—65—315	2 900	60	16.7	133	55	39.6	75	3.0	180(295)
		100	27.8	125	66	51.6		3.6	
		120	33.3	118	67	57.5		4.6	
	1 450	30	8.33	34	51	5.44	11	2.0	180(112)
		50	13.9	32	63	6.92		2.0	
		60	16.7	30	64	7.67		2.5	

型　　号	转速 n/(r·min^{-1})	流量		扬程 H/m	效率 η/%	功率/kW		必需气蚀余量 $(NPSH)_r$/m	泵(底座)质量/kg
		m^3/h	L/s			轴功率	电机功率		
IS125—100—200	2 900	120	33.3	57.5	67	28.0	45	4.5	108(160)
		200	55.6	50	81	33.6		4.5	
		240	66.7	44.5	80	36.4		5.0	
	1 450	60	16.7	14.5	62	3.83	7.5	2.5	108(66)
		100	27.8	12.5	76	4.48		2.5	
		120	33.3	11	75	4.79		3.0	
IS125—100—250	2 900	120	33.3	87	66	43.0	75	3.8	166(295)
		200	55.6	80	78	55.9		4.2	
		240	66.7	72	75	62.8		5.0	
	1 450	60	16.7	21.5	63	5.59	11	2.5	166(112)
		100	27.8	20	76	7.17		2.5	
		120	33.3	18.5	77	7.84		3.0	
IS125—100—315	2 900	120	33.3	132.5	60	72.1	110	4.0	189(330)
		200	55.6	125	75	90.8		4.5	
		240	66.7	120	77	101.9		5.0	
	1 450	60	16.7	33.5	58	9.4	15	2.5	189(160)
		100	27.8	32	73	7.9		2.5	
		120	33.3	30.5	74	13.5		3.0	
IS125—100—400	1 450	60	16.7	52	53	16.1	30	2.5	205(233)
		100	27.8	50	65	21.0		2.5	
		120	33.3	48.5	67	23.6		3.0	
IS150—125—250	1 450	120	33.3	22.5	71	10.4	18.5	3.0	188(158)
		200	55.6	20	81	13.5		3.0	
		240	66.7	17.5	78	14.7		3.5	
IS150—125—315	1 450	120	33.3	34	70	15.9	30	2.5	192(233)
		200	55.6	32	79	22.1		2.5	
		240	66.7	29	80	23.7		3.0	
IS150—125—400	1 450	120	33.3	53	62	27.9	45	2.0	223(233)
		200	55.6	50	75	36.3		2.8	
		240	66.7	46	74	40.6		3.5	
IS200—150—315	1 450	240	66.7	37	70	34.6	55	3.0	262(295)
		400	111.1	32	82	42.5		3.5	
		460	127.8	28.5	80	44.6		4.0	
IS200—150—400	1 450	240	66.7	55	74	48.6	90	3.0	295(298)
		400	111.1	50	81	67.2		3.8	
		460	127.8	48	76	74.2		4.5	

2．AY 型离心油泵性能表

型　号	流量/(m³·h⁻¹)	扬程/m	转速/(r·min⁻¹)	汽蚀余量/m	效率/%	轴功率	电动机功率	质量/kg	外形尺寸(长×宽×高)/(mm×mm×mm)	吸入	排出
32AY40	3	40	2 950	2.5	20	1.63	2.2	—	1 225×660×642	32	25
32AY40×2	3	80	2 950	2.7	18	3.63	5.5	—	1 364×610×588	32	25
40AY40	6	40	2 950	2.5	32	2.04	3	—	1 256×660×648	40	25
50AY80	12.5	80	2 950	3.1	32	8.17	11	—	1 475×670×668	50	40
50AY80×2	12.5	160	2 950	2.8	30	17.4	22	—	1 490×610×638	50	40
65AY60	25	60	2 950	3	52	7.9	11	150	670×525×578	50	40
80AY60	50	60	2 950	3.2	52	13.2	22	200	—	65	50
100AY60	100	63	2 950	4	72	23.8	37	220	—	100	80
159AY150×2	180	300	2 950	3.6	67	219.5	315	1 500	—	150	125
159AY150×2A	167	258	2 950	3.2	65	180.5	250	1 500	—	150	125
159AY150×2B	155	222	2 950	3	62	151.5	220	1 500	—	150	125
159AY150×2C	140	181	2 950	2.9	60	115	160	1 500	—	150	125
200AYS150	315	150	2 950	6	58.5	220	315	—	—	200	100
200AYS150A	285	130	2 950	6	57	177	250	—	—	200	100
200AYS150B	265	115	2 950	6	56	148	220	—	—	200	100
300AYS320	960	320	2 950	12	72.3	1 157	1 600	—	—	300	250
350AY_RS76	1 280	76	1 480	5	85	311.7	400	—	—	350	300

3．FM 型耐腐蚀离心泵性能表

型　号	流量/(m³·h⁻¹)	扬程/m	转速/(r·min⁻¹)	汽蚀余量/m	效率/%	功率/kW	外形尺寸(长×宽×高)/(mm×mm×mm)	吸入	排出
25FMG—16	3.6	16	2 960	2.3	30	1.1	310×240×255	25	25
25FMG—25	3.6	25	2 960	2.3	27	1.5	355×260×265	25	25
25FMG—41	3.6	41	2 960	2.3	20	3	310×240×255	25	25
40FMG—16	7.2	16	2 960	2.3	49	1.5	310×125×240	40	25
40FMG—26	7.2	25.5	2 960	2.3	44	2.2	345×270×285	40	25
40FMG—40	7.2	39.5	2 960	2.3	35	3	425×275×317	40	25
40FMG—65	7.2	65	2 920	2.8	24	7.5	440×260×390	40	25
50FMG—16	14.4	16	2 960	2.8	62	1.5	325×285×312	50	40
50FMG—25	14.4	25	2 960	2.8	52	3	410×340×350	50	40
50FMG—40	14.4	39.5	2 960	2.8	46	5.5	415×340×360	50	40
50FMG—63	14.4	63	2 960	2.8	35	11	455×290×440	50	40
50FMG—103	14.4	103	2 960	2.5	25	22	620×450×420	50	40
65FMG—16	28.8	16	2 960	2.5	70	3	350×295×315	65	50
65FMG—25	28.8	25	2 960	2.5	62	5.5	420×340×355	65	50
65FMG—40	28.8	40	2 960	2.5	60	7.5	440×350×365	65	50
65FMG—64	28.8	64	2 960	2.5	51	15	460×430×420	65	50
65FMG—100	28.8	100	2 960	2.5	40	30	460×340×465	65	50
80FMG—15	54	15	2 960	2.8	70	5.5	420×240×270	80	65
80FMG—24	54	24	2 960	3	70	7.5	420×340×355	80	65
80FMG—60	54	60	2 960	3	62	18.5	450×370×400	80	65

附录 15 4—72 型离心通风机规格(摘录)

机号	转速/(r/mm)	全压/Pa	风量/(m³/h)	出风口方向/(°)	电动机型号	电动机功率/kW	传动方式	外形尺寸(长×宽×高)/(mm×mm×mm)	质量(不带电动机)/kg
2.8	2 900	994 606	1 131 2 356	0～225 间隔 45	Y90S—2 (B35)	1.5	A	215×455×561	24.5
3.2	2 900	1 300 792	1 688 3 517	0～225 间隔 22.5	Y90L—2 (B35)	2.2	A	279×519×637	31.3
3.6	2 900	1 587	2 664	0～225 间隔 22.5	Y100L—2 (B35)	3	A	308×584×714	44.3
	1 450	393	1 332		Y90S—4 (B35)	1.1			
4	2 900	2 014	4 012	0～225 间隔 22.5	Y132S1—2 (B35)	5.5	A	336×647×789	61.9
4.5	2 900	2 554	5 712	0～225 间隔 22.5	Y132S2—2 (B35)	7.5	A	371×728×885	82
5	2 900	3 187	7 728	0～225 间隔 22.5	Y160M2—2 (B35)	15	A	406×809×981	90
6	2 240	2 734	10 314	0～225 间隔 22.5	Y160L—4	15	C	1 091.5×969×1 243	132
	1 800	1 760	8 288		Y132M2—4	7.5	C		
	1 450	1 139	6 677		Y112M2—4	4	A	476×969×1 171	132
	1 250	846	5 756		Y100L2—4	3	C		
	960	498	4 420		Y100L—6 (B35)	1.5	A	1 091.5×969×1 243	132
	800	346	3 684		Y90L—4	1.1	C		
8	1 800	3 143	19 646	0～225 间隔 45	Y200L1—2	30	C	1 541.5×1 291×1 715	609
10	1 450	3 202	40 441	0～225 间隔 45	Y250M—4	55	D	1 674.5×1 611×2 095	817
12	1 120	2 746	53 978	0～225 间隔 45	Y280S—4	75	C	2 021.5×1 931×2 475	1 244
16	900	3 157	102 810	0,90,180	Y315L2—6	132	B	12 508×2 653×3 226.5	2 523
20	710	3 069	158 410	0,90,180	Y335—8	220	B	2 787×3 328×4 009.5	3 756

附录 16 低压流体输送用(镀锌)焊接钢管
(摘自 GB/T 3091—2008)

公称直径 /mm	外径 /mm	壁厚/mm		公称直径 /mm	外径 /mm	壁厚/mm	
		普通管	加厚管			普通管	加厚管
6	10.0	2.00	2.50	40	48.0	3.50	4.25
8	13.5	2.25	2.75	50	60.0	3.50	4.50
10	17.0	2.25	2.75	65	75.5	3.75	4.50
15	21.3	2.75	3.25	80	88.5	4.00	4.75
20	26.8	2.75	3.50	100	114.0	4.00	5.00
25	33.5	3.25	4.00	125	140.0	4.50	5.50
32	42.3	3.25	4.00	150	165.0	4.50	5.50

附录 17 管壳式换热器系列标准（摘录）

1. 固定管板式换热器（GB/T 28712.2—2012）

（1）换热器 ϕ19mm 的基本参数

公称直径/mm	公称压力/MPa	管程数 N_p	管子根数 n	中心排管数	管程流通面积/m²	计算换热面积/m² 换热管长度 L/mm					
						1 500	2 000	3 000	4 500	6 000	9 000
159		1	15	5	0.002 7	1.3	1.7	2.6	—	—	—
219	1.60		33	7	0.005 8	2.8	3.7	5.7	—	—	—
273	2.50	1	65	9	0.001 5	5.4	7.4	11.3	17.1	22.9	—
		2	56	8	0.004 9	4.7	6.4	9.7	14.7	17.7	—
	4.00	1	99	11	0.017 5	8.3	11.2	17.1	26.0	34.9	—
325	6.40	2	88	10	0.007 8	7.4	10.0	15.2	23.1	31.0	—
		4	68	11	0.003 0	5.7	7.7	11.8	17.9	23.9	—
	0.60	1	174	14	0.030 7	14.5	19.7	30.1	45.7	61.3	—
400	1.00	2	164	15	0.014 5	13.7	18.6	28.4	43.1	57.8	—
	1.60	4	146	14	0.006 5	12.2	16.6	25.3	38.3	51.4	—
	2.50	1	237	17	0.041 9	19.8	26.9	41.0	62.2	83.5	—
450	4.00	2	220	16	0.019 4	18.4	25.0	38.1	57.8	77.5	—
		4	200	16	0.008 8	16.7	22.7	34.6	52.5	70.4	—
		1	275	19	0.048 6	—	31.2	47.6	72.2	96.8	—
500		2	256	18	0.022 6	—	29.0	44.3	67.2	90.2	—
		4	222	18	0.009 8	—	25.2	38.4	58.3	78.2	—
	0.60	1	430	22	0.076 0	—	48.8	74.4	112.9	151.4	—
600	1.00	2	416	23	0.036 8	—	47.2	72.0	109.3	146.5	—
	1.60	4	370	22	0.016 3	—	42.0	64.0	97.2	130.3	—
	2.50	6	360	20	0.010 6	—	40.8	62.3	94.5	126.8	—
	4.00	1	607	27	0.107 3	—	—	105.1	159.4	213.8	—
700		2	574	27	0.050 7	—	—	99.4	150.8	202.1	—
		4	542	27	0.023 9	—	—	93.8	142.3	190.9	—
		6	518	24	0.051 3	—	—	89.7	136.0	182.4	—
		1	797	31	0.140 8	—	—	138.0	209.3	280.7	—
800		2	776	31	0.068 6	—	—	134.1	203.8	273.3	—
		4	722	31	0.031 9	—	—	125.0	189.8	254.3	—
	0.60	6	710	30	0.020 9	—	—	122.9	186.5	250.0	—
	1.00	1	1 009	35	0.178 3	—	—	174.7	265.0	355.3	536.0
900	1.60	2	988	35	0.087 3	—	—	171.0	259.5	347.9	524.9
	2.50	4	938	35	0.041 4	—	—	162.4	246.4	330.3	498.3
	4.00	6	914	34	0.026 9	—	—	158.2	240.0	321.9	485.6
		1	1 267	39	0.223 9	—	—	219.3	332.8	446.2	673.1
1 000		2	1 234	39	0.109 0	—	—	213.6	324.1	434.6	655.6
		4	1 186	39	0.052 4	—	—	205.3	311.5	417.7	630.1
		6	1 148	38	0.033 8	—	—	198.7	301.5	404.3	609.9

（2）换热管 $\phi 25mm$ 的基本参数

公称直径/mm	公称压力/MPa	管程数 N_p	管子根数 n	中心排管数	管程流通面积/m²	计算换热面积/m²					
						换热管长度 L/mm					
						1 500	2 000	3 000	4 500	6 000	9 000
159	1.60 2.50 4.00 6.40	1	11	3	0.003 5	1.2	1.6	2.5	—	—	—
219		1	25	5	0.007 9	2.7	3.7	5.7	—	—	—
273		1	38	6	0.011 9	4.2	5.7	8.7	13.1	17.6	—
		2	32	7	0.005 0	3.5	4.8	7.3	11.1	14.8	—
325		1	57	9	0.017 9	6.3	8.5	13.0	19.7	26.4	—
		2	56	9	0.008 8	6.2	8.4	12.7	19.3	25.9	—
		4	40	9	0.003 1	4.4	6.0	9.1	13.8	18.5	—
400	0.60 1.00 1.60 2.50 4.00	1	98	12	0.030 8	10.8	14.6	22.3	33.8	45.4	—
		2	94	11	0.014 8	10.3	14.0	21.4	32.5	43.5	—
		4	76	11	0.006 0	8.4	11.3	17.3	26.3	35.2	—
450		1	135	13	0.042 4	14.8	20.1	30.7	46.6	62.5	—
		2	126	12	0.019 8	13.9	18.8	28.7	43.5	58.4	—
		4	106	13	0.008 3	11.7	15.8	24.1	36.6	49.1	—
500		1	174	14	0.054 6	—	26.0	39.6	60.1	80.6	—
		2	164	15	0.025 7	—	24.5	37.3	56.6	76.0	—
		4	144	15	0.011 3	—	21.4	32.8	49.7	66.7	—
600		1	245	17	0.076 9	—	36.5	55.8	84.6	113.5	—
		2	232	16	0.036 4	—	34.6	52.8	80.1	107.5	—
		4	222	17	0.017 4	—	33.1	50.5	76.7	102.8	—
		6	216	16	0.011 3	—	32.2	49.2	74.6	100.0	—
700		1	355	21	0.111 5	—	—	80.0	122.6	164.4	—
		2	342	21	0.053 7	—	—	77.9	118.1	158.4	—
		4	322	21	0.025 3	—	—	73.3	11.2	149.1	—
		6	304	20	0.015 9	—	—	69.2	105.0	140.8	—
800	0.60 1.00 1.60 2.50 4.00	1	467	23	0.146 6	—	—	106.3	161.3	216.3	—
		2	450	23	0.070 7	—	—	102.4	155.4	208.5	—
		4	442	23	0.034 7	—	—	100.6	152.7	204.7	—
		6	430	24	0.022 5	—	—	97.9	148.5	119.2	—
900		1	605	27	0.190 0	—	—	137.8	209.0	280.2	422.7
		2	588	27	0.092 3	—	—	133.9	203.1	272.3	410.8
		4	554	27	0.043 5	—	—	126.1	194.4	256.6	387.1
		6	538	26	0.028 2	—	—	122.5	185.8	249.2	375.9
1 000		1	749	30	0.235 2	—	—	170.5	258.7	346.9	523.3
		2	742	29	0.116 5	—	—	168.9	256.3	343.7	518.4
		4	710	29	0.055 7	—	—	161.6	245.2	328.8	496.0
		6	698	30	0.036 5	—	—	158.9	241.1	323.3	487.7

2. 浮头式换热器(GB/T 28712.1—2012)

(1) 内导流浮头式换热器和冷凝器基本参数

公称直径/mm	N_p	d/mm 19	d/mm 25	d/mm 19	d/mm 25	(d×δt)/(mm×mm) 19×2	(d×δt)/(mm×mm) 25×2	(d×δt)/(mm×mm) 25×2.5	L=3m 19	L=3m 25	L=4.5m 19	L=4.5m 25	L=6m 19	L=6m 25
		排管数 n				管程流通面积/m²			换热面积/m²					
(325)	2	60	32	7	5	0.005 3	0.005 5	0.005 0	10.5	7.4	15.8	11.1	—	—
(325)	4	52	28	6	4	0.002 3	0.002 4	0.002 2	9.1	6.4	13.7	9.7	—	—
(426) 400	2	120	74	8	7	0.010 6	0.012 6	0.011 6	20.9	16.9	31.6	25.6	42.3	34.4
(426) 400	4	108	68	9	6	0.004 8	0.005 9	0.005 3	18.8	15.6	28.4	23.6	38.1	31.6
500	2	206	124	11	8	0.018 2	0.021 5	0.019 4	35.7	28.3	54.1	42.8	72.5	57.4
500	4	192	116	10	9	0.008 5	0.010 0	0.009 1	33.2	26.4	50.4	40.1	67.6	53.7
600	2	324	198	14	11	0.028 6	0.034 3	0.031 1	55.8	44.9	84.8	68.2	113.9	91.5
600	4	308	188	14	10	0.013 6	0.016 3	0.014 8	53.1	42.6	80.7	64.8	108.2	86.9
600	6	284	158	14	10	0.008 3	0.009 1	0.008 3	48.9	35.8	74.4	54.4	99.8	73.1
700	2	468	268	16	13	0.041 4	0.046 4	0.042 1	80.4	60.6	122.2	92.1	164.1	123.7
700	4	448	256	17	12	0.019 8	0.022 2	0.020 1	76.9	57.8	117.0	87.9	157.1	118.1
700	6	382	224	15	12	0.011 2	0.012 9	0.011 6	65.6	50.6	99.8	76.9	133.9	103.4
800	2	610	366	19	15	0.053 9	0.063 4	0.057 5	—	—	158.9	125.4	213.5	168.5
800	4	588	352	18	14	0.026 0	0.030 5	0.027 6	—	—	153.2	120.6	205.8	162.1
800	6	518	316	16	14	0.015 2	0.018 2	0.016 5	—	—	134.9	108.3	181.3	145.5
900	2	800	472	22	17	0.070 7	0.081 7	0.074 1	—	—	207.6	161.2	279.2	216.8
900	4	776	456	21	16	0.034 3	0.039 5	0.035 3	—	—	201.4	155.7	270.8	209.4
900	6	720	426	21	16	0.021 2	0.024 6	0.022 3	—	—	186.9	145.5	251.3	195.6
1 000	2	1 006	606	24	19	0.089 0	0.105 0	0.095 2	—	—	260.6	206.6	350.6	277.9
1 000	4	980	588	23	18	0.043 3	0.050 9	0.046 2	—	—	253.9	200.4	341.6	269.7
1 000	6	892	564	21	18	0.026 2	0.032 6	0.029 5	—	—	231.1	192.2	311.0	258.7

(2) 外导流浮头式换热器的基本参数

公称直径/mm	N_p	排管数 n d/mm 19	d/mm 25	d/mm 19	d/mm 25	(d×δt)/(mm×mm) 19×2	(d×δt)/(mm×mm) 25×2	(d×δt)/(mm×mm) 25×2.5	换热面积/m² L=6m 19	25
		排管数 n				管程流通面积/m²			换热面积/m²	
500	2	224	132	13	10	0.019 8	0.022 9	0.020 7	78.8	61.2
500	4	218	124	12	19	0.009 2	0.010 7	0.016 1	73.2	57.4
600	2	338	206	16	12	0.029 8	0.035 7	0.032 4	118.8	95.2
600	4	320	196	15	12	0.014 1	0.017 0	0.015 4	112.4	90.6
700	2	480	280	18	15	0.042 5	0.048 5	0.044 0	168.3	129.2
700	4	460	268	17	14	0.020 3	0.023 2	0.021 0	161.3	123.6

续表

公称直径 /mm	N_p	排管数 n				管程流通面积/m²			换热面积/m²	
		\multicolumn 4 d /mm				$(d \times \delta_t)/(mm \times mm)$			L=6m	
		19	25	19	25	19×2	25×2	25×2.5	19	25
800	2	636	378	21	16	0.056 2	0.065 5	0.059 4	222.6	174.0
	4	612	364	20	16	0.027 1	0.031 5	0.028 5	214.2	167.6
900	2	822	490	24	19	0.072 6	0.084 8	0.076 9	286.9	225.1
	4	796	472	23	18	0.035 7	0.040 8	0.036 5	277.8	216.7
	6	742	452	23	16	0.021 7	0.026 1	0.023 7	259.0	207.5
1 000	2	1 050	628	26	21	0.092 9	0.109 0	0.098 7	365.9	288.0
	4	1 020	608	27	20	0.045 1	0.052 6	0.047 8	355.5	278.9
	6	938	580	25	20	0.027 6	0.033 5	0.030 1	327.0	266.0

注：排管数换转角正方形排列计算；计算换热面积按光滑及公称压力 2.5MPa 管板厚度确定。

3. 立式热虹吸式重沸器（GB/T 28712.4—2012）

（1）换热管 ϕ25mm 的基本参数

公称直径 /mm	公称压力 /MPa	管程数 N_p	管子根数 n	中心排管数	管程流通面积 /m²	计算换热面积 A/m²				
						\multicolumn 5 换热管长度 L/mm				
						1 500	2 000	2 500	3 000	4 500
400	1.00		98	12	0.030 8	10.8	14.6	18.4	—	—
500	1.60		174	14	0.054 6	19.0	26.0	32.7	—	—
600	2.5		245	17	0.076 9	26.8	36.4	46.1	—	—
700			355	21	0.111 5	38.8	52.8	66.7	80.7	—
800			467	23	0.146 6	51.1	69.4	87.8	106.1	—
900			605	27	0.190 0	66.2	90.0	113.8	137.5	—
1 000			749	30	0.235 2	82.0	111	140.8	170.2	258.5
1 100	0.25		931	33	0.292 3	102	138	175.1	211.6	321.3
1 200	0.60	1	1 115	37	0.350 1	122	165	209.6	253.4	384.8
1 300	1.00		1 301	39	0.408 5	142	193	244.6	295.7	449.0
1 400	1.60		1 547	43	0.485 8	—	230	290.8	351.6	533.9
1 500	2.50		1 753	45	0.550 4	—	—	329.6	398.4	605.0
1 600			2 023	47	0.635 2	—	—	380.4	459.8	698.1
1 700			2 245	51	0.704 9	—	—	422.1	510.3	774.8
1 800			2 559	55	0.803 5	—	—	481.1	581.6	883.1
1 900			2 899	59	0.910 7	—	—	545.1	658.9	1 000.5
2 000			3 189	61	1.001 9	—	—	599.6	724.8	1 100.5

注：管程流通截面积以碳钢管尺寸 ϕ28mm×2.5mm 计算。

（2）换热管 $\phi38mm$ 的基本参数

公称直径/mm	公称压力/MPa	管程数 N_p	管子根数 n	中心排管数	管程流通面积/m²	计算换热面积 A/m^2				
						换热管长度 L/mm				
						1 500	2 000	2 500	3 000	4 500
400	1.00		51	7	0.041 0	8.5	11.5	14.6	—	—
500	1.60		69	9	0.055 5	11.5	15.6	19.7	—	—
600	2.50		115	11	0.094 2	19.2	26.0	32.9	—	—
700			159	13	0.128 0	26.6	36.0	45.5	54.9	—
800			205	15	0.164 8	34.1	46.5	58.6	70.8	—
900			259	17	0.208 3	43.1	58.7	74.0	89.5	—
1 000	0.25		355	19	0.285 5	59.1	80.5	101.5	122.6	186.2
1 100	0.60		419	21	0.337 0	69.7	95.0	119.7	144.8	219.8
1 200	1.00	1	503	23	0.404 5	83.7	114	143.8	173.8	263.9
1 300	1.60		587	25	0.472 1	97.7	133	167.8	202.8	307.9
1 400	2.50		711	27	0.571 8	—	161	203.2	245.6	373.0
1 500			813	31	0.653 9	—	—	232.4	308.9	426.5
1 600			945	33	0.760 0	—	—	270.1	326.5	495.7
1 700			1 059	35	0.851 7	—	—	302.7	365.9	555.5
1 800			1 177	39	0.946 6	—	—	336.4	406.6	617.4
1 900			1 265	39	1.017 4	—	—	361.5	437.0	663.6
2 000			1 403	41	1.128 4	—	—	401.0	484.7	736.0

注：管程流通截面积以碳钢管尺寸 $\phi38mm\times3mm$ 计算。

附录 18 管壳式换热器总传热系数 K 的推荐值

1. 管壳式换热器用作冷却器时的 K 值范围

高温流体	低温流体	总传热系数/ [W/(m² · ℃)]	备 注
水	水	1 400～2 840	污垢系数 0.52(m² · ℃)/kW
甲醇、氨	水	1 400～2 840	
有机物黏度 $0.5×10^{-3}$Pa · s 以下[①]	水	430～850	
有机物黏度 $0.5×10^{-3}$Pa · s 以下[①]	冷冻盐水	220～570	
有机物黏度$(0.5～1)×10^{-3}$ Pa · s[②]	水	280～710	
有机物黏度 $1×10^{-3}$Pa · s 以上[③]	水	28～430	
气体	水	12～280	传热面为塑料衬里
水	冷冻盐水	570～1 200	传热面为不透性石墨,两侧对流
水	冷冻盐水	230～580	传热系数均为 2 440W/(m² · ℃)
硫酸	水	870	管内流速 0.005 2～0.011m/s
四氯化碳	氯化钙溶液	76	传热面为不透性石墨
氯化氢气(冷却除水)	盐水	35～175	传热面为不透性石墨
氯气(冷却除水)	水	35～175	传热面为不透性石墨
焙烧 SO_2 气体	水	230～465	计算值
氮	水	66	传热面为塑料衬里
水	水	410～1 160	冷却洗涤用硫酸的冷却
20%～40%硫酸	水 $t=60～30℃$	465～1 050	
20%盐酸	水 $t=110～25℃$	580～1 160	
有机溶剂	盐水	175～510	

注:① 为苯、甲苯、丙酮、乙醇、丁酮、汽油、轻煤油、石脑油等有机物;
  ② 为煤油、热柴油、热吸收油、原油馏分等有机物;
  ③ 为冷柴油、燃料油、原油、焦油、沥青等有机物。

2. 管壳式换热器用作冷凝器时的 K 值范围

高温流体	低温流体	总传热系数/ [W/(m² · ℃)]	备 注
有机质蒸气	水	230～930	传热面为塑料衬里
有机质蒸气	水	290～1 160	传热面为不透性石墨
饱和有机质蒸气(大气压强下)	盐水	570～1 140	
饱和有机质蒸气(减压下且含有少量不凝气体)	盐水	280～570	
低沸点碳氢化合物(大气压强下)	水	450～1 140	
高沸点碳氢化合物(减压下)	水	60～175	
21%盐酸蒸气	水	110～1 750	传热面为不透性石墨

高温流体	低温流体	总传热系数/[W/(m²·℃)]	备　注
氨蒸气	水	870～2 330	水流速 1～1.5m/s
有机溶剂蒸气和水蒸气混合物	水	350～1 160	传热面为塑料衬里
有机质蒸气(减压下且含有大量不凝气体)	水	60～280	
有机质蒸气(大气压强下且含有大量不凝气体)	盐水	115～450	
氟利昂液蒸气	水	870～990	水流速 1.2m/s
汽油蒸气	水	520	水流速 1.5m/s
汽油蒸气	原油	115～175	原油流速 0.6m/s
煤油蒸气	水	290	水流速 1m/s
水蒸气(加压下)	水	1 990～4 260	
水蒸气(减压下)	水	1 700～3 440	
氯乙醛(管外)	水	165	直立式,传热面为搪瓷玻璃
甲醇(管内)	水	640	直立式
四氯化碳(管内)	水	360	直立式
缩醛(管内)	水	460	直立式
糠醛(管外)(有不凝气体)	水	125～220	直立式
水蒸气(管外)	水	610	卧式

3. 管壳式换热器用作加热器时的 *K* 值范围

高温流体	低温流体	总传热系数/[W/(m²·℃)]	备　注
水蒸气	水	1 150～4 000	污垢系数 0.18(m²·℃)/kW
水蒸气	甲醇、氨	1 150～4 000	污垢系数 0.18(m²·℃)/kW
水蒸气	水溶液黏度 0.002Pa·s 以下	1 150～4 000	
水蒸气	水溶液黏度 0.002Pa·s 以上	570～2 800	污垢系数 0.18(m²·℃)/kW
水蒸气	有机物黏度 0.000 5Pa·s 以下[①]	570～1 150	
水蒸气	有机物黏度(0.5～1)×10⁻³Pa·s[②]	280～570	
水蒸气	有机物黏度 1×10⁻³Pa·s 以上[③]	35～340	
水蒸气	气体	28～280	
水蒸气	水	2 270～4 500	水流速 1.2～1.5m/s
水蒸气	盐酸或硫酸	350～580	传热面为塑料衬里
水蒸气	饱和盐水	700～1 500	传热面为不透性石墨
水蒸气	硫酸铜溶液	930～1 500	传热面为不透性石墨
水蒸气	空气	50	空气流速 3m/s
水蒸气(或热水)	不凝气体	23～29	传热面为不透性石墨,不凝性气体流速 4.5～7.5m/s
水蒸气	不凝气体	35～46	传热面材料同上,不凝性气体流速 4.5～7.5m/s
水	水	400～1 150	
热水	碳氢化合物	230～500	管外为水
温水	稀硫酸溶液	580～1 150	传热面为石墨
熔融盐	油	290～450	
导热油蒸气	重油	45～350	
导热油蒸气	气体	23～230	

注：①②③见"管壳式换热器用作冷却器时的 *K* 值范围"。